Texte détérioré — reliure défectueuse

NF Z 43-120-11

Contraste insuffisant

NF Z 43-120-14

Voyage à Ségou

1878-1879

à Gabriel Gravier
affectueux souvenir
Le Mazel Octobre 1879
Paul Soleillet

Paul Soleillet

Voyage à Ségou

1878-1879

Rédigé d'après les notes et journaux de voyage de Soleillet

Par Gabriel Gravier

Officier de l'Instruction publique,
Président honoraire et Secrétaire général de la Société normande de Géographie,
Membre de la Société de Géographie de France;
Membre honoraire des Sociétés de Géographie de Rome, d'Anvers, d'Oran, de Marseille et de Dijon;
Membre correspondant des Sociétés de Géographie commerciale de Paris et de Bordeaux,
des Sociétés de Géographie de Lyon, Nancy, Rochefort, Haïti;
Correspondant des Académies de Rouen, Nancy, Angers, Caen, Las Palmas (Gran Canaria);
des Sociétés historiques de Gênes et de New-York;
Membre honoraire de l'Institut royal grand-ducal de Luxembourg;
Vice-Président de la Société rouennaise de Bibliophiles,
Trésorier de la Société de l'Histoire de Normandie;
Lauréat de la Société libre d'Émulation, du Commerce et de l'Industrie
de la Seine-Inférieure;
Médaille d'or de la Société de Géographie de Paris
et du Congrès de Venise,
etc., etc., etc.

Paris

Challamel aîné, Libraire-Éditeur,

5, rue Jacob, 5

1887

A MONSIEUR LE GÉNÉRAL L. FAIDHERBE

GRAND CHANCELIER DE LA LÉGION D'HONNEUR

SÉNATEUR

MEMBRE DE L'INSTITUT

ANCIEN GOUVERNEUR DU SÉNÉGAL ET DÉPENDANCES

HOMMAGE TRÈS RESPECTUEUX

De Paul SOLEILLET et Gabriel GRAVIER

PRÉFACE DE PAUL SOLEILLET

Avant de céder la parole à mon ami Gravier, qui veut bien raconter ici, d'après mes notes et journaux, mon troisième voyage (1), je désire exposer tout d'abord la pensée directrice de mes expéditions en Afrique.

La France possédant l'Algérie et le Sénégal, son influence, sa civilisation, son commerce, son industrie doivent régner dans l'Ouest africain, c'est-à-dire de l'Atlantique au méridien de Tripoli de Barbarie et de la Méditerranée au golfe de Guinée.

Au point de vue géographique, nous remarquons dans cette région un grand fleuve, le Niger, *et un grand désert, le* Sahara.

Le Niger. — *J'ai toujours été surpris de voir les Français s'efforcer, comme les autres nations, de pénétrer dans l'intérieur de l'Afrique par une voie fluviale. Pas plus que les Égyptiens nous n'avons à chercher cette voie : nous la possédons, il nous suffit de l'utiliser.*

Les Égyptiens ont le Nil, et depuis longtemps ils ont résolu de

(1) *Pour mes deux premiers voyages, voir l'*Afrique occidentale : Algérie, Mzab, Tildikelt. *Paris, Challamel aîné, 1877.*

donner pour limites à leur domination les limites mêmes de son immense bassin.

Nous, nous possédons le Sénégal, et par ce fleuve notre influence peut facilement pénétrer jusqu'au Niger, jusqu'au cœur de cette Afrique mystérieuse et barbare que nous appelons le Soudan de l'Ouest ; nous pouvons rendre tributaires de notre commerce et de notre industrie quarante millions de noirs actuellement en possession d'un pays qui, pour sa fécondité et la variété de ses produits, peut être comparé aux plus opulentes régions des Indes.

Le Soudan est habité par des populations de mœurs douces, intelligentes et laborieuses. Les unes, comme les Bambaras, sont particulièrement douées pour les travaux agricoles ; les autres, comme les Foulbé, pratiquent avec succès les industries pastorales ; d'autres encore, comme les Soni-nkés, ont des aptitudes spéciales pour le commerce et les grands voyages. Il est évident que notre civilisation moderne, apportée par le commerce, ferait dans ces contrées de rapides progrès, et l'esclavage, cet enfant de la guerre, qui se maintient par la difficulté de se procurer un travail rémunérateur, par l'avilissement des produits qui n'entrent pas dans la consommation locale, l'esclavage s'évanouirait au contact de nos marchands et de nos industriels.

Le Niger est remarquable par l'abondance de ses eaux, par ses débordements périodiques, par l'étendue et la majesté de son cours.

Si un ingénieur devait creuser un canal pour le commerce et l'irrigation de cette immense et fertile contrée, il ne saurait choisir un tracé plus heureux que celui exécuté par la nature.

En s'échappant des environs du mont Loma (1), il suit une

(1) 12° 53′ long. O., 8° 36′ lat. N.

direction sud-nord, traverse, jusqu'à Bammakou, une région montagneuse, et donne accès aux riches placers du Bouré. Il coule ensuite au milieu de terrains d'alluvion qu'il a créés, puis se partage en branches nombreuses, comme s'il en voulait rendre l'exploitation plus facile. Coulant toujours du sud au nord, il touche au territoire de Timbouktou, tête de ligne des caravanes du Sahara occidental. A trois degrés à l'est de Timbouktou, il tourne au sud-est et va se jeter dans le golfe de Guinée.

Ce fleuve serait parfait sans les rapides de Boussa qui, jusqu'à présent, furent pour le commerce une barrière infranchissable.

Le Niger forme ainsi deux bassins distincts : l'un, en aval de Boussa, accessible par l'Océan ; l'autre, en amont de Boussa, accessible par le Sénégal.

De Médine, point où le Sénégal cesse d'être navigable, à Bammakou, point où le Niger le devient jusqu'aux chutes de Boussa, il n'y a pas 200 lieues, tandis que de Bammakou à Boussa il y en a plus de 500, et que de Médine à Saint-Louis, par le Sénégal, il y en a 240. Une route de terre entre Médine et Bammakou nous ouvrirait donc une voie navigable de 500 lieues.

Si l'on veut bien observer que les cataractes du Fellou et de la Gouina, qui interrompent la navigation du Sénégal, ne sont pas des obstacles insurmontables, on reconnaîtra que ce fleuve pourrait être ouvert jusqu'à Bafoulabé, et même plus loin dans la direction du Niger. De plus, entre ces points encore indéterminés et le Niger, il serait facile, en utilisant les eaux des lacs et des marigots, qui sont nombreux, de faire communiquer, par un canal, le fleuve français avec le fleuve soudanien.

Ce projet n'est pas nouveau. Il était le but principal de la mission donnée à Mage, en 1863-66, par le gouverneur Faidherbe.

Le général voulait réunir Médine au Niger par trois postes. On en attend toujours la création (1), et sans doute on l'attendrait longtemps encore si l'on ne m'avait confié une nouvelle mission dont le but principal était :

1° De reconnaître la route commerciale de nos possessions de la côte occidentale au Niger ;

2° De faire une enquête minutieuse, dans l'empire de Ségou, sur les productions et la consommation du Soudan de l'Ouest.

Cette enquête, je viens de la terminer ; en voici les principaux résultats :

1° Les souverains du Soudan, et spécialement le sultan de Ségou, ne voient de progrès possibles pour leurs pays que dans des relations de commerce avec les Blancs.

2° Sauf la population Toucouleur, qui perd chaque jour de son importance, les diverses peuplades du pays sont laborieuses et industrieuses. Les Bambaras furent justement et ingénieusement comparés, par le général Faidherbe, à nos Auvergnats. Les Soninké ou Sarrakolets, établis au Sénégal depuis des siècles, sont connus de nos colons pour leur habileté exceptionnelle comme mariniers, pour leur intelligence comme employés de commerce, pour leur facilité à s'assimiler les langues, pour leur honnêteté comme marchands, pour leur adresse comme ouvriers, pour leurs connaissances en agriculture.

3° J'ai trouvé comme productions naturelles du sol de l'or et du fer magnétique d'une qualité supérieure, valant les meilleurs échantillons de la Norvège.

4° Dans les forêts du Soudan, on trouve des arbres de toute essence pouvant être employés à tout usage : construction, ébénis-

(1) *Ils sont aujourd'hui construits à Bafoulabé, Kita et Bammakou.*

teric, teinture. La plupart des forêts sont traversées par des marigots qui se déversent dans le Sénégal ou dans le Niger, et peuvent être utilisés, pendant les hautes eaux, pour le flottage des bois.

On trouve notamment le Bassia Parkii (1), arbre à beurre, arbre merveilleux qui forme l'essence principale des forêts du Kaarta, du Ségou, du Masina et autres contrées. La noix que donne l'arbre à beurre contient une graisse végétale très abondante qui peut facilement remplacer les huiles, beurre et graisse dans toutes leurs applications, aussi bien comme comestible que pour le graissage des machines, la fabrication des savons et des bougies et des différents produits qui utilisent les corps gras.

On trouve aussi dans ces forêts l'éléphant, le rhinocéros, la girafe, les grands fauves, l'autruche, le colibri et les oiseaux à riche plumage. Le gibier, représenté par les antilopes, les oryctéropes, les lièvres, les perdrix, les pintades, y est très abondant.

Les fleuves sont extrêmement peuplés, et de poissons très agréables au goût, qui peuvent être salés. On y trouve aussi, mais on s'en passerait bien, des quantités considérables de caïmans et d'hippopotames.

5° J'ai vu cultiver au Soudan, avec habileté, du riz à petit grain, très blanc et très dur, différentes espèces de mil, du maïs, des oignons, des courges, des melons, de l'oseille, etc. On y cultive aussi avec succès l'indigo, le coton, le tabac et le chanvre.

6° Les Foulbé élèvent de nombreux troupeaux de bœufs de très belle race à bosse et sans bosse. Dans tous les villages, on trouve des poules, des chèvres, des moutons, des ânes et quelques chevaux.

(1) Le Karité, beurre végétal, est utilisé depuis longtemps par les Anglais pour le graissage de leurs machines. Il fait l'objet d'un trafic important, surtout à Lagos.

7° *J'ai trouvé le Soudan bien peuplé. Si j'ai traversé plusieurs villages abandonnés, j'ai pu constater, dans les régions vues par Mage et Quintin, une augmentation notable de population. C'est une preuve que, le jour où nous pénètrerons dans ces régions, le capital homme, l'élément le plus certain de production et de consommation, ne fera pas défaut.*

On n'a jamais douté, je crois, de la richesse du Soudan, mais on s'est beaucoup préoccupé de la consommation de populations qui ne demandent presque rien, en ce moment, à l'industrie européenne.

En se posant cette question, on n'a pas tenu compte des difficultés qui s'opposent aux transactions entre le Soudan et les postes occupés par les Européens. Ces difficultés sont d'une seule espèce. Dans le Sahara, un homme conduit cinq chameaux portant 200 kilogrammes chacun, tandis qu'au Soudan, où le chameau ne vit pas, les transports se font à dos d'hommes, d'ânes ou de bœufs. Quand on se sert des ânes ou des bœufs, il faut à chaque bête un conducteur pour la traversée des marécages et des torrents, car dans ces parages difficiles il est nécessaire de soutenir la charge, souvent même de la porter sur la tête. Dans ces conditions, le trafic est nécessairement borné aux objets qui représentent une grande valeur sous un petit volume, c'est-à-dire à l'or, à l'ivoire et aux plumes. Les captifs servent pour ces transports. Les difficultés étant les mêmes au retour, les Soudaniens ne peuvent introduire dans leur pays qu'une très petite quantité de nos produits manufacturés. Par le fait même de leur rareté, ces produits atteignent, sur les marchés du Soudan, des prix excessifs, et sont inaccessibles à la masse des consommateurs. Il en serait tout autrement si des transports faciles et économiques permettaient au commerce européen d'échanger sur place ses produits manufacturés contre les produits naturels du Soudan.

Devons-nous attendre pour profiter du Niger, qui est à nos portes, que le Sénégal soit canalisé et prolongé artificiellement jusqu'au fleuve soudanien ? Pour moi, je suis d'avis que mieux vaudrait commencer modestement par la construction, entre Médine et Bammakou, d'une route pour chars à bœufs (1).

Pour une telle route, il suffirait d'enlever les broussailles sur une certaine largeur. La dépense ne serait pas de deux cent mille francs. On pourrait même s'entendre avec Ahmadou, le sultan de Ségou, qui se chargerait volontiers de faire exécuter le travail par des captifs. Cette route nous ouvrirait la navigation du Niger depuis Bammakou jusqu'aux chutes de Boussa ; elle nous permettrait de pénétrer pacifiquement dans le Soudan occidental, d'entrer en relations directes avec les 40 millions de noirs qui le peuplent.

Le Sahara. — Entre nos possessions de l'Algérie et du Sénégal se trouve le Sahara ou Grand Désert, dont la superficie égale celle de l'Europe moins la Russie.

(1) Des chars à bœufs bien construits passent à peu près partout. On en trouve en Europe, en Asie, en Amérique et en Afrique.

Les chars à bœufs du Béarn, qui traversent facilement les marais et les bourbiers, sont montés sur deux roues pleines de forme lenticulaire.

En Afrique, on a les chariots des Boërs qui transportent, par des terrains sauvages et sans routes, les objets les plus lourds et les plus volumineux.

E. Mohr rapporte, dans Nach den Victoria Fällen des Zambesi (Leipzic, 1875), qu'un gentilhomme anglais, sir John Swinbourne, a transporté au Tati deux machines à vapeur, dont une locomobile. Il obtint des résultats médiocres ; mais ayant appris l'existence de mines plus riches dans la lointaine région de l'Oumfoule, au pays des Matébélés, sans aucune hésitation il attela trente-deux bœufs sur sa locomobile et partit.

Le Sahara est peu habité et peu cultivé, mais il n'est pas inhabitable et incultivable ; nous voyons au contraire que, partout où l'homme s'est fixé, de riches oasis ont surgi. La fertilité des oasis est la même, que l'eau soit à la surface du sol, comme dans le Souf, qu'elle soit à soixante mètres de profondeur, comme dans le Mzab. Il ne faut d'ailleurs pas oublier que dans tout le désert on trouve de l'eau. Pour s'en convaincre, il suffit de regarder une carte du Sahara. Ces massifs montagneux, où les neiges persistent de quatre à cinq mois chaque année, prouvent qu'il n'en peut être autrement.

Le Sahara est donc cultivable. Est-il habitable ?

Il est non seulement habitable, mais il passe pour être l'une des régions les plus saines du globe, celle où l'on rencontre le plus fréquemment des centenaires, tant de race blanche que de race noire (1).

Si nous trouvons dans les régions sahariennes des contrées désertes par suite de la rareté de la population, il y a, dans certaines régions du Soudan, une population par trop dense. C'est même en grande partie à cet excès de population que la Nigritie doit l'esclavage.

Je tiens à le déclarer, car nous l'oublions trop facilement, l'es-

---

(1) *Dans ses* Touareg du Nord, M. *Henri Duveyrier s'exprime ainsi sur la longévité des peuples du Sahara central :*

« ... *Les centenaires n'y sont pas très rares. On cite même des individus qui* « *ont atteint cent trente et cent cinquante ans, entre autres celui qui m'a conduit à* « *la sépulture lybico-égyptienne de Bordj-Tasko, à Ghadâmès, auquel on donne plus* « *de cent cinquante ans. Il est vrai qu'il est actuellement en enfance. Les auteurs* « *arabes du moyen âge avaient déjà constaté ce fait exceptionnel. Ebn-Kaldoun,* « *entre autres, dans sa Notice sur les Molâthemin, dit :* « *Dans le pays habité* « *par ce peuple, on vivait ordinairement jusqu'à l'âge de quatre-vingts ans* ». *J'ai* « *constaté qu'il en est encore de même aujourd'hui* ».

clavage africain ne date pas du jour où les Européens demandèrent à l'Afrique des travailleurs captifs pour leurs colonies : il existait bien avant, et la suppression de la traite sur la côte occidentale ne l'empêche pas d'exister.

Sous le régime de la traite, quand on détruisait un village de l'intérieur, la population conquise était habituellement divisée en deux parties : les enfants et les adultes. Les enfants étaient conservés par les noirs, qui les réduisaient en servitude ; les adultes étaient conduits à la côte et vendus aux blancs.

Aujourd'hui que les blancs n'achètent plus d'esclaves, les guerres n'en ont pas moins lieu, les populations conquises n'en sont pas moins partagées en enfants et en adultes, mais, et c'est là toute la différence, tandis que l'on conserve encore les premiers, on met à mort les seconds.

Avant la traite européenne, les noirs, qui étaient fétichistes, mangeaient souvent leurs captifs adultes ; aujourd'hui, qu'ils sont plus civilisés, ils se contentent de les décapiter et de les jeter en pâture aux corbeaux. Où est le progrès ? La traite, malgré l'horreur qu'elle inspire, n'était-elle pas préférable ? Au moins elle laissait quelquefois la vie, et, avec la vie, l'espoir.

Nous ne pouvons mettre fin à cet état de choses par un acte d'autorité. L'esclavage ne disparaîtra que peu à peu, à mesure que notre civilisation pénétrera dans les populations africaines.

Nous pouvons hâter ce résultat :

1° Par le commerce. Dès que nos marchands auront accès dans les marchés de l'intérieur, les produits du sol augmenteront de valeur, le Soudanien aura tout avantage à conserver pour l'agriculture les bras de ses captifs. Dès lors, il ne traînera plus les captifs de marché en marché comme un vil bétail, il ne les égorgera plus comme des êtres sans valeur ou dangereux, et, l'influence de nos mœurs aidant, l'esclavage disparaîtra peu à peu.

2° D'après le droit existant au Soudan, « l'esclave peut obtenir la liberté de son maître à prix d'argent ».

De tout temps, l'administration du Sénégal a fait des avances aux captifs qui consentent à s'engager dans les bataillons de tirailleurs.

Loin de moi la pensée de proposer des engagements dits libres ; je considère, je le déclare bien haut, l' « engagement libre » comme une forme détournée d'esclavage, car, du jour où un engagé a signé son contrat, cet homme devient la propriété d'un autre homme qui, en vertu de ce contrat, le vend ou l'achète comme du bétail. « Dans certaines contrées, les planteurs se demandent quel est le cours du jour pour les coolies, comme un marchand demanderait à Londres ou à Paris le taux de l'escompte ou le prix des fonds ». (Joseph Cooper.)

Mais il serait possible de constituer une caisse qui ferait aux captifs désireux d'obtenir leur liberté les avances nécessaires pour se libérer à prix d'argent vis-à-vis de leurs maîtres. Ces captifs pourraient alors rester libres de louer leurs services à prix débattus et n'auraient, comme l'ouvrier français qui a reçu des avances pour son outillage, qu'à subir une retenue sur leur salaire de tant pour cent jusqu'au remboursement des sommes à eux avancées.

De pareils éléments nous permettraient d'arriver promptement au peuplement et à la mise en culture du Sahara ; nous pourrions prévoir le jour où cette région ne serait plus un désert, où elle formerait, avec le Sénégal et l'Algérie, une France africaine.

Les noirs transportés dans le désert entreraient facilement dans notre civilisation. Ces peuples ne sont plus ni chasseurs, ni pasteurs ; ils cultivent le sol, ils ont une demeure fixe, une famille, un village, une patrie : ils ont gravi les premiers degrés de la civilisation et sont en plein dans la vie sociale. Abandonnés à leurs propres forces, le moindre progrès leur demandera des siècles ; mis en contact avec nous, ils se civiliseront rapidement.

En Amérique, on a vu beaucoup de captifs se racheter par leur propre travail et conquérir des situations importantes comme ouvriers d'art ou comme agriculteurs. Il n'est pas rare de trouver leurs descendants dans les professions libérales. J'ai vécu au Sénégal avec des Noirs qui sont en contact avec les Blancs depuis quelques générations seulement : ils ne diffèrent de ceux-ci que par la couleur de l'épiderme.

Le Sahara, il est utile de le rappeler, a été le centre d'une grande civilisation chamite qui a laissé des traces impérissables ; c'est à cette civilisation qu'appartiennent les routes pavées du désert, les puits à galeries, certains monuments retrouvés et décrits par Barth et Vatonne ; cette civilisation est celle des Garamantes, dont nous entretiennent les auteurs anciens, et notamment Hérodote.

En résumé, je me suis donné pour but d'ouvrir à l'influence française les mystérieuses contrées que baigne le Niger ; de donner à ma patrie une vaste région où elle puisse se développer librement et pacifiquement ; de créer une colonie française de races différentes qui augmenterait notre nombre et notre force, qui nous aiderait à faire les grandes choses que l'Afrique réclame de nous.

Les véritables conquêtes de l'époque actuelle ne sont pas œuvre militaire, mais œuvre industrielle et commerciale. Lesseps a fait autant pour la gloire de son pays que Turenne et Bonaparte.

Tous les peuples ont pu lui prodiguer la louange, car tous peuvent profiter de ses travaux. Le canal de Suez, quels que soient ses propriétaires, donnera la prépondérance à la Méditerranée, conséquemment aux races latines, dont l'importance a toujours été en raison directe de celles du commerce méditerranéen.

Une grande œuvre nous reste à faire en Afrique. Je ne sais si je pourrai l'accomplir par moi-même, mais nul ne me ravira l'honneur d'en avoir été le promoteur : je veux parler de la construction d'une voie ferrée pour mettre en communication Alger avec Tombouktou et Tombouktou avec Dakar.

Cette voie créerait à travers l'Afrique un courant de civilisation et fonderait entre nos deux colonies l'influence française. Par cette double voie de Tombouktou à Dakar et à Alger, les produits du Sahara et du Soudan afflueraient dans nos ports de l'Océan et de la Méditerranée ; un marché de 40 millions de consommateurs serait ouvert à notre commerce ; une route intercontinentale mettrait l'Amérique du Sud en relations directes avec la Méditerranée.

Cette partie du continent américain est peuplée de Latins comme nous, *ayant tout intérêt à resserrer les liens qui nous unissent.*

L'œuvre de Colomb sera ainsi refaite.

Le Transsaharien, complément du canal de Suez, « l'œuvre la plus glorieuse de la France moderne », doit rendre à la Méditerranée toute son importance et aux peuples latins toute leur influence.

Tels sont les travaux qui, dans ma pensée, doivent transformer, au profit de notre nation, l'Ouest africain. Mais moi, qui suis pour toutes les libertés, je ne voudrais pas briser les chaînes des noirs pour fermer ensuite l'Afrique. Si la transformation de l'Afrique occidentale doit être une œuvre surtout française et latine, nous n'en devons pas moins accepter et même provoquer le concours de tous les peuples qui s'intéressent à l'affranchissement des races noires.

Il se fait actuellement en France un grand mouvement en faveur de ces idées. Le gouvernement lui-même y prête attention. Une Commission supérieure est chargée par le Ministère des Travaux publics de l'étude d'un chemin de fer du Sénégal à l'Algérie par le Niger. Je ferai mon prochain voyage comme membre de cette Commission.

Je suis arrivé à voir les choses au point de vue que je viens d'exposer parce que j'ai longtemps vécu au milieu des populations blanches et noires de l'Afrique. Me faisant constamment tout à tous, j'ai pu recueillir les renseignements les plus certains : ces populations ne posaient pas devant celui qu'elles considéraient comme l'un des leurs.

Par cette même raison, je puis promettre au lecteur de ce livre, écrit par un ami d'après mes journaux, des détails curieux, et j'espère l'amener, lui aussi, à aimer, à estimer ces populations noires dont les mœurs douces et naïves charmèrent l'immortel Mungo Park et tous les voyageurs qui se laissèrent aller, comme lui, à vivre au milieu d'elles et comme elles.

Paul **SOLEILLET**.

Le Mazel, octobre 1879.

PREMIÈRE PARTIE

DE PARIS A DAKAR ET A MOUSSALA

CHAPITRE Ier

DE PARIS A LISBONNE ET A DAKAR

Départ de Paris. — Séjour à Nîmes. — Séjour à Bordeaux. — Lisbonne. —
Arrivée à Dakar.

Le vendredi 15 mars 1878, Paul Soleillet quittait Paris par la ligne du Bourbonnais. Il avait grand froid, mais il jouissait par avance du bonheur de revoir son petit Michel, sa femme et sa mère qu'il n'avait pas vus depuis le 28 octobre.

Il arrivait à Nîmes le lendemain à onze heures quarante-huit minutes du matin et consacrait exclusivement à sa famille le reste de la journée. On avait beaucoup à se dire. C'était un instant donné aux épanchements intimes, le temps, pour ainsi dire, de toucher du pied le sol natal, de se fortifier le cœur pour de nouveaux travaux, pour une nouvelle absence qui devait être longue, à coup sûr, et pouvait être éternelle.

La journée du lendemain fut en partie donnée aux parents et aux amis qui vinrent prendre congé de l'intrépide voyageur.

Le soir venu, Michel dort dans sa couchette, bercé par quelque doux songe, tandis que la mère et la femme, le cœur bien gros, préparent les bagages.

Soleillet est homme de courage ; il a sur la poitrine cette triple cuirasse d'airain qui permet d'affronter, sans pâlir, les plus grands dangers. Mais, sous cette cuirasse, bat un cœur d'homme, un cœur sensible aux douces affections de la famille. L'enthousiasme d'une œuvre patriotique n'affaiblit point cet amour de Soleillet pour le petit monde dont il est l'âme et la vie. N'est-ce pas d'ailleurs dans cet amour qu'il puise toute sa force ? L'homme dont le cœur est fermé à l'amour est-il capable d'un patriotique dévoûment ? Quoi qu'il en dise, comme sa femme et comme sa mère, Soleillet essuya furtivement plus d'une larme.

Le lundi, à deux heures trente-trois minutes du matin, il quitte ceux qu'il aime, ceux dont le touchant souvenir lui donnera la force de supporter les fatigues et les dangers de sa nouvelle entreprise, et le soir même, à huit heures, il fait une conférence à la Société de Géographie commerciale de Bordeaux, dans la salle de l'Académie, devant un public nombreux et sympathique.

« Le malaise général dont sont frappées les affaires en France, dit-il, provient de la disproportion qui existe entre la production toujours croissante de l'industrie et les besoins limités du commerce. A cette cause unique, un unique remède : la création de nouveaux débouchés.

» Nous devons chercher des débouchés partout, surtout en Afrique, où nous occupons une position exceptionnellement heureuse par la possession de l'Algérie et du Sénégal. Cette situation nous permet de prévoir le jour où notre influence s'étendra sans conteste sur toute l'Afrique occidentale, où notre commerce, notre industrie, notre civilisation seront prépondérants de Tripoli au lac Tschad, du lac Tschad au Benin, du Benin au cap Vert et du cap Vert au Maroc.

» Nous sommes parfaitement installés sur les deux mers qui baignent le nord et l'ouest de l'Afrique ; les oasis du Sahara nous appartiennent ou sont placés dans le cercle naturel d'attraction de nos départements algériens, et nos comptoirs de Médine (Sénégal) ne sont pas à 500 kilomètres du Niger.

» Malgré d'heureux et intelligents efforts, le Sénégal et l'Algérie ne nous ont cependant pas encore ouvert les marchés de l'Afrique centrale qui sont, pour ainsi dire, sous notre main.

» Cet insuccès relatif a deux causes : le manque d'esprit de suite, la localisation des efforts tantôt à l'Algérie, tantôt au Sénégal.

» Ce n'est ni l'Algérie ni le Sénégal qui doit nous ouvrir l'intérieur de l'Afrique : *c'est l'Algérie et le Sénégal.* Il ne s'agit pas simplement de la prospérité de l'une ou de l'autre de ces colonies, mais de la prospérité de la France. Devant cet intérêt majeur, nous n'avons pas à rechercher le moyen de faire dériver vers nos comptoirs du nord ou de l'ouest une partie du commerce de l'intérieur; nous devons nous efforcer d'ouvrir l'Afrique à notre influence et à nos deux colonies.

» Depuis longtemps, les hommes spéciaux qui s'occupent des développements à donner, par le commerce, à notre influence en Afrique pensent qu'avant tout il faut joindre nos deux colonies juste au point où, l'influence de l'une cessant, celle de l'autre commence.

» Tous les géographes et notre Société de Géographie de Paris reconnaissent que ce point tombe à Timbouktou, dont la situation, à l'extrémité septentrionale du Niger, en fait un queçar du Sahara et un port du Soudan.

» Faire connaître l'Afrique occidentale et préparer la réunion du Sénégal à l'Algérie, tel est le but que je poursuis depuis 1865.

» En me rendant d'Alger à In-Çalah, j'ai déjà reconnu le premier tiers de la route qui doit les réunir. Après-demain je partirai pour le Sénégal, d'où je m'efforcerai d'atteindre Timbouktou et In-Çalah.

» Je dois à la Société des Études maritimes et coloniales de France, qui veut bien m'accorder son patronage, et à M. Paul Dalloz, au patriotisme de qui l'on ne fait pas vainement appel, de pouvoir commencer ma nouvelle exploration.

» Mieux que personne, je connais les difficultés de l'entreprise, les dangers, les fatigues et les privations qui m'attendent, mais ce sont là des choses personnelles dont je fais bon marché, soutenu que je suis par l'espoir d'être utile ».

Tel est le thème développé par Paul Soleillet, et ce n'est pas merveille si l'intelligente population bordelaise l'a couvert de ses applaudissements.

La journée du lendemain, 19, se passe à faire des visites, des achats, des lettres. La soirée est donnée à M. Pierre Foncin, secrétaire général de la Société de Géographie commerciale de Bordeaux, maintenant Directeur de l'Instruction secondaire.

Le 20 au matin, Soleillet trouve sur le quai d'embarquement MM. Marc-Maurel, Foncin, Manès et autres membres de la Société de Géographie, venus pour lui serrer encore la main et lui souhaiter bon voyage. Là se trouvait aussi son ami Louis Lebrun, qu'il embrasse, non sans une profonde émotion.

A onze heures, le petit bateau qui devait le conduire à Pauillac démarre, et, trois heures plus tard, Soleillet monte à bord du *Hoogly*, paquebot des Messageries maritimes. Le commandant, M. Baud, lui fait un accueil cordial et le place à table auprès de lui.

Les passagers sont peu nombreux. Les plus bruyants sont des marchands de modes françaises établis dans l'Amérique du Sud.

Pendant la traversée, Soleillet se lie avec M. Servonnet, enseigne de vaisseau, M. Blanc, négociant à Rufisque, et M. Isard, négociant à Saint-Louis.

Le 23, *Le Hoogly* fait escale dans la rade de Lisbonne.

Le temps est détestable, mais cela n'arrête pas Soleillet. Il veut voir ces palais, ces villas qui couvrent les sept collines et se mirent dans le Tage ; il veut voir ces places dont le pavage en mosaïque imite les vagues de l'Océan ; il veut voir ces paysans qui ressemblent à des moines, ces populations qui ont eu l'esprit de conserver leur costume national, ces chars primitifs qui sont traînés par des bœufs et rappellent les véhicules de nos rois fainéants.

Du golfe que forme le Tage, il voyait les tours, les coupoles, les promenades, ce panorama féerique qui justifie le dicton portugais :

> Que não tem visto Lisbôa,
> Não tem visto cosa bôa !

qui n'a pas vu Lisbonne n'a rien vu.

La date fatale du 1er novembre 1755 et la noble figure du marquis de Pombal lui reviennent à l'esprit ; les fameux marins du xve et du xvie siècle revivent dans son imagination ; il les voit mettant à la voile pour les pays inconnus de l'Afrique et de l'Asie. Comment résister ? pourquoi résister ? Il profite de l'occasion pour visiter l'une des plus belles villes du monde.

Le 26, il reçut de M. le baron Grendel, secrétaire général de l'Association internationale africaine, une lettre ainsi conçue :

« Le Roi est charmé d'apprendre que vous avez les moyens de » réaliser vos projets et de savoir que la noble et utile mission que » vous allez remplir est en si bonnes mains.

» Sa Majesté me charge de vous offrir ses meilleurs compliments » et ses vœux pour le succès de votre exploration ».

On ne peut attendre du roi des Belges que de bonnes et encourageantes paroles, que des témoignages d'amour pour son vaillant peuple, pour les hommes de cœur et pour l'humanité.

Quatre jours plus tard, le samedi 30 mars, à minuit, un coup de canon annonce à Soleillet la rade de Dakar. L'aurore le trouve sur le pont, le regard fixé sur la terre de ses rêves.

Avec le jour arrivent un grand nombre de pirogues remplies de noirs dont le costume est plus ou moins rudimentaire. L'un a pour tout vêtement un chiffon noué autour des reins ; l'autre, qui n'a point de culotte, porte gravement une redingote ou une veste ; un troisième s'enveloppe du large boubou : tous sont tête nue ou coiffés du légendaire bonnet de coton.

Des nuées d'enfants qui montent de très petites pirogues crient et gesticulent pour obtenir quelques sous. Comme ceux que M. Alfred Rabaud vit dans le port d'Aden, en 1853 (1), ils sont d'une hardiesse surprenante. Malgré les requins qui sont nombreux dans la baie, ils vont chercher au fond de l'eau une pièce de cinquante centimes. Pour la même somme, ils passent sous le navire.

(1) M. Rabaud, *Zanzibar. Souvenirs de voyage, 1853-54.* (Bulletin de la Société de Géographie de Marseille, août-novembre 1879, p. 224.)

Ces premiers effets de la civilisation ne provoquent nul enthousiasme. Ces noirs sont-ils moins sauvages que dans leurs forêts ?
Assurément, puisqu'ils ont pris tous les vices de la civilisation ;
mais il ont perdu la dignité, la fierté de l'homme qui se sent libre
et maître du sol qui le nourrit. Il n'est plus sauvage, il n'est pas
encore civilisé ; il est, comme la chrysalide, entre la chenille qui
rampe et le papillon qui s'élève gracieusement dans les airs.

CHAPITRE II

DAKAR ET ILE DE GORÉE

Dakar. — Le colonel Canard. — L'île de Gorée. — Les Marabouts et les Griots. —
Un Alsacien-Lorrain sujet allemand.

A deux heures Soleillet remercie le commandant et son état-
major de leurs gracieuses attentions et se fait conduire à Dakar, à
l'hôtel du Commerce, tenu par M. Bouty.

La ville et le port de Dakar ne datent que de 1859. C'est à
cette époque seulement que l'amiral Protet détermina le gouvernement à prendre possession de la presqu'île du cap Vert.

Bien que destinée à beaucoup d'avenir, la ville de Dakar est
encore en formation. Au milieu des habitations des nègres, on
rencontre des constructions européennes souvent fort belles,
notamment l'hôtel de l'agent des Messageries Maritimes, celui du
commandant particulier de l'arrondissement de Gorée, celui du
génie, les ateliers de l'artillerie et le quartier de cavalerie.

La ville est ornée de beaux arbres sur lesquels s'ébattent des
colibris. Elle possède un jardin public bien planté, bien entretenu, et un musée d'ethnographie sénégambienne du plus grand
intérêt, mais qu'on a vendu à l'encan après l'avoir laissé longtemps dans un complet abandon.

La température est très supportable. Soleillet n'a constaté que
$+ 25°$ à midi.

La population de Dakar se compose :

1° De fonctionnaires et d'officiers en assez grand nombre,

Dakar étant le chef-lieu du deuxième arrondissement sénégalais et la résidence d'un commandant particulier qui a rang de colonel ;

2° De négociants d'origine européenne particulièrement adonnés au commerce de détail ;

3° De signars ou métisses, nés dans le pays, de pères et de mères de couleur ou de père blanc et de mère de couleur ;

4° De noirs de race djolove qui formaient l'ancienne population du village.

Les Djolof sont placés sous l'administration d'un chef choisi parmi eux. Le chef actuel a nom Dial Diop. Il est très populaire parmi les passagers des paquebots, qui lui donnent le titre pompeux de roi de Dakar. Il est aussi bien plus malin qu'eux, car il leur vend fort cher des grigris et des amulettes qu'il achète à vil prix d'un négociant français qui se fournit à Bordeaux.

Au recensement de 1876, Dakar « le Tamarinier » comptait en tout 1,556 habitants (1).

Le dimanche 31 mars, Soleillet se rendit auprès du colonel Canard, commandant particulier du deuxième arrondissement, et lui remit une lettre de l'un de ses amis, M. Lafont, ancien commandant de spahis.

Le colonel Canard est homme de grande taille, à l'accueil simple, franc, original ; c'est un esprit droit et juste, énergique et bon. Il est arrivé au Sénégal, en 1846, comme simple cavalier de spahis, et ne l'a presque jamais quitté. Naturellement il connaît très bien le pays.

L'entreprise de Soleillet lui paraît utile et même nécessaire ; il la croit possible, très possible, mais pour un homme voyageant seul, sans titre officiel, acceptant toujours et partout les mœurs et coutumes des indigènes. Il estime enfin qu'un voyage de Dakar à Alger doit coûter au moins 15,000 francs.

---

(1) En 1885 elle en avait 2,000. Elle est gare terminale du chemin de Saint-Louis et point d'attache du câble sous-marin. (ELISÉE RECLUS, *Nouvelle géographie universelle*, t. XII, pp. 256 et 280.)

Soleillet se rend ensuite à la préfecture apostolique pour remettre à l'évêque une lettre de M. l'abbé Durand. Il est reçu par le P. Los-sédat, curé de Dakar, qui habite la côte occidentale d'Afrique depuis 1844. Ce prêtre a vécu sept ans au Gabon et connaît les divers établissements de la côte. Il fit à Soleillet la remarque que les noirs soumis aux Anglais ou aux Portugais se disent anglais ou portugais, parlent plus ou moins la langue et prennent plus ou moins les habitudes de ces nations, tandis que ceux qui nous sont soumis, même ceux qui furent élevés en France, conservent leurs langues, leurs usages et leurs nationalités : ils se disent Djolof, Serer, Soussous et jamais Français.

A une heure et demie Soleillet se rend à bord de la *Thémise* pour saluer l'amiral Lallemand.

L'amiral l'entretient de ses campagnes sur la côte d'Afrique ; et, à propos du Dahomey, où il se rend, il lui raconte qu'il y a quelques années, par un gros temps, la barre de Whydah fut franchie par des requins ; que ces monstres se sont tellement mul-tipliés dans les récifs que les noirs ne veulent plus passer la barre et qu'ils considèrent, avec raison, comme mort, tout homme qui tombe à l'eau.

De la *Thémise,* Soleillet se rend à Gorée.

Gorée est un rocher volcanique de 880 mètres de longueur sur 215 de largeur, situé par 14° 39' 55'' de latitude nord et 19° 45' de longitude ouest. Il est séparé de la terre ferme par un canal de 3 kilomètres. Sa rade est superbe et les navires, dit M. l'amiral Fleuriot de Langle, y trouvent une mer toujours calme. Depuis 1840, il est couronné par un fort bastionné dont les batteries croisent leurs feux avec les feux des batteries de Dakar. Il est maintenant couvert de constructions et sa population, blanche, noire et métisse, est de 3,243 habitants (1).

Bien que l'île de Gorée jouisse du privilège d'être un port

(1) Elle n'était plus, en 1885, que de 1,960 habitants. (ELISÉE RECLUS, *op. cit.,* t. XII, p. 280.)

franc, son commerce est peu développé. Malgré sa pauvreté, ce roc a son histoire. Il fut occupé par les Hollandais en 1617; les Anglais le prirent en 1756 et les Français en 1779; les Anglais nous le reprirent en 1792 et nous le restituèrent en 1817, après les désastres du premier empire. Espérons qu'il est maintenant Français pour toujours.

Après en avoir visité, extérieurement, l'hôpital, l'hôtel du gouvernement et l'église; après avoir admiré son fort et son marché, après avoir vu ses habitants et le village construit au bas du rocher, sur une bande très étroite, Soleillet revient à Dakar. Un Anglais l'entretient des tentatives faites pour détourner vers la Gambie le commerce du Haut-Sénégal.

L'attention de Soleillet est particulièrement attirée par les marabouts et les griots.

Ses observations confirment l'exactitude de celles de Mungo Park, de l'amiral Fleuriot de Langle et de René Caillié.

Les marabouts ont pour unique occupation de lire le Koran et de dormir sur le sable en causant politique ou religion. L'un d'eux dit à René Caillié : « Un marabout ne doit jamais donner et toujours recevoir ». Ils abusent de leur qualité et de la crédulité publique pour extorquer des dons et vivre grassement sans faire œuvre de leurs doigts. La reconnaissance n'a pas place dans leur esprit. Au contraire, ils méprisent, maudissent et menacent sans cesse des flammes éternelles les simples qui se privent du nécessaire pour les entretenir dans une opulente oisiveté. Toujours sous prétexte de religion, ils traitent leurs esclaves avec une extrême dureté, ne se servent à leur égard que d'expressions méprisantes et grossières.

Les griots ne valent pas mieux. Ils ne peuvent être réduits en servitude et forment une caste à part, très méprisée, mais très redoutée. Ils tendent toujours la main et jamais en vain; c'est qu'ils ont l'oreille des forts dont ils flattent la vanité par les plus grossières flatteries; c'est qu'ils manient habilement la calomnie et versent à pleine gueule l'injure sur qui ne leur plaît pas. Les

griots ne se marient qu'entre eux. Ils sont trop méprisés pour
que le dernier des hommes libres veuille entrer dans leur alliance.
Après avoir été bien redoutés pendant leur vie, quelquefois même
après avoir eu beaucoup d'influence, ils sont déclarés indignes de
reposer dans le sein de la terre.

Le griot mort, son corps est exposé sur une natte, et les jeunes
filles de la caste, nues et armées de lances, disputent toute une
nuit son âme au diable, à qui elle appartient, puis il est enfoui
dans le creux d'un arbre.

Marabouts et griots sont la peste de la Sénégambie. Soleillet
les retrouvera sur toute sa route, jusqu'autour du sultan de
Ségou, et nous aurons souvent à en parler (1).

Le 1er avril, il continue ses investigations dans Dakar.

Le lendemain il visite un négociant alsacien-lorrain qui opta
pour la nationalité allemande et qui loue des bêtes de transport.
Ce brave homme ne demanda pas moins de deux cents francs
pour la location d'un cheval ou d'un mulet devant porter Soleillet
de Dakar à Saint-Louis. Soleillet apprit heureusement de M. Bolot
de Chauvillerain, chef du service télégraphique, occupé de l'installation d'un télégraphe optique entre Dakar et Gorée, qu'il
pourrait avoir, pour cinquante francs, un chameau qui le porte-
rait de Rufisque à Saint-Louis. Ce renseignement lui est confirmé
par le colonel Canard, qui lui donne une lettre pour le chef de
poste de Rufisque.

(1) MUNGO PARK, *Abrégé du voyage de Mungo Park dans l'intérieur de
l'Afrique;* Paris, 1800, p. 241. — RENÉ CAILLIÉ, *Journal de voyage à Tombouctou et Jenné dans l'Afrique centrale;* Paris, 1830, t. I, pp. 93-96, 149-150.
— AMIRAL FLEURIOT DE LANGLE, *Croisière de la côte d'Afrique* (Tour du
Monde, t. XXIII, p. 338).

CHAPITRE III

DE DAKAR A RUFISQUE

Comment on navigue entre Dakar et Rufisque. — Chez M. Blanc. — Rufisque. —
Sa population. — Son commerce. — Départ.

Le 3 avril, à 4 heures du soir, Soleillet prend place sur un
bateau chargé de marchandises et conduit par trois *gamins*.

Il vente frais du nord-est. En appareillant, une fausse manœuvre
les jette sur un haut fond où ils restent attachés pendant plus
d'une heure. Quand ils sont enfin remis à flot, les conducteurs
tordent leurs vêtements et s'occupent tranquillement de leur
souper, tandis que leur bateau, qui doit en avoir l'habitude,
vogue tant bien que mal dans la direction de Rufisque.

Pour échapper aux embarras de la manœuvre, Soleillet s'est
installé au milieu des marchandises, à califourchon sur un
tonneau. Le soleil avance rapidement vers l'horizon et plonge
dans l'Atlantique; le ciel s'illumine de milliers d'étoiles, la nuit
est splendide; mais on est presqu'en pleine mer, les pilotes
n'inspirent aucune confiance et notre voyageur n'est pas sans
inquiétude. On accoste enfin un waft en bois de la rade de
Rufisque; Soleillet en escalade la grille et trouve M. Blanc, son
compagnon de voyage à bord du *Hoogly*, qui lui offre un bon
souper et un bon lit.

Le lendemain, jeudi, il remet la lettre du colonel Canard au lieutenant commandant Rufisque (1) et cet officier lui fait obtenir, pour cinquante francs, un chameau et son conducteur.

M. le vice-amiral Fleuriot de Langle disait en 1868 : « Dès que » les troubles du Cayor seront apaisés, Rufisque, situé dans le » Baol, jouira d'une grande prospérité. » Il a prédit juste. En 1860, la population de Rufisque ne figurait pas dans le recensement de la colonie; il y a quelques années, tout le commerce de Rufisque était représenté par deux maisons : celle de MM. Marc Maurel et Prom et celle de M. Devès. Il y a aujourd'hui 1,193 habitants (2), sept négociants patentés de première classe, soixante autres qui ont soixante-dix-huit magasins, et la ville augmente tous les jours; tous les jours de nouvelles constructions en pierre ou en briques remplacent les hangars en planches qui servirent primitivement d'abris aux *pistachiers* ou négociants en arachides.

Rufisque n'a qu'une rade foraine, mais les routes du Cayor, du Sin et du Baol y aboutissent et en font un marché très-important.

Sa population se compose de Djolof qui sont pêcheurs et vivent au bord de la mer ou derrière la ville ; de blancs et de signars, qui sont commerçants ou représentants de commerce.

Son principal négoce est celui de l'arachide (*arachis hypogoea*, L.), plante légumineuse papilionacée, dont le fruit contient une, deux ou trois graines rougeâtres, vulgairement appelées pistaches ou amandes de terre. Ces graines fournissent, par la pression, une huile blanche, limpide, de saveur agréable, qui peut remplacer l'huile d'olive. Les arachides s'achètent au quintal métrique, de vingt à vingt-cinq francs, et sont payées en pièces de cinq francs qui portent au Sénégal et dans quelques pays voisins le nom de *gourdes*.

Les deux tiers des sommes payées sont immédiatement échangés contre diverses marchandises telles que toiles bleues de coton,

(1) Rufisque est l'ancien Rio Fresco des Portugais, la Tangueteth des Djolof, la baie de France des anciens navigateurs dieppois.

(2) En 1885, la population de Rufisque était de 4,250 habitants (ELISÉE RECLUS, *op. cit.*, t. XII, p. 280.)

dites guinées, provenant des Indes ou de Rouen, contre du tabac d'Amérique que l'on vend en paquets de six feuilles appelés « têtes de tabac », contre de la poudre grossière, dite de traite, des armes, de la verroterie, du sucre, etc. L'autre tiers des sommes payées est conservé par les noirs et transformé en bijoux.

Rufisque a l'aspect d'un bazar. Ses rues sablonneuses sont bordées de boutiques. Sa grande place est constamment traversée par des caravanes de chameaux, de bœufs et d'ânes, et par des noirs qui traînent des petites charrettes. Le chargement et le déchargement des navires se font au moyen d'un waft à la maison Morel et Prom, qui prélève un droit.

A une heure, Ya-Gaudir, l'un des chefs de Rufisque, amène, de la part du lieutenant-commandant, le chamelier qui doit conduire Soleillet à Saint-Louis. Le départ est fixé au lendemain matin, quatre heures, mais il a lieu avec une heure et demie de retard. Soleillet a placé son mince bagage des deux côtés du chameau et s'est installé tant bien que mal au milieu des paquets. Il emporte de M. Blanc le meilleur souvenir.

CHAPITRE IV

De Rufisque à Dakar. — Le Couscous. — Au poste de Mbidjem. — Le Cayor. — Un homme important. — Culture des champs. — Les Djolof. — Singulière coutume des femmes. — Bettet. — Camps maures des bords de la mer.

La route traverse un pays plat, couvert de grands arbres et de villages composés de cases rondes en paille surmontées d'un toit conique en chaume. Ces villages sont très animés. Presque toutes les femmes ont un enfant qu'elles portent sur le dos dans une pagne nouée au-dessous des seins.

Elles font ainsi devant leurs cases les travaux du ménage, et broient, dans de grands mortiers de bois, avec de longs pilons aussi de bois, le mil pour le couscous.

Elles y mettent beaucoup d'entrain. Généralement elles pilent à deux dans le même mortier, s'excitent par des chants, lancent le pilon très haut et claquent des mains pendant qu'il est en l'air. Elles doivent en partie à ce travail la beauté de leurs bras et de leurs épaules qui sont splendides.

Le couscous leur occasionne des travaux longs et pénibles. Elles doivent piler le grain deux fois, une première fois pour le séparer de son écosse, une seconde fois, après l'avoir vanné, pour le réduire en farine.

Le couscous est le mets national et la base de la nourriture des noirs.

La chaleur n'est pas excessive : son maximum a été de 27° 4'.

A midi et demi, Soleillet arrive au poste de Mbidjem. Il est reçu par le sergent chef de poste et par l'employé du télégraphe, un noir, gourmet (chrétien) de Saint-Louis élevé dans la banlieue de Marseille. Aux environs de ce poste, le gouvernement possède un jardin où se trouve une belle bananerie.

Le lendemain, samedi, Soleillet part à une heure du matin ; un quart d'heure après, il est dans le Cayor, royaume indépendant placé sous la suzeraineté de la France.

Le pays est accidenté, boisé, arrosé d'eaux vives. Au jour, Soleillet laisse sa monture aux mains du chamelier et s'éloigne un peu de la route : une biche de haute taille le regarde curieusement, des milliers d'oiseaux, richement vêtus, aux cris étranges, remplissent la forêt de mouvement, de vie, de gaîté, de chants d'amour.

Un grand nombre de villages sont disséminés sur la route. Les habitants sont étonnés de voir un blanc sur un chameau.

Le chamelier ayant une commission pour un de ces villages, Soleillet met pied à terre et s'installe sous un bel arbre, auprès d'une mosquée. Un homme au vêtement sordide passe près de lui et entre dans un enclos où se trouvent plusieurs cases. Il en sort un instant après coiffé d'un bonnet grec de haute forme, en velours incarnat brodé d'or, vêtu d'un grand boubou (1) bleu brodé de blanc, chaussé de bottes en maroquin rouge et armé d'un sabre dans un fourreau de cuivre. Il passe et repasse, grave et silencieux,

> Marchant à pas comptés,
> Comme un recteur suivi des quatre facultés,

entre et sort de la mosquée pour faire admirer sa magnificence.

Tout autour des villages se trouvent des champs bien cultivés et bien irrigués. Les ouvriers en sont complètement nus, mais ils portent autour du corps, pendus à des courroies ou à des ceintures, une quantité innombrable de grigris, de talismans, de

______

(1) Sorte de blouse longue et large ayant la forme d'une toge d'avocat.

poires à poudre, de couteaux. Ils ont toujours un fusil auprès d'eux.

Les femmes sont vêtues d'une pagne (1) serrée autour des reins.

Hommes et femmes séparent leurs cheveux sur le front et les divisent en petites tresses.

Ce sont des Djolof purs, gens de fort belle race.

Un cavalier de taille athlétique, aux traits réguliers, à la barbe naissante, aux cheveux abondants et régulièrement tressés, drapé dans une pagne et tenant un coutelas dans la main droite, galoppait sur un bel étalon qu'il montait à cru et dirigeait de la main. Une jeune femme, admirable de proportions, laissait voir deux seins qui auraient pu, comme ceux de Vénus, donner la forme à la première coupe. Longtemps elle suivit Soleillet, curieusement, montrant à travers ses sourires une double rangée de belles dents blanches et demandant, par ses gestes, du tabac à fumer qu'elle finit par obtenir. Chez les Djolof, les hommes prisent et les femmes fument. Les élégantes savent se placer coquettement une petite pipe dans le coin de la bouche et en tirer de gracieux nuages de fumée.

A la vue de cet homme et de cette femme, Soleillet eut la perception de la beauté noire (2).

(1) Pièce de coton rayé plus longue que large.

(2) Les peuples yolof qui habitent sur l'Atlantique et les peuples çomalis qui vivent sur la côte d'Ajan, baignée par l'océan indien, ont une telle similitude de forme extérieure, que, si l'on ne considérait que leur caractère physique, on admettrait sans peine qu'ils appartiennent au même rameau éthiopien. Tous les deux offrent les plus beaux spécimens des peuples africains. Leur peau, qui est d'un noir de jais, a des reflets brillants qui indiquent que le derme est d'une finesse extrême. Les proportions de leur corps sont admirables, et la comparaison seule fait ressortir leur haute taille qui est svelte et dégagée ; le volume de la tête est généralement trop petit pour la masse du corps ; quelques tribus la grossissent en laissant pousser leurs cheveux crépus ; elle est rattachée au corps par un cou flexible et bien planté dans les épaules ; la musculature du torse est bien ressortie, les reins sont cambrés, la cuisse est arrondie, le genou petit ; le type des noirs du nord serait parfait s'il

A partir de trois heures, le terrain devient sablonneux et inhabité. A quatre heures et demie, Soleillet arrive au poste de Bettet où il est reçu par Masemba, noir musulman de Saint-Louis, employé du télégraphe et marabout déja considéré.

Il quitte le poste le lendemain dimanche, 7 avril, à cinq heures du matin, traverse une fraîche oasis et suit le bord de la mer pendant toute la journée. Il voit dans de nombreuses épaves la preuve des dangers de la navigation sur ces côtes. Il rencontre plusieurs caravanes de Maures. La plupart des hommes sont couverts de peaux de chevreau noir, car il pleut et il fait froid. Ces Maures ont, sur le bord de la mer, quelques petits camps très sales et très misérables.

Des quantités innombrables de crabes connus sous le nom de *toulourous*, marchent rapidement de côté, et tracent sur le sable du rivage de capricieux dessins. Il sont en partie chargés de la voirie de Saint-Louis. Ils entrent dans les cimetières et s'introduisent dans les cadavres pour en dévorer les entrailles.

n'était déparé par une jambe sèche qui s'appuie sur un pied plat, rendu plus disgracieux par le prolongement du calcanéum.

(AMIRAL FLEURIOT DE LANGLE, *Croisière à la côte d'Afrique*, dans le *Tour du monde*, t. II, p. 310).

CHAPITRE V

DE TARET A SAINT-LOUIS

Taret. — Soleillet est reçu par le chef du village. — Intérieur d'une case. — Mᵐᵉ Maremba. — Poste de Mouit. — Arrivée à Saint-Louis.

A huit heures du soir, après une marche de quinze heures sans avoir rien mangé, Soleillet s'arrête au village de Taret ; le chef de ce village lui offre l'hospitalité ; pour la première fois, il va passer la nuit dans une case.

Le chef de Taret est un grand noir qui porte un collier de barbe grisonnante. Il est coiffé d'un bonnet de coton et vêtu d'un boubou blanc.

Deux femmes, dont l'une paraît être servante, préparent le dîner du voyageur. En attendant, il entre en se courbant dans une case en paille fort propre et assez bien arrangée. Le mobilier se compose d'un lit en planches recouvert de pagnes très blanches, de deux grands coffres en bois peint et garnis de cuivre, de calebasses, de paniers remplis de provisions ; un monumental parapluie bleu, à bandes rouges, est suspendu au mur. Le lit sert de siège. On fait du feu au milieu de la case ; la fumée incommode un peu, mais elle détruit tous les insectes.

Après le repas, Soleillet cause un instant avec la femme de son hôte, vieille négresse fort drôle, coiffée d'un madras jaune, parlant un peu français et saluant en faisant servante. Avant de le quitter, elle lui demande son nom et lui apprend qu'elle est Mᵐᵉ Maremba.

Il se roulait dans son manteau pour dormir lorsque son hôtesse revint en chantant :

« *Monsieur Soleillet, Soleillet, eillet, eillet, et,*

« *Madame Maremba, emba, emba, ba, ba,*

« *Apporter, orter, ter, ter* ».

Elle ne dit pas ce qu'elle apporte, mais elle le tient au-dessus de sa tête, s'en sert comme d'un tambour de basque et finit par le déposer au pied du lit.

Le lendemain, 8 avril, Soleillet part à cinq heures et demie du matin. D'abord il suit le rivage, puis la rive gauche du Sénégal. A sept heures et demie il arrive au poste de Mouit où il est reçu par un jeune caporal de son pays. Cinq heures après il arrive au pont Faidherbe et à une heure il entre dans Saint-Louis.

CHAPITRE VI

SAINT-LOUIS

En arrivant à Saint-Louis, Soleillet va se présenter au commandant Boilève, directeur des affaires politiques. Il est bien accueilli et appelé immédiatement par M. Brière de l'Isle, colonel à l'état-major de l'infanterie de marine et gouverneur du Sénégal et dépendances.

Le colonel Brière de l'Isle est un mulâtre de haute taille, de prestance toute militaire, ferme de parole, parfois brusque de geste, franc, loyal. Soleillet parle de lui avec enthousiasme.

Il lui remet des lettres de l'amiral Thomasset, président de la Société des études maritimes et coloniales, de M. Louis Desgrand, président de la Société de Géographie de Lyon, et de M. Marc Maurel, président de la Société de Géographie commerciale de Bordeaux.

Après avoir lu ces lettres en entier et posément, le colonel dit à Soleillet :

— Je vois que vous avez de grands projets, mais quels sont les moyens dont vous disposez actuellement ?

— Je n'ai encore reçu que 1 000 fr. de la Société des études maritimes et coloniales ; le jour de mon départ de Bordeaux, la Société de géographie de Lyon m'a fait remettre 100 fr. ; le

ministre de l'Instruction publique m'a alloué une subvention de
1 000 fr., mais je ne l'ai pas encore reçue ; je pense qu'elle me
parviendra au premier jour (1). La Société des études maritimes
et coloniales doit m'envoyer encore un millier de francs (2) ; la
Commission des missions au ministère de l'Instruction publique
et la Société de géographie de Paris ont promis de ne pas m'oublier quand je serai en route.

— Ainsi donc, Monsieur Soleillet, vous êtes sans ressources !
Que comptez-vous faire ?

— Monsieur le Gouverneur, j'ai pensé que, connaissant l'utilité des explorations que je désire entreprendre, vous ne me refu-
seriez pas de les patroner, et que vous auriez la bonté de me procurer les fonds nécessaires pour commencer mon voyage.

— Enfin, que vous faudrait-il ?

— Je désirerais un tirailleur qui pût me servir d'interprète et
de domestique, une mule harnachée pour monture, quelques
vivres : biscuits, riz, sucre, café, et une somme de 3,000 fr. (3).

Soleillet expose ensuite au gouverneur son plan de voyage.
Celui-ci paraît l'approuver, l'invite à dîner pour le soir et lui conseille de voir M. Gaspard Devès, grand négociant, maire de
Saint-Louis et président de la Chambre de commerce. On lui
donne pour l'accompagner l'interprète Ousman.

(1) Cette subvention a été allouée en mars 1878 pour aider Soleillet à
s'équiper et à se rendre au Sénégal. Il n'a pu la toucher qu'en mai 1879, les
bureaux ne voulant pas se contenter d'une signature sous-seing privé et per-
sistant à lui demander, alors qu'il était dans le Soudan, une procuration
notariée.

(2) Soleillet n'a reçu de la Société des études maritimes et coloniales que
500 fr. en plus, ce qui porte à 1,500 fr. la subvention totale de cette Société.

(3) Il convient de remarquer ici, qu'en partant de France, Soleillet n'avait
promis à la Société des études maritimes et coloniales que de faire le tour de
la Sénégambie en se rendant de Bathurst à Médine. Ce voyage a été fait en
1880-81 par le docteur Socrate d'Ariffa, de Bologne. Soleillet a vu le docteur
à Bakel et il a reçu de lui l'assurance que ce voyage ne lui avait pas coûté
1,000 fr. Soleillet pouvait donc tenir sa promesse.

Papa Ousman, comme on l'appelle généralement à Saint-Louis, est un vieux noir de race soni-nké, né dans le haut du fleuve. Après avoir beaucoup voyagé, il est venu se fixer à Saint-Louis où pendant longtemps il a exercé la profession de menuisier. Maintenant encore, il aime à se rappeler ce bon temps et il parle volontiers du général Faidherbe, pour qui il a un véritable culte. Le général le tient d'ailleurs en grande estime. Il dit dans ses essais sur la langue poul : « Je me suis procuré ces documents avec » l'aide de l'interprète Ousman, un de ces indigènes sénégalais » qui servent la cause française avec un dévoûment et une fidélité » au-dessus de tout éloge ».

Papa Ousman est chaussé d'immenses sandales ; il porte une pagne, sur la pagne un boubou, sur le boubou une redingote de commissaire de marine ; il a pour coiffure un bonnet de coton. Sa figure ridée est encadrée dans un collier de barbe blanche très courte. Ses yeux sont petits et vifs. Il parle très bien le français. Il est intelligent ; il a beaucoup vu, beaucoup observé ; sa conversation est très instructive.

Soleillet ne rencontre que le lendemain le maire de Saint-Louis, homme intelligent et fort occupé d'ouvrir à la colonie les marchés de l'intérieur de l'Afrique. M. Devès pense que nous devons diriger tous nos efforts vers l'empire de Ségou, clé de la route du Haut-Sénégal au Niger ; que les sultans de Ségou et du Masina accueilleraient bien un voyageur français ; que Soleillet, dût-il avoir le sort de Mage et de Quintin, devait prendre pour objectif Ségou-Sikoro, et qu'un voyage à cette ville rendrait au Sénégal un grand service.

Dans l'après-midi, Soleillet voit Hamat-Ndiaye-An, tamsir (1), officier de la Légion d'honneur, et cadi de Saint-Louis. Il est âgé, toucouleur du Toro, très estimé, très aimé. M. Marc Maurel l'a beaucoup connu pendant son séjour au Sénégal et fait de lui le plus grand éloge.

(1) Chef de la religion musulmane au Sénégal.

Hamat a un gendre qui est chef d'un village sur le Haut-Sénégal où il doit retourner prochainement. Si Soleillet peut voyager avec lui, ainsi que le propose Hamat, il arrivera facilement par terre au Guidimakha.

Soleillet vint aussi voir el Hadji Bou el Moghdad, officier de la Légion d'honneur et rédacteur, pour l'arabe, auprès du gouvernement du Sénégal. En 1860-1861, Bou el Moghdad a traversé le Sahara de Saint-Louis (Sénégal) à Mogador (Maroc). Comme plusieurs noirs du Sénégal dont les parents veulent soigner l'éducation, il a été élevé chez les Maures Ouled-Daman. Il a conservé des relations avec les principales familles maures du désert, ce qui lui a permis de se faire une grande situation tant auprès des Maures qu'auprès des Français. Il est l'homme du Sénégal qui peut le mieux renseigner et le mieux protéger un voyageur qui se propose de traverser le désert.

Il pense que Soleillet pourrait atteindre Timbouktou par le Oualata ; il lui trace un itinéraire et le renseigne sur les principales tribus maures avec lesquelles il se trouverait en rapport.

Dans la matinée du 13 avril, Soleillet se rend chez le gouverneur où il rencontre M. Bancale, capitaine de spahis, qu'il a connu dans l'oasis de Laghouat. Le gouverneur lui apprend que toutes ses demandes sont acceptées et l'invite à dîner.

Le lendemain, Soleillet déjeune chez M. Isard, qui fait le commerce d'animaux pour les ménageries. Les noirs lui apportent toutes sortes d'animaux. Au moment de l'arrivée de Soleillet, il mesurait tranquillement avec son fils un serpent python dont on lui proposait l'acquisition.

Le 15, le gouverneur lui annonce qu'il partira le 17 et que, le 16, il fera une conférence publique.

Il déjeune avec les officiers d'infanterie de marine qui l'invitent gracieusement à être leur hôte pendant le reste de son séjour à Saint-Louis.

Dans la journée, en compagnie de Bou el Moghdad, il achète des barres d'ambre, du corail et de la cornaline ; le soir, avec le sous-lieutenant Monteil, il achète deux plats, deux assiettes, deux tasses, deux couverts, le tout en fer; un chandelier de cuivre, deux couteaux et deux bouilloires en métal complètent sa batterie de cuisine.

Le 16, le gouverneur fait acheter par adjudication, pour son voyage, deux balles de guinées. Il ajoute à cette petite pacotille du tabac et de la parfumerie.

A dix heures, il raconte aux officiers de l'infanterie de marine ses précédents voyages. A cinq heures du soir, dans la cour de l'École des Frères, en présence du gouverneur, des autorités civiles et militaires et d'un public très nombreux, il expose le but de son prochain voyage et ses projets pour l'avenir. Cet exposé est accueilli avec la plus grande sympathie.

Le jour du départ est arrivé. Il donne la matinée à sa famille, à ses amis, à la Société des études maritimes et coloniales. A deux heures, il prend congé du gouverneur qui trouve pour lui de bonnes et encourageantes paroles. M. Brière de l'Isle lui donne pour dernières instructions de se rendre d'abord à Ségou-Sikoro, puis, si les circonstances sont favorables et si ses ressources le lui permettent, de descendre à Timbouktou et de s'enfoncer dans le désert.

A trois heures, en compagnie du sous-lieutenant Monteil, qui l'avait aidé à terminer ses paquets, il traverse la ville pour se rendre au bateau. Tout le monde dans les rues, blancs et noirs, civils et militaires, le saluent, lui souhaitent bon voyage, lui serrent les mains. Il entre en passant dans le magasin de M. Serp et s'assied un instant pour vérifier une note. Un inconnu le prie de lui écrire un mot en souvenir de son départ, et Soleillet trace sur un chiffon de papier cette phrase qui se passe de tout commentaire :

Si je ne réussis pas, je recommencerai.

CHAPITRE VII

DE SAINT-LOUIS A PODOR

Départ de Saint-Louis. — Compagnons de route. — Richard-Toll. — Bakel. — Caïmans et superstitions dont ils sont l'objet. — Podor. — Tentatives de culture. — Ce que produit la protection du gouvernement. — Le jour de Pâques à Podor.

A quatre heures et demie il arrive sur le quai. Le capitaine du port, M. Fabre, lui offre une place dans sa yole et le conduit à bord de l'aviso *Le Dakar*. A l'échelle, el Hadji Bou el Moghdad lui tend la main. Le vieux tamsir Hamat est là aussi et lui présente son gendre, le cheikh Mahmadou, prince de Makhana. Le cheikh rentre dans sa ville et accompagnera Soleillet jusqu'à Bakel. Un indigène, chef du village d'Assor, dit à Soleillet : « Vous ferez un bon voyage, nous avons prié Dieu pour vous à » la mosquée ». Le commandant Boilève, plusieurs officiers et plusieurs civils viennent aussi lui dire adieu. A sept heures, *Le Dakar* se met en marche.

Il y avait sur *Le Dakar* plusieurs européens dont Soleillet se rappelle le nom avec plaisir : M. Laffitte, mort huit jours après son arrivée aux mines d'or de Kenieba, MM. Serp et Isard. L'aviso est commandé par M. Vilmont, enseigne de vaisseau de la marine nationale, jeune homme de charmante humeur.

Parmi les noirs qui sont à bord, deux méritent une mention particulière :

Le premier est Ahmadou Abdoul, neveu et héritier présomptif de Samba-Oumané, roi du Toro. Il est élève de l'école des otages de Saint-Louis, chevalier de la Légion d'honneur, pour fait de guerre, et à notre service comme interprète. C'est un jeune homme de taille svelte et élancée, aux yeux vifs, aux traits agréables. Il vit à la table de l'état-major, mais, fervent musulman, il ne boit pas de vin.

Le second est le cheikh Mahmadou. Mahmadou est très influent. Sur tout le cours du fleuve il a des femmes, toutes filles de chefs, ce qui lui donne partout droit de cité. Il est jeune encore et de type caucasique. Il parle arabe ; il a fait le voyage de la Mekke et connaît Timbouktou. Le cheikh est pour Soleillet une connaissance précieuse. Il lui propose de l'accompagner jusqu'à Bakel, et notre voyageur accepte bien volontiers.

Les rives du Sénégal sont ici basses et peu cultivées. On voit seulement, de distance en distance, quelques petits bouquets de palmiers.

Le jeudi, 18 avril, à six heures et demie du matin, quand il se réveilla, Soleillet se trouvait en face de Richard-Toll. Nous avons là un magnifique jardin d'essai, rempli de beaux arbres et de cultures diverses, dont la réussite prouve que ce sol, où les hommes ne manquent pas, ne demande, pour être fertile, qu'une bonne direction.

Dans la pensée du général Faidherbe, Richard-Toll, simple maison de campagne des gouverneurs, devait se transformer en ferme modèle et en école d'agriculture.

Richard-Toll est dans une situation exceptionnellement favorable. Par le marigot de la Taouey, qui est navigable en toute saison pour les chalands, et pendant les hautes eaux pour les bâtiments d'un tirant d'eau de quatre à cinq pieds, il est en communication directe avec le lac de Guier, et notre poste de Merinaghen construit en 1842. Il fut créé quand les Anglais rendirent le Sénégal à la France. La direction en fut confiée à un botaniste distingué du nom de Richard ; de là son nom de Richard-Toll, qui veut dire, en djolof *Jardin de Richard*. Richard y fit, sur une grande échelle, des essais d'acclimatation de plantes et d'arbres exotiques.

« Ce jardin, dit Raffenel, a joui pendant longtemps d'une
» remarquable prospérité et a donné, grâce aux soins de son fon-
» dateur, des fruits, des légumes et des produits utiles à l'in-
» dustrie ; mais des mesures de prudence, commandées dans l'in-
» térêt de la défense du poste, déterminèrent, en 1840, la des-
» truction complète des plantations. Nous avions alors une
» guerre à soutenir contre les Maures Trarzas, et l'on craignait
» que les arbres qui avoisinaient le poste ne servissent, la nuit
» surtout, à cacher des hommes disposés à tenter une surprise.
» Toutefois, cette mesure n'a pas reçu l'approbation générale.
» On conçoit, en effet, qu'une plus active surveillance aurait pu
» préserver de la destruction un établissement d'horticulture par-
» venu déjà à un certain developpement : en deux heures l'œuvre
» de vingt-cinq ans fut anéantie ! »

La dévastation constatée par Raffenel a été réparée. Richard-
Toll possède aujourd'hui un véritable parc orné de grands et
beaux arbres de l'aspect le plus agréable.

La vue de Richard-Toll suggère à Soleillet une idée. « Nous
avons organisé, dit-il, pour les besoins des armées et des colonies
divers services dont les agents sont assimilés à nos fonctionnaires
ou à nos officiers. Une seule profession, la plus utile, est restée
en dehors des services de l'État : l'agriculture. Il semble, au contraire, qu'un service agricole devrait être organisé régulièrement,
fortement, dans chaque colonie, de manière à former une armée
qui ferait, par le travail, la conquête du sol et des hommes ».

A huit heures, *Le Dakar* quitte Richard-Toll, s'arrête un instant
devant Biloi et arrive à Dagana, comptoir français où se trouve
un poste commandé par un lieutenant. Deux villages indigènes
sont dans le voisinage : l'un est dans les limites du Oualo, l'autre
appartient au Foutah.

A deux heures, Soleillet constate la plus haute température de
la journée : $+ 36° 5'$ au thermomètre en fronde, $+ 60°$ au thermomètre suspendu aux bastingages, en plein soleil; la température de l'eau est $+ 25° 9'$. Une faible brise souffle du sud-ouest.

Les bords du fleuve sont couverts d'une végétation luxuriante. Les grands arbres, où gambadent des singes, se mirent dans le fleuve. Des aigrettes et des aigles batteleurs cherchent leur proie. Des caïmans dorment sur la berge et leur poitrail blanc sert de cible aux voyageurs ; d'autres nagent entre deux eaux, en quête de nourriture.

Les indigènes divisent ces monstres en deux espèces : le *dialik,* de couleur assez claire, qui ne dépasse jamais deux mètres et se nourrit exclusivement de poisson ; le *maimaido,* de couleur plus sombre, qui atteint 6, 8 et 10 mètres de longueur et attaque les bœufs et même l'homme.

Quand on veut se baigner en sûreté dans le fleuve, il faut agiter l'eau ou la faire battre à ses côtés : cela suffit pour éloigner le crocodile qui craint le bruit, comme l'indique son nom.

Sur les deux rives du Sénégal et du Dhjoliba ou Niger, on trouve des croyances qui rappellent nos légendes du moyen-âge. Des femmes ont pouvoir sur le terrible *maimaido*. Elles lui défendent de toucher aux gens de leurs villages, lui font des remontrances, le corrigent quand il enfreint leurs ordres, et (d'après ce que l'on croit) elles le promènent tenu en laisse par un ruban.

De même qu'en France certaines personnes portent des amulettes, des médailles, des reliques pour se garantir des balles, des maladies, etc., certains noirs portent des grigris pour se garantir de la dent du crocodile. D'autres enfin assurent qu'un homme peut se débarrasser d'un caïman qui lui a saisi la jambe en se retournant brusquement et en lui enfonçant ses doigts dans les yeux.

A huit heures du soir, *Le Dakar* arrive à l'escale de Podor. On apporte à Soleillet une dépêche de M. Brière de l'Isle, et Soleillet sent tout le prix de ce mot d'encouragement et d'adieu qui lui est envoyé, à l'extrémité de la ligne télégraphique, par le gouverneur du Sénégal. Cette dépêche, qui fait honneur à son auteur et à son destinataire, mérite d'être citée. La voici :

« Je voulais vous dire adieu hier soir de mon bureau, mais

» vous étiez déjà embarqué. Je vous souhaite succès pour la
» France et le Sénégal. Ne négligez aucune occasion de nous
» donner de vos nouvelles, et comptez sur l'administration de la
» colonie qui vous a adopté ».

Soleillet et le commandant de l'aviso prennent terre. Ils sont
reçus par M. Clercant, capitaine d'infanterie de marine, commandant du cercle de Podor, et par Mᵐᵉ Clercant. Près d'eux se trouve
le capitaine Gallieni, du bureau politique de Saint-Louis, qui vient
de faire une délimitation de frontière dans le Toro (1).

Malgré l'heure avancée de la nuit, on fait le déchargement de
l'aviso. Les bagages de Soleillet ne demandent pas grand temps;
la mule, qui pouvait seule occasionner des difficultés, est jetée à
l'eau et gagne tranquillement la rive.

Le vendredi, 19 avril, à trois heures du matin, Soleillet serre
la main du capitaine Gallieni, qui prend sa place à bord du *Dakar*,
et va s'installer dans la chambre que vient de quitter cet officier.

Dans la matinée, il se rend au télégraphe pour répondre à la
gracieuse dépêche du gouverneur.

L'employé du télégraphe est un noir gourmet de Saint-Louis.
Près de lui se trouve M. Couteau, conducteur des Ponts et
Chaussées, noir gourmet aussi, avec qui Soleillet a fait le voyage
de Saint-Louis à Bakel.

Après une bonne causerie, Soleillet visite l'escale qui consiste
en une belle allée de cail-cédrats, où se tient chaque matin un
marché indigène, et en une rangée de maisons parallèles au
fleuve, où se trouvent les logements et les magasins des traitants
et des négociants du Sénégal.

Il voit chez le cheikh Mahmadou le commandant Abdoul, qui se
dispose à partir pour le Toro. Dans l'après-midi, il range les marchandises qu'il doit laisser à Podor, où un chaland les prendra
dans quelques jours pour les porter plus loin.

(1) C'est ce même officier qui devait commander la mission envoyée à
Ségou en 1879-1881. Elle a fait de très beaux travaux topographiques et
ouvert la voie aux expéditions du colonel Borgnis-Desbordes.

La journée du lendemain se passe en partie à recueillir des renseignements sur Podor, l'escale la plus importante du fleuve.

Au temps de Bruë, au xviie siècle, nous y avions déjà une escale. Au siècle dernier nous y avions un fort, et c'était, d'après Adamson, la limite de notre navigation ; mais il fait erreur, car de tout temps nous avons remonté le fleuve jusqu'à Bakel et à la Falémé.

Dans le temps où le Sénégal était tantôt à la France, tantôt à l'Angleterre, Podor fut complètement négligé. Le colonel Schmaltz, qui, de 1817 à 1820, gouverna la colonie, eut l'intention de reconstruire le fort et de faire de Podor le chef-lieu de grandes cultures à établir dans l'île à Morfil. Ces idées n'eurent aucune suite, et c'est seulement en 1854 que le fort fut reconstruit par le général Faidherbe.

En 1830, on renonça aux cultures entreprises sur les bords du Sénégal. Quelle est la cause de l'insuccès de cette entreprise qui pouvait avoir des résultats si heureux ? Le gouvernement français a cru, sous tous les régimes, qu'il lui suffisait de faire des règlements et d'accorder des primes pour faire naître et prospérer la colonisation, le commerce et l'industrie. C'est une idée absolument fausse. Ce qu'il faut, c'est peu de règlements, le moins possible, beaucoup de liberté, une protection sérieuse et des chemins.

En ce qui concerne les primes, voici ce qu'en dit Raffenel, témoin oculaire :

« Il est, au Sénégal, de notoriété publique, que les primes qui,
» par une trop grande confiance de l'administration, étaient
» payées sur pied au lieu d'être payées sur récolte, servirent plus
» souvent à récompenser la paresse et la fraude qu'à encourager
» le travail honnête. Voici comment : lorsque la visite de l'ins-
» pecteur était annoncée, des chefs de culture faisaient ficher en
» terre, pendant la nuit, des branches de cotonniers et d'indigo-
» fères, et, à la faveur de cette grossière supercherie, le nombre
» des plants s'accroissant facilement dans une proportion indéfinie,
» non seulement donnait droit à des primes d'un prix élevé,

» mais entraînait encore à faire, sur la prospérité des cultures,
» des rapports inexacts qui entretenaient une erreur déplorable.
» La fraude ne s'arrêtait pas là; elle spéculait aussi sur les tra-
» vailleurs pour percevoir des subventions indues : on trompait
» les inspecteurs sur le nombre des ouvriers, et cela était facile,
» en faisant répondre à l'appel des hommes qui n'étaient point
» employés aux cultures. On allait, en outre, jusqu'à abuser de
» la libérale rétribution qui était accordée pour leur nourriture;
» cette rétribution était fixée à 50 centimes par jour, tandis que
» la nourriture ne coûtait réellement que 15 centimes ».

Ces insuccès de culture prouvent donc tout simplement que la tutelle de l'État ne peut remplacer l'initiative privée. Il est à supposer que, dans un temps prochain, le Sénégal, dont la fertilité n'est pas contestable, produira tout ce qu'il peut produire, augmentera notre richesse nationale, portera les colons et les indigènes à beaucoup consommer, amènera un mouvement d'échanges qui sera plus profitable à notre marine marchande et à notre industrie que les primes et la protection.

Le 21 avril était le jour de Pâques. En France, dit Soleillet, c'est jour de fête; ici, personne n'y songe. La nature a même un air de tristesse inaccoutumée, un ciel du nord, des nuages pommelés blancs et gris avec des bandes pourpres, et le thermomètre ne dépasse pas $+ 34°$.

Dans la matinée on a amené un maure arrêté pour vol. Il avait les mains liées derrière le dos avec une longue corde dont un bout était tenu par Mercure, un grand diable de noir, ancien captif, qui remplit ici les fonctions d'agent de police.

Depuis qu'il est à Podor, Soleillet cherche à acheter un bœuf porteur ou des ânes. Ne pouvant en trouver et ne voulant pas prolonger son séjour, il loue, au prix très élevé de 10 francs, un bœuf qui portera son bagage à Guédé. Le départ est fixé au 23 avril, cinq heures du matin. Le cheikh Mahmadou rejoindra Soleillet à Guédé.

CHAPITRE VIII

DE PODOR A GUÉDÉ

Toilette de voyage. — Equipage. — Départ de Podor. — De Podor à Diatal. — Comment les Slatés domptaient les ânes. — Soleillet chirurgien. — Le Toro. — Les Toucouleurs. — Particularités de la langue poular.

Après déjeuner, Soleillet se fait raser la tête par un homme de Ségou, Yaguelli, son garçon, et Ali, l'infirmier du poste, ayant craint de le couper. Il prend ensuite le costume du pays : une grande blouse de coton ayant à peu près la forme de la toge des avocats, et un bonnet de coton sur lequel il place un large chapeau de paille.

A l'heure dite, il donne l'ordre de charger le bœuf, mais le pauvre animal est blessé sur le dos et ne peut conserver sa charge. Soleillet fait appeler le loueur et lui demande un âne. Nouvelles difficultés. Cependant, à force de faire chercher, on trouve deux ânes et un conducteur, le tout au prix de 13 fr. 65.

Les bagages se composent d'une petite provision de biscuit de mer, de thé, de sucre, de bougie, d'un sac contenant du linge, d'un hamac de matelot, d'un tapis saharien que Soleillet a rapporté de Djebel-Amour, d'une caisse contenant des têtes de tabac pour servir de monnaie jusqu'à Médine. Soleillet porte, dans une sacoche, de l'argent, de l'ambre, du corail, de la cornaline pour cadeaux. Il est armé d'un révolver et d'un couteau cachés sous ses vêtements. Son domestique a un fusil à deux coups, une petite provision d'amorces, de poudre et de plomb.

A huit heures et demie tout est prêt et l'on se met en route.

Soleillet reçoit les adieux du commandant du poste, M. Clercant, et du docteur Borello, dont il fait le plus grand éloge. Mahmadou monte à cheval et l'accompagne à quelque distance.

En descendant du poste, qui est à l'extrémité ouest de l'escale, sur une butte élevée, on traverse des allées, jadis au nombre de quatre et réduites à deux par le fleuve ; ces allées sont plantées de cail-cédrats, arbre particulier au Sénégal qui offre un frais ombrage, donne un bois comparable à l'acajou et une écorce que les indigènes emploient comme fébrifuge et comme abortif. Un côté des allées est bordé par le fleuve, l'autre par des maisons.

En quittant l'escale, on entre dans une plaine ondulée, couverte de broussailles et d'herbages. En cet endroit, les deux ânes se débarrassent de leurs charges et se mettent à gambader à travers champ. Plus de deux heures sont perdues à les rattraper et à remettre en ordre les bagages.

Soleillet traverse le village de Diatal et entre, une demi-heure après, dans la forêt de Kouaké. La forêt est très épaisse et très belle, mais les ânes sont capricieux et l'on avance avec une extrême lenteur.

Soleillet ne s'est pas souvenu d'un petit incident assez gai raconté par Mungo Park. L'illustre voyageur s'avançait dans le royaume du Bondou, quand un de ses ânes s'arrêta et s'obstina, avec l'entêtement qui distingue sa race, à ne plus avancer d'un seul pas. Les conducteurs nègres ne furent nullement embarrassés. Ils coupèrent une branche d'arbre fourchue, mirent la fourche, comme un frein, dans la bouche de l'âne, lui en attachèrent les petits bouts derrière les oreilles et laissèrent pendre le gros bout qui devait heurter le sol toutes les fois que l'animal baisserait la tête. Ainsi arrangé, messire Aliboron marcha d'un pas tranquille, et bientôt, pour éviter les contre-coups douloureux produits par les pierres et les racines aux chocs du gros bout de la branche, il s'avança haut la tête. Les noirs dirent à Mungo Park que les Slatés employaient toujours avec succès ce moyen de dompter les ânes.

Soleillet, impatienté, laisse les bagages aux soins de Yaguelli et part en compagnie d'un noir qui se rend aussi à Guédé. Les deux voyageurs s'avançaient tranquillement, le noir à pied, Soleillet sur sa mule, quand le noir s'arrêta brusquement et leva son pied ensanglanté par une énorme épine. Soleillet descend de sa mule, étale sa trousse et sa petite pharmacie, panse de son mieux le pauvre homme et ils se remettent en route. Ces deux hommes ne s'entendent pas ; cependant, les sentiments de reconnaissance exprimés par l'un sont parfaitement compris par l'autre. Ce noir était un indifférent, peut-être un ennemi ; quelques gouttes de perchlorure de fer, une pincée de charpie et quelques soins donnés avec humanité, ont fait de lui un allié, un ami. La bonté et la simplicité sont partout de bons viatiques, surtout chez les peuples jeunes. C'est notre bonté, notre simplicité, notre bonhomie, qui nous firent tant aimer des peuplades américaines.

A trois heures un quart, les deux voyageurs se trouvent tout à coup devant le fleuve. Des femmes et des enfants s'y baignent, de frêles pirogues y naviguent. En face se trouve un grand village ; c'est Guédé, capitale du Toro.

La population du Toro, comme toutes les populations de race toucouleur, faisait autrefois partie de la puissante confédération du Foutah (1). Le Foutah s'étend de Dagana au marigot N'Guerère et se divise en trois parties qui confinent à la rive gauche du Sénégal : le Toro, à l'ouest ; le Foutah proprement dit, au centre ; le Damga, à l'est. Le Foutah obéissait à un chef unique choisi dans la famille des Torodos. Ce chef exerçait le pouvoir religieux et le pouvoir politique et prenait le titre de *almamy*, corruption des mots poular *Emir el Mouemin*, commandeur des croyants. Cette organisation a subsisté jusqu'en 1859, époque à laquelle le général Faidherbe a fait de cette redoutable confédération les trois provinces actuelles,

---

(1) Au commencement du siècle elle était si redoutée comme fanatique et voleuse, qu'une caravane anglaise d'exploration, composée de 130 personnes, crut devoir faire un détour pour l'éviter. Poussée dans ce pays par la trahison de l'almamy du Bondou, elle y subit toutes les avanies imaginables. (RENÉ CAILLIÉ, *op. cit.*, t. I, p. 11 et 49.)

dont une, le Toro, est placée sous le protectorat de la France. Les trois tronçons ont fait depuis de vains efforts pour se réunir de nouveau. Le Lao et l'Irlabé, qui appartiennent au Foutah central, forment aussi des États indépendants placés sous le protectorat français par le traité de Galoya, du 24 octobre 1817.

Quoi qu'il en soit, tant par ses traditions que par ses limites et son unité de race, le Foutah conserve sa nationalité.

Les Toucouleurs sont des métis des Foulbé qui ont conquis le Foutah sénégalais sur les Ouolof et les Mali-nké. Ils étaient conduits par Koly-Ténéba, chef d'une tribu foulbé du nom de Denia-nké. D'après la tradition, cette nation se serait croisée, avant la conquête, avec des berbères Tadjakant. Suivant le général Faidherbe, le nom de Toucouleur serait celui que les Arabes et les Berbères donnaient, vers le xe siècle, aux peuples noirs qui adoptaient le mahométisme.

« Le pays de Tekrour, dit-il, est signalé par les auteurs comme » s'étant converti le premier. Tekrour était sur le Niger, en » amont de Tombouctou. Le nom de Tekrour est certainement » un nom berbère ; les soudaniens ne peuvent pas le prononcer à » cause de la consonne double et des deux *r* successives. Ils » diraient Tokoror, ou plutôt Tokolor, à cause de la parenté de » *l* et de l'*r* qui étaient confondues chez les Égyptiens ».

Les noirs de notre colonie, et par suite les Français, donnent ce nom de *Tokoror, Tokolor,* devenu dans leur bouche *Toucouleur,* aux Foulbé métis, mais non aux Foulbé restés purs, en sorte que Toucouleur veut dire Foulbé croisé de noir.

Ce peuple toucouleur a, au physique, des différences tellement caractéristiques, qu'on ne peut le ramener à un type unique comme ses pères de race noire ou de race rouge. Les Toucouleurs ont la barbe rare et tardive, et, ce qu'il est difficile d'expliquer, beaucoup ont, dès leur jeune âge, la poitrine, les jambes et les bras velus, tandis que les Noirs et les Foulbé, à de rares exceptions près, n'ont de poils qu'au pubis et aux aisselles.

Au moral, le Toucouleur est fanatique, turbulent et inquiet.

Son état politique rappelle celui de certaines nations européennes au moyen âge.

La langue du Foutah est le poular, idiôme des Foulbé. Sous le
titre : *Essai sur la langue poul,* le général Faidherbe en a donné
une grammaire et un vocabulaire. Cette langue offre quelques
particularités remarquables. Ainsi, elle a deux genres, non le
masculin et le féminin, comme l'arabe, le berber et les langues
âryennes, mais l'*hominin* et le *brute*. Elle a deux pronoms pour la
première personne du pluriel : l'un marque l'exclusion, l'autre
l'inclusion des personnes à qui l'on parle. Elle a des pluriels qui
ne ressemblent nullement à leurs singuliers, bien qu'ils soient
soumis à des règles euphoniques parfaitement déterminées. Par
exemple, *saourou* (bâton) fait au pluriel *tiabbi.*

CHAPITRE IX

GUÉDÉ

La ville de Guédé, où entre Soleillet, après avoir traversé le fleuve à gué, se compose d'une série d'enceintes en boue sèche. Chaque enceinte, habitée par une famille, renferme un certain nombre de cases rondes, également en boue desséchée, couvertes de toits coniques en chaume soutenus par de legères charpentes. Les murailles sont en façade sur les rues, qui sont remplies de saletés. Au milieu de la ville, on trouve une enceinte plus vaste et plus élevée que les autres, aussi en boue, mais grossièrement bastionnée : c'est le *tata* du *Lam-Toro* (roi du Toro). Soleillet va rendre visite à cette noire majesté.

Il entre d'abord dans une petite pièce à porte basse qui donne accès dans le *tata*. Il laisse avec plaisir les nombreux polissons et curieux de tout âge qui lui faisaient escorte. Il descend de sa mule, en confie la bride au premier noir venu et cherche à qui parler. Un vieux maure vient à lui. Quand il apprend que Soleillet a pour le roi une lettre du gouverneur, il lui dit que le roi dort et qu'on va le réveiller. Soleillet s'avance précédé du vieux maure et de deux noirs qui paraissent des personnages et qui sont, en effet, des ministres de Sa Majesté. Ils traversent une partie du tata, que des murs en boue divisent en compartiments, et arrivent devant

une case en terre, carrée, d'environ dix mètres de côtés sur
six à sept de hauteur, et couverte d'un toit de chaume surmonté
d'un cylindre en vannerie, d'où émerge les insignes de la puissance royale : une espèce de plumet qui ressemble beaucoup à un
balai.

L'un des noirs frappe à la porte jusqu'à ce qu'il ait réveillé le
roi. Celui-ci demande à travers l'huis ce qu'on lui veut, puis vient
ouvrir, prend Soleillet par la main, l'introduit dans sa chambre et
le fait asseoir sur le lit où il faisait sa sieste. Ce lit, nommé *tarra,*
est commun dans toute la Nigritie. Il est formé d'une série de
cadres composés de baguettes et placés les uns sur les autres ou
les uns à côté des autres ; il est recouvert d'une natte très fine sur
laquelle on place une pagne de coton blanc ; un moustiquaire
d'indienne à fond bleu et à grands ramages blancs est suspendu
au-dessus avec des cordes et des bâtons. En résumé, c'est un
meuble léger, solide et frais.

Tandis que Samba-Oumané, le roi, envoie chercher un noir
parlant français, pour faire le service d'interprète, Soleillet examine
la pièce où il se trouve.

Cette pièce n'a qu'une ouverture, une porte étroite et basse.
Pour plancher, le sol battu. Les murs ont pour tout ornement
le portrait du Lam-Toro en turban noir et boubou brodé sur
lequel brille sa croix de chevalier de la Légion d'honneur. Ce
portrait, pris à un journal illustré, est placé dans un cadre doré.

On voit encore un coffre en bois blanc peint en rouge, avec des
rosaces jaunes et bleues ; il est fermé par un cadenas. Une chaise
en acajou, recouverte en maroquin vert et veuve de l'un de ses
pieds, complète l'ameublement.

Lam-Toro est un grand noir se rapprochant assez du type Djolof.
Il porte quelques poils de barbe taillés à la royale. Il a la tête couverte d'un bonnet d'indienne bleue et porte un boubou de même
couleur. Il paraît fatigué, sans doute pour avoir été interrompu
dans son sommeil, et bâille fréquemment. Il avait des *exostoses
molles.* Pendant le séjour de Soleillet à Ségou, il a succombé à cette

affection et a été remplacé sur le trône du Toro par Ahmadou-Abdoul, compagnon de voyage de Soleillet à bord du *Dakar*.

L'interprète arrive, et après des salutations nombreuses et des demandes de nouvelles souvent réitérées, Lam-Toro se fait lire la lettre du gouverneur du Sénégal, après quoi il lève l'audience et fait conduire le voyageur au logement qui lui est préparé.

Pendant toute la durée de l'audience, des noirs entrèrent sans mot dire et s'accroupirent dans un coin, et un esclave agita au-dessus de leurs têtes, par mouvements réguliers, pour les éventer, une pagne de coton bleu et blanc pliée en quatre.

Le logement de Soleillet se compose d'une case derrière laquelle se trouvent une petite cour et un abri en paille.

L'inspection du logement se terminait quand Yaguelli arriva avec les ânes. Soleillet lui fait suspendre son hamac dans un coin de la cour et se met à écrire son journal en fumant. Sur les cinq heures on lui annonce la visite du roi. Aussitôt il se lève, fait étendre un tapis et va recevoir le Lam-Toro sur la porte de sa case.

Samba-Oumané est vêtu comme le matin. Il est précédé de son griot, qui joue d'un tout petit violon, suivi d'hommes qui portent l'un son sabre, l'autre son fusil, entouré de ses ministres et de ses conseillers.

Soleillet le prend par la main, le fait asseoir sur le tapis et se place à côté de lui. La conversation s'engage par l'intermédiaire de Yaguelli et tant qu'elle dure le griot joue doucement de son petit violon.

Samba-Oumané demande des nouvelles de la guerre d'Orient, se fait expliquer la position topographique de Bordeaux, et quand il apprend que cette ville est située, comme Podor, sur les bords d'un fleuve, il demande si elle a aussi sa rive maure. Il est surpris que les deux rives et tout le cours du fleuve nous appartiennent. Il demande ensuite si nous avons une saison de hautes eaux et une saison de basses eaux.

Il se retire vers six heures un quart en annonçant à Soleillet qu'il va lui envoyer du lait et un mouton.

Un instant après, le voyageur reçoit en effet un fort beau mouton de Barbarie, espèce particulière au Sénégal, la plus grande de l'espèce ovine : souvent on trouve des sujets ayant 1ᵐ10 et 1ᵐ15 au garrot. Leur toison est assez fine et assez abondante, mais courte.

La pauvre bête est abattue séance tenante et dépécée en grande cérémonie.

On apporte ensuite une grande calebasse de lait, et Soleillet, avec le formidable appétit d'un homme qui a fourni une bonne étape et n'a pas déjeuné, fait un délicieux souper avec du biscuit, du lait et des côtelettes parfaitement grillées.

Tandis qu'il se livre à cette intéressante occupation, nous dirons un mot de son compagnon de voyage, Souliman Dieng, dit Yaguelli. Yaguelli, natif de Diara, village soni-nké du Toro, est caporal aux tirailleurs sénégalais (1). C'est un garçon dévoué, fidèle, intelligent. Par ses aptitudes diverses et son zèle, qui ne s'est pas démenti un instant pendant tout le voyage, il a puissamment aidé son maître à se rendre, sans molester personne, de Saint-Louis à Ségou et de Ségou à Saint-Louis.

Yaguelli est âgé de vingt-cinq ou vingt-six ans. Après avoir été élevé comme enfant de troupe, il a voyagé sur le fleuve comme laptot, puis comme cuisinier à bord d'un aviso, ensuite comme sous-traitant. Il y a cinq ans, il s'est engagé aux tirailleurs sénégalais pour deux ans. A la fin de cet engagement, il a quitté le service pour quelques jours et s'est marié avec une femme toucouleure fort bien de sa personne et nommée Ralki. Il promit, en se mariant, de donner à sa femme pour trois cents francs de bijoux. Depuis il a repris du service, est devenu caporal le jour du départ, sur la demande de Soleillet; il part avec la promesse d'avoir les galons de sergent et la médaille militaire si Soleillet est satisfait de ses services.

Yaguelli a la qualité précieuse de parler couramment sept

(1) Il est actuellement officier.

langues : le français, l'arabe, le ouolof, le poular, le soni-nké, le bambara et le khasso-nkais. Bien que de petite taille, il est doué d'une grande force musculaire et, comme tous les hommes de sa race, il est très propre et très actif.

Le mercredi 24 avril, Soleillet est réveillé de grand matin par les cris que l'on pousse à la mosquée pendant la prière. La mosquée est située derrière sa case. Elle se compose d'une enceinte irrégulière, formée par un mur de boue sèche, crénelé en dents de scie de différentes hauteurs.

Sur les huit heures du matin, le roi fait à Soleillet une seconde visite. Il est suivi d'un nombreux état-major dans lequel le voyageur remarque un homme qui porte, à l'annulaire de la main gauche, une bague en argent monumentale, ayant la forme d'un dôme ou d'un vol-au-vent : c'est le chef des griots de Lam-Toro. Il entre dans la case avec le roi, ainsi que le griot de la veille et l'esclave chargé d'éventer sa majesté. Quand le Lam-Toro et Soleillet sont assis sur un tapis, une quinzaine de femmes entrent à la file et les saluent.

Elles sont surchargées de bijoux ; une ou deux sont assez jolies ; les plus vieilles et les plus laides sont les plus richement parées. Leur costume est d'ailleurs gracieux. Il se compose d'une pagne bleue à rayures blanches, ou d'une pièce d'étoffe à grands ramages, de fabrication européenne, nouée autour des reins. Elles ont dessus un boubou court en mousseline ou en cotonnade légère, blanche et bleue. Leur coiffure est particulièrement gracieuse. Les cheveux, réunis en chignon derrière la tête, sont ornés de boules d'ambre et de corail et d'une épingle à grosse tête en argent. Le tout est recouvert d'une légère gaze blanche ou bleue de fabrication locale. Pour pendants d'oreilles, elles ont des petites boules ovoïdes en argent bruni. Elles ont aussi des bagues en argent de formes diverses consistant quelquefois en une pièce de monnaie soudée sur un anneau de cuivre ou de fer. La cheville des pieds est ornée d'une chaîne en forme de gourmette, les bras d'anneaux de cuivre, d'argent ou d'or, le col de verroteries, d'ambre et de corail enfilé en colliers. Plusieurs portent au cou des cœurs, des croissants, des ancres en cornaline. Cet ornement est très estimé ainsi que les bagues en cornaline dont le chaton est formé par un triangle élevé.

Toutes les femmes toucouleures et la plupart des sénégalaises portent derrière le cou, suspendus à côté d'un morceau de peau odorante, des anneaux découpés dans des coquilles blanches. Ce bijou (c'est assez curieux) est de l'invention d'André Brüe, le véritable fondateur de notre colonie du Sénégal.

Les femmes dont il vient d'être parlé étaient les griotes du roi. Après avoir salué, elles psalmodient, avec force cris et contorsions, une espèce de chanson de gestes composée en l'honneur de Lam-Toro et de Soleillet.

Les griots et griotes que l'on retrouve dans tous les états noirs du Soudan forment une caste à part. On pourrait peut-être les comparer aux trouvères et aux troubadours du moyen âge.

Ils vivent entre eux et se marient entre eux. Ils professent le mahométisme, mais ils n'ont pas renoncé à leurs étranges superstitions. Les uns habitent dans les villages où ils font l'office de crieurs publics et, sous les ordres du chef, d'agents de police. Ils vivent de ce qu'on leur donne après les danses qu'ils exécutent avec leurs femmes ou après qu'ils ont chanté les louanges de quelqu'un.

D'autres sont attachés à la personne des chefs et des grands, jouent devant eux de divers instruments, chantent leurs louanges et les hauts faits de leurs anciens. Seuls ils conservent la mémoire du passé. Comme certaines castes de l'Amérique, ils se transmettent, de génération en génération, les légendes et les chroniques.

Quelques-uns arrivent à de hautes situations, bien qu'ils soient regardés comme appartenant à une caste infâme. Ils partagent avec les forgerons et les autres ouvriers le privilège de ne pouvoir être vendus comme esclaves.

Après le départ du roi, qui resta près de deux heures, Soleillet vit arriver le cheikh Mahmadou avec une suite d'une vingtaine de personnes.

La plupart de ces personnes sont des jeunes gens placés auprès du cheikh comme élèves. Ils le servent comme domestiques et comme captifs pendant toute la durée de leur instruction. Les parents les rachètent de cet état par un cadeau proportionné à leur fortune, mais qui, dans tous les cas, ne peut être moindre de trois bœufs ou d'un captif. Au rachat près, cela rappelle les pages de l'ancien temps.

Parmi les élèves du cheikh, Soleillet remarque un jeune maure qui porte un parapluie et une canne à épée. Il est très fier de ces objets et les fait admirer avec une extrême complaisance.

Soleillet invite le cheikh à prendre du thé et passe avec lui une partie de l'après-midi.

Sur les quatre heures, notre voyageur va visiter la ville, ce qui n'est pas pour lui sans inconvénient. Les rues sont étroites, sales, remplies d'ordures et de tas de fumier hauts parfois d'un mètre.

Arrivé au bord du fleuve, il voit un grand nombre de femmes et de jeunes filles qui se livrent au plaisir de la pêche. Leur procédé est assez original. Elles sont assises dans l'eau et attendent... que le poisson vienne se loger sous leur pagne. Quand le poisson est où elles veulent, elles serrent les cuisses et il est pris. Soleillet en a vu plusieurs périr ainsi victimes de leur curiosité.

En rentrant, il fait porter au roi, par Yaguelli, un collier de cornaline et ses remercîments pour son hospitalité. En même temps, il lui fait demander un âne ou tout autre animal de bât pour porter à la prochaine étape son bagage et son garçon. Lam-Toro paraît satisfait du cadeau et promet ce qu'on lui demande.

Le lendemain jeudi, Mahmadou vint prendre le thé avec Soleillet. A sept heures on amène de la part du roi, en cadeau, un petit âne tout malingre qui peut à peine se tenir debout. Notre voyageur, un peu désappointé, fait appeler Lam-Toro.

Vous avez bien voulu me promettre, lui dit-il, des moyens de transport pour mon garçon et pour mes bagages.

— Aussi, répond le roi, ai-je donné l'ordre de vous amener un âne.

— Le voilà! réplique Soleillet, en lui faisant présenter l'animal par Yaguelli; mais quand j'ai vu une aussi superbe bête, bien que je lui trouvasse les oreilles un peu longues, j'ai pensé que c'était un cheval de gala que vous me chargiez d'envoyer au gouverneur, et, à la première occasion, je l'enverrai.

Tout le monde se mit à rire. Lam-Toro, un peu confus, balbutia des excuses, dit qu'il n'avait pas vu la bête et la fit emmener.

Peu après, un homme vint avec deux ânes de bonne taille et veilla lui-même au chargement des bagages. A onze heures tout était prêt. Soleillet se sépare du roi dans les meilleurs termes et part en avant avec le cheikh Mahmadou. Une partie du village les accompagne et Lam-Toro lui-même sort de son tata.

CHAPITRE X

DE GUÉDÉ AU POSTE D'AÉRÉ

Mahmadou et Soleillet s'en vont gaiement, causant de toutes choses, à travers une plaine formée par les alluvions du fleuve, coupée par des bois et des cultures, surtout par des champs de mil.

Le cheikh monte un petit cheval blanc de race maure. Son costume est entièrement blanc, sauf la chaussure, qui consiste en bottes européennes en marocain rouge armées d'éperons en fer de grosse cavalerie ; sa chechia est rouge aussi, ornée d'un gland en soie verte et entourée d'un turban de mousseline blanche. Quatre à cinq serviteurs le suivent à pied. L'un porte son fusil, un Lefaucheux de fabrication belge, orné de quelques dorures. Pour montrer à Soleillet son adresse, il arrête sa monture, se fait apporter son fusil, tire trois fois sur des pigeons et des pintades au repos et manque trois fois son coup.

A deux heures de l'après-midi ils arrivent à N'dioum.

Soleillet observe que depuis son départ de Podor le temps a été constamment couvert, qu'il a fait un peu de vent, que le thermomètre n'a pas atteint 40°, que le minimum observé par lui a été de 20° et qu'il a dû descendre à 3°, à 2°, même au-dessous.

La population de N'dioum vient à leur rencontre et les conduit
à un petit tata d'assez bonne apparence.

Le cheikh s'occupe immédiatement de réunir le plus de monde
possible, fait la prière en grande cérémonie et prononce un
sermon. Le soir, après la prière, il prononce un second sermon,
puis se fait masser par un de ses serviteurs.

Pendant ce temps, Soleillet rédige ses notes de voyage et dort.
Il dîne d'une calebasse de lait et d'un morceau de biscuit et s'arrange de manière à passer la nuit dans un hangar, sur un lit qu'il
recouvre de son tapis.

Le lendemain, 26 avril, Soleillet désire partir de grand matin,
mais le cheikh éprouve le besoin de faire encore une prière et un
sermon. Le départ n'a lieu qu'à sept heures. Les habitants lui
prêtent gracieusement deux ânes et un homme. Soleillet ne suit
pas la même route que le cheikh, parce que Yaguelli tient à lui
faire voir son village et sa famille. Il traverse une plaine d'alluvions cultivés en mil, puis un petit bois, et se trouve devant un
bras du fleuve, en face de Diara, qui s'élève sur la rive gauche.
Diara est un petit village soni-nké, le lieu de naissance de Yaguelli. Le brave garçon a fait prévenir sa famille de son passage.
Tous ses parents passent le fleuve pour le venir voir. Il présente
à son maître ses deux sœurs, ses beaux-frères et cinq ou six
neveux ou cousins. Il est surtout fier d'un neveu qui porte son
nom, jeune gars de sept à huit ans, bien noir, bien luisant et vêtu
d'une coquille passée à une ficelle.

Peu après avoir quitté Diara, Soleillet rencontre dans un bois
le cheikh Mahmadou; ils passent ensemble au nord de Dembé, et
à deux heures et demie ils arrivent à Edi. Ils sont reçus par le
chef Ardo, époux d'une sœur germaine de Lam-Toro. Soleillet
est présenté à cette princesse, qui lui demande des nouvelles de
son frère et le remercie en faisant servante, comme les petits
enfants.

C'est une grande et grosse femme qui porte beaucoup d'ambre
dans ses cheveux. Elle a un tout jeune enfant qu'elle nourrit elle-

même, mais une captive le porte sur son dos, dans une pagne.

Dans l'après-midi, après s'être bien installé et avoir rédigé ses notes, Soleillet fumait en causant avec Yaguelli, tout en regardant deux négrillons qui se roulaient dans la poussière, quand Ardo le vint prier d'écrire au gouverneur au sujet d'un de ses captifs qui vient de se sauver.

Soleillet lui répond qu'il n'est qu'un simple *taleb* (lettré) et qu'il ne saurait appuyer aucune demande auprès du gouverneur. Cependant si lui, Ardo, veut écrire, il fera porter sa lettre avec les siennes.

Il se rend ensuite auprès de Mahmadou, qui s'est fait sa place à l'autre extrémité du tata. Le cheikh ne veut aller le lendemain que jusqu'à moitié route d'Aéré. Cette lenteur ne convient pas à Soleillet. Des explications un peu vives sont échangées ; il est enfin convenu que chacun voyagera comme il lui plaira, mais que, pour témoignage de leurs bonnes relations, des hommes du cheikh accompagneront Soleillet.

Le 27 avril, un samedi, à six heures et demie du matin, Soleillet se rend au bord du fleuve, qu'il doit traverser ; ici, il va quitter momentanément l'île à Morfil pour la rive gauche de cette branche du fleuve que les indigènes appellent la « grande terre », parce qu'elle n'est pas inondée par les hautes eaux.

Un homme prend la mule par la longe, la conduit à la nage au milieu du fleuve et la livre à elle-même ; il en fait autant pour les ânes et ces animaux vont successivement brouter sur l'autre rive.

On passe les bagages sur de petites pirogues formées d'un tronc d'arbre creusé à la hache, que les noirs manœuvrent très adroitement à la pagaie.

Soleillet s'installe tant bien que mal sur l'une de ces frêles embarcations. C'est la première fois qu'il use de ce moyen de transport. Ce n'est pas sans un certain sentiment de crainte qu'il se voit, au milieu du fleuve, sur un batelet qui tourne au moindre mouvement, et, de peur d'un bain forcé, il fait tout de son mieux pour se tenir immobile. Il arrive enfin sain et sauf, gravit la

berge, haute en cet endroit de dix à onze mètres, fait seller sa
mule, charger les ânes et, laissant à Yaguelli le soin des bagages,
il part vers huit heures avec trois hommes du cheikh : deux noirs
montés sur des petites *biques,* et le jeune maure au parapluie et à
la canne à épée monté sur un poulain qui n'a ni selle ni bride.

Ce maure a l'aspect des plus farouches. Sa tête nue est ornée
d'une longue chevelure toute frisée. Son teint est fortement hâlé,
mais les traits de son visage imberbe sont d'une régularité parfaite et rappellent le profil des Achilles de l'art grec. Ses yeux
sont noirs, très brillants et bordés de longs cils. Il a pour tout
vêtement une pagne bleue roulée autour des reins de manière que
l'un des bouts passe sur son épaule droite. Il porte au bras gauche
un petit paquet dans un mouchoir, et, comme tous les Maures, il
a au col un chapelet à gros grains.

Il trottine devant Soleillet, frappe sa monture tantôt avec sa
canne, tantôt avec son parapluie, et chante à gorge déployée,
d'une voix rauque, farouche, des litanies musulmanes : *ya allah,
il allah,* et cela tout le jour et toute la nuit, en marche, au repos,
ce qui lui vaut beaucoup de considération de la part de ses compagnons.

Comme presque tous les indigènes, ce jeune sauvage a Soleillet
en grande estime parce que, le voyant sans armes, lisant et écrivant,
il lui fait l'honneur de le prendre pour un marabout.

A huit heures trois quarts, la petite caravane passe devant
Touldégal ; à neuf heures un quart elle arrive à Dodel ; à neuf
heures et demie elle traverse des plantations de maïs.

Dans ces champs, des hommes, des femmes et des enfants
poussent des cris et jettent des pierres. Il y a des estrades d'où
partent, dans tous les sens, des cordes qui aboutissent à des calebasses pleines de cailloux et à des bâtons fixés au-dessus de calebasses vides. Un homme placé sur l'estrade tire les cordes, et calebasses et bâtons s'agitent avec bruit.

C'est ainsi qu'avec beaucoup de peine les noirs défendent leurs
récoltes contre de gracieux petits oiseaux qui font l'admiration des

Européens, mais qui sont le fléau des champs cultivés du Sénégal, où ils s'abattent par milliers.

La nuit, quand les oiseaux ont gagné leurs nids, ce sont des armées de singes qui viennent, et les pauvres noirs doivent soutenir contre eux des combats en règle. Ce qui pis est, ils n'ont pas la satisfaction de constater le résultat de leurs efforts, car les singes enlèvent leurs morts.

C'est un fait que Mage eut aussi l'occasion de constater.

A dix heures, Soleillet sort des plantations et arrive devant le village de Foda, puis, un quart d'heure plus tard, devant celui de Sambakara.

Les cases de ces villages sont faites de lattes courbées en demi-cercle, fichées en terre et forment une cage ronde dont les interstices sont bouchés avec de la paille. Elles ont de hauteur 1^m50 et pour entrée une espèce de trou.

Près de Sambakara, et tout à fait sur les bords du fleuve, se trouve un troisième village du même genre, du nom de Fenaka. Ces trois villages, non marqués sur les cartes, et situés dans les grandes terres, hors des limites des inondations, sont habités en hiver par des Foulbé.

Devant Penaka se trouve amarré le chaland d'un traitant. Ce traitant fait ce qu'on appelle la petite traite, c'est-à-dire qu'il échange, contre des marchandises tirées des magasins des escales, du mil, de l'arachide et autres produits du pays. Quand il aura terminé ses opérations, il reviendra aux escales pour échanger sa cargaison contre de nouvelles marchandises. Au Sénégal, ces traitants sont nommés sous-traitants, et cette dénomination est exacte, car ils n'ont affaire qu'aux traitants qui, eux, sont en relations directes avec les négociants de Saint-Louis, dont la plupart sont des représentants des maisons de Bordeaux et de Marseille.

Un nègre à cheval vient à Soleillet en faisant caracoler sa monture et en brandissant de sa main droite un énorme coutelas : c'est tout simplement une manière de saluer.

CHAPITRE XI

A onze heures et demie, la petite troupe est devant la porte d'Aéré, où deux heures après Yaguelli vient la rejoindre.

Le poste consiste en une maison carrée dont les quatre angles sont bastionnés à la hauteur du grenier. Le rez-de-chaussée, qui sert de cave et de magasin, n'a pas d'ouvertures extérieures, et l'on arrive au premier étage au moyen d'une échelle mobile. Le poste est armé de quatre petits canons et commandé par un sergent d'infanterie de marine. La garnison se compose de deux artilleurs, d'un caporal européens, et de douze tirailleurs indigènes qui vivent avec leurs familles dans des cases voisines du poste. Dans l'enceinte réservée à la garnison se trouve un jardin maraîcher.

Le sergent et les européens offrent à Soleillet une cordiale hospitalité. Celui-ci écrit au gouverneur, à sa famille, à M. Paul Dalloz, et prie le sergent de lui procurer un bœuf porteur.

Sur les quatre heures, un tout jeune homme, de taille petite, mais élégante et svelte, aux cheveux soyeux divisés en huit nattes qui tombent de chaque côté de la tête, au trait aquilin, à peau d'un rouge brun, apporte aux soldats une calebasse contenant cinq à six litres de lait. Il en apporte autant tous les jours et tous les deux jours on lui donne en paiement un bouton de capote.

Il appartient à l'une des nombreuses tribus foulbé qui campent sur les bords du fleuve. Dans ces tribus, les hommes et les femmes mettent dans leur chevelure des ornements de cuivre ou d'argent. Le jeune homme dont il est question est sur le point de se marier ; pour se faire beau, il veut orner ses tresses de boutons de capote en cuivre. Quand il a reçu celui qu'il réclame, il entonne d'une voix douce et plaintive un chant de remercîment ; il met ensuite dans sa bouche le vieux bouton, place sur sa tête la calebasse et disparaît avec l'agilité d'un jeune cerf.

Cette race rouge a pris un grand développement depuis quelques siècles ; on la trouve maintenant partout. Les Foulbé (au singulier Poulo), pasteurs et nomades, s'occupent cependant un peu d'agriculture. Ils ne vivent pas sous la tente, comme les Arabes, mais habitent des cases en paille, ainsi qu'on l'a dit plus haut. Ils ont formé des populations entières de métis, notamment les Toucouleurs qui occupent le Foutah.

Peu de sujets ont conservé la pureté de la race. Ils ont abâtardi leur type par de fréquents croisements avec les négresses (1). Beaucoup ont les cheveux crépus, sans avoir perdu toutefois la délicatesse des traits du visage et la finesse aristocratique des extrémités.

Les noirs de Saint-Louis ont ce proverbe, qui prouve l'intelligence de la race foulbé. « Si l'on introduit une jeune fille foulbé

(1) D'après le docteur Barth, les Foulbé prendraient souvent pour femmes des négresses, tandis que le contraire serait très rare. Cette remarque est exacte, mais elle n'est pas aussi générale que le suppose M. Topinard dans son *Manuel d'anthropologie ;* elle a été faite au milieu des populations du Soudan central et ne saurait s'appliquer, dans toute sa rigueur, aux populations du Soudan occidental.

Soleillet a vu les noirs de la Sénégambie, du Kaarta et du Ségou, même des maures du Sahara, prendre leurs femmes chez les Foulbé, tandis que, dans quelques tribus foulbé de la Sénégambie, l'usage veut que les gens d'une même tribu et d'un même village se marient entre eux.

» dans une famille, fût-ce comme servante ou comme captive,
» elle devient toujours maîtresse de la maison ».

Les Foulbé ont de nombreux troupeaux dont ils s'occupent beaucoup, surtout des bœufs et des vaches.

Soleillet dîne avec les européens du poste. L'un des artilleurs a longtemps voyagé sur les rivières du sud et fait ce récit, qui semble assez curieux :

« On vend aux noirs de mauvais fusils dont les canons sont en
» fer ou en fonte de fer. Ceux-ci les démontent, remplissent le
» canon d'huile de palme, bouchent la lumière et le tonnerre
» avec un mastic particulier, puis le placent sur le toit d'une case
» où il subit, pendant toute une année, les rayons du soleil, le
» froid et la pluie. Après cette préparation, il peut recevoir de
» très fortes charges de poudre ».

On trouve dans presque toute l'Afrique, et l'on trouvait dans l'Afrique septentrionale, avant la récente introduction du chameau, le zébus, bœuf à bosse, employé comme porteur. Le dimanche, 28 avril, on en présente un à Soleillet et l'on en demande 200 fr. ou 10 pièces de guinées de l'Inde. Après avoir bien marchandé, il l'obtient pour 150 fr. payables en pièces d'argent de cinq francs.

Sur les huit heures du matin, Mahmadou, qui est arrivé dans la nuit, vient au poste. Soleillet le fait entrer à cheval dans l'enceinte, honneur inusité auquel il est très sensible. Aussitôt entré, une foule de noirs, hommes, femmes, enfants, entourent son cheval et le prient, avec force gestes, cris et contorsions, de leur donner sa bénédiction, ce qu'il fait gravement en leur crachant sur la tête ou dans les mains. Après cette cérémonie, il se rend au village d'Aéré, où il a femme et enfants.

Un noir de sa suite qui parle un peu français reste quelque temps au poste. Il raconte à Soleillet que la veille le cheikh a réuni les habitants du village voisin du poste, leur a fait le salam et leur a dit ensuite :

« Le pays où nous sommes est aujourd'hui la propriété des
» Français. Dieu le leur a donné : que son nom soit béni! Il ne

» vous reste qu'à vous soumettre et à leur obéir. Mais avant eux
» et après eux il n'y a qu'un homme qui puisse commander ici :
« c'est moi. Je suis, vous le savez, le petit-fils et l'unique héritier
» du souverain légitime de cette contrée ».

A onze heures, Soleillet déjeune gaiement avec le sergent, le
caporal et les deux artilleurs. Il monte ensuite à la batterie du
poste et lit quelques pages d'un volume de Balzac qui se trouvait
sur le bureau du sergent. Quel contraste entre les héros de la
comédie humaine et les demi-sauvages qui vivent sous la protection
du canon d'Aéré ! Le sergent oubliait sans doute ses voisins rouges
et noirs et vivait par la pensée au milieu d'un monde qui, pour
être déjà loin de nous, n'en rappelle pas moins la patrie. Les personnages de Balzac vivent sous les yeux de Soleillet, il les suit où
il plaît à l'auteur de les conduire, tantôt à Paris, tantôt en province, toujours en France. Le livre tombe des mains du lecteur ;
son regard plonge dans l'espace ; il revoit les rivages de la Méditerranée, Marseille, Avignon, Nîmes et le petit coin de terre où
il a laissé son cœur. Il revoit ceux qu'il aime : son petit Michel
qui n'a encore que dix-huit mois, sa femme, sa mère. Que font
ces êtres chéris ? les reverra-t-il ? C'est une question qu'il lui est
permis de se poser au moment où l'avenir est là, devant lui, couvert de son voile mystérieux. Ses pensées ont une teinte sombre,
mais le souvenir de la patrie se dresse devant lui et lui montre
Ségou, Timbouktou, In-Çalah, Alger. Il pense à l'utilité, à la
grandeur de sa mission, l'espoir revient dans ses yeux, il donne
l'ordre du départ.

On charge le bœuf et Yaguelli se huche sur les bagages. La
petite caravane fait ses adieux aux hommes du poste, aux indigènes, qui sont venus en grand nombre, et se met en route à
quatre heures et demie. Elle traverse des champs de mil mûr et
arrive à cinq heures trois quarts au grand village d'Aéré. Le cheikk
Mahmadou attend Soleillet à l'entrée du village, le conduit dans
une cour entourée de cases, et le fait asseoir à ses côtés, sur un
sopha, en plein air. Il paraît heureux de le revoir. Les vieillards

viennent l'un après l'autre lui toucher la main ; arrivent ensuite
les femmes et les enfants qui le fatiguent par leur curiosité. A la
nuit, il soupe d'une calebasse de lait et de biscuits, puis se couche
dans un hangar, sur son tapis, et ne tarde pas à s'endormir, doucement bercé par le murmure qui s'élève du village nègre comme
d'une ruche d'abeilles. Ce murmure est produit par les femmes
qui, en pilant leur mil ou en filant leur coton, chantent des bal-
lades dont l'homme blanc est sans doute le sujet, car elles mêlent
habituellement à leurs chants le récit des faits qui les ont impres-
sionnées. Ainsi, le 20 juillet 1796, les femmes d'un village voisin
de Ségou, qui avaient pour hôte Mungo Park, chantaient :

« Les vents rugissaient et la pluie tombait. — Le pauvre
» homme blanc, faible et fatigué, vint et s'assit sous notre arbre.
» — Il n'a point de mère pour lui apporter du lait, point de
» femme pour moudre son grain. — *Chœur :* Ayons pitié de
» l'homme blanc, il n'a point de mère, etc. »

Le lundi, 29 avril, Soleillet écrit sur son journal : j'accomplis
ce matin ma trente-sixième année. Il avait été réveillé par les
enfants qui, chaque matin, avec des petites calebasses à la main,
vont quêter du mil pour les marabouts qui les instruisent.

Il apprend qu'Ibra-el-Mami, roi du Lao, va passer dans les
environs se rendant à Podor. Mahmadou et une dizaine d'hommes
du village partent à cheval pour le saluer. Soleillet remet au
cheikh une lettre que le gouverneur lui a donnée pour Ibra et
attend pour se mettre lui-même en route le retour de Mahmadou.
Celui-ci revient à sept heures et demie. Il lui apporte les compliments d'Ibra et lui annonce que ce chef doit se rencontrer à
Podor avec le gouverneur pour traiter avec lui diverses questions.

Soleillet part d'Aéré vers huit heures du matin laissant derrière
lui le cheikh Mahmadou.

Il traverse des terres argileuses où se trouvent des puits, ou
plutôt des trous de quelques mètres de profondeur qui donnent
une eau de bonne qualité ; vient ensuite un petit étang où
s'abreuvent des ânes et des moutons, puis une plaine sablonneuse

couverte d'arbustes épineux et rabougris. A neuf heures, il est dans un bois d'arbustes épineux presque aussi hauts que des arbres. Un peu plus tard il voit un énorme sanglier. Vers dix heures il passe devant Doumga Diabobé, misérable village construit sur une motte sablonneuse; une demi-heure après, il est devant Doumga Mabaibé, qui est un peu plus grand. Il rencontre des puits et, vingt minutes plus tard, à onze heures, il atteint Ouloud Diabé. De nouveau, il traverse une plaine sablonneuse. A midi, il est au sud du village de Chamboidet, où cessent les cultures; à midi trois quarts il arrive à Médina, village séparé de Chamboidet par des pâturages et de Goléré par des buissons et des broussailles.

Goléré, où il arrive à deux heures, est la capitale du Lao et la résidence du roi Ibra-el-Mami. C'est un grand village très propre et très animé. On y fabrique une poterie grossière, de forme ronde, avec une terre rougeâtre.

Une grande case carrée, en paille, construite avec soin et entourée d'une haie d'épine, sert de mosquée.

Les cases d'Ibra-el-Mami et celles du chef du village se reconnaissent à leurs dimensions et à l'œuf d'autruche encastré à leur sommet. Elles ne se distinguent pas autrement de celles des autres habitants.

Toutes ces cases sont rondes, en petits roseaux, couvertes d'un toit conique en chaume et n'ont pour ouverture qu'une baie étroite et basse.

Les habitants de Goléré viennent au-devant de la caravane. Beaucoup d'entre eux rappellent les types que l'on voit représentés sur les anciens monuments de l'Égypte. Les hommes ont la tête rasée, nue ou couverte d'un bonnet de coton blanc de forme conique et portent la barbe taillée en pointe. Avec leur haïk ployé carrément et leurs seins nus, les femmes rappellent beaucoup aussi les statues égyptiennes. L'une d'elles, qui était accroupie, faisait l'effet d'un sphinx.

Soleillet est installé au milieu du village, dans un hangar formé d'une natte supportée par quatre piquets.

Les fils et les neveux d'Ibra-el-Mami, suivis d'une nombreuse escorte, viennent le saluer. Ils lui apportent en cadeau du mil et des poules. Chacun d'eux reçoit une tête de tabac et se retire très satisfait.

Ces présents paraissent sans doute d'une valeur incomparable, car toute la population du village entoure le voyageur. Beaucoup de femmes viennent lui parler; des griots chantent et se contorsionnent, déploient tous leurs talents, pour avoir un peu de tabac. Une femme, très jolie, fait à Soleillet, avec des gestes d'une liberté excessive, des offres qu'il croit devoir décliner (1).

Un homme d'Edy, qui revient de Ségou-Sikoro, où il est allé acheter des esclaves, apprend à Soleillet que le sultan Ahmadou le recevra probablement très bien.

Dans une case voisine de son hangar, et dont il voit l'intérieur sans quitter son tapis, deux femmes se disputent avec force cris et gestes. Le mari est là, impassible, comme si la chose ne le regardait pas. Il ne serait pas convenable, paraît-il, d'après ce que dit Yaguelli, qu'un mari prît part aux querelles de ses femmes.

(1) Cette légèreté n'est pas spéciale aux femmes de Goléré. On la retrouve non seulement dans l'Afrique centrale, mais dans le Sahara, notamment à Agades, chez les Kel-Owi Touareg. « Un matin, dit le docteur Barth, arri- » vèrent dans notre maison cinq ou six femmes ou filles, qui venaient m'offrir » leurs services, alléguant avec une grande naïveté que l'absence du sultan » rendait toute retenue superflue. Deux d'entre elles étaient assez jolies et bien » faites, sans trop d'embonpoint ; elles avaient de longs cheveux noirs retom- » bant en tresses, des yeux vifs, le teint clair, comme beaucoup de femmes à » Agades, et les traits agréables. La plus grande d'entre elles était toute vêtue » de blanc. Elles n'avaient pas de voile, mais portaient, plutôt par coquetterie » que par décence, une sorte de coiffure, et avaient toutes le sein couvert ». (BARTH, *Voyages et découvertes dans l'Afrique septentrionale et centrale,* trad. Ithier ; Paris, A. Bohné, 1860, t. I, p. 263.)

Le docteur ajoute, et Soleillet s'accorde avec lui sur ce point, qu'il est de l'intérêt des voyageurs, dussent-ils s'exposer aux railleries des indigènes, peu scrupuleux à cet égard, de se conduire avec réserve, même avec sagesse.

Soleillet, comme Barth, résista aux galantes propositions de la belle golé- réenne.

Il n'en est pas de même partout. Mungo Park raconte que, dans la Sénégambie, les femmes querelleuses étaient fouettées sévèrement et publiquement. Au Brésil, au contraire, il était de la dignité des maris de ne faire nulle attention aux sottises que pouvaient leur dire les femmes. A Timé, dans le Bambara, les querelles conjugales se terminent par des coups de fouet donnés aux femmes, ce qui les rend très souples (1).

Le 30 avril, Soleillet part à six heures du matin, droit à l'est, à travers de grandes cultures de mil établies sur un sol sablonneux, où les nègres poussent de grands cris pour chasser les oiseaux qui dévorent leur grain. A six heures trois quarts il atteint Poudé-Gandé, village de pêcheurs et de tisserands, à l'ouest de Meri, où il va passer dans l'île à Morfil. Les rivages du Sénégal sont couverts de plantations de tabac établies avec soin et cultivées avec intelligence. La berge orientale est à pic ; sur celle de l'ouest, le fleuve laisse à découvert une centaine de mètres de sables tachetés de flaques d'eau.

Le gué se trouve au droit d'un bouquet d'arbres de la berge ouest, à 150 mètres au nord du village.

Dès que le bœuf a les pieds mouillés, il se couche. Il faut alors le décharger, puis le recharger, et cela prend un temps très long que Soleillet emploie à regarder les ébats, dans les flaques d'eau, de jolis oiseaux blancs, très fins, de race commune et de la grosseur d'une poule française.

Quand enfin tout est prêt, Yaguelli prend la corde qui est passée dans la narine droite du bœuf ; deux noirs de bonne volonté se placent l'un à droite et l'autre à gauche de l'animal, pour soutenir sa charge en cas d'accident ; Soleillet est sur sa mule. A huit heures du matin le passage est terminé. Soleillet se trouve de nouveau dans l'île à Morfil. Le sentier dans lequel il s'engage serpente à travers les broussailles. A dix heures il passe à Oualla.

Tout auprès de ce village, il voit, au sommet d'une butte, une

(1) RENÉ CAILLIÉ, *op. cit.*, t. II, p. 44.

grande négresse fièrement campée qui interroge l'horizon et ressemble à s'y méprendre à une divinité égyptienne.

Des hommes cultivent les champs. Il ont pour outil un bâton d'environ deux mètres terminé par un crochet, d'un tiers aussi long, dans lequel s'emmanche un ciseau en fer avec lequel ils grattent le sol.

Soleillet part seul en avant et arrive à midi à Osenaki, village d'Ismaël, roi de l'Irlabé. Il s'assied sous de beaux arbres, et comme il a grand soif, il se fait apporter une calebasse d'eau qu'il boit avec avidité. En marche, Soleillet ne boit ni ne mange, mais au repos, il boit à sa soif et il s'est toujours très bien trouvé de ce régime.

Yaguelli arrive à une heure et demie, et la petite caravane se rend au poste de Saldé, qui est tout près, où elle est reçue très cordialement par M. Crespin, commandant civil, ancien négociant de Saint-Louis et des rivières du Sud.

Le chaland de Bakel, qui va chercher à Podor les effets de Soleillet, vient d'arriver aussi.

CHAPITRE XII

DE SALDÉ A DOULOUMAGUI

Saldé. — L'oreille coupée. — Un mari bosseiabé. — De Saldé à Galaya. — De Galaya
à Kobilo. — Kobilo. — Abdoul-Bou-Bakar. — Odegui. — D'Odegui à Douloumagui.
— Douloumagui.

Dans l'après-midi, notre voyageur apprend du commandant
que, dans le Foutah-Djalon, le café croît à l'état sauvage et
pourrait être cultivé avec avantage. Le peu qu'on en récolte est
vendu aux négociants des rivières du sud ; il est connu dans le
commerce sous le nom de café de Rio Nunès, est d'excellente qualité et comparable au moka.

Le poste de Saldé est construit à l'extrémité occidentale d'une
grande rue bordée de cases et d'un boulevard parallèle au fleuve,
formant l'escale et planté de cail-cédrats, de fromagers, de
figuiers. Au sud il y a un village soumis à la cote personnelle et
un village indépendant.

Le commerce est fait par des traitants noirs qui échangent,
contre de la gomme, de l'or et des plumes d'autruche, les marchandises qui leur sont confiées par les négociants de Saint-Louis.
Ils élèvent, pour leurs plumes, un certain nombre d'autruches et
entretiennent des chasseurs pour la capture des geais métalliques
et des autres oiseaux dont le plumage fait l'objet d'un trafic
important.

Soleillet trouve un bon dîner, mais des rafales du nord-ouest
et une chaleur étouffante ne lui permettent pas de dormir.

Le 1er mai, dès le matin, avant la chaleur, Soleillet va voir l'escale qui appartient au roi de l'Irlabé. Les Maures y sont nombreux et la femme d'un ministre du roi va de traitant en traitant quêter des cadeaux. Ce ministre porte le nom tudesque de Schmit.

Sur le soir, le roi Ismaël vient voir le commandant. C'est un homme très noir et très maigre. Il a l'oreille droite complètement coupée. On trouve dans le Foutah un usage assez singulier. Quand un captif est mécontent de son maître, il coupe un morceau d'oreille au fils aîné de l'homme auquel il veut appartenir. Par le seul fait de cette mutilation, il passe de suite et pour la vie dans la famille de l'enfant, sans que son ancien maître puisse s'y opposer. Les captifs ne recourent à cet expédient que pour entrer dans de grandes maisons, pour appartenir à des chefs puissants et honorés. Pour cette raison, les chefs noirs du Foutah sont très fiers d'avoir des bouts d'oreille en moins, et le roi Ismaël est fort orgueilleux d'en avoir perdu une presque toute entière (1).

Le soir, de dix heures à minuit, tornade de l'est, coups de tonnerre et grains de pluie.

Le lendemain, Soleillet est témoin d'une scène assez curieuse, qui se passe dans le bureau du commandant.

Un petit vieux des Bosseiabé parle et gesticule aigrement. Il y a quelques années il est venu s'établir à Saldé et s'y est marié. Après trois ans de ménage, il est reparti pour son pays, mais en oubliant d'emmener sa femme. Celle-ci, bien que non divorcée, a pris un nouvel époux et a reçu de lui, pour cadeau de noce, un

(1) Chez les Maures Braknas, on trouve le même usage. Quand le zenague tributaire souffre par trop chez son maître, il conduit chez un autre ses troupeaux et tout ce qu'il possède, et tâche de lui couper une oreille ou de tuer son cheval. Il devient dès lors tributaire de ce nouveau maître qui prend sur lui tous les droits qu'avait l'ancien.

Mais malheur à lui s'il est repris avant d'avoir coupé l'oreille ou tué le cheval! Il est fouetté, dépouillé de tout ce qu'il possède, rejeté de tous sans secours aucun et meurt de misère. Il y a de la sauvagerie, de la férocité dans la manière dont il est traité.

(R. CAILLIÉ, I, 155, 156.)

esclave. Le petit vieux revint et, trouvant sa place prise, il demanda justice au marabout. Le marabout reconnut en sa faveur le droit de premier occupant, décida que sa femme lui serait rendue et que, pour compenser le dommage qu'il avait éprouvé, il prendrait aussi l'esclave. Le second mari rendit la femme sans aucune difficulté, mais, en se retirant, il emmena son esclave et c'est cet esclave que le petit vieux réclame à la justice omnipotente du commandant.

Pour expliquer cela, vingt hommes se lèvent et font les récits les plus bizarres, les plus étrangers à la cause. Quand le commandant a tout entendu, avec une patience admirable, il renvoie, sans vouloir se prononcer, le peu scrupuleux mari.

Dans ce temps-là, Soleillet fit la connaissance d'un négociant de Saint-Louis, M. Victor d'Erneville, cousin de M. Crespin. M. d'Erneville devait envoyer à Abdoul-bou-Bakar, chef du Bosseiabé, un homme qu'il voulut bien lui donner pour guide. En conséquence, il fit partir en avant, avec cet homme, Yaguelli et les bagages. A quatre heures et demie il se met en route, en compagnie de M. d'Erneville qui est à cheval. Ils traversent la pointe de la forêt de Souré, où vivent l'éléphant, le rhinocéros et la girafe. A six heures et demie ils arrivent au village de Niody où il faut passer le fleuve en pirogue, opération toujours difficile.

Soleillet fait ici ses adieux à M. d'Erneville et continue sa route.

Son nouveau compagnon est un ouolof de Saint-Louis, chasseur de profession, brave garçon du plus beau noir. Il se nomme André, parle très bien français et appartient à la religion catholique.

Vers sept heures, la petite caravane arrive à Gandaya. Soleillet est bien accueilli et bien installé par les amis d'André. Il soupe de biscuit et d'excellent lait donné par ces braves gens.

Le lendemain, 3 mai, au réveil, les femmes font leurs prières et leurs ablutions comme les hommes. A six heures, on se met en route par une pluie légère, à travers une plaine sablonneuse couverte d'arbustes épineux et de buissons ayant des épines de couleur d'argent. A six heures vingt minutes on trouve des champs de maïs, dix minutes après le petit village d'Eilomai, à sept heures et demie une jolie mare, entourée de verdure, où s'abreuvent des ânes et des moutons, où s'ébattent des oiseaux de forme gracieuse, au brillant plumage, sans rien craindre des femmes qui viennent, jusqu'au milieu d'eux, puiser une eau plus claire et plus fraîche que sur les bords.

A huit heures vingt minutes, Soleillet passe devant le village de Diaba qui est situé sur un monticule où l'on voit un beau bouquet d'arbres. Il redescend dans une plaine basse et à neuf heures et demie il est à Oréfondé, village également construit sur une éminence et entouré d'arbres. Le pays forme une plaine ondulée dont les sommets seuls sont à l'abri des hautes eaux. Sur ces sommets sont les arbres et les villages ; dans les plaines, que les eaux envahissent pendant l'hiver, s'étendent les cultures.

En quittant Oréfondé, on s'engage dans une plaine où poussent seulement quelques arbustes rabougris.

A dix heures un quart, Soleillet est abordé par un noir coiffé d'un vieux chapeau de feutre et armé d'un fusil à pierre ; ce noir lui dit en français qu'il est envoyé, comme courrier, de Médine à Saint-Louis, et lui offre de se charger de ses lettres et de ses commissions.

On trouve ensuite une cuvette de sable jaune, entourée d'arbres et percée de nombreux puits. Des femmes puisent de l'eau et abreuvent des ânes et des chevaux. Yaguelli et André s'arrêtent pour boire. Tandis que Soleillet regarde tout ce mouvement, une jeune femme vient lui offrir plein une petite calebasse d'une eau bonne et presque limpide. Cet endroit s'appelle Aïn-Sour. On y voit un petit jardin bien cultivé, dont le propriétaire a eu la singulière idée de transformer en gibet l'un de ses arbres. A cet arbre pendent des grappes d'oiseaux, et cet exemple éloigne les petits maraudeurs.

Il passe auprès du village de Kobito et s'arrête, jusqu'à trois heures trois quarts, sous des arbres, dans le voisinage de

Beril. Il traverse ensuite une belle futaie au milieu de laquelle se trouve Tilloi ; dans une autre petite futaie, il voit un grand nombre de sangliers, puis il arrive à Kobilo, village presque désert : à cause de la saison sèche, presque tous les habitants se sont transportés, avec leurs troupeaux, sur les bords du fleuve, où se trouvent les principales cultures.

Bien qu'il soit accompagné de deux hommes du cheikh Mahmadou et qu'il descende chez un frère ou un cousin de ce cheikh, on ne lui offre rien ; il trouve même difficilement à acheter, pour son souper, une simple tasse de lait. Il en a grand besoin cependant, car il a déjeuné avec du biscuit et de l'eau.

Soleillet apprend dans la soirée que douze cavaliers venant de Ségou doivent se trouver chez Abdoul-bou-Bakar. Ils sont envoyés par le sultan Ahmadou pour rétablir la paix entre Abdoul, roi du Bosseiabé, et Samba-Oumané, roi du Toro.

Soleillet part le 4 mai, à six heures du matin. Un quart d'heure après, il arrive à Odégui, ville principale du Bosseiabé et résidence habituelle d'Abdoul-bou-Bakar.

Abdoul-bou-Bakar, chef actuel du Bosseiabé, est la personnalité la plus remarquable du Foutah. Il jouit d'une fortune personnelle assez importante qu'il entretient en prenant part à diverses expéditions guerrières du côté de la Gambie et par les opérations commerciales qu'il fait tant avec les Maures qu'avec les Français. Soleillet ne l'a pas vu, mais il a beaucoup entendu parler de lui.

Odégui est un grand village dont presque toute la population est absente. Les cases en sont grandes et bien bâties. La maison d'Abdoul est en terre, construite avec soin et flanquée d'une tour carrée.

Soleillet est reçu par Omar, homme de confiance d'Abdoul, qui le sollicite de passer la journée à Odégui ; il lui promet que son maître viendra le voir, à moins qu'il ne préfère aller le voir dans son village de la rive maure où il est en villégiature. Soleillet remercie Omar de ses bons offices, et charge André, qui se rend auprès d'Abdoul, de présenter à ce chef ses compliments.

La route traverse une plaine sablonneuse que l'eau couvre en partie pendant la saison d'hiver. On y cultive beaucoup de coton et comme c'est le moment de la récolte, on trouve à chaque pas des femmes qui portent sur la tête des corbeilles remplies de ce blanc textile.

A sept heures Soleillet passe devant Bokidiabé ; à huit heures il salue une famille noire qui le croise. Le chef de cette famille monte un petit cheval qui porte au cou une grosse clochette. La femme suit, montée sur un bœuf et tenant devant elle un jeune enfant. Un esclave va devant avec une grande malle sur la tête.

La route coupe une plaine ondulée et touche un puits creusé entre quatre arbres, dans un endroit que les eaux couvrent pendant l'hiver. A huit heures un quart, Soleillet est à Boudil et quinze minutes plus tard à Doumga. Au milieu de cultures de mil, entre cinq arbres, dans un terrain argileux où poussent des arbustes épineux, se trouvent des puits construits en cloisonnements dont l'eau est bonne. On y abreuve la mule et le bœuf.

Soleillet et Yaguelli entrent dans le petit bois de Demba ; à neuf heures ils sont à Doumga Fierne. Le bois se continue à droite du village. Des enfants y jouent. Leurs cris, leur gaîté font à Soleillet le plus grand plaisir. A neuf heures trois quarts notre voyageur atteint Doumga Alfa. Il est toujours dans le bois, mais la plupart des arbres sont sans feuilles et d'un aspect hivernal qui contraste singulièrement avec une température de $+$ 40 degrés centigrades.

A dix heures trois quarts, il arrive au village de Douloumagui ou Maangui, dont tous les habitants sont au bord du fleuve, à l'exception de quelques vieillards qui font la garde. Il s'installe tant bien que mal et ce n'est qu'avec beaucoup de peine qu'il trouve un peu d'eau pour arroser son biscuit.

Trois coups de tam-tam, à des intervalles réguliers, annoncent la mort d'une personne.

Pendant que Soleillet fait la sieste, Yaguelli s'avise de raser la tête à un enfant à la mamelle. Le pauvre petit crie à s'en rendre malade. Une vieille femme se fourre du tabac dans le nez avec l'ongle. Tous les habitants restés dans le village se pressent curieusement autour de Soleillet. Une femme couverte de gale lui demande des médicaments. Une autre compare avec l'épiderme de Soleillet l'épiderme d'un enfant encore blanc qu'elle porte sur le dos.

Soleillet trouve cette curiosité très fatigante. Il a raison ; mais au moins on ne le maltraitait pas, on ne le pinçait pas, on ne le tiraillait pas ; les femmes ne lui disaient pas effrontément, pour se moquer de lui et rire ensuite à pleine gorge : « Chrétien, veux-tu coucher avec moi ? » Les enfants ne lui jetaient pas des pierres, les hommes ne le pillaient pas, ne le laissaient pas crever de fatigue et de faim. A la curiosité près, il était exempt de toutes les misères que Mungo Park endura chez les Maures et René Caillié ches les Braknas. Cependant, après avoir déjeuné avec du biscuit et de l'eau il dut dîner avec du biscuit et du thé.

La nuit, le ciel fut couvert et orageux.

CHAPITRE XIII

DE DOULOUMAGUI A GOUMEL

De Douloumagui à Matam. — De Matam à Garly. — De Garly à Barmateh. — Les gens d'Orndoldé. — Bapalel. — Le secret de Garly. — Gel-Aio. — De Bapalel à Garaguel. — De Garaguel à Pavalel. — De Pavalel à Goumel.

Le dimanche, 5 mai, le départ a lieu à cinq heures et demie, aux rayons d'un soleil tout rouge. On traverse un terrain plat, couvert d'un bois épineux. Des petits bengalis passent au-dessus des voyageurs ; ils font un bruit particulier et sont aussi nombreux qu'un vol de sauterelles. A six heures on commence à monter ; bientôt on arrive à Douloumagui-Demba, village situé sur un plateau planté de grands arbres, qui donnent une fraîcheur extrêmement agréable. A leur ombre croissent des arbustes au feuillage varié sur lesquels voltigent de mignons colibris. A sept heures un quart on rencontre, au milieu du bois, des plantations de maïs, et, cinq minutes plus tard, on arrive au fleuve, au milieu des champs de mil. Soleillet rentre dans le bois qu'il a quitté un instant et vers huit heures il y rencontre un aveugle portant un paquet sur sa tête et guidé par un enfant qui le tire avec un bâton. Quelques instants après il reprend les bords du fleuve où des femmes, qui portent des tresses pendantes, font la récolte du coton.

Il s'arrête dans une petite crique pour faire boire sa mule et son bœuf. Il y avait là beaucoup de gens et une grande animation.

Les uns se lavaient où se baignaient, les autres lavaient du linge ou se préparaient à traverser le fleuve à la nage.

La route est alors parallèle au fleuve et traverse des champs d'où l'on chasse les oiseaux. Les pauvres noirs, pour sauver leurs récoltes, sont obligés de les défendre pendant le jour contre les oiseaux, et de lutter, pendant la nuit, contre les singes qui viennent par milliers y prendre leurs ébats, contre les sangliers et les biches qui s'y rendent par troupes, contre les hippopotames et les rhinocéros.

Pour remonter sur les berges, il faut faire une véritable escalade de 12 à 15 mètres; Soleillet arrive alors dans une plantation de coton où se trouve beaucoup de monde, c'est-à-dire beaucoup de curieux, de gens qui admirent surtout sa mule et au milieu desquels il passe avec peine.

Il rentre dans le bois. Une demi-heure de marche le ramène au fleuve qui est ici fort large, bordé de beaux arbres et de gras pâturages couverts de moutons, de chèvres, de vaches, d'ânes. De nombreux oiseaux crient et voltigent au milieu des animaux, dans les arbres, sur le fleuve et dans un marigot qui sort de la verdure et court coquettement au milieu de gazons, de fleurs, d'arbustes et de grands arbres. C'est un spectacle charmant, poétique, et le voyageur ne résiste pas au plaisir de s'y arrêter un instant.

Soleillet y reçoit la visite d'un poulo qui a la coiffure, le costume et les traits caractéristiques de sa race. Il est presque noir, son visage est allongé, ses cheveux sont tressés, passés dans de petits coulants de cuivre, ornés de boutons de capote d'infanterie de marine, couverts d'un mouchoir ployé dans la forme d'un bonnet de la liberté avec une plaque ronde en cuivre en avant de la pointe. Il a pour tout vêtement un court boubou de guiné.

Soleillet traverse ensuite une forêt incendiée. Enfin, à onze heures trois quarts, il arrive, à moitié mort de soif, au poste de Matam dont le sergent commandant lui fait très bon accueil. Il déjeune, fait sa sieste, écrit au gouverneur, prend un bain dans le fleuve et visite l'escale où se trouvent quelques traitants.

Pendant la nuit la chaleur est suffoquante et rend le sommeil impossible. De minuit à une heure, Soleillet prend un nouveau bain dans le fleuve. La sensation en est des plus agréables. Pour peu d'ailleurs qu'on ait soin de battre l'eau avec les bras et avec les jambes, on n'a presque rien à craindre de la part des caïmans, bien qu'ils soient très nombreux dans ces parages, parce qu'ils sont peu féroces et trouvent sans peine du poisson pour leur nourriture. Quand à l'hippopotame, il n'est pas à redouter. Il est timide et fuit à l'aspect de l'homme à moins qu'il ne soit attaqué.

Le lendemain, 6 mai, à quatre heures du matin, Soleillet quitte le poste. Il suit une allée de beaux arbres parallèle au fleuve et aboutissant à une plaine couverte d'eau pendant l'hiver. Pour le moment, elle présente de beaux pâturages et nourrit de nombreux troupeaux. A quatre heures trois quarts, Soleillet et son compagnon Yaguelli passent devant Navéloki. Les rives du Sénégal sont couvertes de bois. Un hippopotame remonte tranquillement le fleuve, nageant entre deux eaux, soufflant de temps à autre, montrant parfois sa grosse et vilaine tête.

Vers six heures, nos voyageurs traversent des champs de maïs que des hommes défendent contre les oiseaux. Une bande d'enfants qui reviennent de l'école portent liés sur leurs têtes leurs livres, leurs tablettes et leurs vêtements. Chacun porte à la main, pendues à des ficelles, deux petites calebasses qui servent : l'une d'écritoire, l'autre de vase à boire et à quêter du grain pour le maître. Un taleb les accompagne et un aveugle est au milieu d'eux. Tout ce monde salue les voyageurs avec affabilité.

Après les enfants, une caravane de singes gambade et saute de branche en branche dans la direction d'un champ dont elle tentera le pillage la nuit prochaine.

Ici le fleuve est sinueux, étroit, encombré de banc de sable.

Un peu avant huit heures Soleillet arrive à Garly.

Garly est un village d'été bâti sur le bord du fleuve, à l'endroit où passent les bateaux à vapeur pendant les hautes eaux.

Soleillet y voit pour la première fois des cases-greniers. Elles sont en torchis, sur des pieux, à 0ᵐ25 ou 0ᵐ30 du sol, et couvertes d'un toit conique en chaume. Cette disposition est nécessitée par le voisinage des fourmis.

On voit à Garly beaucoup de coton et des palmiers-roniers.

Les voyageurs sont bien accueillis et logés passablement. Sur le soir ils entendent des danses et des chants. C'est très gai, on est heureux dans ce coin de terre, mais le souper est maigre : du biscuit et du lait.

Le 7 mai, départ de Garly à cinq heures dix-huit minutes du matin. On traverse d'abord des cultures, puis des friches, puis une forêt qui cotoie le fleuve. La rive des Maures est très élevée. A certain endroit elle forme un promontoire où Soleillet se croise avec une caravane. A sept heures il passe devant Tchimpen. La route traverse ensuite un pâturage marécageux, un bouquet de bois dont le frais ombrage fait aux voyageurs le plus grand bien, le village Dodol où l'on voit des palmiers, Odobéré.

Soleillet s'arrête à l'entrée de ce village, sous un arbre, auprès d'un forgeron ambulant. Il est entouré par les habitants dont la curiosité l'importune ; aussi se remet-il en route à l'arrivée de Yaguelli, qui était resté en arrière avec le bœuf.

Il entre dans un bois où se trouve de nombreuses clairières et de belles plantations de coton. Il s'arrête devant Tiali pour faire boire ses animaux et remarque dans ce village quatre énormes palmiers-roniers.

Suivant toujours les bords du fleuve, il voit sur des îlots de sable un grand nombre de flamants et autres oiseaux aquatiques du genre des échassiers. A dix heures et demie, il atteint Mboou. Le territoire de ce village est couvert de mil et de coton ; autour, pour féconder la terre, on a brûlé de grandes étendues d'herbes.

Soleillet s'arrête auprès du village, sous des arbres, où les habitants lui apportent avec empressement des nattes et du lait. Il ne repart qu'à trois heures vingt minutes, par un chemin sous bois, où il voit des pintades en nombre incalculable et des troupeaux de moutons qui broutent tranquillement. A tout instant il se croise avec des femmes, des hommes et des enfants qui portent des corbeilles de coton. Au sortir du bois il se trouve devant Ngana. Rentré de nouveau dans le bois, il rencontre une troupe de Maures. On se rappelle avec quelle dureté, avec quelle sauvagerie, avec quel mépris, les Maures traitaient jadis Mungo Park et Caillié. Quel heureux changement! Ceux que rencontre Soleillet ne le tourmentent ni ne l'insultent : au contraire, ils lui adressent les plus cordiales salutations.

Il y a dans le bois de véritables fourrés de cotonniers sauvages. A cinq heures et demie, Soleillet se retrouve sur les bords du fleuve, au milieu de défrichements. La rive française est à pic, haute de 12 à 15 mètres; la rive maure présente une plage avec de grands bancs de sable. De Barmateh on voit, sur la rive maure, la croupe du Dao. Du même côté, de nombreux caïmans prennent leurs ébats au milieu d'une troupe d'oiseaux aquatiques.

Barmateh possède deux grands palmiers.

Soleillet est reçu très froidement, on l'évite même, et c'est avec peine qu'il se procure un peu de lait pour son repas du soir.

Le lendemain, 8 mai, Soleillet observe que les deux hommes du cheikh Mahmadou qui l'accompagnent saluent d'autres indigènes et se font entre eux des attouchements assez semblables à ceux des Francs-Maçons.

Il se met en route à cinq heures et demie, longe le fleuve et trouve souvent des femmes qui portent sur la tête des corbeilles de coton. A sept heures il arrive devant Orndoldé, en face de Makama, village de la rive maure appartenant au cheikh Mahmadou.

Tandis que les hommes du cheikh vont à ce village, Soleillet s'installe sous un arbre. Les gens d'Orndoldé sont curieux, importuns et malveillants. Ils laissent à peine au voyageur la libre disposition de la natte sur laquelle il est assis; ils touchent à sa malle et viennent lui crier aux oreilles quand il paraît s'endormir. Ce sont les gens les plus insupportables qu'il ait vus dans tout son voyage. Un poulo, de type très remarquable, de couleur bronzée, est assis au milieu d'eux et regarde tranquillement ce qui se passe.

Plusieurs indigènes sont coiffés d'un vaste chapeau de paille ayant la forme d'une toiture de case. Les fillettes ont des colliers de perles bleues ou vertes de la grosseur d'une bille. Les femmes portent un voile en gaze bleue de fabrication locale. Les garçons vont nus jusqu'à douze ans et portent autour des reins une ficelle avec une coquille ; les petites filles sont également nues et portent autour des reins un lac de grosses perles de couleur.

A quatre heures quarante-six minutes il se remet en route à travers de belles plantations de tabac et de mil qui alternent avec des broussailles. A cinq heures un quart il arrive à Bapalel, grand village traversé par la route. Tous les habitants sortent de leurs cases pour le voir, surtout pour voir sa mule, la première qu'ils aient probablement vue. Un nègre, infirmier de l'hôpital de Saint-Louis, le prie, en bon français, de s'arrêter, le chef désirant lui parler.

Celui-ci vient, complimente Soleillet, l'engage à passer la nuit dans son lit et lui fait cadeau d'un mouton. Soleillet lui ayant répondu qu'il était obligé de continuer sa route, il exprime le désir de l'entretenir en particulier. Notre voyageur met pied à terre et sort de la foule avec le chef et le noir qui lui sert d'interprète. A peine sont-ils installés dans un coin qu'ils sont entourés de nouveau ; sept ou huit fois ils changent de place et toujours avec le même succès. Voyant qu'il ne peut, malgré ses cris et ses objurgations, obtenir un moment de calme, le chef dit à l'oreille de l'interprète qu'il désire une place sur le premier vapeur qui descendra à Saint-Louis pour voir le gouverneur et mettre sous l'autorité directe des Français sa personne et son village. Ce chef se nomme Garli-Gel-Aio et paraît avoir une cinquantaine d'années. Soleillet le remercie de son bon accueil et lui dit qu'un simple taleb, tout à fait étranger à l'administration, ne peut transmettre sa demande qu'au commandant de Bakel qui, lui, verra ce qu'il convient de faire.

Longtemps les habitants le suivent. Des enfants de Bapalel

sont encore derrière lui à cinq heures quarante-deux minutes, quand il arrive près d'une baie où l'on abreuve des moutons, où lui-même va faire boire sa mule.

Cette baie est creusée dans un vallon vert, rempli d'arbustes dans lesquels chantent des oiseaux. Des nègres et des négresses se baignent ; des enfants qui reviennent de l'école traversent la baie ; des jeunes mères, qui reviennent des champs, font boire leurs nourrissons et les lavent. C'est un tableau charmant, plein de poésie, que Soleillet contemple avec plaisir.

A six heures et quelques minutes, il traverse la baie et passe de l'autre côté du vallon. Après avoir rencontré des broussailles et des défrichements, il arrive, à six heures vingt-six minutes, aux cultures de Garaguel.

Garaguel est un assez grand village fermé par une enceinte de roseaux et construit au bord du fleuve dont les berges sont ici très élevées.

Soleillet est reçu avec affabilité, convenablement installé dans un hangar de nattes et lorsqu'il demande à boire on ajoute à son eau du lait aigre. C'est la première fois que les Sénégambiens ont pour lui cette attention. Il caresse un mouton blanc de la taille d'un âne du pays, à laine courte et soyeuse. Il remarque la singulière beauté de deux jeunes Maures qui reçoivent l'hospitalité dans la même maison que lui.

Le lendemain, 9 mai, il part à cinq heures et demie du matin, passe devant un second village garaguel nommé Kelliabel, entre dans un bois où il rencontre des hommes, des femmes, des enfants, des clairières de champ de mil, des défrichements ; à six heures six minutes, il atteint un troisième village garaguel, le plus important des trois, qui se distingue des deux autres par l'addition à Garaguel du nom de Sambajol. Au milieu d'un champ de mil que l'on vient de scier, Soleillet rencontre le chef de ce village, qui lui fait des compliments. Après des plantations de coton il arrive à Gaudiel, village entouré de beaux arbres, puis à sept heures quarante-six minutes à Diantang, et huit minutes plus tard, à Pavalel, sur le bord du fleuve. Toute la population de ce dernier village est sur pied : c'était la mule qui produisait encore son effet. Un noir se promène gravement avec un parasol; au milieu du fleuve, sur une toute petite pirogue, un pêcheur harponne du poisson.

Un peu après, dans un champ de coton, Soleillet se croise avec une troupe nombreuse de femmes qui reviennent d'un village voisin, où elles ont assisté à l'inhumation d'un toucouleur assassiné et volé l'avant-veille par des Maures.

A des terres herbues et marécageuses succèdent des défrichements, des champs de mil, de maïs et de coton ; un chaland, qui vient ici chercher du mil et des arachides, est amarré au bord du fleuve. Le sentier est très fréquenté. On y rencontre à tout instant des enfants qui vont à l'école, des hommes et des femmes chargés de divers produits, surtout de mil et de coton. Dans un petit marécage, au milieu des roseaux, se trouve un arbre ayant l'écorce et le port du platane et le feuillage du mûrier. Les indigènes le nomment *fadalal*.

A neuf heures et demie on aperçoit, au milieu des champs de mil, de coton et de tabac, quelques cases inhabitées : c'est Bedenki. On trouve, un peu plus loin, Barkedji, village important qui possède de nombreux métiers pour le tissage du coton. A dix heures cinquante-quatre minutes, Soleillet arrive à Goumel, premier village Soni-nké du pays de Galam.

CHAPITRE XIV

DE GOUMEL A DEMBAKANI

Le pays de Galam est en bordure du Sénégal. Il a pour limites : au nord, le fleuve et le Foutah Damga ; au sud, le Bondou et le Bambouck ; à l'ouest, le Foutah Damga ; à l'est, le Bambouck et le Khasso. La Falémé le sépare en deux parties : le Guoy ou Bas-Galam, à l'ouest; le Kaméra ou Haut-Galam, à l'est.

Il est occupé par l'un des peuples les plus remarquables du Sénégal, que nous appelons *Sarracolets,* qui se nomme lui-même Soni-nké et que nous devrions nommer Soni-nké. Ce mot est le même que le mandingue *sonakies* (buveur de liqueurs fortes), mot qui, en 1795, au moment du voyage de Mungo Park en Gambie, désignait les Mandingues fétichistes qui se donnaient entre eux le nom de *Buschréen* ou *Bischaréen.* A une époque relativement récente, le nom de *Soni-nké* était synonyme de *Kafir* (infidèle, idolâtre). Aujourd'hui, il est porté par un peuple exclusivement musulman où se recrute la plus grande partie des apôtres qui convertissent à l'Islam l'Afrique noire.

Les Soni-nké sont industrieux, laborieux et intelligents. Beaucoup s'adonnent au commerce (1); beaucoup descendent le

(1) Ils sont connus sous le nom de *dioulas* (marchands).

Sénégal et se louent aux négociants ou à l'État qui les emploie à la navigation du fleuve. Dans ce dernier cas ils sont désignés sous le nom de *laptot*. Ils se livrent aussi à la culture; ils excellent surtout dans celles du coton et de l'indigo. Ils sont habiles teinturiers et très bons tisseurs. Ils savent travailler les bois et les métaux, tanner et préparer les peaux dont ils font de beaux ouvrages de gaînerie, de sellerie et de cordonnerie.

Les murs de leurs villages sont en terre battue mêlée de pierres, très élevés, épais et flanqués de tours. Leurs habitations, également construites en terre, sont carrées, quelquefois à un étage, généralement couvertes en terrasse. L'intérieur des maisons, de même que le vêtement des hommes, des femmes et des enfants, est plus propre et plus décent que celui des autres noirs.

Leur langue est de même famille que celles des Mandingues.

La population se divise en *Bakiris* ou hommes de guerre et en *Saybobés* ou marabouts.

Chaque village a un chef et ce chef est habituellement l'aîné de la famille du fondateur du village.

Tous les Soni-nké du Galam obéissent à un chef unique, du nom de *Tonka,* qui est électif mais toujours choisi dans la même famille (1).

Les habitants de Goumel viennent avec empressement au-devant de Soleillet et lui font un accueil sympathique. Beaucoup parlent français, plusieurs assez correctement.

La plupart laissent pousser leurs cheveux et en forment cinq tresses. Plusieurs s'attachent sous le menton deux de ces tresses.

Ils ont pour coiffure une espèce de bonnet de police en toile de

---

(1) Ils forment, en réalité, la population la plus intéressante, au point de vue colonial, de toutes ces régions. Ce sont eux qui, par leur instinct commercial, l'étendue de leurs relations, semblent destinés à être nos agents civilisateurs les plus actifs. Dans leurs longs voyages, ils ne manquent pas de faire connaître nos produits et de parler des merveilles de notre civilisation.

(Ministère de la marine et des colonies. — Sénégal et Niger. — *La France dans l'Afrique occidentale,* 1879-1883; Paris, Challamel, 1884, p. 47.)

coton, très épaisse, teinte en jaune ou en vert, cousus et piqués avec soin, avec de grandes oreilles qu'ils portent habituellement relevées. Un certain nombre d'entre eux se rasent la tête et se coiffent, comme les autres noirs, d'un bonnet de coton de forme conique.

On voit ici très peu d'enfants nus. Toutes les petites filles, même les plus jeunes, portent deux pièces d'étoffe, comme deux tabliers, l'une devant, l'autre derrière.

Chez les Toucouleurs, les hommes et les femmes sont sales et déguenillés, dans un état de paresse constant; dans le Galam, au milieu d'eux, on voit avec surprise une population laborieuse. Ici tout le monde travaille. Les femmes filent et tissent le coton; les hommes tissent ou font des nattes, cousent des bonnets, des bou-bous et des pagnes. Le type soni-nké n'a cependant rien de carac-téristique.

Soleillet s'installe sous un bel arbre que les indigènes appellent *gava*. Le chef du village, vieillard vénérable, le reçoit avec affabi-lité. Il a une belle tête encadrée dans un collier de barbe blanche.

Un gentil négrillon vient jouer sur la natte du voyageur. Un Soni-nké, qui parle français, raconte à Soleillet ses projets. Il a travaillé quelque temps à Saint-Louis. Il a gagné assez d'argent pour pouvoir se marier. Son intention est d'y retourner cette année même, aux hautes eaux, et d'y rester deux ans. Il espère faire des économies qu'il échangera contre des marchandises; avec ces marchandises il ira dans l'intérieur acheter trois ou quatre captifs et une captive. Si tout cela réussit, il reviendra dans son pays pour y vivre en bourgeois du travail de ses esclaves. Pourvu qu'il ne lui arrive pas comme à messire Jean Chouart, le curé du bonhomme La Fontaine !

Un autre lui raconte qu'il est chauffeur sur l'aviso l'*Archimède*, qu'il a obtenu une permission de trois ans pour se marier, qu'il a maintenant deux femmes et deux enfants et qu'il va rentrer à son poste.

Tout en causant avec ces braves gens, Soleillet ne s'aperçoit pas que le temps marche, et il est plus de quatre heures quand il songe à se remettre en route.

A cinq heures quarante et une minutes il passe devant Oua-rendé, village soni-nké dont les murs en terre, les maisons en terre et à terrasse, les quelques palmiers rappellent le queçar saharien. Il prend ici le bord du fleuve, voit le soleil se coucher dans un nuage pourpre et rose, et s'amuse à compter les caïmans : plusieurs doivent avoir 10 mètres de longueur ; d'un même point il en compte 27. A six heures et demie, il trouve un marigot et le remonte ; trois minutes après, il arrive à Ballel. A l'entrée, il remarque des ruches posées sur de grands arbres. Ballel est un tout petit village au milieu des marécages et habité par des Foulbé qui ont des champs de mil et de nombreux troupeaux. Ces pauvres gens offrent à Soleillet une eau fétide, vaseuse, et du lait qui a un goût de marécage très prononcé. Notre voyageur a le pressentiment d'une intoxication paludéenne.

Il est reçu par les femmes, les hommes faisant alors la prière dans une enceinte fermée par des piquets fichés en terre. Le salam terminé, ils viennent aussi le saluer avec empressement.

Le village est rempli de bestiaux et de tas d'ordures. Les Foulbé, comme certains paysans français, vivent au milieu de leur bétail. Les voyageurs s'installent, comme ils peuvent, sur des fumiers. Soleillet passe la nuit à la belle étoile, sous un ciel d'une magnificence incomparable.

Le 10 mai, dès le matin, une douzaine d'hommes, pris de fièvre, viennent lui demander des médicaments. Si l'on observe que Ballel compte en tout quinze familles, on sera étonné des ravages que fait la fièvre. Cette localité attire par l'excellence de ses pâturages, mais elle est des plus malsaines. Soleillet lui-même se sent très mal à l'aise ; il a suffi d'une nuit pour changer complètement l'état de sa santé.

Il quitte Ballel à cinq heures et demie et se dirige vers le fleuve qui est ici bordé d'arbres magnifiques. Il rencontre des noirs dont plusieurs le saluent en français. A six heures et quelques minutes il arrive au petit village de Guellé, tout à fait sur le bord du fleuve, qu'il continue à côtoyer, au milieu de cultures et de défrichements. De grands tas de mil placés sur la rive attendent le passage des traitants.

Le paysage est ravissant. Partout des cultures; partout des hommes, des femmes et des enfants qui travaillent. De distance en distance, de grands et beaux arbres offrent aux travailleurs de frais ombrages. C'est au moment où il admire cette brillante et féconde nature que Soleillet voit pour la première fois la chose la plus honteuse, la plus triste du monde : une caravane d'esclaves.

En tête marche une vieille femme toute décrépite.

Derrière elles suivent, à la file indienne, quatorze autres femmes, dont plusieurs portent des enfants.

Viennent ensuite, en troupeau, vingt et un enfants.

Ils sont suivis de quinze hommes de vingt à trente ans, attachés par le cou avec des colliers et des longes en peau. Chacun porte sur sa tête un lourd paquet cousu dans une peau de chèvre ou de mouton.

Les femmes et les enfants sont également chargés.

Tous ces malheureux appartiennent à quatre Soni-nké qui, montés sur des ânes et le fusil sur l'épaule, se tiennent sur les flancs de la caravane. Ils arrivent du Bondou et du Bambouck : c'est là, au cœur de la Sénégambie, dans des contrées qui sont sous la main des autorités anglaises et françaises, qu'ils ont acheté ces captifs.

Au Bondou et au Bambouck on a un jeune homme pour deux pièces de guinée, une femme pour le même prix, un enfant pour deux pièces et demie et trois pièces (1). Dans le Goumel il en vaut déjà quinze; dans le Cayor il en vaudra trente ou quarante.

----

(1) A Sambatilika, dans le Torong, le prix courant d'un esclave est de trente briques de sel de 0^m275 sur 0^m08₂ et de 0^m05 ou 0^m055. Un baril de poudre et huit brasses de verroterie de couleur marron clair, un fusil et deux brasses de taffetas rose sont aussi le prix d'un esclave. (R. Caillié, t. I, p. 466).

A Saint-Louis, la pièce de guinée, filature de l'Inde, est cotée de 11 à 12 fr., sur le fleuve, de 15 à 20 fr.

Dans le jour, on mène les esclaves en troupeau ; le soir, on détache ceux qui sont attachés, mais après leur avoir mis les fers aux pieds.

Les Soni-nkés et les Mandingues, qui font spécialement dans la Sénégambie le commerce des captifs, sont les populations les plus intelligentes de la contrée ; leurs mœurs sont douces et leurs relations sûres. C'est par l'un deux, le slaté Karfa, que Mungo Park fut recueilli le 16 décembre 1796 à Kamalia, et ramené à la côte, à Pisania, le 12 juin 1797. Mungo Park lui avait promis une récompense, il n'y comptait guère ; il fut néanmoins un hôte fidèle (1).

Après le passage de la caravane d'esclaves, Soleillet poursuit sa route, arrive à Bitel à sept heures quarante minutes et continue à longer le Sénégal dont la rive est animée par des gens qui font sécher du mil au soleil. A huit heures un quart il traverse un marigot et se trouve dans une forêt dont les arbres sont sans feuilles, où des troupes de pintades font entendre leurs cris stri-

(7) Karfa fut bien étonné. Tous les meubles lui paraissaient merveilleux. Il vit à Pisania un petit navire à l'ancre et ne comprit pas l'usage du mât, des voiles et des câbles. Tout le jour il médita sur cette merveille. Mungo Park lui donna le double de la somme promise ; il fut grandement étonné, et son étonnement augmenta lorsque Park lui dit qu'il se proposait d'envoyer un beau présent à un vieux maître d'école qui avait fait route avec eux.

On eut occasion de lui rendre service et de lui donner des témoignages de bonté ; aussi disait-il souvent : « Mon voyage a vraiment été heureux ». Quand il remarquait les produits des manufactures anglaises et la supériorité des Blancs dans tous les arts qui embellissent la vie, il devenait rêveur et s'écriait, en soupirant : « Les hommes noirs ne sont rien ». D'autres fois il demandait à Park, avec un grand sérieux, ce qui avait pu l'engager, lui qui n'achetait pas d'esclaves, à parcourir un pays aussi misérable que l'Afrique.

Il pouvait donner une réponse aux gens de Kamalia qui jadis demandaient à Mungo Park si les Blancs achetaient les Noirs pour les manger et s'ils avaient réellement une terre, comme celle d'Afrique, sur laquelle ils posaient les pieds.

dents. A dix heures et quelques minutes il arrive au village d'Odabéré situé sur la rive, au milieu de cultures.

Il s'arrête devant le village, sous un beau *ficus,* de l'espèce connue dans le pays sous le nom de *Gam.* Il a des nausées, des maux de tête, la diarrhée ; il se sent fatigué. Il prend deux pilules d'opium. Yaguelli va faire boire le bœuf. La pauvre bête s'embourbe et Yaguelli demande du secours à des Toucouleurs, à qui Soleillet vient de refuser du tabac. Ceux-ci répondent par le mot de Cambronne.

A trois heures quarante-deux minutes, Soleillet, toujours très fatigué, quitte son arbre. Il voit de magnifiques troupeaux de bœufs dont les gardiens ont le fusil sur l'épaule, de crainte des Maures. Les cultures deviennent très riches, il y a des nuées d'oiseaux, notamment de tourterelles. A cinq heures il rencontre un village au droit duquel le fleuve, très ensablé, ne coule pas sur 15 mètres de largeur. Il a d'épouvantables tranchées. A cinq heures vingt et une minutes quelques gouttes de pluie commencent à tomber. Soleillet se croise avec une troupe de Maures.

Le fleuve est houleux ; la pluie tombe à flots ; on ne voit plus d'oiseaux ; le vent souffle en tempête de l'est, le thermomètre marque $+$ 30°. C'est une petite tornade qui dure jusqu'à six heures un quart. Pendant la pluie, les caïmans sont sur les bancs de sable et bâillent à se démonter la mâchoire. Un peu avant d'arriver à Dembakani, on entend le cri de nombreux hippopotames.

CHAPITRE XV

DE DEMBAKANI A BAKEL

Dembakani est un village toucouleur construit en paille. Il est le plus méridional de ceux qui reconnaissent l'autorité d'Abdoul-bou-Bakar, chef du Bosseiabé.

Les habitants accueillent bien Soleillet. Le voyant malade, ils s'intéressent à lui et l'installent de leur mieux dans un hangar de nattes, sur le bord du fleuve. Il se sent très fatigué, il a les lèvres, la langue et le palais tachés de mucosités blanchâtres. Il se rince la bouche avec de l'eau et, se sentant un peu mieux, il cherche à se secouer, fume et prend du biscuit avec du thé. A huit heures cinquante minutes, la pluie le chasse dans le hangar, auprès du feu. Sa nuit est mauvaise, il a le corps tout endormi, mais l'esprit conserve sa lucidité, ce qui peut être un effet de l'opium qu'il a pris pour combattre la diarrhée. A certain moment, il se sent pris d'un violent désir de savoir l'heure, mais ses membres engourdis lui refusent le service; il ne peut parvenir à porter la main à sa poche. Cependant, avec cette volonté impérieuse et capricieuse, propre aux malades et aux enfants, il veut lire l'heure à sa montre. Tout à coup, à sa grande stupéfaction, il voit distinctement, dans le gousset de son gilet, le cadran et les aiguilles de sa montre. L'étonnement qu'il éprouve lui rend l'usage immédiat de ses

membres. Il prend sa montre et constate, avec une surprise
extrême, qu'elle marque l'heure qu'il a lue.

Cet étrange incident dissipe sa léthargie. Il passe sans sommeil
le reste de la nuit. Sur le matin, il doit se défendre avec un bâton
contre un énorme bœuf qui veut à toute force se réfugier dans
son hangar.

Le samedi, 11 mai, il visite Dembakani. Ce qu'il y voit de plus
remarquable, c'est une place centrale tracée régulièrement et ornée
de beaux arbres.

A cinq heures vingt-cinq minutes il se met en route. De grands
arbres plantés symétriquement forment une vaste allée parallèle
au fleuve.

Le soleil, à son lever, est ceint d'un halo et présente une figure
pâle et entourée d'un voile de pourpre : quand il est tout-à-fait
levé, le ciel se couvre de nuages noirs, gris et pourpres qui le font
ressembler au ciel du nord.

A cinq heures quarante-huit minutes il traverse la petite rivière
qui sépare le Foutah du Galam. Il rencontre huit marchands
d'esclaves, montés sur des ânes ; ils vont dans le Bambouck
renouveler leur approvisionnement de chair humaine. Ils font
route ensemble. A Caronka, ils quittent le bord du fleuve pour
s'engager dans un bois qui a conservé ses feuilles, puis pour
remonter un marigot entouré de verdure et rempli de chants
d'oiseaux.

Soleillet se sent très fatigué. Il a des mucosités dans la bouche
et une diarrhée qui l'affaiblit beaucoup. A sept heures un quart il
se retrouve sur le fleuve, près du village de Gandé ; une demi-
heure après il passe devant Gallar, village d'aspect saharien,
entouré d'un mur bastionné et crénelé, ombragé de beaux palmiers. Entre le fleuve et le village se trouve un grand espace
sablonneux où deux enfants galopent sur des poulains. A l'est du
village, quelques cases en terre sont entourées d'un mur particulier.

Le fleuve est ici très large et paraît très profond. De beaux troupeaux de moutons paissent dans un champ de mil que l'on vient de couper. On rencontre beaucoup de voyageurs, les uns montés, les autres à pied, et de pauvres captifs chargés. A huit heures un quart Soleillet remarque sur la rive des Maures un grand rocher qui surplombe le fleuve et forme un cap. Un peu après, il est salué par trois grandes pirogues qui descendent le Sénégal.

A neuf heures la caravane arrive à Moudéri où s'arrêtent les marchands d'esclaves qui faisaient route avec Soleillet. Moudéri est un très grand village : il faut dix minutes pour le traverser dans sa plus petite étendue, c'est-à-dire du sud au nord.

Soleillet est toujours très fatigué, son bœuf se traîne avec peine. Il profite, pour faire halte, de la rencontre d'un beau bouquet d'arbres. Tout son corps est en feu ; il souffre beaucoup. Aussi, malgré la peur bien légitime qu'il a des caïmans, qui sont ici plus nombreux et plus dangereux qu'ailleurs, il va se baigner dans le fleuve. Il prend ensuite de l'opium, essaie vainement de dormir et prend avec plaisir du thé sans sucre, mais il lui est impossible de manger.

Un noir de Moudéri, ancien gabier de la marine nationale, parlant bien français, vient le voir et causer avec lui. Craignant d'être réellement malade, il veut, coûte que coûte, coucher le soir même à Bakel. Cette indisposition est la suite de la nuit qu'il a passée à Ballel où il a subi un véritable empoisonnement ; il croit avoir eu tort de ne pas prendre immédiatement du sulfate de quinine et de ne s'être pas frictionné avec de la pommade camphrée.

Il laisse le bœuf et les bagages aux soins de deux hommes que lui a donnés le cheickh Mahmadou et part avec Yaguelli qu'il prend en croupe.

Comme il a toujours la bouche en feu, il charge un gamin qui se rend à Bakel de porter sa grande bouilloire remplie de thé froid, et de temps en temps il se rince la bouche.

A deux heures quarante minutes il se met en route ; à trois

heures dix minutes il voit sur la rive française, et pour la première
fois, des rochers calcaires qui forment cap. Une biche part tout
près des voyageurs ; Yaguelli met pied à terre, la poursuit et la
tue de quatre coups de fusil.

Au bruit de cette fusillade, les habitants d'un village voisin
croient que leurs troupeaux sont attaqués par les Maures et six
hommes accourent en armes. Au lieu de combattre des bandits
ils aident à dépecer la biche et en reçoivent, pour leur salaire,
toute la viande moins le train de derrière.

Soleillet se remet en route à quatre heures. A quatre heures
trente-cinq minutes il voit les premières collines. Le fleuve est
ici très large mais très ensablé. Dix minutes plus tard il passe
devant Diaoura, village entouré de palmiers et de cultures diverses.

Il est pris de vomissements et fait de douloureux efforts, mais
il ne descend pas de sa mule et se cramponne à sa selle. Il est
obligé de s'humecter constamment la bouche.

A cinq heures il passe Elingara, village qui nourrit de nombreux
troupeaux de chèvres et possède des cultures de mil, des palmiers,
beaucoup de métiers à tisser le coton. Un quart d'heure après il
atteint Manoel dont les cases sont en paille et la population de
race toucouleur. De là on aperçoit, sur la rive droite, de hautes
collines. Vingt minutes suffisent pour aller de Manoel à Gueldé.
Dans le fleuve s'élèvent des rochers.

Au moment où le soleil se couche, Soleillet est tellement
affaibli par la fièvre et les vomissements qu'il a besoin, pour se
tenir en selle et tracer sès notes, de toute sa force de volonté. Un
instant de repos lui devient indispensable, il se laisse glisser de sa
mule et va se coucher sous un arbre, au bord du fleuve. A six
heures et demie il se remet en route ; à sept heures il est au grand
village soni-nké de Tuabo (1) et à huit heures quarante minutes
il arrive à Bakel.

(1) Gran, chef du Kaarta, qui gouverna de 1832 à 1843, prit Tuabo et en
emmena toute la population en servitude (MAGE, p. 672).

CHAPITRE XVI

BAKEL

Au moment où il descend devant le poste, tout le monde est
couché, mais à peine entré il voit arriver le commandant,
M. Soyer, capitaine d'infanterie de marine, et M. Lusseau,
médecin de la marine, qui l'accueillent avec une extrême bienveillance. Se croyant déjà rétabli il veut boire et manger : il ne peut
rien supporter, pas même les pilules de quinine que lui prépare le
médecin. Il se couche et passe une nuit très agitée.

Il vient de terminer la première partie de son exploration, de
Podor à Bakel. Elle lui a pris dix-neuf jours.

Ce voyage n'offre pas de sérieuses difficultés ; cependant il a été
rarement accompli. Bien que les populations dont on traverse le
territoire soient en partie soumises au protectorat français, un
voyage par terre au milieu d'elles, par un homme isolé, parut
jusqu'à présent une entreprise périlleuse et difficile.

Par le récit qui précède on voit que ces dangers n'existent plus.
Nous pensons que cet heureux résultat est en bonne partie l'œuvre
du colonel Brière de l'Isle, dont le gouvernement énergique et
paternel inspire aux indigènes confiance et respect.

Cette exploration aura donc tout au moins pour résultat de montrer qu'un voyageur sans escorte, sans armes, accompagné d'un seul domestique, peut aller partout et que partout les noirs le reçoivent bien.

Il faut de la patience et de la bonté, comme en avaient Mungo Park et René Caillié, mais cette recommandation est pour nous inutile. Les Africains diront comme les Américains disaient et disent encore : « Que les Français sont bons ! »

Si Soleillet a été bien reçu par les noirs, il l'a été mieux encore par les commandants civils et militaires de Podor, Aéré, Saldé, Matam et enfin Bakel. Le commandant de ce dernier poste lui accorda une hospitalité amicale et aplanit toutes les difficultés qui pouvaient retarder son départ ; M. Albert Lusseau, le médecin, lui prodigua ses soins et lui donna de précieux renseignements au point de vue hygiénique ; l'interprète même, Alpha Sega (1), descendant de l'une des meilleures familles du Khasso, l'a fait profiter de la connaissance parfaite qu'il a du pays entre Sénégal et Niger.

Bakel, où Soleillet refait sa santé tout en étudiant la route qui lui reste à parcourir, est l'une de nos plus anciennes escales. On y fonda un comptoir en 1819, après la reddition de la colonie par les Anglais.

Dès le temps d'André Brüe, ce point était fréquenté par nos traitants dont les chalands remontaient jusqu'aux cataractes du Fellou, qui sont encore la limite de notre commerce. Jusqu'à 1819, Bakel fut aux mains de compagnies privilégiées. Ces compagnies ont disparu, mais on ressent encore leur funeste influence. L'espoir d'une restauration se faisant jour de nouveau, il est bon de remarquer que deux de ces compagnies ont eu pour gouverneur André Brüe, homme merveilleusement doué, et que vainement

(1) D'après le courrier du 23 mai 1886, Alpha Sega, qui était au service de la France depuis longtemps, se serait compromis dans l'insurrection de Mahmadou Lamine et aurait été fusillé sur la place de Bakel. — Dr COLIN, *Sénégal. — L'attaque de Bakel. — Épilogue (Revue française,* cahier de juin 1886, p. 560).

cet homme dirigea les affaires du Sénégal pendant de longues années. Nous disons vainement, non pour la Compagnie de Rouen, qui réalisa d'énormes bénéfices, mais pour la colonisation. Cela se comprend. Les compagnies n'ont qu'un but : gagner de l'argent. Si le développement de la colonie ne leur coûtait rien, elles le verraient certainement avec plaisir ; comme, au contraire, il impose de gros sacrifices, elles s'en occupent le moins possible.

Comme l'a très bien dit M. Félix Berlioux : « Les Français ont » au Sénégal un beau domaine à exploiter et un grand rôle à » remplir. Ils peuvent y organiser une colonie florissante, y » créer un vaste commerce, y trouver des ressources incalculables » et, par dessus tout, y exercer une influence heureuse au milieu » de ces peuples à qui l'Europe doit une réparation pour le mal » qu'elle leur a fait ».

Cela est parfaitement exact, mais le résultat désiré ne peut être atteint que par le gouvernement, qui pense à l'avenir autant qu'au présent et peut attendre la moisson.

Après avoir été stationnaire pendant les deux siècles qu'elle est restée au pouvoir des Compagnies, l'escale de Bakel est entrée dans une ère de prospérité. Au recensement de 1876 sa population était de 1,493 habitants (1) répartis en trois villages, le premier Soni-nké, le second Khasso-nké, le troisième, français, et occupé principalement par des Ouolof qui représentent les maisons de commerce de Saint-Louis.

Bakel est construit entre le fleuve et les collines qui le bordent. Le fort est au bord de l'eau. Devant se trouve une place plantée d'arbres et de cette place partent deux rues où se trouvent les magasins des traitants. Les villages indigènes sont formés de cases qui sont en torchis pour les Soni-nké, en paille pour les Khasso-nké.

Au moment de la guerre d'El Hadji Omar, le général Faidherbe

____

(1) En 1885, la population de Bakel seule était évaluée à 1,258 habitants. (Élisée Reclus, *op. cit.*, t. XII, p. 280.)

a fait construire, sur les hauteurs environnantes, des tours armées de canons, et, au sommet d'une colline, le poste qui sert aujourd'hui de local à l'école française, école qui est tenue par un caporal noir des tirailleurs indigènes.

Soleillet fait à Bakel un séjour très agréable. Il avait toujours à voir quelque chose de nouveau. Le 20 mai, le chasseur du poste apporte un orcyeterope. Ce fourmilier, qu'il examina en détail avec le docteur, a seize molaires et ne porte pas d'écailles comme les tatous. Il a la tête du porc, la queue du crocodile. Ses membres de devant sont pourvus de quatre doigts armés d'ongles puissants pour creuser la terre ; ceux de derrière sont terminés par un véritable pied avec cinq doigts et un talon. Ces pieds permettent à l'animal de prendre la position verticale. Sa chair, qui tient du veau et du porc, fait un manger excellent.

L'un des plaisirs du poste est d'assister aux danses des noirs, qui ont lieu presque chaque jour, sur la place du poste, au son des tambours tenus par les griots.

Ces tambours sont de trois sortes :

Le plus petit, appelé en yolof *tama* et en khasso-nké *tamo*, se place sous le bras gauche et l'on en joue en le frappant alternativement avec les doigts de la main gauche et avec un petit bâton recourbé que l'on tient de la main droite. Pour jouer de cet instrument, les noirs s'accroupissent, de manière à poser sur le coccyx et sur la plante des pieds, position simiesque habituelle aux noirs, et qu'aucun blanc ne pourrait prendre.

Le deuxième tambour, appelé en yolof *ndioum-ndioum* et en khasso-nké *nddougo*, est plutôt une espèce de tambourin. Le musicien passe à son bras la bretelle de l'instrument. De la main gauche, qu'il lève, il tient deux instruments de fer semblables à des castagnettes. Au bras ou au poignet droit il a un bracelet formé de petits morceaux de fer attachés à des chaînettes. La main droite est armée d'une baguette recourbée avec laquelle il frappe sur le tambour.

Le troisième tambour ou *tantango,* beaucoup plus grand que

les deux autres, est creusé dans un tronc d'arbre et porté sur trois pieds. Il est mis à la porte des chefs et sur les places publiques. On s'en sert pour donner l'alarme ainsi que pour accompagner les danses et les chants. On en joue en frappant dessus à tour de bras avec une baguette droite que l'on tient de la main gauche et avec une baguette recourbée que l'on tient de la main droite.

Les Khasso-nké ont deux danses principales : la *makoudrais*, genre noble, la *simoukano*, genre comique.

Pour la première de ces danses, le bruit des tambours s'unit aux chants et aux battements de mains des femmes. Deux femmes ou une femme et un homme prennent en cadence des attitudes étranges, contournées, très gracieuses, rappelant les peintures chinoises. Ils expriment tour à tour, avec une grande vérité d'expression, l'amour, la haine, la fierté, l'effroi. Cette danse est très artistique.

La *simoukano* est dansée par une femme seule. Cette femme saute en remuant la tête et les bras avec une très grande rapidité; elle lance le haut du corps en avant et en arrière. Tout à coup elle s'arrête en ricanant, prend une pose baroque, exprime, *en charge*, les mêmes sentiments que dans la *makoudrais*.

Le costume des femmes khasso-nké prête beaucoup à l'originalité de ces danses. Leurs cheveux sont rasés sur les côtés et le reste forme une chenille comme celle des casques de pompier. Une pagne serrée autour de la taille leur tombe jusqu'aux pieds et une chemisette flottante, très large, leur couvre le haut du corps.

Les sarracolaises ont une danse très gracieuse dont Soleillet a oublié le nom. Elle est dansée par les femmes et les jeunes filles, au chant de leurs compagnes. Les danseuses se placent au milieu d'un rond et commencent par tourner très doucement, puis, à mesure que le chant s'anime, elles augmentent de vitesse et finissent par tourner avec une extrême rapidité.

Partout, les Musulmans fêtent par de grandes réjouissances la circoncision de leurs garçons. A Bakel, les nouveaux circoncis se promènent avec une lance et un casque en coton bleu ou blanc.

Le soir, tous les habitants du village prennent part à des danses faites en leur honneur. Tous les hommes se placent l'un derrière l'autre, la main droite tournée vers l'intérieur du rond où brûle un grand feu de paille. Chacun met la main gauche sur l'épaule de celui qui le précède. Les femmes se placent en rond, en tête de la file, et marchent en arrière en chantant une sorte d'antienne. Les hommes psalmodient un refrain en agitant leurs blancs boubous, se penchent à droite, se relèvent brusquement à gauche et marchent en jetant le pied droit en avant dans le rond, après l'avoir balancé en l'air quatre ou cinq fois.

On fait aussi danser les captifs. Ils ont deux danses. Leur danse nationale, qu'ils exécutent pour leur plaisir, et le *dium-follo* qu'on leur fait exécuter en public.

Le *dium-follo* est une danse purement lubrique, une suite de gestes et de contorsions érotiques. Les noirs aiment beaucoup ces grossiers spectacles : les pères y conduisent leurs fils et les mères leurs jeunes filles.

La place du poste n'est pas toujours prise par des danses. Elle sert aussi pour d'autres jeux, celui du *lion*, par exemple.

Le lion inspire aux noirs, comme aux Arabes, une crainte respectueuse. Ils en font un être à part, impétueux, et nombreuses sont les superstitions dont il est la cause ou l'objet. Tout homme blessé par un lion devient pour les autres noirs un être particulier : il a du poil de lion dans le cœur et peut imiter le sultan des forêts.

Ces blessés, en gens pratiques, exploitent leurs aventures par des jeux que Soleillet a souvent vus à Bakel.

L'homme qui représente le lion se fait avec des oripeaux une sorte de crinière, simule le rugissement du lion, court sur ses quatre membres, s'élance tour à tour sur ceux des assistants qui viennent comme pour l'exciter, et quand il en saisit un, il le conduit, avec force bourrades, dans un endroit réservé.

Les noirs prennent à ces jeux le plus grand plaisir et font aux acteurs des dons d'une certaine importance. Soleillet a vu un indigène des environs, venu à Bakel pour vendre un bœuf, s'éprendre tellement de la danse des captifs, qu'au lieu de vendre son bœuf il le donna.

Les noirs mahométans du Soudan occidental ont une bien vilaine coutume, qui déjà fut observée par René Caillié, à Timé, dans le Bambara : c'est la circoncision des femmes. Cette opération, que les Khasso-nké nomment *Solima mousso niako*, est extrêmement douloureuse. Elle est faite par des matrones sur des pauvres petites filles de onze à douze ans et quelquefois moins, si elles sont pour être mariées.

A Timé, les filles subissent l'excision quand elles sont nubiles ; souvent on la retarde jusqu'au moment où elles sont promises en mariage. Caillié a vu une femme mariée, déjà mère de famille, s'y soumettre. Après cette opération, elles sont quelque temps incapables de travailler.

Les jeunes circoncises sont couvertes de leurs plus beaux vêtements, se mettent sur la tête et au cou l'ambre, le corail, tous les bijoux qu'elles trouvent à emprunter dans leur famille et chez leurs amis, et se promènent ainsi dans tout le village, en chantant devant chaque maison pour obtenir des cadeaux.

Tous les noirs, hommes et femmes, avec qui Soleillet s'est trouvé en relation, avaient cette étrange coutume de se faire piquer les gencives avec de petites aiguilles, ce qui les rend bleuâtres et aurait pour effet de les conserver. Ils tiennent d'ailleurs beaucoup à leurs dents et en ont grand soin. Ils les frottent de bas en haut avec des petits morceaux de bois tendre, à moelle, d'essence aromatique, qui laissent dans la bouche un parfum agréable.

Les indigènes de la Sénégambie, qui sont en rapport avec nous, donnent habituellement pour prénoms à leurs enfants le nom patronymique d'un européen qu'ils ont en estime ou en affection. C'est ainsi que Sadio, le forgeron noir du poste, appelle son fils Zimmermann en souvenir d'un ancien commandant du cercle de Bakel qu'il aima beaucoup ; pour le même motif, Alpha Sega donne au seul fils qu'il ait eu (bien qu'il ait cinq femmes), le nom du commandant Soyer, qu'il a connu simple sous-officier.

C'est sur la place du poste que les cadis et les marabouts rendent la justice. Au Sénégal, nous laissons les indigènes arranger leurs affaires entre eux ; notre intervention n'a lieu que sur la demande des deux parties. Dans ce cas, le jugement n'est pas laissé à l'arbitraire d'un simple officier : il est prononcé par un tribunal régulier.

Bakel est le siège d'un tribunal correctionnel. Le commandant en est président, quatre traitants remplissent les fonctions de juges et le médecin de la marine en service occupe le siège du ministère public. A Saint-Louis siège une cour d'appel et un tribunal de première instance.

Les séances judiciaires des cadis et des marabouts sont souvent l'occasion de scènes curieuses. Chaque passant donne son avis ou interprète le jugement. Quand c'est une femme qui comparaît, elle se cache à côté du cadi, derrière un arbre ; un griot l'accompagne et sert d'intermédiaire entre elle et le juge.

Bien que nous occupions Bakel depuis longtemps, nous n'avons pas encore fait adopter nos poids, nos mesures et nos monnaies.

Pour les étoffes, l'unité de mesure est la coudée, qui vaut 0^{m}50.

Pour les surfaces, c'est le *simfa*, pied, et le *sinta*, pas. Quand les indigènes font construire une case, ils comptent la maçonnerie par *simfa* et donnent pour chaque *simfa* une coudée de guinée.

Pour le partage des champs, ils se servent d'un bâton d'une longueur déterminée.

Pour le mil, le sel, le lait, on fait usage du moule, coupe qui contient quarante-quatre poignées mesurées par un homme de taille moyenne. Le moule de mil vaut une coudée de guinée.

On ne pèse que l'or et l'unité de poids est le gros qui se divise en 72 grains. On se sert des graines du tamarinier. On a un double jeu de 6 graines, l'un de grosses, l'autre de petites. Les 6 premières font un gros, les 6 petites un demi-gros.

Tous les marchés se font contre échange. L'unité monétaire est la guinée. Avec la guinée on paie même les amendes et les impôts. Les traitants seuls paient les impôts en argent.

La coudée de guinée vaut généralement o fr. 50. La tête de tabac (six feuilles liées ensemble) vaut deux coudées.

Le principal commerce de l'escale est la gomme et l'arachide.

La gomme est apportée par les Douaich, maures de la rive droite.

En ce moment, la pièce de guinée, d'une valeur de 15 fr., vaut 15 kilogrammes de gomme. Ce serait très cher si les traitants ne fraudaient sur le poids et ne payaient en marchandises.

Les Maures apportent aussi des plumes d'autruche, des peaux de tigre, des couteaux, etc., mais en petite quantité.

Le commerce avec les Maures se fait par l'intermédiaire de courtiers appelés *maîtres de langue.*

Quand une caravane est annoncée, les maîtres de langue et les laptots de chaque traitant sautent dans leurs embarcations et c'est à qui arrivera le premier sur la rive droite. Aussitôt débarqué, on se dispute, on se bouscule, on arrache aux Maures leurs sacs de gomme, et quand on a mis un sac sur un canot, on ne le lâche plus ; que le Maure le veuille ou ne le veuille pas, il est porté au magasin du propriétaire de l'embarcation. A son arrivée chez le traitant, le Maure est fêté, vêtu, nourri. Le Maure, en rusé compère, profite de ces avantages le plus longtemps possible. Quand il a fini par traiter, on lui livre les marchandises, on lui retire les habits prêtés, on le jette le plus vite possible sur l'autre rive, non sans échanger de part et d'autre beaucoup de sottises.

Avant la traite, des Maures viennent dans les escales et promettent aux marchands de leur amener des caravanes.

On s'empresse de les nourrir, de leur faire des cadeaux et des avances en guinées qui sont généralement perdues ; on leur achète fort cher des bœufs et des moutons dont on n'a pas besoin. On se fait duper et ridiculiser tant qu'on peut par ces demi-sauvages.

Ce n'est pas tout : on paie encore au chef des Douaich une

coutume et cette coutume, qui est d'une coudée par 25 kilogrammes et d'une pièce ou 30 coudées par 800 kilogrammes, est perçue par le gouvernement français.

La quantité de gomme traitée à Bakel a été, de 1872 à 1876, de 2,290,919 kilogrammes (1).

Les gommes sont de deux sortes : les dures et les friables. Les premières valent le double des secondes. Le prix varie de 15 à 30 kilogrammes de gomme dure et de 30 à 60 kilogrammes de gomme friable pour une pièce de guinée filature de l'Inde ou son équivalent.

Le gros d'or vaut d'une demi-pièce à une pièce. Dans le Bouré, la pièce vaut 9 gros d'or; le sel est à un prix encore plus élevé.

Les peaux de bœuf de 30 à 40 kilogrammes valent une pièce de guinée.

Les noirs, qui sont les plus imprévoyants des hommes, s'empressent, à la récolte, de vendre leur mil aux traitants au prix de 80 à 100 moules pour une pièce; plus tard ils le rachètent au prix de 30 moules pour une pièce. Il est en outre à remarquer que les traitants ont deux moules : l'un pour l'achat et l'autre pour la vente. Il va sans dire que ce dernier est plus petit que l'autre, ce qui n'est pas d'une honnêteté irréprochable.

Il se traite aussi un peu d'ivoire ou *morfil*, des plumes d'autruche, partie apportée par les Maures, partie recueillie par les traitants dans leurs parcs. Soleillet n'a pu connaître les prix de ces divers produits, non plus que celui de la cire dont on faisait, il y a quelques années, un commerce important qui est aux mains des Anglais de la Gambie depuis la création de Mac-Carthy.

En allant de tous côtes à la recherche des renseignements que

(1)　　En 1872, de 825.710 kilogr.
　　　　En 1873, de 271.438　id.
　　　　En 1874, de 364.471　id.
　　　　En 1875, de 336.259　id.
　　　　En 1876, de 493.041　id.

　　　　Total　2.290.919 kilogr.

nous venons de donner sur Bakel, Soleillet voit une chose qui le surprend beaucoup. Le mercredi 29 mai, en traversant la place avec MM. Soyer et Lusseau, il se croise avec une caravane d'esclaves.

Une caravane d'esclaves sur un territoire français ! Une caravane d'esclaves séjournant à l'ombre de notre drapeau, sous la protection de nos officiers ! Ainsi donc, suivant la longitude et la latitude nous affranchissons l'esclave, nous poursuivons ou nous protégeons le négrier ! Quelles que soient les raisons de cette conduite illégale, nous disons : cela n'est pas bien, cela est impolitique.

Il n'appartient pas à Soleillet de dire aux pauvres captifs que sur la terre de France il n'y a pas d'esclaves, et il cherche à tirer du chef de la caravane tous les renseignements possibles.

Ce chef a nom Maka, il est né à Ségala, près de Kouniakary, habite Ségou et jouit de la confiance du sultan Ahmadou.

Le lendemain 30 mai, sur l'ordre du commandant, Maka vient au poste avec plusieurs hommes de sa caravane et quelques habitants de Bakel. Interrogé sur la destination de ses esclaves, il dit que les uns restent à Bakel et en repartiront dans quelques jours pour Ségou ; que d'autres descendront le fleuve jusqu'à Podor et même jusqu'à Saint-Louis et qu'il en conduira, par le Bondou, à Sainte-Marie-de-Bathurst, le plus grand nombre. Il ajoute que le sultan Ahmadou l'a chargé de lui acheter chez M. O'Quin, négociant de Sainte-Marie, divers objets en cuivre tels que plats et tasses qui ne se trouvent pas dans nos escales (1) ; qu'il trouvera à Bathurst, à bien meilleur marché qu'au Sénégal, le calicot blanc dont on fait à Ségou une très grande consommation ; qu'à

(1) Il est à remarquer que la chaudronnerie est une industrie française dans laquelle excellent plusieurs de nos départements. Si je suis bien renseigné, dit Soleillet, une certaine quantité des produits de notre fabrication nationale passe en Angleterre. Si ces produits se trouvaient parmi ceux que les Anglais vendent aux gens de Ségou, cela me surprendrait d'autant moins que j'ai vu les Anglais vendre, en Gambie et dans les autres comptoirs de la côte, des pagnes façonnées qui se fabriquent à Nîmes. (Note de P. S.).

Bathurst, les esclaves se vendent couramment cent gourdes (1), c'est-à-dire beaucoup mieux que dans les pays soumis à la France.

Quand il aura terminé ses achats sur la Gambie, il les enverra à Ségou. Pour lui, conservant une partie de son argent, il s'embarquera pour Dakar, viendra à Saint-Louis avec l'un des courriers du fleuve, fera quelques achats et remontera en bateau jusqu'à Médine.

Il convient de dire ici que, depuis quelques années, les Anglais font de sérieux efforts pour attirer sur la Gambie le commerce du Haut-Sénégal. Ils ont déjà détourné de nos comptoirs une grande partie du commerce de l'or et de la cire. Ils tentent maintenant de nouer des relations avec Ségou. En 1877, le gouverneur de la Gambie a fait porter des lettres à Sambala, roi du Khasso, à Boubakar, almamy du Bondou, et à d'autres chefs pour les prier de favoriser un voyage que le commandant Cooper devait faire de Sainte-Marie-de Bathurst à Ségou. Cet officier est mort au début de son voyage, victime d'un climat qui pardonne rarement.

Une autre exploration, mais purement commerciale, a été couronnée d'un plein succès : c'est celle d'Abibaid Dioub. Abibaid est ouolof de Saint-Louis, mais il est à Bathurst depuis son enfance et maintenant employé de la maison O'Quin, qui est en relations avec le sultan Ahmadou. Il a été envoyé à Ségou par son patron qui lui payait un traitement fixe de 6,000 fr. et une indemnité de voyage de 25 fr. par jour, dont il reçut au départ deux annuités en marchandises.

Avec Maka se trouvaient plusieurs individus, notamment un taleb poulo nommé Maudi Koussa, qui fut pendant plusieurs années *kodja* (secrétaire) d'Ahmadou ; il est actuellement au service du frère de ce souverain, Moult Agha, roi de Nioro, à ce qu'il paraît. Il se rend en Gambie avec une mission de son souverain. C'est un petit homme très maigre, presque blanc, aux traits réguliers mais pointus. Sa barbe est rare et grisonnante, et,

(1) La gourde est une pièce de 5 francs en argent.

comme tous les hommes de Ségou, il en porte un bouquet au menton.

Le soir de cette visite, une assez forte tornade a forcé les habitants du poste à dîner et à coucher dans l'intérieur, ce qu'ils faisaient habituellement sur la terrasse.

Le lendemain, un incendie a détruit une dizaine de cases.

Le dimanche 2 juin, le courrier apporte à Soleillet des nouvelles de sa famille. La joie qu'il en éprouve et les bons soins du docteur le rétablissent complètement. Il reçoit aussi du gouverneur la lettre suivante :

GOUVERNEMENT   Saint-Louis, le 16 mai 18-8.
DU SÉNÉGAL
et
DÉPENDANCES
—
CABINET
DU GOUVERNEUR
—
État - Major   MON CHER MONSIEUR,

Le gouverneur, étant très occupé par l'arrivée du courrier de France, me charge d'être auprès de vous son interprète dans les vœux qu'il forme pour la réussite de votre grande entreprise.

Nous n'avons tous ici qu'un désir, celui de vous voir mener à bonne fin cette grande œuvre, but de toute votre existence, dont vous n'avez pas hésité à faire le sacrifice pour le plus grand bien et la plus grande gloire de notre cher pays.

En quittant les limites de protection de notre pavillon dans ces pays, vous emportez avec vous, comme dernier souvenir de toute terre française, l'assurance de l'entière amitié de notre gouverneur et de la profonde sympathie que vous avez su inspirer à tout un corps d'officiers qui vous suivront toujours, j'en suis persuadé, avec un bien grand intérêt, dans vos travaux et qui n'ont qu'un regret, celui de n'avoir pas pu vous garder plus longtemps au milieu d'eux.

Que la pensée que le monde civilisé est ardent de vous voir avancer le plus vite possible dans cette voie de progrès dont vous pouvez, à si juste titre, vous proclamer un des hardis pionniers, vous fortifie et vous épargne ces moments de défaillance auxquels n'échappent même pas les natures d'élite.

Bon courage et bonne santé.

Je vous serre bien affectueusement la main.

J. LEFÈVRE.

Le lendemain de la réception de cette aimable lettre arrive le chaland qui porte les bagages de Soleillet.

Notre voyageur n'ayant pu se procurer à Saint-Louis des animaux de bât en location, il dut acheter dix ânes et engager un jeune berger pour les soigner. Ce nouveau serviteur est poulo et se nomme Samba Demba.

La guinée de filature n'ayant pas cours à Ségou, il dut en échanger une balle contre du calicot blanc, de l'indienne, des verroteries, du fil de cuivre, des clochettes et autres marchandises. Il a fait ces achats à la maison Maurel et Prom, qui avait bien voulu lui donner une lettre de recommandation pour ses traitants. Il a reçu dans tous leurs comptoirs un accueil dont il est très reconnaissant.

Les préparatifs du voyage le retiennent jusqu'au dimanche 9 juin.

Pendant son séjour à Bakel, la température n'a pas dépassé 40°. Du 1er au 9 juin il y a eu de légères tornades : c'est le commencement de la saison des pluies et le présage de mauvais jours pour le voyageur.

A Bakel, Soleillet fit la connaissance d'un jeune caporal aux tirailleurs sénégalais, le fils du général Marion. Ce jeune homme était distingué, instruit et intelligent. Il désirait faire des voyages d'exploration en Afrique et s'y préparait en se soumettant à la nourriture des indigènes. Il a malheureusement péri dans la dernière épidémie de fièvre jaune.

Soleillet garde aussi souvenir du lieutenant noir, M. Mahmadou Racine, chevalier de la Légion d'honneur, fils du chef de Podor. Cet officier appartient à l'une des grandes familles de la Sénégambie; il est très distingué et d'un commerce très agréable.

CHAPITRE XVII

DE BAKEL A TOMBA-NKANÉ

Le jour du départ est arrivé. Le dimanche 9 juin, à cinq heures cinquante-cinq minutes du matin, par $+$ 31° de chaleur, Soleillet monte sur sa mule. MM. Soyer, Lusseau, Alpha et son frère montent à cheval. Il donne la main aux nombreuses personnes qui sont venues lui souhaiter un heureux voyage. Le grand Sadio, le forgeron du poste, est parmi elles : il est furieux de n'avoir pas été prévenu : « Je suis français, » dit-il à Soleillet; « mon devoir était de monter à cheval et de vous accompagner ».

En traversant Bakel, la caravane est arrêtée à chaque instant par des gens qui viennent lui dire adieu.

Les ânes sont conduits par des tirailleurs qui doivent aller jusqu'au prochain village. Là ils seront remplacés par des hommes de corvée qui seront changés de village en village.

Un gamin, arrivé presque nu à Bakel depuis quelques jours, et désireux de voir du pays, s'est joint à la petite troupe.

A six heures vingt-deux minutes, MM. Soyer et Lusseau font leurs adieux à Soleillet. En leur serrant les mains, celui-ci éprouve une émotion bien légitime. Il sent se rompre le dernier lien qui le rattache à la France que ces vaillants hommes représentent si dignement aux dernières limites de la civilisation. Tout en pensant au petit coin de terre où il a été si bien reçu, à ses hôtes qui devinrent ses amis, il continue sa route avec ses noirs compagnons.

A sept heures dix minutes il arrive à la fin des cultures. A sept heures et demie il quitte les broussailles et les tamariniers pour entrer dans les champs de mil qui bordent le fleuve. Sur sa droite s'élève un bois ; sur la rive des Maures s'étendent des broussailles et des hauteurs ferment l'horizon. Dans le lointain, sur la rive gauche, on aperçoit le village de Konguel. Des noirs s'occupent de défrichements et l'on voit des cultures de coton. Konguel, où la caravane arrive à huit heures et demie, est entouré de murs en terre et planté de beaux arbres. Sa population est sarracolaise. Un tisserand travaille debout et fait marcher son métier avec le pied gauche. Il dit à Soleillet que dans le Sangara (son pays) on donnerait pour sa mule huit ou dix captifs. Konguel paye d'impôts, par homme établi, huit pièces de trois coudées chacune.

En face de Konguel, sur l'autre rive, se trouve le village de Yaguelli, le premier qui soit sous la domination du sultan Ahmadou.

A huit heures quarante minutes, la caravane se remet en route et longe des pâturages, des buissons, des collines boisées. A neuf heures elle rencontre un grand troupeau de bœufs ; trois quarts d'heure plus tard elle arrive à Golmi, où elle s'arrête sous un bouquet de *beuki*, grands et beaux arbres que les ouolof appellent *bouls* et qui produisent un petit fruit sucré. Le vieux chef de ce village connaît Alpha, compagnon de Soleillet, et fait à celui-ci bon accueil.

Pendant le déjeuner, qui se compose d'une pintade, Alpha donne à Soleillet le nom des personnes qui lui peuvent être utiles. Ce sont :

A Kouniakari : Omar Sané, forgeron (1) ; Mahmadou Garauki ;

(1) Dans le Haut-Sénégal et le Soudan occidental, le forgeron est un homme d'importance, souvent ami et conseiller du prince.

Soulé Eliman, chef; Eliman Sambo, chef; Amé Lam Toro, chef;

A Koulou : Fili, beau-frère du général Faidherbe;

A Nioro : Paté Souboukou, officier;

A Ségou : Maned Affe, forgeron; Sambaya Rek (toucouleur), officier; Mamadi Troki (bambara); Demba Silla; Malek Amadi; Doukouré; les cheicks Sedi Dillia et Sada Bané, Baba Olibo et Olibo Abdoul Amadi qui passent pour avoir de l'influence sur le sultan.

Golmi est un petit village sarracolais habité surtout par des captifs.

Quand Alpha dit qu'il faudra dix hommes le lendemain pour conduire les ânes, un vieillard, qui paraît être « le loustic » du village, dit : « Nous préférons lui en donner vingt que toute autre chose, car nous avons des hommes, mais rien que des hommes ».

Tout en causant avec le bonhomme, Soleillet remarque deux instruments aratoires : une hachette emmanchée d'un bâton recourbé presqu'à angle droit et un bâton fourchu. Dans le même temps, une gentille négresse, qui porte un enfant sur son dos, vient lui dire bonjour et lui offrir du lait. C'est la nièce du forgeron Sadio.

A deux heures et demie Alpha et son frère repartent pour Bakel.

Soleillet se rend alors dans le tata du frère du chef, où se trouvent une dizaine de cases et déroule sa peau de chèvre. Sur une estrade en terre battue, des femmes et des jeunes filles, parées de bijoux d'argent, filent et cardent du coton.

Une partie de la nuit le vent souffle en tempête, la pluie tombe par grain et, dans le lointain, on entend quelques coups de tonnerre.

Après une nuit passée sans sommeil, il part le lendemain 10, à six heures quarante minutes du matin. Le temps est très couvert, il tombe quelques gouttes de pluie, et, bien que le thermomètre marque $+ 25°1$, Soleillet a froid.

Il traverse une plaine où croissent des arbres isolés, des herbages formés d'alluvions. A sa gauche se dressent les collines boisées de la rive maure. A sept heures vingt minutes il est dans un bois où se voient des cotonniers sauvages et des palmiers nains. Tout est vert, tout est frais et animé. A sept heures cinquante-cinq minutes, au passage d'un marigot, trois ânes jettent leurs charges. Un quart d'heure après, il rencontre des bergers qui, le fusil sur l'épaule, gardent une magnifique troupe de bœufs. Un peu plus loin, sur le fleuve, il se croise avec sept cavaliers. La rive droite est toujours boisée.

A neuf heures il fait halte devant Yafera, grand village sur le bord du fleuve, entouré de plaines, de buissons et d'herbages. Yafera possède un forgeron. Des curieux se présentent ; parmi eux, un jeune homme qui orne son chef d'une espèce de mître, des femmes qui portent des clochettes, et un pauvre enfant aliéné. Des négresses vont chercher de la terre pour faire ou réparer des cases.

Une femme demande à Soleillet la permission de voyager avec lui jusqu'à Mounia et à faire monter sur un âne l'une de ses petites filles. Elle en porte sur son dos une autre ; une troisième marche, ainsi que deux petites captives de 13 à 15 ans.

Soleillet quitte Yafera vers trois heures et demie ; il fait route à travers des défrichements et des bois épineux. Revenant au fleuve, où se trouvent des bancs de sable, il voit, sur les deux rives, des plaines, puis, sur la rive gauche, des champs de mil, des défri-chements, et, du côté des Maures, des collines boisées. A quatre heures il traverse un marigot à sec et suit une berge à pic plantée d'herbages et de bouquets d'arbres. A cinq heures il atteint Arondou, en face du village maure de Diogountouré. Le thermo-mètre marque + 35°1, et le temps est couvert.

Soleillet possède un sauf-conduit du commandant de Bakel et une lettre d'Alpha, ami du chef d'Arondou.

Il est reçu par des griots, qui sont coiffés comme les femmes du Khasso et parent leur chevelure d'ambre. L'un d'eux a perdu tous les doigts des mains. Ils chantent sur le ton de nos chanteurs des rues.

Le chef reçoit bien Soleillet, lui promet des hommes et le fait conduire dans un tata très propre appartenant aux griotes. Une vieille femme lui dit : « Bonjour, monsieur ; merci, » et fait force contorsions.

Il achète, pour o fr. 50, un moule de petits oignons, et à six heures et demie il dîne d'une poule au riz. Pendant son repas, des jeunes filles viennent chanter ses louanges et font des vœux pour le succès de son voyage, à ce qu'on lui dit, car de tous leurs discours il ne comprend que les mots *Toubak* et *Ségou*. Il donne à ces jeunes filles une pièce de 5 fr., ce dont elles se montrent fort satisfaites. Les nala–nké viennent aussi ; mais comme il leur fait dire qu'il ne leur donnera rien, ils se retirent.

Il dort très bien, en plein air, sur une natte et une peau de chèvre.

Arondou est un grand village très propre, fermé par une ceinture de buissons. Plusieurs cases sont surmontées d'un cylindre en vannerie, terminé par un bâton qui porte des morceaux de calebasses découpés en croissants, séparés par de petites calebasses rondes.

Le lendemain, 11 juin, Soleillet se dispose à partir à cinq heures et demie, mais un âne s'est perdu, d'autres sont blessés, un autre se décharge en sortant, et c'est seulement vers sept heures qu'il part d'Arondou.

Le temps est serein et le thermomètre marque $+ 29° 9$. Il fait donner au chef un peu de tabac.

Du village au fleuve, il traverse une bande de culture, puis des défrichements. Il descend ensuite dans la Falemé, grande rivière, incomplètement explorée, qui prend sa source dans le Foutah Djallon. Ses bords sont cultivés. Elle coule dans un fond, entre des berges d'environ dix mètres de hauteur. Au milieu se trouve un îlot couvert de broussailles.

Au mois d'octobre 1863, le courant de la Falémé était très fort, et Mage ne put le traverser qu'en bateau. Il en fut de même au Dianou-Khollé et à plusieurs autres marigots. La vase et la hauteur des berges, dit ce voyageur, nous retardèrent et occasionnèrent des chutes quelquefois dangereuses (1).

Pour gravir l'autre rive, qui est à pic, il faut décharger les ânes, mais on attend pour cela que l'un d'eux ait jeté sa charge à l'eau. A sept heures et demie la caravane prend un instant de repos. Elle traverse ensuite une plaine cultivée, entourée d'arbres qui laissent voir, dans le fond, des collines boisées. Après avoir repris le bord du fleuve et traversé des pâturages ornés de quelques arbres, elle arrive à Goutioubé à huit heures un quart.

Goutioubé est un village entouré de murs de terre et de champs de coton. Il possède quelques beaux palmiers et des figuiers. Il y a dans le fleuve un rocher.

Le chef d'Arondou, Mohammed Tambalo, homme d'âge et très complaisant, est venu avec Soleillet jusqu'à Goutioubé. Il reçoit en présent une bague en cornaline, ce qui lui fait grand plaisir.

· Soleillet s'arrête sous un arbre pendant que les dix hommes de Goutioubé qui doivent l'accompagner se préparent. Le chef du village, aussi un vieillard, qui se nomme Alkadi Fadi, parle français. Il vient avec un autre homme, qui parle aussi français, faire la conversation avec le voyageur.

A neuf heures, la caravane se remet en marche en suivant les bords du fleuve où l'on voit des arbustes, des arbres, des terres sablonneuses plantées de palmiers nains.

A neuf heures quarante minutes, par un ciel légèrement couvert et 36°1 de chaleur, il arrive à Taksira, village qui n'est pas marqué sur les cartes.

Ce village est entouré d'un mur en terre très soigné, dont les angles, au nombre de sept, sont défendus par des tours, les unes rondes, les autres carrées. Le mur et les tours sont percés de

(1) MAGE, 1868, p. 31. *Voyage dans le Soudan occidental* ; Paris, Hachette.

En 1883-1884, le docteur Colin a exploré une notable partie du cours de la Falémé. La carte qu'il dresse apportera de sérieuses modifications au tracé de nos cartes actuelles. — La relation de ses voyages doit paraître prochainement.

meurtrières, simples trous ronds qui ne permettent pas de viser. On cultive autour le mil et le coton.

Le sol devient aride, il y a des affleurements de roches; des collines dénudées se dessinent à l'ouest.

Soleillet ne s'arrête pas à Taksira, non plus qu'à Potera, village également fortifié, où il arrive à dix heures cinq minutes.

En 1877, ces deux villages furent assiégés par le sultan du Bondou, Boubakar Sada. Grâce à leur système de défense, ils ont pu résister.

Ils sont séparés par des cultures de mil et de coton qui s'étendent du côté du fleuve jusqu'au pied d'un rocher devant lequel se trouvent quelques arbres. On voit de là, sur la rive maure, dans le lointain, un rocher boisé.

A dix heures et demie Soleillet atteint ces arbres et fait décharger les ânes pour la halte.

Un vieux marabout vient à cheval, de Potera, pour le saluer et lui demander des nouvelles de Bakel.

Il passe devant Koléré où, en 1863, Mage faillit voir la fin de son expédition. Au mois d'octobre, alors que la récolte du mil n'est pas terminée, les habitants barrent les chemins avec des épines pour empêcher les animaux d'aller manger les récoltes sur pied. Arrivés devant l'un de ces barrages, les hommes de Mage veulent le faire sauter; une vieille femme s'y oppose; elle est bousculée et jette des cris; tous les habitants accourent en armes. Une mêlée s'engage. Le chef de l'expédition est menacé d'un coup de poignard et bousculé. Reconnu par quelques hommes qui ont servi sous ses ordres en 1859 et 1860, il parvient à rétablir la paix. Le chef du village, qui s'était bien conduit dans cette affaire, s'excusa et pria Mage de pardonner. Mage pardonna, cela va sans dire (1), mais les indigènes n'ont-ils pas gardé rancune? Soleillet a peut-être agi sagement en ne passant pas trop près de ce village.

(1) E. MAGE, *Voyage dans le Soudan occidental (Sénégambie et Niger)*, 1863-1866; Paris, Hachette, 1868, pp. 31, 32.

A deux heures vingt minutes, par 39° 1 de chaleur, se produit une tornade qui dure peu et reprend ensuite par rafale.

A trois heures le vent a cessé, le temps est beau et Soleillet se remet en route. Il retourne un peu sur ses pas pour prendre le chemin qui passe derrière le rocher, traverse des terrains d'alluvions qui doivent être inondés pendant les hautes eaux, des bois épineux sans feuilles, un marigot où il y a de l'eau et des oiseaux, des plantations de coton ; il passe devant Segala, qu'il laisse à sa gauche, et revient au bord du fleuve où sont des champs de mil, des broussailles, une plante grasse dont les fleurs sont violettes, les feuilles glauques et laiteuses. Il passe à cinq cents mètres de Kabou Kamera, situé en face du village maure de Kabou Guidimaka. Les bords du fleuve sont plantés de mil et de coton.

A six heures la caravane est reçue à Lanel par un ancien otage, le chef Boubou Bakilli, qui parle bien le français et donne à Soleillet un tata très propre.

Il y a trois villages du nom de Lanel ; ils s'élèvent le long du fleuve à la suite l'un de l'autre, en face d'un large banc de sable et d'une côte à pic. Ce sont Lanel-Touotalla, Lanel Tounka et Lanel-Maudi (1).

Le second, où s'arrête Soleillet, est le plus grand. Lanel-Maudi est exclusivement habité par des marabouts. La population des trois villages est sarracolaise. Ils sont ornés de palmiers et ceints d'une double clôture, l'une d'épines, l'autre en terre. Les marabouts seuls vont dans le Ségou et le Bouré chercher des captifs et de l'or. Les autres leur avancent de la guinée et prennent part aux bénéfices.

Boubou Bakilli parle à Soleillet du général Faidherbe et du colonel Brière de l'Isle. Il considère comme dangereux pour les noirs le voyage de France, parce que deux de ses frères sont morts à Paris.

(1) Vers 1815, Mori Bo, aussi nommé Bodia, guerroya dans le Foutah et le Haut-Sénégal, prit Lanel et en emmena toute la population en esclavage. (MAGE, *cit.*, p. 671).

De Bakel à Lanel on ne voit pas de gibier ni d'oiseaux.

Le 12 juin au matin, Soleillet s'installe sous un arbre et reçoit la visite de Boubou Bakilli. Cet homme est réellement très bien, mais il vit comme les autres noirs et porte leur costume, les cinq tresses (une derrière et deux de chaque côté) et le bonnet jaune sarracolais dont les grandes oreilles, habituellement relevées, ressemblent de loin à deux cornes.

Un beau troupeau de vaches passe devant les causeurs. L'une d'elles urine et une femme profite de l'occasion pour se faire arroser les jambes. Il paraît que c'est un remède souverain contre les rhumatismes. Nous ne devons pas trop rire de cette sotte croyance : dans toute la France, dans toute l'Europe, des milliers de personnes vont en troupe, souvent à de longues distances, faire des choses presque aussi malpropres mais beaucoup plus dangereuses.

Le pays produit du mil, du coton, des arachides, des oignons, des tomates, des calebasses. Les arachides se vendent aux traitants. La barrique de 100 kilogrammes en quatre sacs vaut une pièce de filature de 15 francs ; on a, pour le même prix, une barrique de mil de quatre sacs.

Le type sarracolais paraît grossier ; les hommes et les femmes sont souvent de grande taille.

Le vieux chef, Madi Banné, porte un méchant bonnet sarracolais, fort sale, et un boubou bleu tout déchiré. Plusieurs amulettes lui pendent au cou. Il est accroupi auprès de Soleillet, sur une peau de chèvre, prend beaucoup de tabac et l'on est obligé de lui ouvrir sa boîte.

Les marabouts se distinguent des autres habitants par le *Chichia*.

Soleillet reste à Lanel-Tounka jusqu'à quatre heures un quart pour faire reposer ses ânes. Le thermomètre marque 39°6 et le temps est couvert.

Il suit le bord du fleuve et atteint à cinq heures la limite des cultures. Un quart d'heure est perdu à recharger des ânes qui ont jeté leurs fardeaux. Un instant après il est salué par un jeune homme à cheval et perd encore quinze minutes à recharger les ânes. Les conducteurs ne sont bons à rien.

On voit toujours sur la rive française des cultures de mil et des arbres, tandis que la rive maure est à pic. A six heures un quart il traverse un marigot, espèce de ravin qui se dirige de l'ouest à l'est. L'aspect du pays change un peu : sur la rive gauche s'élève une colline d'un kilomètre, tandis que la rive droite est en plaine. Des éclairs brillent au sud, sur un ciel sombre, et l'ouest revêt une magnifique teinte orange. La tornade arrive et pendant un instant la caravane étouffe dans un nuage de poussière. A sept heures et demie elle atteint enfin à Dikokouri. Soleillet est bien reçu par le chef, Bouille Madi, qui lui apporte deux poulets.

De huit heures quinze à huit heures trente-cinq, il pleut ; à neuf heures tout paraît fini. Soleillet soupe de lait et de biscuit, puis dort, à la belle étoile, sur une natte et une peau de chèvre.

Les villages sarracolais sont bien tenus. A Dikokouri, il y a près de la mosquée, simple enceinte de pieux, un égout avec une grille en bois pour l'écoulement des eaux. Sur la place, à côté du tam-tam, se trouve un canon qui a les oreilles et le bouton cassés. Entre deux beaux arbres s'élève une estrade en bois.

Le lendemain matin, 13, Soleillet offre du thé à Bouille Madi, qui en fait boire à ses enfants. Les enfants sont assez familiers ; ils éventent le voyageur pendant sa toilette, mais ils ont peur de son thermomètre.

A trois heures quarante il se remet en route par 30° de chaleur et un temps légèrement couvert. Il continue à côtoyer le fleuve, à voir des plantations, des défrichements, des arbres, des collines. A cinq heures il éprouve de la fatigue et s'arrête pour attendre les ânes. Tandis qu'il regarde la plaine qui s'étend sur la rive maure, trois caïmans bâillent sur le sable, un canot descend à la voile. Un hippopotame passe entre deux eaux et souffle de temps en temps. Cet animal, d'ailleurs, comme le remarque Mage, est plus effrayant que terrible (1). A cinq heures un quart Soleillet se remet

(1) Mage tua, pour s'amuser, il semble, un jeune hippopotame. C'était aux

en route par un temps légèrement couvert, traverse des défrichements et arrive à cinq heures quarante à Sébékou, grand
village situé sur le bord du fleuve. Le chef lui apporte, dans une
terrine, de l'eau pour se laver. Un homme, qui parle français,
vient le voir avec sa petite fille. Soleillet caresse l'enfant, mais il
faut une certaine habitude pour caresser les négrillons. Il a la
fièvre et sent une lassitude générale. Il est logé chez les griots.
A neuf heures le vent souffle en tornade, à dix heures arrive une
pluie torrentielle qui diminue peu à peu ; cependant la nuit est
bonne et la santé est à peu près revenue.

Le vendredi, 14 juin, le départ a lieu à six heures cinquante,
par un temps couvert et 28° de chaleur. Le chef de Dikokouri
vient à cheval, avec sa petite fille en croupe, et rapporte le couteau
de Soleillet.

La caravane suit le fleuve et passe à sept heures quinze devant
le petit village de Fandara, en face du village maure de Gousséla.
Elle trouve des défrichements, des champs de mil, des palmiers
nains, des roseaux, des roniers rabougris et s'arrête à huit heures
trente sous un figuier, à une portée de fusil du village de Tomba-
nkané. Une jeune homme vient à Soleillet et lui parle en français
du général Faidherbe.

abords d'une chute. La pauvre bête épuisée fut entraînée par le courant. La
mère, par un effort désespéré, se précipite avec une incroyable rapidité au
secours de son petit. Elle l'atteint sur la crête du torrent et tous les deux rou-
lent dans le précipice. Cette scène attendrit tout le monde, même les nègres.
C'est fort bien, mais pourquoi tuer, sans cause, des animaux inoffensifs ?
Mage raconte, à cette occasion, que la chair de l'hippopotame ressemble à
celle du bœuf ; que la texture en est un peu plus grosse, que c'est une bonne
nourriture, mais que la graisse a toujours un goût de rance. (MAGE, p. 62).

CHAPITRE XVIII

A neuf heures quarante-cinq minutes, Soleillet arrive à Marma-
Sagaré, petit village entouré d'un mur de terre muni de tours.
Les ânes sont partis en avant, ce qui lui vaut de trouver une case
prête et les bagages rangés. Il ne lui reste qu'à faire étendre sa
peau de chèvre.

Le jeune homme de Tomba-nkané, qui parle français et se
nomme Amadi, vient avec Samba, le chef de son village. Samba
est un vieillard. Il parle aussi à Soleillet du général Faidherbe. Il
est accompagné d'un autre vieillard, Demba Koumba, chef de
Marma-Sagaré.

D'après ce qu'on lui dit, Soleillet occuperait la case où Mage
séjourna dans les derniers jours d'octobre 1863. Deux hirondelles
ont élu domicile dans le haut de cette case. Elles y entrent familièrement et font entendre un gazouillement très agréable. Devant
le tata du chef il y a un énorme figuier.

A une heure quinze minutes Soleillet faisait sa sieste quand on
lui annonça le passage d'un chaland. Il le fit arrêter et lui remit
un billet pour sa famille et un autre pour le commandant de
Bakel.

A quatre heures huit minutes on se remet en route, en compagnie d'Amadi. Le thermomètre marque + 36° et le temps est légèrement couvert. La rive maure est couverte de broussailles ; sur la rive française il y a des défrichements et des arbres. A quatre heures vingt minutes on passe devant un petit village. Sur la rive s'étendent des cultures de mil, de coton, puis des broussailles et des plaines de sable ; la rive gauche est à pic et sur la droite on voit un bois. A sept heures dix minutes on arrive à Daramané, village ceint d'un mur en terre, agréablement situé entre un bois et le fleuve. Dans l'intérieur, il y a quelques palmiers.

Soleillet est reçu par le chef Ousman, vieux marabout, très petit de taille, coiffé d'un bonnet rouge et d'un turban blanc. Il remarque, dans le tata, un peigne formé de morceaux de roseaux réunis par un fil de coton. Les habitants sont de type petit, type très remarquable, mais à chevelure laineuse. Ils ont des boubous brodés en fil de couleur. La broderie d'une poche représente une autruche.

Le chef, malgré son grand âge, est très actif et court toujours. Ses gens et surtout ses enfants sont d'une curiosité gênante.

A sept heures trente minutes le temps est couvert ; à huit heures trente minutes, tornade du nord-ouest, pluie et tonnerre ; de dix heures à minuit, forte pluie, et pluie fine de minuit jusque au jour.

Depuis plusieurs jours Soleillet prend du sulfate de quinine. Il passe une mauvaise nuit, au milieu des bagages, dans une case hermétiquement fermée, avec trois noirs qui *fleurent plus fort mais moins bon que rose.*

Le lendemain, 15 juin, le départ a lieu à sept heures trente minutes, par un temps couvert et + 26° 9 de chaleur, en compagnie de plusieurs personnes du village. On traverse des champs de mil et de coton situés, comme Daramané, entre un bois et le fleuve. Le terrain, détrempé par la pluie, est glissant et couvert de flaques d'eau où sautent de hideux craupauds ; la marche est pénible. Les ânes glissent et jettent leurs charges. Dans les champs, des femmes et des jeunes filles grattent la terre et font des trous pour semer le mil.

A huit heures, le fleuve disparaît derrière un rideau d'arbres et un épais nuage s'étend à l'ouest. On rencontre encore des femmes qui travaillent à la terre, puis des Maures dont l'un est armé d'un fusil. Soleillet entend avec ravissement des oiseaux qui ont le chant du rossignol. A huit heures trente minutes il revient au fleuve. La rive maure est sablonneuse et plantée de quelques arbres; la rive française est à pic, plantée de mil, de coton et de beaux tamarins. A huit heures cinquante-cinq minutes, de nombreux travailleurs et des femmes qui grattent le sol avec des petites bêches souhaitent le bonjour à la caravane. Un vieux chef, monté sur un cheval blanc et fumant une grosse pipe bambara, salue aussi Soleillet. A neuf heures cinq minutes on suit un large banc de sable, tandis que la rive opposée est à pic. A droite et à gauche, on voit des buissons, des plantations et des femmes qui travaillent tandis qu'une embarcation descend tranquillement le fleuve.

A neuf heures cinquante minutes, par un temps couvert et + 30° 1 de chaleur, on arrive à Souhonnet, village entouré de murs en terre et ombragé de nombreux palmiers. En avant de ce village, des femmes travaillent dans les champs. Tous les habitants du village sont aussi aux champs. Des bâtons attachés en croix à un palmier forment une échelle. Sans doute qu'en temps de guerre ce bel arbre sert d'observatoire.

A dix heures Soleillet quitte ce village et continue à côtoyer le fleuve. Il remarque des ouvriers qui grattent la terre de trente centimètres en trente centimètres, et placent trois ou quatre grains de mil qu'ils recouvrent. Ils font cultures sur cultures, au moins sur le bord du fleuve.

A dix heures cinq minutes Soleillet traverse le marigot Dianou-Kholé; cinq minutes après il est en face de Gakora, village maure entouré de murs en terre. Des palmiers, des arbres divers, des arbustes, beaucoup de verdure et des herbages annoncent un second village du même nom de Gakora, mais situé sur la rive française. Soleillet y arrive à dix heures trente minutes et s'installe sous un hangar auprès d'une femme qui allaite un enfant. Elle est assise sur un tabouret et près d'elle se trouve une jarre pour faire reposer l'eau.

Soleillet est assez mal reçu par le chef, Foudié Bakri, un vieux marabout à turban rouge, qui n'a que trois doigts à la main droite et maintient sa plume avec une ficelle. Tandis qu'il regarde des femmes qui, avec leurs enfants sur le dos, pilent du mil sur une pierre, une jeune fille veut lui faire manger du sucre, d'autres femmes regardent avec étonnement son seau en toile ; des enfants, qui ont le nombril fort gros, courent après un poulet.

Le soir, à la lumière du foyer, le vieux chef, qui paraît avoir mauvais caractère, fait l'école aux enfants, c'est-à-dire qu'il leur fait apprendre par cœur quelques versets du Koran.

Après avoir dîné d'un poulet sauté, ce qui n'arrivait pas tous les jours, Soleillet se couche dehors dans sa couverture. A dix heures il dormait profondément quand Yaguelli vint le réveiller. Il ventait fort, un nuage noir se dessinait vigoureusement sur le ciel étoilé, une petite pluie fine commençait à tomber ; notre voyageur est heureux de pouvoir se mettre à couvert dans une case occupée par des poules, voisinage incommode mais moins, cependant, que les longues mouches noires à quatre ailes qu'il avait vues naître à six heures du soir, par milliers, jusque sur sa jambe nue.

Le lendemain dimanche, à trois heures du matin, le temps était revenu au beau. Soleillet, qui était sorti pour respirer un peu d'air pur, note que la lune éclairait comme en plein jour. A six heures le thermomètre marque $+27°\,2$ et le temps est légèrement couvert.

A sept heures quinze minutes, au moment du départ, le thermomètre a monté de $2°$ et le temps est toujours couvert. Après avoir perdu vingt minutes pour un seau et des pistolets qu'il avait oubliés, Soleillet gagne le bord du fleuve. Le pays a toujours le même aspect : des champs de mil et de coton, des bois, des broussailles. Un homme monté sur un âne croise la caravane, un hippopotame remonte doucement le fleuve. A huit heures trente-sept minutes on passe derrière le petit village de Kanan ; sept minutes après on traverse un marigot, à neuf heures quinze minutes on atteint Ganné, village bambara situé au-dessus du marigot, à l'abri des plus hautes eaux, et seulement entouré d'épines.

Un homme, paré d'un grand chapelet maure argenté, vient saluer Soleillet.

Le chef est un bon et vert vieillard à barbe blanche. Des femmes, qui portent des clochettes en sautoir, et une jeune fille, vêtue d'un bout de pagne jaune, lui apportent une natte et de l'eau. Un griot tire d'une petite guitare à trois cordes des sons assez agréables.

A neuf heures quarante minutes des jeunes filles viennent l'éventer, le masser, jouer avec lui ; elles sont surprises de la finesse de sa peau à la plante des pieds. Il observe ici, pour la première fois, ces mœurs simples et enfantines des noirs dont parle Mungo Park.

A midi il déjeune d'une poule au riz. A une heure et demie il entend un grand bruit. Un traitant accuse de vol un habitant du village. Il faut lui rendre justice : l'honneur du village en dépend. A cet effet, on met sur le feu une marmite d'eau ; quand l'eau est en ébullition, on y jette une aiguille, et le noir la repêche sans se brûler. Le traitant, obligé de faire la même opération, se brûle tout le bras. La justice de Dieu a prononcé. Le noir est innocent. Tout le village est en liesse, les femmes battent des mains ; le pauvre traitant, volé et brûlé, est poursuivi par les huées de la multitude.

Jadis, chez nous, au bon vieux temps, la justice de Dieu n'en faisait pas d'autres, et les coquins connaissaient parfaitement les procédés du noir.

A cinq heures trente minutes, deux griots, dont l'un a une guitare, viennent avec deux femmes. L'une d'elles, maigre et noire, a la tête de plus que Soleillet. Elle est vêtue d'une boubou et d'une pagne bleues. Un mouchoir bleu lui sert de coiffure et un bracelet d'argent pare l'un de ses bras. L'autre femme a la physionomie très agréable, de beaux yeux, des dents admirables. Son bras est magnifique et sa gorge de toute beauté. Elle est bronzée, petite et un peu grasse. Elle porte un boubou bleu, une pagne blanche. Elle a pour coiffure un mouchoir rayé bleu et blanc. Elle porte, comme l'autre, un bracelet d'argent. Ces femmes ont avec elles une petite fille qui a la tête rasée, à l'exception d'une touffe de chaque côté de la tête.

Elles s'assoient sur des tabourets et sortent leurs pieds de pantoufles qui ont des semelles de plusieurs centimètres d'épaisseur. La petite fille a le pied mignon comme la main, gras et potelé.

L'homme à la guitare se sert d'un ongle d'ivoire qui est fixé à l'index droit par un doigt de peau. Après avoir fait quelques accords, tous les quatre se mettent à chanter pour Soleillet. Ils lui disent sans doute qu'il est beau, qu'il est vaillant, qu'il est riche et qu'il doit être généreux. Mais il ne comprend pas un seul mot de toutes ces belles choses qui sont d'ailleurs chantées assez agréablement. La grande femme s'arrête de temps en temps pour se mettre du tabac dans le nez et se moucher avec ses doigts. Ce n'est pas à elle que Soleillet a remis sa pièce de 5 fr.

Après son dîner, pendant que les filles du chef lavent son boubou, Soleillet va visiter le village, qui est très grand et contient deux tatas. Beaucoup de cases ne sont construites qu'en paille.

Le chef arrête les jeunes filles et les jeunes femmes pour que Soleillet leur touche la main. Il y en a qui crient, d'autres qui rient, toutes se bousculent et sont bien contentes en somme d'obéir au chef. C'est une simplicité charmante. En face, sur la rive maure, la vie est moins douce, moins simple et moins joyeuse. La nuit on y entend deux coups de fusil, qui peuvent s'adresser à un homme tout aussi bien qu'à un fauve.

Le lundi, 17, à six heures du matin, il tombe une pluie fine ; à sept heures trente-cinq minutes Soleillet se met en route par un temps couvert et 27° de chaleur. L'aspect du pays est toujours le même. Le temps d'ailleurs est frais et le chant des oiseaux anime la campagne. Soleillet note que les femmes portent des amulettes et se placent sur le sommet de la tête, en guise de coiffure, une grande plaque d'argent.

Il voit dans les arbres une ruche à miel. René Caillié a aussi remarqué, depuis le Balaya jusque dans le Yorobadougou (royaume du Ségou), que les nègres mettent des ruches dans les arbres et qu'ils en récoltent le miel, dont ils sont très friands (1).

A huit heures cinquante minutes Soleillet arrive à Ambidedi, en face d'un village maure du même nom. Il est entouré de cultures de mil et de coton, ceint d'une clôture d'épines et à son extrémité sud se trouve un tata.

A neuf heures quarante minutes, moment du départ, le thermomètre a monté à 30°1 et le temps est resté couvert. En côtoyant le fleuve à travers des herbages et des cultures de coton, il rencontre un homme qui joue de la flûte bambara. Les tons de cet instrument sont agréables et se rapprochent de ceux de la flûte kabyle.

A neuf heures cinquante minutes il laisse le fleuve à sa gauche, traverse un marigot, des plantations, des broussailles, et arrive à de beaux arbres sans feuilles. Le sol est glissant, défoncé, présente parfois de grands trous pleins d'eau ; un millier d'arbres ont été coupés pour défricher le sol. La marche est très difficile. Au milieu du bois, Soleillet voit un buisson couvert de fleurs semblables à celles de l'aubépine. A onze heures trente-cinq minutes il arrive à Moussala, grand village orné de beaux arbres et possédant de vastes tatas. Il s'installe sous un magnifique cail-cédrat.

C'est ici qu'il doit passer le fleuve, mais les bâts des ânes ont besoin de réparations et les pauvres bêtes ont besoin de repos. Il fait donc ranger ses bagages dans une case, laisse bêtes et choses

(1) R. CAILLIÉ, t. II, pp. 110-111.

A Dindanco, dans le Bagué, sur la limite du Kaarta-Bine, Mage a vu dans les arbres de nombreuses ruches (*Op. cit.*, pp. 119, 120).

aux soins de Demba, loue un cheval pour Yaguelli et part pour
Médine à trois heures quarante minutes. Il trouve des broussailles,
des arbres, des plantations de coton, des roniers. A quatre heures
il laisse le fleuve à sa gauche ; il laisse, également à gauche, un
marigot où il voit des oiseaux. Il rencontre un homme armé d'un
fusil, un esclave qui travaille, un cavalier ; il aperçoit dans le
lointain, au sud-ouest, de hautes collines, et revient au fleuve en
face d'un marigot de la rive maure, le Koura. A quatre heures
cinquante minutes il passe derrière Tomba-nkané, village entouré
d'une clôture d'épines ; à six heures cinq minutes il atteint Yakandapé, très beau village dont les tatas sont entourés de murs en
lignes brisées, protégés par une tour ronde, avec une cour plantée
de palmiers.

Soleillet est bien reçu. On lui apporte deux poules et d'excellent
couscous. Le chef étant malade, c'est un vieux marabout qui lit
la lettre du commandant.

Le lundi, 18 juin, à deux heures du matin, Soleillet part pour
Médine, où il arrive à neuf heures.

CHAPITRE XIX

MÉDINE

Il est reçu par le docteur Chevrier, qui était de Rochefort ou des environs. C'était un homme très aimable et fort gai. Il était l'un des rares Européens qui supportent sans fatigue le redoutable climat du Haut-Sénégal, ce qui tient, d'après Soleillet, à ce qu'il ne craignait pas d'aller au soleil. Il a été l'une des victimes de la fièvre jaune.

Presque tous les Européens qui sont à Saint-Louis ont le teint pâle des prisonniers. Ils redoutent le soleil et s'enferment dans des pièces bien closes pour éviter les insolations, dont on peut facilement se garantir, et se privent de la chaleur du soleil qui est la source de la vie animale aussi bien que de la vie végétale.

Cette crainte du soleil a pour cause les innombrables insolations qui firent jadis tant de victimes. Et comment en aurait-il été autrement? Les soldats qui débarquèrent au Sénégal en 1817, avec le colonel Schmatz, portaient, les uns le shako, les autres le bonnet à poil, coiffures anti-hygiéniques qui devaient causer et qui causèrent de nombreux accidents. Avec des chapeaux de feutre ou de paille garnis d'une coiffe blanche extérieure, ces accidents ne sont pas à craindre.

Mercredi 19 juin. Dès le matin, Soleillet va visiter les chutes du Fellou. Les eaux sont basses et l'on ne voit pas de cataractes, mais les roches sont très curieuses et, dans plusieurs d'entre elles, l'eau a creusé des cuves. Dans les rochers nichent de nombreux pigeons, d'une belle espèce, très grands, au plumage d'un gris ardoisé.

Là se trouvent des soldats de Sambala. Ils font le guet, car on craint, à tout instant, une attaque de Niamodi.

Le soir, Soleillet visite, avec le commandant, le village de Sambala. Au milieu de ce village, grand et sale, s'élève le tata, qui est clos par une enceinte de terre sèche assez élevée.

Les traitants de Médine payent les coutumes au sultan de Ségou.

Le poste de Médine marque la limite de notre occupation sur le Sénégal. Comme centre commercial il a peu d'importance, mais il en sera tout autrement le jour où nous entrerons en relations suivies avec l'empire du Ségou.

Il est célèbre dans nos annales sénégalaises par le siége qu'il soutint, en 1855, contre El Hadji Omar. Le commandant français montra une énergie, un courage, un dévoûment au-dessus de tout éloge. Ce commandant était Paul Holle, un simple civil, un mulâtre né à Saint-Louis.

Il est mort commandant du poste de Médine et a été inhumé dans l'angle sud-ouest du cimetière. Il repose sous une large dalle qui porte cette inscription :

CI-GIT

M. PAUL HOLLE,

COMMANDANT DE MÉDINE,

DÉCÉDÉ

LE 27 MARS 1862.

Après le siège de Médine, il fut décoré de la Légion d'honneur. L'un de ses fils, M. Paul Holle, est actuellement commandant du poste de Saldé. C'est un homme très distingué. Nous espérons qu'il suivra les traces de son glorieux père, qui fut, à l'heure du danger, un héros, et, toute sa vie, un administrateur intelligent, intègre et zélé.

Un monument commémoratif a été élevé par l'illustre général Faidherbe sur la place de Médine. Il se compose d'une pyramide posée sur un socle en maçonnerie; il est entouré d'une grille en fer portant aux quatre angles des urnes funéraires. Dans le socle sont encastrées quatre tables en bronze portant les inscriptions suivantes :

FACE NORD

—

PAUL HOLLE

COMMANDANT DE MÉDINE

NÉ A SAINT-LOUIS

SE COUVRIT DE GLOIRE

EN DÉFENDANT SON POSTE

CONTRE EL HADJ OMAR'

EN 1857

—

MORT A MÉDINE EN 1862

—

FACE ORIENTALE

—

ROGER DESCEMET

LIEUTENANT D'ÉTAT-MAJOR

AIDE-DE-CAMP DU GOUVERNEUR

TUÉ A LA DÉLIVRANCE

DE MÉDINE

EN 1857

—

FACE MÉRIDIONALE

—

MONUMENT ÉLEVÉ

PAR ORDRE

DU GÉNÉRAL FAIDHERBE

GOUVERNEUR DU SÉNÉGAL

EN 1862

—

FACE OCCIDENTALE

—

RENÉ DES ESSARTS

ENSEIGNE DE VAISSEAU

CAPITAINE DU GUET-N'DAR

MORT GLORIEUSEMENT

A KAY

EN CHERCHANT A SECOURIR MÉDINE

EN 1857

—

Ce monument rappelle un glorieux fait d'armes et aussi une époque heureuse où le Sénégal, administré par un chef exempt de préjugés, entouré de sympathies, utilisait, sans distinction de race ou de caste, tous les hommes de bonne volonté.

Un autre souvenir se rattache à Médine, celui du français Duranton.

« Duranton », dit Raffenel, qui l'a connu, « était un homme
» d'une grande énergie et d'une grande force corporelle, qui,
» dominé par des goûts aventureux et un intrépide désir d'être
» utile, abandonna sa position d'employé du gouvernement pour
» suivre ses penchants naturels de voyages et d'explorations. Il
» s'établit, après quelques courses en Sénégambie, dans le pays
» de Kasson (Khasso), qu'il sut, pendant plusieurs années,
» relever de l'espèce d'abaissement où les Bambaras l'avaient fait
» descendre. Le chef du Kasson, pour récompenser les importants
» services que Duranton lui avait rendus, lui donna en mariage sa
» propre fille, sans doute dans la pensée que ce lien attacherait à
» la cause des Kassonkés (Kasso-nke) celui qui l'avait déjà si bien
» défendue. Duranton mourut à Bakel en 1841 (il est enterré
» dans la cour du poste), au retour d'un voyage qu'il venait de
» faire à Saint-Louis ; il a laissé, dans le pays, un excellent sou-
« venir (1). »

Duranton eut plusieurs enfants. L'un deux devint officier supérieur dans l'armée française et fut tué en duel par l'un de ses
camarades qui l'avait injurieusement traité de *sale nègre*.

La veuve de Duranton vit encore. Elle habite Médine et loge
chez son frère Sambala, roi du Khasso. Le gouvernement lui fait
une pension et lui donne des vivres représentant la ration d'un
officier européen.

Soleillet a vu, à Médine, Mme Duranton, mais dans cette
négresse décrépite il n'a pas reconnu la gracieuse khasso-nkaise
dont Raffenel a dit :

« Sadiaba a des traits réguliers et distingués, des pieds et des

---

(1) Signalement de Duranton, donné par Sadia, sa veuve, le 11 février 1881,
à Médine :

Cheveux noirs et lisses toujours courts. — *Barbe* comme la mienne. —
Yeux châtains, très doux d'expression (amoureux, dit la femme).—*Nez* aquilin,
narrines pincées. — *Bouche*, ne se voyait pas sous la moustache. — *Taille*
grande, la mienne à peu près. — *Vêtements* : Turqui, moresque blanc, grand
chapeau de feutre. (Note de P. Soleillet).

» mains d'une finesse remarquable ; elle est mince et bien faite,
» extrêmement gracieuse et elle joint à ces avantages une physio-
» nomie d'une expression douce et bienveillante qui séduit. Elle
» est de la nation des Foulahs du Khasso ; elle a donc le teint
» cuivré et, dans ses traits, quelque chose du type caucasique.
» Ses vêtements, comme ceux des autres femmes, sont d'une
» grande simplicité, mais ils se distinguent par une propreté
» recherchée qui s'étend même jusqu'à sa demeure, où l'on trouve
» ce qu'on pourrait appeler le confortable nègre le plus complet ».

CHAPITRE XX

Origine de la noblesse du Khasso. — Puissance d'un grigris. — Prix d'un dévoûment
à la cause nationale. — Conquête du Khasso par les Foulbé. — Les nouveaux
princes du Khasso. — Conquête de Kouniakary. Le conquérant reçoit Mungo Park.
— Son portrait par Mungo Park. — Guerre civile. Le vaincu fonde Médine. —
Met à sac le Logo qui lui avait donné l'hospitalité. — Les gens du Logo reconquièrent leur indépendance. Le Logo donné par les Français à Sambala. — Les
deux pays continuent la lutte et les Français interviennent de nouveau par la destruction de Sabouciré.

Les Khasso-nké commencent leur histoire par une légende
intéressante et curieuse. Soleillet la tient de M. Alpha Sega,
l'interprète du poste de Bakel, descendant de l'une des grandes
familles du Khasso, qui lui a donné des notes sur le Khasso, le
Kaarta et une partie du Ségou.

Les Khasso-nké se disent de même race que les Foulbé, mais
ils ont eu des mélanges avec les Maures et avec les Mali-nké dont
ils parlent la langue. Leur type est très beau, ainsi qu'on peut le
voir par le portrait de Sadiaba. Ils ont une véritable noblesse qui
place fièrement son origine dans la fable.

Depuis longtemps, disent-ils, les noirs idolâtres ou musulmans
du Soudan permettaient aux jeunes circoncis de tuer, dans les
troupeaux qu'ils rencontraient, un mouton, une chèvre ou un
bœuf. Un jour, on avait circoncis dans le Bakhounou un certain
nombre de jeunes gens dont l'un était de la noble famille d'Ilo.
Un homme de cette famille, appelé *Diadié Condabaly* (aux cheveux
frisés), avait dans ses troupeaux un taureau qu'il affectionnait

beaucoup. Il dit aux nouveaux circoncis que tous ses troupeaux étaient à leur disposition, mais qu'il les priait d'épargner son taureau. Les jeunes gens ne tinrent aucun compte de sa demande. Quand Diadié fut instruit de leur conduite, il se rendit auprès d'eux, en tua sept de sa main, et se sauva du pays de Bakhounou au pays du Khasso, alors appelé Tomara. Kankhien Damakhan, chef de ce pays, employa Diadié à la garde de ses troupeaux. Diadié épousa une femme de sa race, qui était esclave chez les Mali-nké, et en eut sept enfants, trois garçons et quatre filles. La tradition n'a conservé le nom que d'un seul de ses enfants, celui de sa fille Altina (lundi).

Après sa fuite, Mariame Samba, son cousin, se mit à sa recherche, et, à force d'aller de pays en pays, finit par le découvrir à Tomara. Il le pria, le supplia de revenir dans sa patrie. Non seulement Diadié s'y refusa, mais il engagea son cousin à rester avec lui. Mariame répondit qu'il ne pouvait rester dans un pays où il ne lui serait pas possible de se marier, parce qu'il ne voulait pas d'une fille de la race ridicule et barbare des Mali-nké, qui ne saurait reconnaître ni apprécier la noblesse de sa race. Diadié lui offrit Altiné, qui était nubile. Mariame accepta et de ce mariage naquit un fils, qui fut Maja Dion Altiné, c'est-à-dire le grand Maja, fils d'Altiné.

Celui-ci eut trois fils qui épousèrent des femmes mali-nkaises et furent la souche des trois familles qui composent la noblesse du Khasso. Ce sont :

Dia Maja Dion,

Kholé Maja Dion,

Sandigué Maja Dion.

Cette dernière famille est devenue la souche d'une nouvelle noblesse. C'est cette nouvelle noblesse qui possède encore le pouvoir au Khasso ; c'est d'elle que descendent Sambala, Sodiaba, la veuve de Duranton, et Alpha Sega, l'interprète de Bakel.

Après avoir habité cent cinquante ou deux cents ans le pays de Tomara, les descendants de Diadié Condabaly se multiplièrent

considérablement et devinrent possesseurs de grands troupeaux
de bœufs ; beaucoup de Foulbé étaient venus les rejoindre et ils
formaient un grand camp qui entourait une petite montagne
nommée Bambera. C'est pour cela qu'on leur donne quelquefois
le nom de Bambera-nké.

Ils étaient toujours tributaires des Mali-nké, qui leur faisaient
subir une foule de vexations. Ils pouvaient alors mettre en ligne
cent cinquante hommes capables de lancer le javelot, arme nationale des Foulbé. Leur population était donc de 3,000 à 3,500
âmes.

Ils résolurent de s'affranchir du joug des Mali-nké. Mais le proverbe disant : *un Mali-nké vaut deux Foulbé*, ils n'osèrent tenter
un combat à armes égales et demandèrent des grigris à Malic Sy,
bisaïeul de Boubakar Sada, almamy actuel du Bondou. Dans ce
temps-là, Malic Sy était un simple marabout qui voyageait de
pays en pays, mais ses talismans jouissaient d'une grande réputation. Il promit un grigris, qui devait être attaché au bout d'un
javelot et lancé au milieu de l'ennemi, par un membre de la
famille d'Ilo. L'homme chargé de cette mission mourrait, mais sa
mort déciderait de la victoire et l'on ne verrait plus de Foulbé
sujets des Mali-nké.

La famille d'Ilo était peu patriotique, car aucun de ses membres
ne consentit à se dévouer pour le salut commun. Yamadou Hava,
petit-fils de Sandigui Maja Dion, finit par accepter, non sans exiger
et se faire promettre, sous les serments les plus solennels :

1° Que ses descendants seraient à toujours les plus nobles des
Foulbé du Khasso ;

2° Que toute armée réunie dans le Khasso aurait pour chef
l'un de ses descendants ;

3° Que ses descendants auraient droit de mort sur tous les
habitants du Khasso, mais que nul ne pourrait lever la main
contre eux ni les traduire en justice ;

4° Qu'aucun Khasso-nkais ne pourrait exercer de saisie sur eux,
quoi qu'ils lui doivent ;

5° Qu'ils auraient le droit de fréquenter librement, sans encourir aucune peine, sans que personne puisse s'y opposer, les femmes des autres khasso-nkais, et que quiconque regarderait les leurs serait puni de mort.

Les Foulbé acceptèrent, en haine de l'étranger, sans mesurer peut-être toute la portée de leur engagement.

Le lendemain, dès l'aube, la bataille s'engagea tout près d'une grande mare nommée Toumby-Fara (du Tamarinier). Les Foulbé comptaient 350 hommes armés chacun de deux javelots : l'un mince, terminé par une pointe acérée, barbelée ; l'autre plus fort, ayant presque les dimensions d'une lance, servant à la fois d'arme d'host et d'arme de jet.

Les Mali-nké étaient au nombre de 1,000, armés d'arcs et de flèches, de lances et de haches d'armes.

Yamadou Hava lança le javelot qui portait le mystérieux grigris et tomba percé de mille coups, comme l'avait prédit Malic Sy ; toujours suivant la prédiction, les Mali-nké perdirent leur roi et furent repoussés ; les Foulbé, victorieux, s'emparèrent du pays et le nommèrent Khasso.

A sa mort, Yamadou avait deux fils et une fille : Sega Doi, Mamadou Doi et Sané Doi.

Mamadou Doi fut un prince méchant et cruel. Sa famille, lassée de ses déportements, le fit empoisonner. Tout le pouvoir passa aux mains de Sega Doi, et ce prince est l'objet de terribles soupçons.

Sega Doi eut quatre fils :

Guimba Kinty,

Demba Sega,

Yamadou,

Diadié Ganeiry.

Sega Doi eut pour successeur Guimba Kinty, père de Tagati Sega et de Hamamoudou Hasega.

Alpha Sega, interprète actuel du poste de Bakel, est petit-fils de Tagati Sega.

Sambala, roi du Khasso, descend de Demba Sega, second fils de Sega Doi, fils de Yamadou Hava, le libérateur du Khasso.

Guimba Kinty, prince ambitieux, résolut d'agrandir son royaume et partit pour la conquête du Guidimakha. Il mourut avant d'arriver à Kouniakary, ce qui n'était pas un grand malheur (la mort d'un conquérant est toujours une bénédiction du ciel), mais son frère Demba Sega le remplaça dans le commandement, et l'armée du Khasso entra dans Kouniakary.

A peine installé dans cette ville, Demba Sega eut à repousser les Bambaras. Dans une première campagne il s'empara de celle de leurs armées que commandait le roi Denibabo et fit passer ce roi par les armes. Plus tard, il repoussa heureusement encore une seconde attaque des Bambaras. Enfin, après plusieurs expéditions, la plus grande partie du Diafounou, du Sorma et du Guidimakha reconnaissait sa puissance et lui payait tribut. Son peuple en fut-il plus heureux, plus sain d'esprit ?

Le 15 janvier 1796, ce prince reçut Mungo Park. Voici en quels termes l'illustre prédécesseur de Soleillet raconte son entrevue avec le noir conquérant :

« Le 15 janvier, à huit heures du matin, je me rendis à l'au-
» dience de Demba Sega, roi du Kasson (Khasso). Le peuple se
» portait tellement en foule sur mon passage, que je fus assez
» longtemps sans pouvoir entrer chez le monarque. Enfin on me
» fit un peu de place, et je pénétrai jusqu'au roi, que je trouvai
» assis sur une natte dans une grande chaumière. C'était un
» homme âgé d'environ soixante ans. Ses succès à la guerre et la
» douceur de son gouvernement en temps de paix le rendaient
» cher à tous ses sujets. Je lui fis une profonde révérence. Il me
» regarda avec beaucoup d'attention. Quand Salim Daucari lui
» expliqua le sujet de mon voyage et les raisons que j'avais de
» traverser ses états, ce bon prince ne parut pas très persuadé de
» la vérité de ce qu'on lui disait ; malgré cela, il me promit de me
» donner tous les secours qui dépendaient de lui.

» Il me raconta qu'il avait vu le major Hougton et qu'il lui

» avait fait présent d'un cheval blanc; que ce voyageur avait
» ensuite traversé le royaume de Kaarta et perdu la vie dans le
» pays des Maures; mais il ne sut pas dire comment.

» Après cette petite audience, je regagnai mon logement, où je
» préparai un petit présent pour le roi. Je le choisis parmi le peu
» d'effets qui m'étaient restés, car je n'avais pas encore touché ce
» que devait me compter Salim Daucari. Quoique chétif, mon
» présent fut bien reçu du roi, qui m'envoya en retour un beau
» taureau blanc. La vue de cet animal fit grand plaisir à mes
» compagnons, non pas à cause de sa grosseur, mais parce qu'il
» était blanc, ce qu'ils considéraient comme une marque de
» faveur particulière.

» Cependant, quoique le roi parût bien disposé pour moi, et
» qu'il m'accordât sans difficulté la permission de passer sur son
» territoire, je m'aperçus bientôt que de grands et dangereux
» obstacles s'opposaient à mes projets. Non seulement la guerre
» était sur le point de se déclarer entre les royaumes de Kasson et
» de Kajauga, mais le royaume de Kaarta, que je devais traverser,
» ne pouvait pas manquer d'être compris dans cette guerre, et de
» plus, il éprouvait déjà des hostilités de la part des habitants du
» Bambara ».

A la mort de Demba Sega, Diba Sambala, son fils aîné, prit le
pouvoir. Bientôt, Demba Mody prétendit que, conformément à
la loi musulmane, il était l'héritier légitime de Demba Sega, son
frère, et déclara la guerre à Diba Sambala. Celui-ci fit alliance
avec deux de ses frères utérins, qui étaient fils de Guimba Kinty,
et la guerre entre l'oncle et le neveu dura trente ans; pendant
trente ans, les noirs, aussi fous que les blancs, se ruinèrent et se
massacrèrent pour le bon plaisir de deux ambitieux. Cette guerre
eut pour résultat la séparation des familles du Khasso et la substi-
tution de *ya* (ici) aux prénoms de l'une d'elles. Ainsi, on dit
Demba *Ya* pour Demba *Sega*, Diadié *Ya* pour Diadié *Gansiry*, etc.

Diba Sambala fut vainqueur de son oncle Demba Mody. Son
successeur, Hava Demba, fut moins heureux et dut quitter

Kouniakary avec tous ses partisans, qui portaient le nom de Sila-tigui Yamadouga ; il se réfugia dans le Foutah et se mit, avec son armée, à la solde de l'Almamy Abdoul, qui faisait la guerre sainte contre les Diakhités ou les Bah. Il se rencontre avec Ali Doundou, grand'père d'Abdoul Boubakar.

L'Almamy Abdoul fut tué, après avoir perdu six batailles consécutives.

Hava Demba dut alors chercher un autre refuge. Il passa sur la rive droite du Sénégal et se rendit dans le Diombokho. Défait dans un combat contre les indigènes, il revint sur la rive gauche, dans le Logo, à Sabouciré, où le père de Niamody lui donna la plus large hospitalité. Cela se passait de 1804 à 1814 ; Sambala, fils de Hava Demba, et roi actuel du Khasso, avait alors seize ans.

Hava Demba resta cinq ans à Sabouciré, où il rallia ses partisans et leurs familles. Il alla camper avec eux sur la montagne de Maméry, qui appartient aux Bambaras, et deux ans après il fonda Médine. Les Bambaras l'attaquèrent, le chassèrent du pays, l'obligèrent à se réfugier dans le Bondou, dont les almamys descendent du marabout Malic Sy. Ces almamys sont les alliés traditionnels des rois du Khasso.

Hava Demba resta deux ans dans le Bondou. Il réunit de nouveaux partisans et reprit possession de Médine, où son fils Sambala règne encore, grâce aux Français, grâce surtout à Duranton, gendre de Hava Demba, qui mit les rois du Khasso en relations avec le gouverneur du Sénégal.

La première chose que fit Demba Hava, quand il eut recouvré Médine, fut d'envahir le Logo, pays où il avait reçu, pendant cinq ans, avec les siens, l'hospitalité la plus généreuse. Ses Khasso-nké formaient plutôt une armée qu'une nation ; les Soni-nké, habitants du Logo, s'appliquaient à la culture du sol, à l'industrie, au commerce et, sans souci de la gloire militaire, ils ne pensaient qu'à vivre heureux sous la conduite de leur bon prince : les Khasso-nké, leurs anciens hôtes, viennent traîtreusement à l'improviste, tuent, pillent, détruisent et mettent sous le joug les bons Soni-nké. Après cette noble action, Hava Demba mourut et fut remplacé par son fils Kinty Sambala.

C'est sous le règne de Sambala et du consentement des rois du Khasso que les Français ont construit à Médine, en 1855, un fort et des comptoirs.

C'est aussi sous ce règne que les gens du Logo, ayant à leur tête Sabouciré, reconquirent leur indépendance. Sabouciré, prince très remarquable, s'était allié aux almamys du Foutah et se trouva le client naturel d'el Hadji Omar, comme il l'est encore d'Ahmadou, sultan de Ségou, fils et successeur du prophète El Hadji.

Kinty Sambala eut pour successeur son frère Diakha Sambala, roi actuel du Khasso. Certaines gens accordent à ce prince l'âge fabuleux de cent cinquante ans et plus ; la vérité est qu'il n'a que quatre-vingts ou quatre-vingt-dix ans.

Quand les troupes d'el Hadji Omar attaquèrent Médine, ce n'était pas à nous qu'elles en voulaient. Les descendants de Yamadou Hava (l'homme qui mourut pour le salut de sa nation) usaient largement des privilèges qui furent consentis à leur aïeul dans un jour d'affolement. Ils formaient une aristocratie insolente, débauchée, couverte de tous les crimes que pouvaient commettre des gens qui avaient le droit de tout faire. C'était cette aristocratie qu'el Hadji Omar voulait détruire ; aussi ne devons-nous aucune reconnaissance aux Khasso-nké pour la défense de Médine. En combattant à nos côtés, ils combattaient pour eux, et nous n'avions que faire de les récompenser par le don du Logo. Les Khasso-nké sont et resteront nos alliés fidèles : leur indépendance est à ce prix.

Niamody n'a jamais accepté cette décision. Craignant tout d'abord que les Français ne la fissent exécuter par les armes, il envoya, tout en protestant, un léger tribut à Sambala. Plus tard il n'a rien envoyé, et depuis deux ou trois ans il est en guerre avec Sambala.

Comme tous les Soni-nké, Niamody tient beaucoup aux Français ; il protège avec soin leur commerce et leurs intérêts ; il offre de se reconnaître notre tributaire et assure que ses armes sont exclusivement dirigées contre le roi du Khasso. Son but est de reconquérir un pays qu'il a déjà une fois tiré de leurs mains et qu'il aurait conservé si les Français n'avaient appuyé Sambala lors des guerres d'el Hadji Omar, puis redonné, par force, au roi du Khasso, un pays que son père n'avait occupé que par trahison.

Actuellement (juin 1878) les armées du Logo et du Khasso escarmouchent aux portes mêmes de Médine. L'avantage est généralement du côté de Niamody. Le Gouverneur du Sénégal a décidé que nous observerions la plus stricte neutralité. M. With, lieutenant de marine, commandant de Médine, a été relevé de ses fonctions et renvoyé à Bakel avec un mois d'arrêts de rigueur pour n'avoir pas observé complètement cette neutralité. Les événements lui ont cependant donné raison, car plus tard nous sommes intervenus, nous avons détruit Sabouciré, tué Niamody et nous avons laissé Sambala réduire en servitude tous les habitants du Logo qui n'ont pu prendre la fuite.

En France, on a généralement jugé sévèrement l'expédition de Sabouciré. Cette expédition était pourtant devenue nécessaire. En n'acceptant pas la décision du Gouverneur, Niamody se mettait en rébellion contre nous. Sans une répression énergique, le Khasso se révoltait, le Foutah tout entier se soulevait, le prestige du sultan Ahmadou grandissait de tous les succès remportés par son client, Niamody, sur notre client, Sambala ; la guerre, en se prolongeant, aurait amené une insurrection générale qui aurait interrompu, pour des années peut-être, notre commerce sur tout le cours du Sénégal, et pour le rétablir il aurait fallu nécessairement faire parler la poudre, sacrifier beaucoup d'hommes et dépenser beaucoup d'argent.

Une faute grave a été commise, mais ce n'est pas l'envoi de la colonne qui détruisit Sabouciré. Contre tout droit et contre toute justice, on a mis le Logo sous l'autorité du Khasso ; telle est la faute qui, par une logique implacable, nous a conduits progressivement, fatalement, à remplacer par un peuple peu intéressant un peuple honnête, laborieux, intelligent, qui était notre allié naturel.

Je pense, dit Soleillet, que cette faute n'aurait pas été commise si l'on avait mieux connu l'histoire du Khasso, et j'ai donné place à cette digression dans mes notes de voyage parce qu'elle doit jeter une grande lumière sur les événements auxquels je devais être mêlé.

CHAPITRE XXI

DE MÉDINE A MOUSSALA

Jeudi 20 juin 1878. — Après déjeuner, Soleillet fait ses adieux au docteur Chevrier, jeune homme de vingt-six à vingt-sept ans, plein d'avenir, que la fièvre jaune a moissonné deux mois plus tard.

Il va voir ensuite Monmar Diak, qui lui donne des lettres pour ses amis et correspondants du Soudan. Monmar Diak est le plus fort traitant du fleuve. Il a été longtemps au service de la maison Gaspard Devès, de Saint-Louis ; il appartient maintenant à la maison Maurel et H. Prom, de Bordeaux. Ses relations étant nombreuses, ses recommandations peuvent être très utiles.

A deux heures trente minutes du soir, Soleillet part de Médine avec Alassan, interprète du poste. Quatre minutes après, il arrive à Populabé, quartier composé de quelques cases et entouré de champs que l'on ensemence en mil. Trois minutes plus tard, il est au petit village de Commentara, qui est exclusivement habité par des captifs du roi Sambala.

Yaguelli s'aperçoit qu'il a oublié son couteau ; Alassan va le chercher, et l'on perd dix minutes à l'attendre pour lui dire adieu et rentrer en possession du précieux instrument.

A deux heures cinquante minutes, il passe derrière Ali Couti, laissant le fleuve à droite, et traverse des petites collines pierreuses couvertes d'arbrisseaux verts semblables à des fusains et d'une espèce de gazon. A l'ouest, une chaîne de montagnes ferme l'horizon.

A trois heures vingt minutes, il passe devant Keniou, petit village situé sur le bord du fleuve. Dans l'intérieur se trouvent quelques beaux arbres et des palmiers. Soleillet descend dans un vallon pour remonter sur un plateau terreux, couvert de broussailles et d'herbes sèches. Bientôt, à trois heures trente-cinq minutes, il rencontre des cultures, et, cinq minutes après, il passe au-dessus du village de Gouvre.

A trois heures cinquante-trois minutes, il arrive au village de Galma, où il reste dix minutes à causer avec la femme d'Alpha Sega, l'interprète du poste de Bakel.

A Maudibibinia, situé dix minutes plus loin, les femmes sont occupées à la culture des champs qui entourent les cases.

Cinq minutes plus tard, sur un plateau, il trouve encore des femmes qui sèment du mil dans des champs de terre rouge.

A quatre heures trente-cinq minutes, il traverse le petit village de Sidi Bea. A quatre heures quarante-sept minutes, après avoir traversé un marigot, il s'arrête cinq minutes au village d'Aïl, où son guide a le bonheur d'avoir une femme, et cette femme lui fait une scène épouvantable parce qu'il ne veut pas coucher avec elle une heure ou deux. Pauvre guide ! si sa femme ne se venge pas, c'est que l'occasion lui en manquera.

A cinq heures vingt minutes, il traverse les villages de Gueladea, situé dans un riant vallon ; Komankolé, entouré de bois, de cultures, de défrichements ; Dialla, grand et sale, formé de cases disséminées dans une belle plaine.

A sept heures, il arrive dans un grand village également sale. Comme dans tout le Khasso, les cases sont rondes, en terre, couvertes de toits coniques en chaume. Elles sont tapissées extérieurement de plantes grimpantes, de courges, entourées de haies d'épine sèche et de champs de mil.

Au milieu du village se trouve un tata en terre assez vaste.

Des parents d'Alpha Sega habitent ce village et font donner à Soleillet un abri et du lait.

Là encore, on ne pense qu'à la guerre. La guerre, toujours la guerre ! Partout la guerre promène sa torche et gaspille des vies humaines.

Toute la nuit, on bat du *taballa* (gros tambour) pour appeler les guerriers de Samballa à se ruer sur les guerriers de Niamody de Sabouciré.

Dans un jour ou deux, si le stupide dieu des armées peut échapper un instant aux supplications des peuples civilisés, il visitera les principicules africains, et, de Médine à Makhana, les corbeaux feront bombance.

Vendredi 21 juin. — Soleillet part à cinq heures du matin, voit Sabouciré, Pirésiané, des cultures de coton et de mil, un grand nombre de villages en bordure du fleuve.

A cinq heures quarante-cinq minutes, il arrive au village de Zenag ould Askeur, peuplé de Maures noirs, formé de cases en paille qui ont l'aspect de ruches, comme celles des Foulbé.

Pendant un quart d'heure, le fleuve est caché par un bois et un pli de terrain. A six heures dix minutes se présente Samel, village de Ouolof. Comme dans le Khasso, les cases sont disséminées, entourées de cultures et de haies. Les Ouolof se servent d'un outil très répandu dans tout le bas Sénégal. Ils l'appellent *hilaire*, du nom de son inventeur, M. Hilaire Maurel, l'un des fondateurs de la puissante maison Maurel et Prom, de Bordeaux. L'hilaire a la forme d'un croissant. Une douille fixée dans sa partie concave reçoit un manche de 1^{m}50 de longueur. Il sert à la fois de bêche, de sarcloir et de houe.

Après avoir traversé de nouvelles cultures, notamment un champ de haricots *(niébés),* Soleillet arrive à Yakandapé à sept heures quarante-cinq minutes, et à dix heures vingt minutes il rentre à Moussala, où il retrouve ses gens et ses bagages.

Moussala est un très grand village de Soni-nké. Un certain

nombre de ses habitants ont servi à bord des navires français de l'État en qualité de gabiers, de voiliers, de chauffeurs, de capitaines de rivières, etc. Plusieurs sont des retraités de l'État.

Les cultures sont très soignées, magnifiques, et consistent en coton, mil, indigo, haricots, oignons, oseille, melons, courges, calebasses, etc.

Toute la population est bien vêtue et paraît dans l'aisance. Tout le monde travaille. Les cases sont proprement construites et bien tenues. Le mur, élevé sous les beaux arbres qui bordent le fleuve, est en bon état.

Les habitants causent, tout en s'occupant de couture.

Chez les noirs, les travaux de couture sont faits par les hommes. Les femmes filent le coton et teignent les étoffes. Les pagnes sont tissées par des hommes qui forment une caste à part et vont de village en village, de case en case, exercer leur industrie.

Les pagnes ont de cinq à quinze centimètres de largeur.

Par suite, les travaux de couture ont une grande importance, et l'on trouve des noirs très habiles dans le maniement de l'aiguille.

Les travaux des champs sont réservés aux captifs. Cependant, chez les Soni-nké et chez les Bambaras, les hommes libres s'y livrent aussi.

Dans tous les villages riverains du fleuve, la pêche est une véritable industrie, car les noirs sont grands mangeurs de poisson, outre qu'ils transportent dans l'intérieur une quantité considérable de poisson sec.

Presque tous les hommes portent le bonnet jaune à oreillères.

Beaucoup portent au col, suspendues à des chaînes d'argent, des boîtes de même métal qui contiennent des versets du Koran. Cela répond aux talismans et aux médailles que portent les chrétiens. Le barbare et le civilisé obéissent à la même idée, aux mêmes superstitions.

Les filles portent, jusqu'à leur mariage, deux petits tabliers fixés à la ceinture par un cordon. Habituellement, ces tabliers flottent au gré du vent; mais à certains moments, par pudeur, elles les réunissent par un nœud. Cet usage est commun à tous les Soni-nké. Quant aux femmes, elles sont vêtues.

C'est à Moussala que Soleillet va quitter la rive gauche du fleuve. A deux heures, on passe ses bagages, puis vient le tour de la mule et des ânes, puis enfin lui-même s'embarque sur une pirogue de 2 mètres de longueur sur 0^{m}40 de largeur, conduite par son propriétaire, un ancien chauffeur, qui l'a payée trois pièces de guinée, soit de 45 à 50 francs.

Soleillet pénètre ainsi dans l'empire du Ségou, pays occupé de tout temps par les Soni-nké et conquis, il y a deux ou trois siècles, par des captifs bambaras du Kaarta.

CHAPITRE XXII

L'ESCLAVAGE DANS LA SÉNÉGAMBIE ET DANS LE SOUDAN OCCIDENTAL

Les captifs sont divisés en quatre classes. — L'homme-monnaie. — Une subtile interprétation du Koran. — Un affranchissement de droit. — Comment une belle jeune
fille traite une vieille captive. — Captifs domestiques. — Captifs de Case. —
Légende de Brakar. — Droits des maîtres sur les trois premières classes de captifs.
— Captifs soldats. — Nomment leur chef. — Ce qui advint d'un soufflet donné
par un roi au chef de ses captifs.

Pour rendre bien compréhensibles certains faits dont il est
parlé dans le cours de ce travail, il est indispensable de donner
quelques explications sur l'esclavage dans la Sénégambie et le
Soudan occidental.

Dans ces pays, on désigne par un seul mot quatre classes
d'hommes très distinctes qui n'ont de commun que le droit d'être
jugés par leurs maîtres, en toutes circonstances. L'autorité de ces
derniers n'est tempérée que par l'usage. Le maître est d'ailleurs
responsable, devant autrui, des faits et gestes de ses esclaves (1).

(1) « L'esclave peut obtenir la liberté de la générosité de son maître ou à
» prix d'argent. Si sa condition est intolérable, il peut, malgré son maître,
» sortir de ses mains, en vertu d'une coutume singulière observée comme loi
» dans toute la Sénégambie (et dans tout le Soudan de l'ouest) ; il lui suffit
» de couper, en tout ou en partie, l'oreille d'un homme ou d'un enfant libre,
» et il passe avec sa femme et ses enfants sous la domination de celui qu'il a
» blessé. Son ancien maître pourrait, il est vrai, le reprendre en payant le
» prix du sang ; mais, pour ce cas spécial, les mœurs fixent un prix tellement
» élevé qu'une fortune royale ne suffirait pas, de sorte que le captif vit dans

Quant au reste, la situation de ces quatre classes d'esclaves est sensiblement différente.

La première classe se compose des captifs de guerre, des enfants d'esclaves nés en dehors du mariage. Ces captifs servent de monnaie. Ils sont conduits de pays en pays, attachés au col et chargés comme des bêtes de somme.

Les maîtres laissent volontiers leurs captives se prostituer. Ils s'approprient une partie de ce que gagnent ainsi ces malheureuses et vendent leurs enfants.

Les plus fervents musulmans et les plus vertueux marabouts prétendent faire en cela chose licite, et se fondent sur ce passage du Koran :

« Ne forcez point vos servantes à se prostituer pour vous pro-
» curer des biens passagers de ce monde, si elles désirent garder
» leur pudicité. » *(Koran, la Lumière, 33.)*

La manière dont ils interprètent ce passage n'est-elle pas une merveille de subtilité ? La belle chose que les livres saints quand on sait s'en servir !

Les captifs de cette première catégorie sont traités sans pitié, soumis aux plus mauvais traitements, privés de nourriture, mis aux fers pour le moindre motif, scellés à un billot de bois, privés de vêtements, abandonnés en cas de maladie, toutefois après avoir été dépouillés de leurs vêtements, quand par hasard ils en ont.

La femme captive enceinte du fait de son maître est libre de

» la famille qu'il s'est ainsi choisie. Le droit de celui dont le sang a été versé
» serait cependant de tuer le captif, mais il n'en use jamais.

.   .   .   .   ,   .   .   .

» Le territoire de Farabana jouit d'un privilège singulier, maintenu intact
» par la bravoure des habitants : Farabana sert d'asile aux captifs des contrées
» voisines. Quand un esclave fugitif est parvenu à mettre le pied sur cette
» terre, il devient libre ; jamais il n'est rendu à ses maîtres : les démarches
» les plus vives, les menaces ont été jusqu'à ce jour impuissantes à modifier à
» cet égard les dispositions des habitants ».

(CARRÈRE et PAUL HOLL, *la Sénégambie française,* pp. 53, 54, 174.)

droit à la naissance de son enfant. Si elle reste avec son maître, elle devient épouse légitime. Cela est pour toutes les catégories de captives, sauf pour celles prises avant pour femmes illégitimes.

Le maître exerce le droit du seigneur sur ses captives de toutes les catégories (1)

Les captifs de la deuxième catégorie sont dans la maison comme domestiques. Ils s'y succèdent de génération en génération et deviennent parfois par leur influence les véritables chefs de la famille. Rien ne les distingue des personnes libres. Les gens plus âgés qu'eux les appellent : mon enfant, mon fils, ma fille ; ceux de leur âge : mon frère, mon ami, ma sœur ; les enfants : mon oncle, mon père, ma tante, ma mère. Toutefois, en présence

(1) Voici un exemple entre mille des barbaries que subissent les captifs de la première catégorie :

Le 18 novembre 1880, je me trouvais dans le village de Tamboukané, sur le Sénégal, entre Bakel et Médine, avec MM. Zulima, sous-ordonnateur de Médine ; Valentin, son secrétaire ; Angrand, sous-trésorier à Médine , Yaia, traitant à Dagana pour la maison Gaspard Devès. Nous étions logés chez le chef du village, et nous avions remarqué dans la population une si grande douceur de mœurs que nous ne pouvions distinguer les maîtres des captifs.

Sur les quatre heures, nous entendons des cris qui n'ont rien d'humain. Ils sont poussés par une vieille femme toute ridée, à cheveux courts et blancs, vêtue d'une méchante bande d'étoffe roulée autour des reins. Elle est frappée à tour de bras par une jeune femme à figure douce et agréable. Chaque coup laisse, sur les épaules de la pauvre vieille, un sillon blanchâtre et parfois sanglant. Elle est à genoux, les mains croisées derrière le dos, ne fait pas un geste, pas un mouvement, et pousse de douloureux gémissements. Après dix minutes de ce supplice, elle fut renvoyée sanglotante dans un coin pour trier des herbes.

Cette vieille femme, sourde et presque aveugle, était ainsi traitée pour une faute bien peu grave. Sa maîtresse l'avait envoyée chercher des herbes, et elle avait rapporté une espèce pour une autre.

Nous étions indignés. Les gens qui nous entouraient trouvaient cela tout naturel. Cette vieille venait d'être achetée et appartenait à la première catégorie des captifs. Si elle avait appartenu à l'une des autres catégories, la jeune femme l'aurait traitée comme une mère, vu son âge.

Médine, janvier 1880.   Paul SOLEILLET.

d'hommes libres, ils ne peuvent s'asseoir sur des sièges élevés; quand ils rencontrent des hommes libres, ils sont tenus de les saluer les premiers.

Les captifs de la troisième catégorie sont connus au Sénégal sous les noms de captifs de case. Leur sort peut être comparé à celui des *serfs de la glèbe,* mieux peut-être à celui des clients des anciéns Romains. Ils doivent à leurs maîtres, par eux ou par leurs esclaves, deux tiers de journée au moment des travaux des champs. Le reste du temps, ils font ce qu'ils veulent. Les uns tissent des pagnes, d'autres cultivent des champs pour eux ou font du commerce. Il y en a qui sont fort riches, plus riches que leurs maîtres. Ils restent captifs néanmoins, se marient, ont des enfants légitimes, une famille régulière. Ils jouissent même, quand ils le méritent, d'une grande considération, comme le prouve cette légende de Brakar :

Dginiaiam (dieu, génie), roi du Djolof, est considéré comme le premier ancêtre de la famille royale de cette région. Au moment de la mort, Dginiaiam fit appeler la plus jeune de ses femmes et lui dit : « Si tu te remaries, ne prends qu'un homme réfléchi, » ayant le mensonge en horreur et faisant de nombreuses ablu- » tions ». Elle chercha longtemps et ne trouva qu'un captif, du nom de Brakar. Elle l'épousa. Ce captif devint chef du Oualo, où règnent encore ses descendants, que l'on appelle, en souvenir de leur origine, Brak.

En droit, le maître peut vendre les captifs de cette catégorie, prendre leurs femmes, leurs enfants, leurs biens; en fait, cela n'arrive jamais.

La situation de ces captifs est telle que souvent des hommes libres, poursuivis par un ennemi puissant ou par la misère, se constituent volontairement captifs. D'autres épousent des captives et, bien que libres, ils deviennent la souche d'une famille de cap- tifs. Mais, par contre, ils obtiennent du fait de leurs femmes la protection dont ils ont besoin. Une famille nombreuse fait souvent don de quelques-uns de ses enfants, mais à condition qu'ils appartiendront à la deuxième, troisième ou quatrième catégorie.

Il ne faudrait pas induire de cela que les noirs n'ont pas le sentiment de la liberté. Ils l'ont, au contraire, très développé, ainsi que le sentiment de l'égalité. S'ils se font volontairement captifs, c'est pour échapper à la situation intolérable faite parfois aux hommes libres par des despotes indigènes qui s'appuient, pour satisfaire leurs caprices, sur les captifs de la quatrième catégorie.

Les captifs de la quatrième catégorie forment l'armée des souverains. *Tiedos* au Cayor, *Softas* à Ségou, ils se trouvent sous différents noms dans tous les États du Soudan de l'Ouest. Ils forment une véritable aristocratie. Les noirs leur comparent les personnes qui, chez nous, appartiennent à l'administration et à l'armée. Ils ne placent au-dessus d'eux que la magistrature et le clergé, qui sont, chez les noirs, les plus hautes qualités. C'est parmi les Tiedos, les Softas et leurs pairs que se recrutent les grands officiers de la couronne. Ils ont à leur tête un chef qui est un véritable connétable ou maire du palais, avec lequel les rois sont forcés de compter, car si les rois nomment les chefs des captifs, ils doivent choisir celui que leur désigne l'opinion des captifs.

Un jour, un roi du Kaarta (1) maltraita son chef des captifs. Celui-ci souleva les captifs sous ses ordres. Les Massassis ne conservèrent le pouvoir qu'avec peine. Les captifs, repoussés mais non défaits, se replièrent vers l'est, où ils conquirent, entre les deux bras du Niger, un grand pays qu'ils nommèrent Ségou, nom bambara qui signifie *pays nouveau, autre monde.*

Ils trouvèrent sur les bords du fleuve des Soni-nké qui s'occupaient de pêche et de batelage. Ils ont respecté leur organisation, leur ont donné des charges et des privilèges qu'ils conservent encore. On les connaît sous le nom de *Somonos.*

(1) Ces rois appartiennent aux *Massassis,* famille analogue à celle des *Bakiri.* Le plus âgé des Massassis est roi de droit. Ils prétendent descendre d'un *Massa, Achab,* compagnon du Prophète, ce qui ne les empêche pas d'être fétichistes et de faire usage des liqueurs fortes.

Le premier roi du Ségou se nommait Bitou. Il fonda d'abord Ségou-Sikoro, où l'on voit encore les ruines monumentales de son palais.

Le Ségou devint très prospère. La police y était exactement faite et les commerçants y trouvaient la plus grande sécurité. Ses rois avaient un luxe dont celui d'Ahmadou n'est qu'un pâle reflet. Bien qu'ils fussent idolâtres, ils avaient pour amis les marabouts Bakay de Timbouktou, qui furent les protecteurs et les amis de Barth.

Il est certain que la civilisation de ce royaume dépassait de beaucoup celle des États voisins.

Des relations amicales existaient entre ce royaume et le Sénégal en 1846. Quand Raffenel fut pillé dans le Kaarta en se rendant à Ségou, le roi de Ségou envoya un courrier à M. Baudin, gouverneur du Sénégal, pour l'informer qu'il avait réprimandé les gens du Kaarta et qu'il enverrait chercher à Bakel les personnes qui voudraient aller à Ségou.

DEUXIÈME PARTIE

DE MOUSSALA A SÉGOU-SIKORO

CHAPITRE Ier

KOULOU

Il est trois heures vingt-sept minutes quand Soleillet quitte la rive française. Dix minutes après, il aborde sur un banc de sable, dans les États du sultan de Ségou.

Il attend jusqu'à quatre heures les gens de Moussala qui doivent conduire ses ânes. A quatre heures quarante-cinq minutes, il atteint le pied de la berge, qui est à pic. Il faut la faire escalader par les ânes ; ces maîtres Aliborons, mécontents d'une pareille corvée, jettent leurs charges sans se soucier de l'ennui qu'ils causent au voyageur.

A cinq heures, on est en route par un sentier tracé au bord du fleuve, au milieu des broussailles ; on traverse un marigot où il y a des affleurements de roches, puis un terrain sec et raviné couvert d'épines et de paille. A cinq heures quarante minutes, on arrive à Gagni.

Gagni est un grand village entouré de terrains nus, mais plantés de quelques beaux arbres.

Soleillet s'arrête à la mosquée, située hors du village, et remet au chef de ce village une lettre du gouverneur.

Les habitants entourent la mule et considèrent avec curiosité cet animal inconnu.

Une jeune fille porte au col un collier très artistique formé de losanges d'ébène incrustés d'argent.

La lettre du gouverneur lue à haute voix, on fait entrer Soleillet dans le village. Le mur d'enceinte est en bon état. Il y a une véritable rue assez régulière. Soleillet est logé à l'une des extrémités. Les habitants viennent le voir. Deux hommes, dont l'un est suivi d'un singe, parlent français. Une vieille femme le prie de dire à son fils, qui est à Ségou, de l'envoyer chercher.

Le chef envoie à Soleillet un mouton et du lait.

Samedi 22 juin. — Soleillet se sent bien disposé, prêt à partir ; mais tous les bras sont nécessaires aux travaux des champs, et le chef fait savoir au voyageur qu'il ne pourra lui donner des hommes que dans l'après-midi.

Il finit par envoyer onze hommes, et à trois heures quinze minutes Soleillet se remet en route. A trois heures quarante minutes il rencontre, le long du fleuve, un noir qui lui paraît être le plus heureux des hommes. Il est coiffé d'un chapeau de paille, très haut de forme et surmonté d'un bouquet d'herbe noire ; il porte au flanc, retenue à l'épaule gauche par un morceau de pagne, une épée de fabrication européenne dont la garde et la poignée sont en cuivre et le fourreau de fabrique soudanienne.

Après avoir traversé des marigots et des broussailles, il arrive à quatre heures vingt-cinq minutes au village de Sala-Kounda.

Sala-Kounda est un grand village entouré de plantations de coton. Il a un parc pour les bestiaux, un faubourg pour les captifs, une mosquée en terre, des cases bien bâties, des hangars communs, des places et de grandes rues. Comme tous les villages du Guidimakha, il fait avec le Sénégal un important trafic de mil et d'arachides.

Un traitant, qui porte un parasol, et plusieurs femmes ouoloves viennent saluer Soleillet d'un *bonjour, badio.* Les femmes et les enfants du pays paraissent avoir peur de lui. Il est cependant bien reçu et bien logé.

Dimanche 23 juin. — Départ à six heures dix minutes du matin, avec une jeune fille pour guide. Il fait lever des lièvres, des perdrix et des pigeons qui sont gros comme des pigeons domestiques.

A sept heures cinquante minutes, il arrive à Somonkidé, dont le chef est un vieillard aveugle. Il y a dans ce village une douzaine de traitants de Bakel et de Médine qui viennent, avec de petits chalands, échanger de la guinée, des cotonnades, du sel, de la poudre et du tabac, contre du mil, des arachides, des haricots et des graines de melon. Les marchandises leur sont livrées à crédit et ils les acquittent en nature, avec le produit de leurs échanges.

Le fils du chef a servi pendant dix-huit ans à bord des navires de l'État. Il a même fait un voyage en France et vu L'orient.

Presque toute la population paraît atteinte de maladies syphilitiques.

Soleillet est logé chez un captif. Nous touchons ici à l'une des singularités du Soudan. Bien que captif, cet homme est l'un des plus importants et des plus riches du village. Il a quatre juments, trois poulains, un fort beau cheval, des moutons, des vaches ; il a même des esclaves qui cultivent ses champs.

La nuit est si belle, si chaude, que Soleillet la passe à la belle étoile, sur une simple natte.

Lundi 24 juin. — La veille il avait eu un long palabre avec le chef pour avoir des conducteurs d'ânes, mais sans pouvoir obtenir une réponse ferme. Comme il était facile de le prévoir, au moment du départ il n'a personne pour l'accompagner. Il va trouver le chef sur la place et lui dit simplement : « Puisque vous ne voulez me donner personne, je vais partir pour Kouniakary avec mes gens et mes ânes ; je vous laisserai mes bagages, et Bassirou saura bien vous les faire porter ». Le chef et les principaux habitants s'excusent et lui promettent des hommes pour le lendemain.

Vers cinq heures, Soleillet se rend au bord du fleuve, qui passe
à douze ou quinze cents mètres du village. Le paysage est gracieux. Le fleuve est bordé d'arbres. Un village se montre sur la
rive française. Dans le lointain, les montagnes du Foutah se
détachent en gris-rose sur l'azur du ciel.

Après son repas du soir, Soleillet éprouve des symptômes de
fièvre, et toute la nuit il est le jouet d'hallucinations. Il croit discuter avec le gouverneur la question des mines d'or du Bouré ; il
se réveille dans un salon et prend pour une bougie qui s'éteint le
croissant de la lune. Le jour ramène l'équilibre dans son cerveau,
et dès quatre heures il est prêt à partir.

Mardi 25 juin. — Ses hommes n'arrivent qu'à cinq heures et
demie. Ses ânes continuent à lui jouer de mauvais tours. L'un se
sauve et l'autre se débarrasse de sa charge. Enfin, à six heures, il
se met en marche par un sentier qui serpente dans les broussailles.
Parmi les personnes qui le regardent partir, un grand nombre de
femmes portent des bijoux en ébène incrustés d'argent, fabriqués
par les Maures. A six heures cinquante minutes, il atteint la limite
des cultures. Le terrain est sablonneux, couvert d'un léger gazon,
de quelques grands arbres, de lauriers, d'acacias à feuilles de
fougères.

A sept heures vingt minutes, il entre dans un bois et rencontre
des femmes khasso-nkaines qui mènent des vaches. Elles ont
avec elles de gentils enfants qui viennent gambader autour du
voyageur.

Soleillet s'arrête au milieu du bois, près d'une mare, au fond
d'un joli vallon tout vert et entouré de beaux arbres. Dans le voisinage se trouvent trois marigots importants : le Kroubou, au
sud ; le Semou, au nord ; le Baratou, à l'est.

A sept heures quarante et une minutes, il se remet en route.
Au bois succède un terrain sablonneux planté de gommiers et de
quelques grands arbres ; puis vient un terrain accidenté, raviné.
A neuf heures vingt et une minutes, il entre dans une belle futaie
qui abrite des arbustes verts, des herbes et des roseaux. A midi, il

entre encore dans une belle forêt. Le tonnerre gronde dans le lointain, il pleut très fort ; le sol est glissant, les ânes tombent avec leurs charges et la mule avec son cavalier. A trois heures dix minutes, il entre pour la troisième fois sous bois.

Vingt-cinq minutes plus tard, il est devant Koulou, mais il en est séparé par un marigot torrentueux qui vient du N.-E. et coule au S.-O., dans un lit profond creusé en partie dans la roche. D'après ses renseignements, ce marigot prendrait sa source dans le Nioro et passerait à Kouniakary. Ce serait donc une véritable rivière affluent du Sénégal. En face de Koulou s'étendent de vertes prairies naturelles, où moutons, chèvres, vaches et ânes paissent tranquillement.

Un homme passe à la nage le marigot pour porter au chef du village le sauf-conduit de Soleillet.

Soleillet, assis au bord du marigot, attend l'envoi d'une barque.

Un enfant de quatre à cinq ans jouait au bord de l'eau avec une calebasse. Tout à coup, il tombe en poussant un cri. De ses petites mains, il s'accroche à la calebasse, qui le soutient au-dessus de l'eau. Le courant l'emporte. A son premier cri répond une sorte de rugissement ; au même instant, une grande et belle négresse bondit sur la berge, se jette à la nage et s'avance au milieu du courant avec des gestes superbes ; elle rassure l'enfant d'une voix caressante, l'engage à bien tenir la calebasse. Un homme et une femme se sont aussi jetés à l'eau, mais c'est elle, la mère, qui atteint l'enfant. Elle le porte sur la rive en l'embrassant ; puis, une fois en lieu sûr, elle lui administre une bonne fessée.

Des hommes de Bassirou, en mission dans le village, viennent saluer Soleillet. Ce sont de grands noirs, très affables, vêtus de beaux boubous blancs.

La barque arrive enfin. Il ne faut pas moins de dix voyages pour passer les bagages. Les ânes et la mule sont jetés à l'eau, et Yaguelli, toujours nageant, surveille toutes les opérations. A six

heures vingt minutes, Soleillet met le pied sur le rivage de Koulou. Quand il a vu partir tous ses bagages, il monte sur sa mule
et arrive à huit heures du soir au village, qui est situé à quelques
centaines de mètres, sur une éminence.

Ses bagages sont déposés dans une cour. On ne lui a pas même
préparé une natte. Yaguelli va trouver le chef de la maison, qui
lui dit : « On m'a déjà imposé de loger les gens de Bassirou ; je
» ne veux pas vous recevoir ».

Soleillet s'assied sur un *secco* (sorte de paillasson grossier en
vannerie) et demande à acheter du lait. Une femme lui en apporte
un peu au fond d'une calebasse. Il le boit avidement, n'ayant pris
depuis la veille qu'un peu d'eau de pluie qu'il a recueillie pendant
l'orage. Puis, croyant se montrer fort généreux, il présente à la
femme une pièce de cinquante centimes. Celle-ci la lui rend en
disant qu'elle veut au moins deux francs. Soleillet reprend sa
pièce et ne donne rien, malgré les réclamations de la femme.

Le chef de la maison vient se placer devant le voyageur et, son
chapelet à la main, il se met à prier à haute voix. Plusieurs personnes sont aussi près de Soleillet et fort occupées à le regarder.
Celui-ci fait dire au maître par Yaguelli :

« En entrant ici, voyant que vous ne me receviez pas, bien que
» je fusse étranger, je vous ai pris pour un infidèle. Vous pouvez
» prier devant moi aussi fort qu'il vous plaira, je sais que vous
» n'avez pas de religion, car partout la religion consiste, non à
» réciter des prières apprises par cœur, mais à pratiquer l'aumône
» et l'hospitalité, sans lesquelles la prière n'est rien. Tout ce que
» vous m'apprenez en venant auprès de moi prier à haute voix,
» après m'avoir reçu comme un chien, c'est que vous êtes musul-
» man comme le peut être un perroquet ».

Toutes les personnes présentes se mirent à rire, et le chef de
maison, honteux comme un renard....., disparaît avec son
chapelet.

Cet homme est un forgeron. Or, les forgerons, comme les cordonniers, forment une caste à part. Ils sont de race inférieure, et

cependant ils ne peuvent être réduits en captivité. Un ou plusieurs forgerons sont attachés à la maison du chef et des principaux habitants. Leurs femmes et leurs filles sont coiffeuses. Ils reçoivent de nombreux cadeaux, et tous sont riches. L'usage veut qu'on leur abandonne, s'ils le veulent, tout objet ou vêtement dont ils se frottent la peau.

Ils passent pour avoir commerce avec le diable, et comme, à cet égard, on est aussi naïf chez les noirs que chez les blancs, on leur attribue un pouvoir surnaturel.

En réalité, les forgerons sont des hommes intelligents, laborieux, habiles dans leur métier. Les rois, qui en font aussi des hommes de confiance, les chargent souvent de missions difficiles et d'ambassades dont ils s'acquittent très bien. Ils se montrent très honnêtes dans les affaires qu'ils traitent ainsi pour le compte de leurs chefs.

Au moment où l'hôte de Soleillet se sauvait avec son chapelet, le chef du village arrivait.

« Vous êtes chez moi, dit-il à Soleillet, car tout le village m'appartient, et le maître de cette maison est mon forgeron ».

Soleillet lui fait répondre que son forgeron ne l'a pas reçu du tout et qu'il a dû prendre lui-même le secco sur lequel il est assis.

A cela, le chef réplique : « Pardonnez. Vous n'êtes pas homme à faire attention à un forgeron. Tout va être préparé pour que vous soyiez bien ».

En effet, on prépare un hangar pour les bagages et une case neuve pour le voyageur.

Après son dîner, composé de couscous et de lait, Soleillet prend le frais dans la cour. Il est rejoint par un noir qui porte les tresses et le bonnet jaune des Soni-nké. Ce noir dit, en bon français, qu'il est beau-frère du général Faidherbe et demande de ses nouvelles.

Le général, qui fit preuve d'une grande habileté dans son administration du Sénégal, comprit tout le parti que l'on pouvait tirer au point de vue politique des unions connues sous le nom de *mariages à la mode du pays,* unions parfaitement régulières d'après les vieux usages sénégalais. Il y a cinquante ans, les prêtres catholiques assistaient au dîner qui précédait ces unions.

Le général, comprenant bien les intérêts de la colonie, encouragea ces mariages autour de lui, et ne dédaigna pas d'épouser une très jolie fille de Khasso, sœur de Mari Fili, l'interlocuteur de Paul Soleillet. De cette union, le général eut un fils qu'il a fait élever près de lui avec beaucoup de soin. Ce fils est M. Louis Faidherbe, aujourd'hui sous-lieutenant au bataillon des tirailleurs du Sénégal (1).

Après avoir causé avec Mari Filli, Soleillet se dirige vers sa case. Il trouve devant lui la femme au lait, qui lui réclame ses cinquante centimes. Il fait la sourde oreille. Il ne les lui donnera que le lendemain.

Mercredi 26 juin. — Soleillet se réveille bien reposé. Le chef lui envoie du lait et vient lui faire visite.

En le quittant, Soleillet va visiter le village, qui se compose d'un grand tata aux tours rondes aux angles et de cases au milieu d'enclos d'épines.

La population, de race khasso-nkaise, possède de belles cultures et beaucoup de bestiaux.

Le chef est un tout petit homme d'une cinquantaine d'années, fluet et nerveux, à barbiche grise. Il est chaussé de semelles de bois attachées aux pieds par des ficelles. Il court toujours, un long bâton à la main. Il fait beaucoup de bruit, crie d'une petite voix de fausset, est constamment en mouvement et répond au nom de Daminou.

(1) Ces lignes étaient écrites depuis deux jours quand nous avons appris, le 22 août 1882, que M. Louis Faidherbe, revenu à Saint-Louis, depuis quelques jours, d'une expédition à Kita, dans le Haut-Sénégal, était mort de la fièvre jaune. Nous regardons comme une perte la mort de ce jeune homme, qui avait, dans son illustre père, un grand exemple et comme une sommation du destin de consacrer tous ses efforts à la prospérité de notre colonie sénégalaise.

Comme la plupart des Khasso-nkais, les habitants ont la peau plutôt rouge que noire. Ils sont décimés par la syphilis.

D'après leurs traditions, Koulou aurait été fondé par des émigrés des rives sénégalaises à l'époque des guerres de l'Hadji Omar.

La pluie de la veille a mouillé tous ses bagages, même ceux qui étaient enfermés dans des sacs en cuir. Il faut tout sortir et tout faire sécher. En pareil cas, dit Soleillet, on est toujours trop riche.

Le soir, on lui apporte du couscous au poisson sec, mais tellement faisandé qu'il ne peut en avaler une bouchée. En attendant qu'il se fasse à la cuisine noire, il lui faut, pour son souper, se contenter d'un peu de lait.

Mari Fili, qui vient encore le voir, lui apprend qu'un mouton d'une valeur de deux à quatre coudées de guinée, quand les Maures sont dans le pays, en vaut actuellement soixante, soit deux pièces.

CHAPITRE II

DE KOULOU A KOUNIAKARY

Passage de Kanama-Kounou. — Le lac Doro. — Fatalagui-Loogo. — Visite de Yogo Demba. — Gué de Segala-Foulbé. — Un convoi d'esclaves. — Segala-Foulbé. — La jeune Aïssetta. — De Segala-Foulbé à Kouniakary.

Jeudi 25 juin. — Les hommes d'escorte arrivent lentement, l'un après l'autre, malgré la bonne volonté du chef, qui va lui-même les chercher de case en case.

A six heures quarante-cinq minutes, la petite troupe se met en mouvement, par un temps couvert et 32° 1′ de chaleur. A midi trente-cinq minutes, Soleillet traverse de nouveau la rivière qui passe devant Koulou. Il s'y baigne et déjeune d'un biscuit. C'est ici le passage connu sous le nom de Kanama-Kounou. Soleillet y rencontre une caravane qui revient de Ségou. Pour bêtes de somme, elle a des ânes. Elle donne une bonne nouvelle : la paix règne sur toute la route. A trois heures trente minutes, Soleillet se remet en marche par un temps légèrement couvert et 35° 8′ de chaleur.

A six heures trente minutes du soir, après avoir traversé des cultures, des pâturages, des bois plus ou moins épais, gravi des collines, traversé des ravins, il établit sa tente sur les bords du lac Doro, dans un endroit où font halte les caravanes qui se rendent de Koulou à Kouniakary. Le lac Doro est assez grand ; il a de l'eau toute l'année, mais parfois cette eau se corrompt.

Soleillet dîne d'un biscuit et fait suspendre son hamac à un arbre.

Le pays doit être malsain, car, outre qu'il s'illumine de feux follets, il est couvert de flaques d'eau qui contiennent des matières organiques en décomposition.

Soleillet s'étend dans son hamac en maugréant contre les noirs qui ont eu l'idée de choisir un pareil campement, et s'endort malgré les moustiques et les bêtes de toutes sortes qui aiguisent leurs suçoirs pour se saoûler de son sang.

Vendredi 28 juin. — Au milieu du lac se trouve une île de forme gracieuse, entourée d'une fine pelouse et couverte de beaux arbres.

Au moment où le soleil déchire le manteau de la nuit, les oiseaux de l'île et ceux de la forêt unissent leurs voix pour sonner le réveil de la nature, pour chanter à l'astre-roi leur hymne de tous les jours.

Cette joyeuse fanfare, qui fait gémir les Juliettes et les Roméos, réjouit le cœur de Soleillet, qui se remet en route à cinq heures quinze minutes, par une chaleur de 24° 30′.

A sept heures cinquante minutes, il rencontre une caravane de nègres au repos sous des arbres. A huit heures, il revoit, pour la seconde fois, la rivière qui passe à Koulou. A neuf heures, il est à douze cents mètres du village de Marena. A gauche, l'horizon est borné par une chaîne de petites montagnes boisées. Dix minutes plus tard, il aperçoit, à trois kilomètres, le village de Madina.

A neuf heures cinquante-cinq minutes, il passe devant Fatalagui-Loogo, dont les cases sont disséminées au milieu de cultures et de plantations. Un quart d'heure après, il est à Fatalagui-Khasso, village ouvert devant lequel s'étend une grande plaine parfaitement cultivée. Dans le village même, il y a des cultures et des arbres, parmi lesquels se trouvent quelques palmiers. Soleillet est bien reçu. Un nommé Boghar Fati, percepteur de l'impôt pour Bassirou, l'emmène loger chez lui. Il y a des cases rondes en terre couvertes de toits coniques en chaume. Les portes en sont encadrées de sculptures fouillées et moulées dans la terre.

Le chef du village de Madina, un brave homme du nom de

Yogo Demba, qui revient de Kouniakary, rend visite à Soleillet.
Un peu avant, il y eut une tornade sèche, puis des coups de tonnerre qui se rapprochèrent peu à peu et passèrent sur le village,
puis une pluie qui se changea en averse.

Samedi 29 juin. — Départ à sept heures dix minutes. Les
hommes de l'escorte sont sans armes : donc, la route est parfaitement sûre. Soleillet traverse des cultures et des prairies magnifiques, et côtoie une rivière qui coule à cinq mètres de profondeur
entre des rives cultivées. C'est encore le Kurgou, la rivière qui
passe à Koulou. A huit heures quinze minutes, il est au gué de
Segala-Foulbé.

Il faut ici décharger les ânes et passer à gué. On a de l'eau jusqu'aux aisselles, et l'on enfonce dans une boue noire et fétide.

Soleillet, installé sous un figuier en avant du village, fut témoin
d'un fait qui l'impressionna vivement et qu'il a raconté en ces
termes à la *Société languedocienne de Géographie :*

« Je viens, dit-il, d'être témoin d'un fait qui dépasse en barbarie tout ce que j'ai encore vu en Afrique et tout ce que j'ai
jamais lu en Europe. Vous savez que je n'ai que deux personnes
avec moi, un interprète et un berger, de sorte que je suis obligé
de prendre dans chaque village dix hommes pour conduire les
ânes qui portent mes bagages.

» J'arrive ce matin, à huit heures trente minutes, en vue du
village de Segala-Foulbé ; je m'assieds sous un énorme figuier à
une portée de fusil des premières huttes ; je fais donner du mil à
ma mule, dont je confie la longe à un jeune drôle qui nous suit
depuis quelques jours sans que nous sachions pourquoi, et j'envoie
l'interprète au chef de Segala-Foulbé pour lui demander dix
hommes de bonne volonté, ce qui m'a été jusqu'à présent partout
et toujours gracieusement accordé.

» Je me reposais sous mon arbre, lorsqu'à neuf heures dix minutes je vois déboucher du village une longue file d'enfants.
C'était un convoi d'esclaves. Ils passent, les pauvres petits, à
vingt-cinq pas de moi. J'en compte d'abord huit de sept à

douze ans, complètement nus, les filles comme les garçons, et portant sur leur tête un petit paquet cousu dans un lambeau de peau. Après eux marche un garçon de douze ans, tout nu également, avec un paquet sur la tête et un autre sous le bras droit. De la main gauche, il soutient un malheureux bambin de huit ans qui boite lamentablement en s'appuyant sur un bâton. Il a un pied empaqueté dans des feuilles sèches avec de la boue.

» Viennent ensuite six enfants de huit à douze ans. Eux aussi sont nus et ont la tête chargée. Une petite fille d'une douzaine d'années les suit ; elle a un chiffon d'étoffe jaune autour des reins et porte un petit d'un an à peine suspendu derrière le dos. Elle soutient d'une main le paquet dont sa tête est chargée et entraîne de l'autre un enfant qui n'a certainement pas plus de trois ans.

» La triste caravane continue à défiler. Voici encore trois petits misérables de cinq à six ans ; on a eu pitié de leur faiblesse, ils ne portent rien. Moins heureux, les deux qui suivent, et qui ont deux ou trois ans de plus, plient sous une charge, et il leur faut encore traîner de la main gauche d'autres captifs qui n'ont que trois ans.

» Ils passent, les pauvres petits, mornes et résignés. Ils regardent droit devant eux d'un œil fixe. Que voient-ils ? La veille, pour les malheureux, a ses hallucinations aussi bien que le sommeil. Peut-être voient-ils leur village attaqué, les cases qui brûlent ; ils entendent les coups de fusil qui tuent les hommes, les cris des femmes, et ils sentent la main du ravisseur se poser sur leur épaule.

» Mais la caravane n'est point terminée encore. Il y a les bébés ; ils sont cinq de trois à cinq ans, maigres, chétifs, mais souriant innocemment et regardant curieusement à droite et à gauche, en montrant leurs dents blanches, étonnés et inconscients. Derrière eux marche péniblement une jeune femme qui boite. Elle a le regard terne, les mamelles desséchées, et porte sur le dos un nourrisson de quelques jours à peine ; il est encore presque blanc.

» Un grand garçon de treize à quatorze ans, joyeux, bruyant, un long fusil enfermé dans une gaîne de cuir sur l'épaule, vêtu d'un méchant boubou jaune, surveille la marche du convoi. Il va et vient, donnant une taloche par-ci, par-là. C'est le chien de ce troupeau. Il est esclave, on le mène au marché; il le sait, mais il a le droit de frapper, et il frappe; il commande, il est heureux.

» A cinquante pas derrière s'avance en se dandinant une sorte d'Hercule noir, à la figure paterne. Il est bien vêtu, lui; il a un beau boubou, un bonnet jaune à oreillères et de bonnes sandales de Ségou. Il tient une gaule à la main et s'amuse à l'écorcer avec un long couteau. C'est le maître. Lorsqu'il est devant nous, le marchand d'esclaves s'approche de la mule, qu'il considère avec curiosité; cet animal n'existe pas dans le Soudan. Il vient à nous, s'asseoit et veut me tendre la main; je le repousse brutalement. Alors, sans s'étonner, il se relève en souriant et repart. Sans le vouloir, je viens d'être barbare, car les grands de la caravane, en voyant leur maître arrêté, s'étaient aussitôt jetés par terre auprès de leur paquet pour prendre un peu de repos, et les plus petits, roulés dans la poussière, se lutinaient comme de jeunes chats ».

Peu après avoir passé la petite rivière de Kurgou, Soleillet se trouva en présence de la population de Segala-Foulbé, qui n'avait pas vu de blancs depuis 1864. Il était vêtu de son chapeau, sur lequel il portait sa culotte et son boubou. Il se hâta de se mettre plus décemment. A peine avait-il fini sa toilette, qu'il entendit un bruit ressemblant au cliquetis d'une paire de bottines parisienne sur l'asphalte des boulevards. Il se retourne et voit une négresse qui vient en trottinant. Elle est couverte d'une pagne bleue et chaussée d'élégantes bottines. Elle frappe des mains, disant en *très bon français :* « Un blanc! un blanc! quelle joie! » Puis elle le prend par la main et lui dit : « Un blanc ne peut loger que chez moi. Venez-donc ». Soleillet se laisse conduire. La case est propre et ornée. Il y a des fleurs dans la cour.

Aïsetta, cette jeune femme, avait eu pour mari un blanc du Sénégal. Au moment dont nous parlons, elle est épouse d'un riche nègre excessivement fier, qui, assis dans un coin, sans rien dire, la regarde avec un béat ébahissement faire les honneurs de sa case. Soleillet n'a pu rester que deux heures sous le toit hospitalier d'Aïsetta.

A quatre heures, on lui envoie onze hommes pour l'accompagner. A quatre heures cinquante minutes il passe à 500 mètres de Segala-Melga ou Segala-Torro (les deux noms sont indifféremment employés), village entouré de cultures très soignées. Il rencontre beaucoup de cavaliers et de piétons allant à Kouniakary ou en revenant. Tous le saluent.

A cinq heures trente minutes, il passe devant un village habité par des Maures Amar Ould Yob.

Un peu plus loin, il est dépassé par une bande d'enfants qui portent du bois sur la tête. Parmi eux se trouve un petit bossu de 14 à 15 ans. Il s'est mis nu comme les autres et de son boubou il s'est fait une couronne pour porter plus facilement son fagot. Le pauvre enfant a l'apparence fantastique d'une création de Callot.

Une autre bande d'enfants, riant et polissonnant, reviennent de l'école leurs planchettes sur le dos ou leurs livres à la main, le dépassent aussi et rentrent en ville.

A six heures trente minutes il entre dans Kouniakary.

CHAPITRE III

KOUNIAKARY

Kouniakary est entouré d'un mur en assez mauvais état. Ses cases sont ceintes de haies en épines sèches. Sur la place se trouvent la mosquée et le tata du roi Bassirou. Ce tata est une grande construction en terre.

Kouniakari, capitale du Diafounou, est un immense village bâti au pied d'une montagne.

En arrivant, Soleillet va voir le roi Bassirou qui le fait attendre plus d'une heure dans la deuxième cour du tata. On l'introduit enfin dans une petite cour où il trouve le roi assis à l'orientale sur un tara, recouvert d'une fine pagne de coton blanc, les genoux appuyés sur un coussin rond en peau, son sabre sur les genoux et un chapelet à la main. Il est vêtu de mousseline blanche. Soleillet s'assied près de lui sur un mortier à couscous recouvert d'une pagne.

Après lui avoir demandé de ses nouvelles, il lui remet des

lettres du gouverneur du Sénégal et du capitaine Soyer, commandant de Bakel. M. Soyer entretient les meilleures relations avec tous les rois noirs, même avec Ahmadou, sultan de Ségou ; aussi est-il très populaire dans le Soudan.

Bassirou prend connaissance de ces documents, s'informe avec intérêt de M. Soyer, demande pour la forme des nouvelles du gouverneur et questionne Soleillet sur l'état de sa santé. Celui-ci lui répond qu'il va bien et lui remet le cadeau d'usage : une grosse boule d'ambre, un collier en grenat avec perles longues et triangle en cornaline, douze bagues en cornaline qui vaudraient à Saint-Louis 100 fr. et à Kouniakary cinq ou six fois plus. Bassirou pose le paquet près de lui sans l'ouvrir et fait conduire son hôte chez un notable, Hiero-Lidi, ancien soldat d'el Hadji Omar. Soleillet est installé près du tata, dans une belle case ronde, très grande, peinte en rouge et en gris.

Une colonne plantée au milieu porte une toiture conique en paille. Tout autour de la case règne une banquette en terre pour s'asseoir. Il y a un âtre pour faire du feu. Dans une alcôve on a placé un lit à 50 ou 60 centimètres du sol et l'on y accède par quatre marches. En résumé, c'est un logement très confortable ; malheureusement les portes n'ont que 80 centimètres de hauteur sur 60 de largeur.

Les bagages sont déposés dans une salle carrée qui doit servir de chambre à coucher à Yaguelli, qui est malade de la fièvre depuis la veille au soir.

Le soir Bassirou lui envoie du lait, du couscous et des dattes en pain qui viennent du Sahara.

Dimanche 30 juin. — Bassirou s'informe de Soleillet, lui donne un bœuf et envoie pour le saluer les principaux personnages de sa maison, hommes et femmes.

L'arrivée d'un Français à Kouniakary est un évènement. Aussi, dès le matin, les griots de Bassirou viennent chanter les louanges du voyageur et solliciter un cadeau. Après les griots, ce sont les forgerons, après les forgerons les cordonniers, après les cordon-

niers les tisserands, et, à tout le monde, il faut faire des cadeaux.
Viennent ensuite les corsiguis, servantes du roi, car le roi n'est
servi que par des femmes. Puis arrive un grand noir, vêtu d'un
magnifique boubou bleu, curieusement brodé en soie blanche :
c'est Omar, le chef des captifs. Et tout ces quémandeurs, comme
les cloches, à ce que dit Paul-Louis Courier, sonnent : don-nez!
don-nez! don-nez!

Un noir de 22 à 23 ans, qui s'exprime en bon français, se présente comme étant le prince du Toro. Il est neveu de Samba-
Oumané, l'ancien hôte de Paul Soleillet. Il s'informe du voyageur
et lui fait, avec une distinction parfaite, ses offres de service.

Vers dix heures, Soleillet accompagné de Yaguelli et de Hiero-
Lidi, va rendre visite à Bassirou.

Il a mis pour la circonstance ses habits de cérémonie, c'est à
savoir : une culotte de calicot blanc dans des bottes de maroquin
jaune, un boubou blanc en calicot, un grand boubou bleu par
dessus, un bonnet de Tunis. Ce vêtement est des plus simples,
mais très propre.

Cette fois, Bassirou le reçoit dans une petite pièce carrée, basse,
dont les murs en terre sont sans ornements. Il est assis sur une
natte et appuyé du bras gauche sur un coussin rond en cuir. Il
porte un boubou en mousseline blanche sur un boubou en roum
(étoffe bleue très luisante). Pour coiffure, il a un petit bonnet
blanc posé sur l'extrémité de la tête. Son sabre est sur ses genoux
et sa main droite est ornée de l'inévitable chapelet. Ses pantoufles,
dont la semelle est très épaisse, sont placées devant lui.

Un siège a été préparé pour Soleillet. C'est un mortier à
couscous recouvert d'une pagne bleue de Ségou (tamba-sembé),
d'un tissu très épais; elle sert de couverture. Les couleurs en sont
belles et les dessins en sont formés d'effets de chaînes. Soleillet
la regarde avec une certaine curiosité. A peine rentré chez lui, un
captif la lui apporte en cadeau de la part du roi.

En entrant, Soleillet salue en retirant son bonnet, mais il garde
ses chaussures.

La conversation s'engage par l'intermédiaire de Yaguelli. Bassirou demande si les Français et les Anglais parlent la même langue, en quoi diffèrent leurs religions, et enfin ce que Soleillet va faire chez Ahmadou.

Il lui parle ensuite de sa santé.

Rentré chez lui, Soleillet dîne de couscous et d'une entrecôte de bœuf. Il aurait préféré du filet, mais cette partie du bœuf appartient de droit aux cordonniers, qui se servent des filaments pour la couture des cuirs.

Dans la journée, un nommé Pâté, ancien laptot attaché au service de Bassirou, vient le prier d'aller de suite chez le roi avec des médicaments. Soleillet repasse ses boubous de cérémonie et se rend au tata.

Consulté comme médecin, il fait mettre le roi tout nu et l'examine de part en part.

Bassirou a 25 ans, mais il paraît plus jeune. Sa peau est franchement noire, pour le moment du moins, car chez les nègres, la couleur de la peau varie avec la température et l'état de santé. Il est de haute taille, bien fait, mais très maigre. Sa figure est fine et régulière; ses yeux sont beaux et expressifs, ses dents petites et blanches; l'oreille est délicate ainsi que les mains et les pieds; la peau est fine et très douce au toucher.

Il est fils de l'Hadji Omar et d'une femme bambara.

On disait un jour à une dame, parlant d'un jeune homme qui venait de mourir : c'est la lame qui a usé le fourreau. — Mais non, mais non, reprit la dame, au contraire ! Ainsi chez Bassirou.

Soleillet lui promet de rester quelques jours pour le soigner, lui ordonne des bains de siège et lui fait manger un morceau de camphre.

Lundi 1ᵉʳ juillet. — Il va voir Bassirou dès le matin. Au moment où il entre, un nègre monté dans la tour de la porte se moque de lui. Il se plaint à Bassirou qui se fait apporter un fouet à sept lanières et donne l'ordre d'aller chercher le coupable. On amène un enfant de quinze ans, mais Soleillet s'empresse de dire que ce n'est pas cet enfant qui s'est moqué de lui et demande la permission de châtier lui-même ceux qui commettraient encore la même inconvenance. Ce que vous ferez sera bien fait, répond le jeune roi.

Bassirou s'est bien trouvé des remèdes de la veille, mais il a l'estomac chargé et... Soleillet lui fait prendre de l'émétique, ce qui lui donne occasion de constater sur l'heure la puissance des blancs.

A deux heures trente minutes, il fait appeler de nouveau son médecin improvisé. Il est dans une case ronde en paille et gardé par ses corsiguis. Il est sur un tata assez élevé, recouvert de pagnes de coton blanc et vêtu d'une simple pagne bleue et blanche négligemment nouée autour des reins. Il a pour oreiller une puissante négresse, demi-nue, à peau douce et luisante. Pour ne pas blesser le roi, elle a déposé auprès d'elle ses anneaux de bras et de jambes en argent massif et ses colliers.

Bassirou, couché entre ses cuisses, se sert de sa poitrine et de ses bras comme d'oreiller. De jeunes et jolies filles, plusieurs mêmes sont belles, une pagne autour des reins, entourent le roi. Les unes lui massent la tête et les bras, d'autres lui donnent de petits coups sur la poitrine, lui grattent les pieds, lui présentent des noix de gourou, reçoivent la pulpe des noix mâchées; d'autres lui donnent de l'eau fraîche dans de très fines calebasses, lui essuient les lèvres, font chauffer de l'eau dans un coin. Chaque groupe de jeunes filles a sa fonction.

Et c'est ainsi que les princes bambaras, notamment S. M. Bassirou, passent la plus grande partie de leur temps.

Ces jeunes filles sont de simples servantes et il ne leur demande aucun autre service. L'usage interdit d'ailleurs aux princes toute relation avec leurs corsiguis ; mais vivant constamment à ses côtés, elles ont sur lui une grande influence.

Chaque soir on lui amène du harem une femme qui se retire le matin.

Soleillet remplit sa fonction de médecin.

Mardi 2 juillet. — Bassirou est enchanté de Soleillet. Le purgatif qu'il a demandé la veille produit son effet. Mais la grosse corsigui, qui a pour mission de garder et de médicamenter le roi, n'est pas contente. Bassirou a aussi besoin des remèdes des noirs, dit-elle à Soleillet. Je n'y vois aucun inconvénient, répond celui-ci. Et voilà le pauvre roi entre deux médecins. S'il s'en sauve, il aura de la chance.

Quand il revient après une absence de quelques minutes, Bassirou demande à Soleillet ce qu'il va lui donner. Soleillet lui prescrit des bains de siège, lui fait prendre un morceau de camphre et lui administre un gramme de sulfate de quinine. Cela vous rendra peut-être un peu sourd, lui dit-il, mais ne vous en inquiétez pas. Bassirou répond héroïquement : « Grâce à Dieu, je suis assez fort pour prendre tous les remèdes de vos caisses et j'espère bien que vous me ferez goûter de tous ».

Soleillet passe à écrire le reste de la journée, parce que, le 4, un courrier doit partir pour Médine.

Mercredi 3 juillet. — Bassirou le fait appeler deux fois, toujours pour sa santé. Dans la soirée il lui envoie 100 noix de gourou et un cabri. Des 100 noix, il faut en distribuer de suite 40 à ceux qui les ont apportées, à Hiero-Lidi et à ses femmes, à Yaguelli et à Samba.

Jeudi 4 juillet. — Soleillet va faire une promenade à cheval. En sortant du village, il voit une négresse d'au moins 70 ans, les fers aux pieds, travailler en pleurant dans un champ. Elle portait sur le corps des traces récentes de coups.

A cinq heures et demie, quand il rentre, il est appelé au tata.

Bassirou est dans sa cour et entouré de courtisans. Il lui dit devant tout le monde : « J'ai reconnu par la manière dont vous
» m'avez soigné et par les remèdes que vous m'avez donnés, que
» vous connaissiez la médecine; en conséquence je vous donne
» l'*ordre* de délivrer des médicaments à tous ceux qui vous en
» demanderont ». Soleillet lui répond : « Je n'ai d'ordres à rece-
» voir de personne », et il se lève pour s'en aller. Bassirou le prie

de ne pas se fâcher et de causer avec lui. Soleillet se rassied et reste jusqu'à la nuit.

Vendredi 5 juillet. — La température est, à cinq heures du matin, de 27° 1′, à dix heures de 30°, à deux heures du soir de 34° 1′, à trois heures de 31°, à six heures 28°; le thermomètre marque, aux mêmes heures, 755° 2′, 756°, 755° 1′, 753° 2′, 755° 3′. Le temps, couvert toute la journée, tourne à la pluie.

La monnaie courante de Kouniakary est la pagne, pièce de coton large de 0ᵐ 12 et longue de 14ᵐ 40. Elle se mesure avec un bâton appelé *diari*, de 0ᵐ 72, qui représente une coudée plus une largeur de main. Les pagnes se mesurent toujours l'étoffe pliée en deux, en sorte que l'unité de longueur est, en réalité, de 1ᵐ 44.

La pièce de guinée filature, monnaie du Sénégal, vaut ici 15 pagnes, ou deux gros d'or, ou quarante moules de mil, ou quarante moules d'arachides.

Dans l'après-midi, vers trois heures, Bassirou se rend solennellement à la mosquée.

Il est vêtu d'un burnous noir brodé en jaune et coiffé d'un turban noir sur un bonnet blanc.

Un griot, vêtu de jaune, de bleu et de blanc, coiffé d'un énorme turban noir et blanc, hurle un chant.

Trente hommes, armés de fusils, entourent le roi. Trois cents personnes au moins lui font escorte.

La mosquée a la forme d'un rectangle et se compose de quatre murs percés de quelques ouvertures. Elle n'a pas de toiture. L'aire en est simplement formé de terre battue. Elle est en face du tata de Bassirou, sur une place irrégulière, près des cases de Hiero, d'où Soleillet a vu Bassirou s'y rendre.

L'Hadji Omar, dont tous les kouniakariens sont sectateurs, est l'auteur d'une réforme musulmane très sévère. Il proscrivit l'usage du tabac et le port des moustaches; il ordonna de construire des mosquées basses et très simples ; il a interdit les talismans et tout ce qui rappelle les grigris des idolâtres; il a prescrit de porter le chapelet dans la poche et de ne le sortir que pour prier.

Le tata de Kouniakary a été construit par l'Hadji Omar. C'est une enceinte carrée de 100 pas de face. Le mur, haut de 15 mètres, épais de deux, est irrégulier, construit en pierres plates posées de champ et noyées dans de la terre. Il est percé de nombreuses meurtrières et défendu par six tours rondes. Il n'a qu'une seule entrée, dans une tour carrée, qui fait face à la place. Sur plusieurs points il menace ruine et Bassirou a l'intention de le faire réparer. Dans l'intérieur, il y a cinq enceintes inscrites les unes dans les autres. La quatrième enceinte est réservée au roi, la cinquième à ses femmes, les autres aux corsiguis, aux captifs et aux chevaux.

Il n'y a aucun luxe intérieur. Bassirou couche dans une superbe case ronde en paille où l'on fait constamment du feu.

Les cases de Hiero, construites par les hommes du Foutah-Djalon, sont beaucoup plus confortables. Il y a d'ailleurs dans cette contrée un certain luxe et de grandes richesses. Ainsi, la région qui donne à l'Afrique occidentale ses plus grands fleuves, qui est la plus riche et la plus saine, est aussi la plus civilisée.

Samedi 6 juillet. — Soleillet reçoit, dans la matinée, la visite de Samba Tambo, délégué du sultan Ahmadou pour la perception de l'impôt connu sous le nom de *coutume,* que nos traitants de Médine payent à ce prince sur toutes leurs opérations commerciales.

Samba est un pauvre sire, mais le gouvernement veut voir en lui, comme dans tous les indigènes de l'intérieur, un grand chef. C'est tout simplement une manière de flatter leur vanité.

Samba revient de Saint-Louis, où il est allé chercher deux canons offerts au sultan Ahmadou par le cadi Bou el Moghdad.

On dit à Kouniakary, et l'on dira dans tout le Bambara, que ces canons sont un présent du gouvernement sénégalais. Quel prestige pour S. M. Soudanienne ! Cela va la grandir de dix coudées aux yeux de son bon peuple et de mesdames ses épouses.

Samba Tambo a été reçu avec tous les honneurs dus à sa haute situation supposée : Réception chez le gouverneur ; dîner avec ou en présence de Mme Brière de l'Isle, qu'il trouve très bien, mais un peu maigre ; voyage à Dakar et visite des navires qui tirent du canon tandis qu'il est à bord ; don par le gouverneur d'un fusil double à piston, d'argent et de guinée pour le voyage. Samba est enchanté. Tant mieux ! Ce grain, mis en terre, produira peut-être un épi. Mais quelle idée de prendre pour un grand chef un très modeste employé !

Samba remet à Soleillet des lettres des commandants de Dakar et de Médine.

Le même jour, Soleillet achète, pour deux francs, deux beaux chapons. Les Toucouleurs et la plupart des noirs chaponnent la volaille et l'engraissent très bien avec du mil et du maïs.

Dimanche 7 juillet. — Promenade à cheval avec Yaguelli et Souley Eliman, l'un des notables de Kouniakary, qui monte un magnifique cheval maure.

Lundi 8 juillet. — Il continue de voir Bassirou au moins une fois par jour. Il voit aussi une pauvre femme à qui son mari a brisé le pied d'un coup de bâton.

Mardi 9 juillet. — Le soir, chez Bassirou, des nègres demandent à Soleillet de l'eau de Cologne. Par plaisanterie, il leur donne de l'essence de térébenthine ; ils sont enchantés et s'en frottent consciencieusement la tête.

Bassirou lui envoie le matin un très gros rouleau de pagnes pour acheter des œufs et de la volaille.

Dans l'après-midi, ses deux fils, accompagnés de leurs bonnes et chacun de quatre petites captives, viennent voir Soleillet. Ahmadou est âgé de 7 ans et Saidou de 4. Ce sont de très gentils enfants avec des yeux de toute beauté. Ils demandent des bagues de cornaline. Soleillet leur en donne et ils sont tout joyeux.

Jeudi 11 juillet. — Pâté apporte à Soleillet des lettres de France.

Vendredi 12. — La population de Kouniakary est de 4 à 6,000 habitants bambaras, khasso-nkais, toucouleurs, foulbé et ouolof.

Dans leurs pays, toutes ces populations se livrent à des danses et à des fêtes qu'interdit le rigorisme des disciples de l'Hadji Omar.

Une fantasia arabe, sans grâce aucune, est seule autorisée.

Soleillet achète une pagne blanche et deux tabatières en peau de bœuf.

Dans le Soudan, principalement à Nioro, Ségou et Timbouktou, on a des boîtes et des flacons en peau de bœuf, qui se fabriquent ainsi : on étend la peau fraîche sur un moule d'argile, on la laisse sécher au soleil, puis, par un grattage, on en diminue l'épaisseur jusqu'à la rendre translucide, on l'orne ensuite de dessins souvent fort gracieux.

Ces marchands de boîtes ont donné à Soleillet de curieux détails sur l'esclavage. Il a pu contrôler l'exactitude de ces détails, et nous donne sur cet odieux trafic des renseignements parfaitement certains.

Ce trafic est fait par des marabouts Soni-nké, surtout dans la Sénégambie.

Ces pieux scélérats partent par groupes de 15 à 20 et sont montés sur des ânes. Chacun emporte une pacotille de papier, de girofle, de ciseaux, de couteaux, de calicots fins, souvent de quelques pièces de 5 francs en argent. La valeur de la charge d'un âne dépasse rarement 600 francs, la marchandise étant estimée au prix des cours de Bakel et de Médine.

Avec une charge d'âne, le marabout achète jusqu'à dix captifs adultes qu'il revend dans le Cayor au prix de 5 à 6 bœufs valant, à Saint-Louis, de 125 à 150 francs chacun.

Pas un homme ne peut se dissimuler l'odieux d'un pareil trafic ; mais il est si productif que les dévôts musulmans trouvent avec le Koran des accommodements.

Soleillet, définitivement reçu en ami au palais, assiste à la toilette de Bassirou.

C'est Omar, chef des captifs, homme ici très important, qui rase la tête du roi. Il se sert pour cet usage d'une lame de 0^{m}15 et sans manche que les forgerons travaillent au moyen de vieilles limes.

Bassirou est accroupi sur une natte. Omar lui frotte la tête avec

un peu d'eau et lui passe le rasoir. L'opération terminée, il remet
l'instrument au roi qui, sans glace, se rase les moustaches et les
joues. Omar se rase également sans glace.

Depuis plusieurs jours Soleillet a des atteintes de fièvres. Cette
nuit est pour lui terrible. Il a soif, il délire, il se sent cloué sur sa
natte, il a de folles frayeurs.

Samedi 13 juillet. — La fièvre augmente de violence. Hiero-
Lidi, ne voyant plus en lui qu'un malade, le fait transporter dans
la cour de ses femmes pour qu'elles le soignent. Le vieux Souley
vient réciter des prières et lui toucher la tête. Le berger Samba le
masse ; les femmes le font boire, chassent les mouches, lui donnent
de l'air et lui maintiennent la tête à l'ombre. Il passe une journée
et une nuit terribles. Le soir, quand la pluie commence à tomber,
il éprouve du mieux et se laisse transporter dans une case.

Dimanche 14 juillet. — La pluie, qui continue de tomber, lui
fait du bien, la fièvre diminue. Dans la journée il prend un peu de
nourriture, ce qu'il n'a pas fait depuis plusieurs jours. Il pense de
suite à partir pour Ségou. Se souvenant d'une subtile digression
de Xavier de Maistre, il dit : « J'avoue qu'il me faut résister aux
conseils de la *bête,* qui, déjà, m'a fait faire bien des sottises. Elle
voudrait aller passer quelques jours à Médine, pour se faire soigner
par le bon docteur ». — « Il ne faut, dit-elle, que deux jours pour y
aller, et là ce sont des soins affectueux, une prompte guérison ».
L'autre lui répond : « Mademoiselle, vous êtes une douillette,
vous ne pensez qu'à vos aises. A Ségou, ma belle, et vite! »

Lundi 15 juillet. — Soleillet va demander à Bassirou si les
hommes dont il a besoin sont prêts. Bassirou lui montre un captif
auquel il remet un chapelet. Ce captif est allé dans les villages et
les hommes seront prêts à partir dans deux jours.

Dans le pays des noirs et chez les Arabes, quand on envoie
quelqu'un faire une commission, on lui remet, non une lettre que
tout le monde ne peut lire ou écrire, qui peut être perdue et lue
par des tiers indiscrets, mais un chapelet, une bague, un couteau
ou tout autre objet. A Ségou, quand Soleillet envoyait soit chez

Ahmadou, soit ailleurs, il donnait à son commissionnaire, comme signe de reconnaissance, un soulier européen.

La remise de son cachet à un commissionnaire équivaut à une procuration.

Soleillet n'a plus la fièvre, mais il tient à peine debout.

Il ne veut pas partir sans laisser un souvenir aux femmes de son hôte qui furent pour lui remplies d'attentions. Il appelle Hiero et lui remet quatre bagues en cornaline, une pour chacune d'elles. Hiero chargea la plus ancienne de ses femmes d'en faire la distribution. Elle commença par faire choisir la dernière mariée.

Je ne sais pas, dit Soleillet, comment les choses se passent dans les autres ménages, mais j'ai vu la paix régner dans celui de Hiero.

L'un de nos plus spirituels magistrats de Rouen s'étonnait un jour que l'ambassadeur de Perse pût vivre en paix avec ses trois femmes et ses trois femmes entre elles. Rien n'est plus simple, lui répondit Son Excellence : l'une est à Téhéran, l'autre à Ispahan, la troisième au Caire et moi je suis à Paris.

Hiero a résolu le problème d'une autre façon.

Sa maison a deux cours : l'une pour les hôtes et les visiteurs, l'autre pour les femmes.

Chaque femme a ses cases et ses captives. Toutes paraissent égales, cependant la plus ancienne jouit de certains privilèges. C'est dans sa case que sont placés les effets du mari, l'argent et les provisions. C'est elle seule qui reçoit les cadeaux du mari et des étrangers, et qui les distribue aux autres femmes. Elle exerce une sorte de surveillance sur toute la maison, et les enfants paraissent l'aimer beaucoup.

Le mari est reçu alternativement et à tour de rôle par chacune de ses femmes. Celles-ci tiennent infiniment à cette prérogative. Elles n'admettent aucune cause d'empêchement. Chaque fois que Soleillet a dit à des personnes atteintes de certaines maladies de s'abstenir, elles ont répondu : « C'est impossible ». — Mais vous vous empoisonnez réciproquement ». — « C'est la volonté de Dieu ! »

Un jour une jeune femme vint le consulter. Elle est atteinte et nourrit un enfant de deux à trois mois. Il lui demande si elle partage la couche de son mari. Sa réponse est affirmative, et une autre jeune femme qui l'accompagnait et qui était saine trouvait tout naturel de partager avec cette malheureuse les faveurs du commun mari. Il conseille de donner une nourrice à l'enfant. On lui répond : « c'est impossible, la mère étant vivante ».

La femme qui doit recevoir le mari est chargée de faire la cuisine pour tout le monde, et le motif qu'en donnent ces dames ne peut se dire : il serait alarmant pour notre pudeur.

Chaque femme possède en propre et fait ce qu'elle veut de sa dot. Elle a des captives. Elle leur fait filer du coton et faire des pagnes qu'elle vend ou qu'elle garde pour son usage. Elle-même file et le produit de son travail lui appartient aussi. Elle garde ses enfants dans sa case, mais tout le monde s'en occupe, surtout la première femme.

L'une des femmes de Hiero a été sa captive. Elle est traitée comme les autres femmes, comme la dernière venue, qui est fille d'un chef.

Hiero a chez lui la femme de l'un de ses amis, qui est parti pour l'intérieur depuis bientôt cinq ans et qui n'a pas donné de ses nouvelles. On pense à la remarier, car la loi musulmane considère comme divorcée la femme abandonnée de son mari depuis cinq ans.

Mercredi 17 juillet. — Soleillet va prendre congé de Bassirou qui lui souhaite un heureux voyage.

Il a eu avec ce prince des relations de tous les jours. Il l'a toujours trouvé très convenable et il gardera de lui le meilleur souvenir.

Soleillet a dans ses compagnons de route un *laoubé* (1) du

(1) Les laoubés sont des ouvriers qui travaillent le bois, des bûcherons, des charpentiers, des menuisiers. Ils forment une caste à part et jouissent du privilège qu'ont les *griols* et les *diavandos* de ne pouvoir être vendus comme captifs.

Cayor. Au moment du départ, il ne le reconnaît pas. Ce brave homme a mis son grand costume de guerre : une longue lance, un bonnet taillé dans la peau d'une tête de tigre et orné de cornes; des sacs et des cornes remplis de grigris; un bijou de famille consistant en une queue d'éléphant pesant au moins dix kilogrammes et porté au bras gauche dans un bracelet de cuir. Un pareil bijou est fort gênant, sans doute, mais heureux son possesseur ! car il ne peut lui arriver aucun mal. Malgré tout cet attirail, il a pour monture une ânesse suivie de son ânon.

Outre le laoubé, Soleillet a pour compagnons Yaguelli, qui est à la fois domestique, interprète et cuisinier, le berger Demba et le vieux Souley, qui vient pour son plaisir. Soleillet lui promet cependant un âne, car il regarde comme avantageux d'avoir en sa compagnie un homme d'âge qui est marabout et de bonne famille.

Un jeune marabout de Segala-Toro, du nom de Boghard (1) vient aussi. C'est un grand gaillard imberbe, à tête de séminariste. Il est vêtu d'une étoffe chinée bleu et blanc. Il porte sur sa tête quelques pièces de guinée, et à la main une petite bouilloire dont il est très fier.

Hiero s'est joint à la petite caravane.

(1) Généralement on fait précéder son nom du qualificatif *tierno*, qui, dans presque toutes les langues noires, signifie *marabout*.

Tierno est un mot de la langue poular, mais il est adopté par tous les noirs de la Sénégambie. Il est à remarquer que, chez les noirs de la Sénégambie, tous les mots qui se rapportent à la religion musulmane sont arabes ou poular. Cela prouve que les Foulbé et les Toucouleurs, qui parlent poular, sont les premiers apôtres de l'Islam en Sénégambie. (Note de M. Paul Soleillet.)

CHAPITRE IV

DE KOUNIAKARY A KIMBÉ

De Kouniakary à Diala. — Rizières. — Passage d'une rivière. — Diakoné. — Récit
des noirs sur les pythons. — La rivière Kourgou. — Le marabout Boghard. —
Précaution des noirs contre l'orage. — Orage tropical. —.Nuit dans la forêt. —
Soleillet ne peut plus remettre ses bottes et sa culotte. — Passage de la Gounée.

Le départ a lieu à huit heures trente minutes. On longe d'abord
le mur ouest du tata, puis, tournant à droite, on passe devant les
cases des captifs du roi, ensuite devant l'aiguade, et l'on se trouve
dans une plaine ondulée, bien cultivée, plantée de quelques arbres,
entourée de montagnes. Tout est vert et partout on voit des gens
qui travaillent la terre. A dix heures quarante minutes, la caravane traverse Marilla, petit et misérable village. Elle a devant elle
un mont en forme de promontoire, Fisserou, qui fait suite au
mont Tapa.

A onze heures quarante-cinq minutes, elle fait un arrêt d'un
quart d'heure, près d'un marigot, pour faire boire les ânes. Le
site est marécageux et malsain.

Soleillet est tellement faible qu'il ne peut tenir en selle. Il met
pied à terre et se couche sur un tas d'herbes. Il garde près de lui
Souley, tandis que la caravane continue sa route sous la conduite
de Yaguelli et de Samba.

Des libellules voltigent autour de Soleillet. Elles ont le corps
marron et or ; les ailes, au nombre de quatre, sont comme des

petits drapeaux de velours marron. Leurs trompes ont la couleur de l'or mat et se terminent par une petite boule d'or bruni. Ces gracieuses bestioles lui rappellent celles qu'il pourchassait jadis sur les bords du Rhône et de la Sorgue. Il fait en imagination un voyage dans sa chère Provence, auprès des siens.

Il repart à deux heures vingt-cinq minutes. Le thermomètre marque 32° 4'. Le temps est orageux, la route mauvaise. A deux heures quarante minutes, il arrive au petit village de Diala, au pied des monts boisés de Kametingué.

Yaguelli, arrivé depuis longtemps, a préparé du thé. On a ici de l'eau de pluie très bonne que l'on recueille dans les roches. On donne à Soleillet un mouton, et Yaguelli prépare des côtelettes.

Jeudi 18 juillet. — Soleillet part en avant avec Hiero. Le terrain, toujours très accidenté, change à tout instant.

A huit heures cinquante minutes il traverse de belles rizières très bien tenues. Ce sont les premières qu'il rencontre. Il observe que presque tous les marais du Soudan conviendraient à cette culture. Le riz de ces contrées est de très belle qualité, blanc, de moyenne grosseur, dur, compact.

A neuf heures dix minutes, il arrive à la rivière. Hiero met pied à terre et fait passer sa monture, non sans de grandes difficultés, parce que les berges sont à pic et le terrain glissant.

Quand il revient pour prendre sa mule, Soleillet veut retirer sa selle parce qu'il a dans les fontes et dans des sacs mille objets qui lui sont précieux, notamment ses journaux et ses carnets, qu'un faux pas de la mule pourrait faire tomber à l'eau.

Hiero ne veut rien entendre, prend l'animal et part. En descendant, tout va bien ; mais, arrivé à l'eau, la mule enfonce dans la vase jusqu'au poitrail. Elle s'en tire pourtant. Il faut maintenant escalader la berge opposée, et c'est alors que commencent les difficultés. Elle enfonce dans la boue ; elle s'impatiente, se cabre, rue, si bien qu'au moment d'atteindre le but, elle se renverse et tombe à l'eau les quatre fers en l'air.

Hiero, qui tient toujours la bride, est entraîné, décrit une courbe dans l'air et vient tomber le derrière dans la vase, à côté de la mule, tenant toujours la bride.

Soleillet se déshabille lestement et saute à l'eau. Il enfonce jusqu'aux genoux dans une vase noire, gluante, fétide. Aidé de Hiero, il finit par remettre la mule sur pied. Elle souffle; elle est énervée. Son maître la calme par des caresses, et sans écouter Hiero, il la décharge. Hélas! tous ces objets auxquels Soleillet tient tant sont mouillés, couverts de boue.

Il faut maintenant faire sortir la pauvre bête. Ils travaillaient à cela, sans aucun succès, depuis une heure, quand arriva Yaguelli. Soleillet le prie de dire à Hiero de monter à cheval et d'aller au village voisin chercher un homme avec une pioche pour ouvrir un chemin à la mule. Avant d'écouter, Yaguelli juge convenable d'essayer, pendant un bon quart d'heure, s'il ne serait pas plus fort à lui seul que Hiero et Soleillet réunis. Il essaie ensuite avec Hiero et toujours inutilement.

Celui-ci se décide enfin à partir. Dix minutes après, il revient avec un homme qui les conduit à 200 mètres en aval, à un passage que la mule franchit sans difficulté.

Soleillet sort alors de l'eau. Tandis qu'il se nettoie tant bien que mal et s'habille, on décharge les ânes, on les fait traverser, les hommes passent les bagages sur la tête. A onze heures quarante-cinq minutes, on se remet en route par une plaine marécageuse entourée de montagnes, avec une seule entrée au nord-ouest. Il y a des hautes herbes, des rizières, des flaques d'eau, quelques arbres en lizière.

A midi vingt-cinq minutes, on arrive à Diakoné, joli petit village gracieusement posé sur une hauteur, au fond d'une anse formée par les montagnes. Le pays, qui est beau et montueux, a de la verdure et des eaux vives.

Soleillet casse son révolver, sa seule arme, en le déchargeant.

Il est ici très fatigué; par précaution il prend de la quinine, et passe une très bonne nuit. Le soir, on lui fait cadeau d'un mouton.

Vendredi 19 juillet. — La veille, deux ânes ont trouvé moyen de jeter leurs charges dans des flaques d'eau. Il faut perdre une journée pour faire sécher les marchandises et les objets qui se trouvaient sur la selle de la mule.

Les habitants sont bambaras. Bien qu'ils n'aient jamais vu d'européen, leur curiosité n'a rien d'indiscret.

Samedi 20 juillet. — Pendant la nuit, qui est très belle, Soleillet se sent pris d'une vague inquiétude. Il a des fourmillements par tout le corps, même dans la racine des cheveux. Ne pouvant rester couché, il va dans la cour pour fumer. Plusieurs noirs y sont étendus sur des nattes. Eux qui, d'habitude, dorment tout d'une pièce, ont le sommeil très agité. La mule, les ânes et les autres animaux sont également très inquiets. Soleillet attribue cet état anormal à ce que l'atmosphère est surchargé d'électricité.

A cinq heures il voit un homme qui porte sur sa tête des pierres de sel. Le voici donc dans le véritable Soudan où le sel et les captifs sont les principaux éléments de commerce ! Cette vue produit sur Soleillet une vive impression.

Départ à cinq heures cinquante minutes. Les montagnes décrivent un cercle. La caravane traverse des pâturages, des broussailles, des terrains sablonneux, des cultures. La plaine s'incline et le sentier est tracé dans de grandes herbes lancéolées, dans des roseaux, puis au milieu d'arbres et d'arbustes qui forment une allée couverte. A six heures trente-trois minutes, Hiero, qui était resté en arrière, rejoint la caravane. Quelques minutes après, Soleillet croise une autre caravane composée de 10 hommes et de 7 ânes. Le sentier gagne ensuite la crête de la montagne, pour couper un plateau tantôt herbeux, tantôt sablonneux, ondulé, parfois difficile. A huit heures trente minutes, il rentre dans un vallon herbeux et passe sous un berceau de verdure où l'on entend chanter des oiseaux. Plus loin, c'est une autre plaine où tout, hommes et bêtes, disparaît presque dans les hautes herbes et paraît à Soleillet, qui marche derrière, comme un énorme python. C'est, du reste, le pays des pythons. Les noirs prétendent (mais il faut les croire sous réserve) que certains de ces monstres ont la grosseur d'un homme et mesurent, en longueur, de 40 à 50 pas.

A huit heures trente-six minutes, Soleillet arrive à la Nikan-bambé, véritable rivière coulant, de l'est à l'ouest, à la rivière Kourgou, qui arrose Kouniakary et qu'il revoit à neuf heures trente-cinq minutes.

A dix heures il passe cette rivière de Kourgou, dans un endroit où elle a 0^m80 d'eau.

Cette rivière est peut-être navigable et sûrement flottable. Comme elle traverse de riches forêts de cail-cédrats et d'ébéniers, il serait intéressant de l'étudier.

Boghard, le jeune marabout de Segala, s'est tenu jusqu'alors sur une grande réserve, bornant à « bonjour », « bonsoir », ses conversations avec le *roumi* (l'Européen). L'avant-veille, sans en rien dire, il avait mis sur un âne le paquet qu'il porte sur la tête. Soleillet s'en aperçut et le fit enlever. Il s'apprivoise alors et vient causer avec Soleillet. Il parle bien arabe. Il finit par demander la permission de mettre son paquet sur un âne, ce qui lui est accordé sans difficulté.

A dix heures quatorze minutes, la caravane coupe une petite rivière. Des montagnes boisées s'élèvent à droite.

A onze heures trente-deux minutes, le tonnerre gronde dans le lointain et il tombe quelques gouttes de pluie. A onze heures cin-quante minutes Soleillet est dans un ravin nommé Diankoul-Poky. A midi vingt minutes, il est sur un plateau pierreux, en vue de grandes montagnes dont on ne peut lui dire le nom.

Le tonnerre n'a cessé de gronder et les nuages de s'amonceler. L'orage devient imminent, et les nègres, suivant leur habitude, se déshabillent et mettent leurs vêtements dans des sacs de cuir. Les bagages sont placés au pied d'un baobab, sur un lit de branchages et recouverts de branches. Soleillet s'installe dessus et s'enve-loppe dans son manteau. Les éclairs se rapprochent, se multi-plient ; le tonnerre gronde d'une façon formidable et ses coups sont tellement rapprochés qu'on ne peut les distinguer l'un de l'autre. Tout l'horizon est en feu, les arbres frémissent et se tordent. La forêt est flamboyante. Arrive la pluie. Elle ne tombe pas en gouttes plus ou moins pressées. C'est une véritable nappe d'eau venant d'abord du nord, puis du sud, puis de l'est et enfin de l'ouest. Elle est projetée avec une violence telle qu'elle cause une impression très douloureuse, tue des oiseaux et des petits quadrupèdes. Les cataractes ruissellent à travers le feuillage et, aux lueurs de la foudre, elles brillent comme du cristal. Cette épouvantable orgie électrique dure jusqu'à midi cinquante-cinq minutes. Le tonnerre s'éloigne, toujours grondant, et la pluie dure encore vingt minutes. Ce majestueux spectacle était pour Soleillet un sujet d'admiration.

Mais quand cessa le vacarme et qu'il fallut songer au départ, Soleillet s'aperçut qu'il était envahi par l'eau.

Il part cependant. Si le pays est toujours beau et souvent riche, le chemin est bien mauvais. A trois heures trente-huit minutes, il rencontre des blocs erratiques. Quelle était donc la puissance des courants qui roulaient ainsi des cailloux de plusieurs mètres cubes !

La pluie recommence à tomber, mais l'orage n'est plus à craindre. Pour les hommes, les bêtes et les bagages, ils sont depuis longtemps à leur point maximum de saturation, et peuvent, sans nouvel inconvénient, affronter toutes les averses.

A cinq heures et demie, après beaucoup de peine, Soleillet fait faire halte dans une futaie, au pied d'un énorme baobab.

Hiero, Tierno Boghard et le laoubé vont chercher un gîte dans un village qui est devant eux. Ils veulent emmener Soleillet, mais celui-ci ne veut pas quitter ses gens et ses bagages.

Il faut absolument du feu. On cherche des brins de paille sèche, on allume des chiffons contenant un peu de poudre. Yaguelli, qui croit toujours faire mieux que les autres, s'avise de souffler sur un de ces chiffons et la poudre lui fuse au visage. Sur le moment il éprouve une grande douleur aux yeux et crie qu'il est aveugle. Soleillet rit, lui dit de ne pas s'effrayer, de se mettre sur les yeux un linge mouillé, ce qui est bien facile, puisque les hommes et les bagages suintent l'eau et qu'il pleut encore à verse.

De même que maille à maille se fait l'haubergeon, bûche à bûche se fait le foyer. Ils ont commencé par des chiffons et des brins de paille, ils ont continué par des branchettes, puis par des branches; enfin des troncs d'arbre mouillés font entendre des pétillements qui réjouissent les pauvres voyageurs. Cette bonne et joyeuse flamme ne sert pas qu'à sécher leurs vêtements et à réchauffer leurs membres : elle tient à distance les fauves qui, attirés par les ânes, viennent, à la nuit tombante, rôder autour du campement. On distingue le rugissement de six grands lions roux du Soudan, de quelques panthères et le cri d'ignobles hyènes.

Toute la nuit se passe à se chauffer. Soleillet mange deux biscuits qu'il arrose d'une tasse de thé. C'est tout ce qu'il a pu prendre de nourriture dans cette rude journée.

Dimanche 21 juillet. — La mule a été poursuivie par une hyène et s'est sauvée très loin, bien qu'entravée. C'est miracle qu'elle ait échappé à la griffe des lions.

La veille, pour se chauffer, Soleillet a quitté ses bottes et sa culotte en peau de daim. Il ne peut plus les remettre. Il a les pieds et les jambes enflés. C'est nu-jambes et nu-pieds qu'il lui faut monter à mule.

On part à cinq heures quarante minutes. Le terrain est raviné, coupé de marigots, ce qui arrive souvent. A six heures quinze minutes on arrive à la rivière de Gouné, affluent de la Kourgou. Elle est encaissée dans des roches grises disposées par couches horizontales. Elle sort d'un fouillis de verdure à l'est et à l'ouest. Son courant, large de 30 à 40 mètres, est très rapide. Soleillet, fort perplexe, se demande comment il va passer.

Sur ces entrefaites arrive la caravane rencontrée la veille. On décharge les bagages en commun. Des hommes se mettent à l'eau et font la chaîne; d'autres prennent des bagages sur leur tête, les soutiennent d'une main et s'appuient de l'autre sur les premiers. Soleillet passe, ayant de l'eau jusqu'aux aisselles.

Arrivé sur l'autre rive, il s'assied et regarde passer les ânes, ce qui l'amuse toujours. Ces bonnes et vaillantes bêtes n'aiment pas l'eau. Un poète a fait dire à l'un d'eux : « Moi qui traverserait un océan de feu, je crains l'eau ». Deux hommes prennent les deux jambes de devant du roussin, les passent sous leurs bras, le forcent ainsi à marcher sur ses jambes de derrière et le conduisent comme ils conduiraient une femme. Il faut le plus souvent qu'un troisième homme le pousse par derrière. Ils le tiennent ainsi tant qu'il a pied. Quand il n'a plus pied, ils le lâchent et maître Aliboron sait très bien gagner tout seul l'autre rive.

A sept heures quarante minutes, les animaux sont rassemblés, rechargés et les deux caravanes se remettent en route de compagnie. Suivant leur habitude, les ânes se montrent indociles et plus d'une fois il faut les recharger. La route présente toujours la même variété. Cependant il faut signaler des marais fétides, de belles rizières et d'énormes baobabs.

CHAPITRE V

Kimbé. — Justice du roi Daye. — Trop de zèle. — Douallé. — Mort d'un ânon. —
Dispute. — Diédégui. — Fourmis blanches. — Musette, cordon, grigris faits par
le laoubé pour son ânesse. — La queue d'éléphant du laoubé. — Talismans et
grigris. — Le laoubé se sépare de Soleillet. — Comment Soleillet trouve des hommes
pour porter ses bagages. — Ruines de Kania, de Famaritera, de Boullarou. — Le
mont Koniongou.

A neuf heures quarante-cinq minutes, Soleillet arrive à Kimbé,
village du Sorma dont le roi est Daye, frère du sultan Ahmadou.
Ce village, divisé en deux parties, est agréablement situé, à mi-
côte, entre deux montagnes boisées. Les cases sont en terre,
rondes. Elles ont une toiture conique en chaume dont la char-
pente est en bambou noir. Soleillet y retrouve Hiero, le marabout et le laoubé, qui sont arrivés au milieu de la nuit.

La population de Kimbé est soni-nkaise. Peu avant, à la suite
de difficultés, Daye lui a fait enlever ses bestiaux et toutes ses
jeunes filles qu'il a réduites en captivité.

Il ne faut pas rire avec les rois, même avec les rois barbares.

Les habitants sont dans la plus grande des misères et ne peuvent
fournir à Soleillet même un peu de lait.

Cependant, sur le soir, on lui amène un mouton.

On passe la journée à faire sécher les bagages.

Soleillet recommande bien à ses hommes de ne pas exposer au
soleil ses bottes et sa culotte. Dès qu'il s'est endormi, on s'empresse d'oublier sa recommandation, et, quand il se réveille, il

constate avec douleur que bottes et culotte sont perdues, ce qui est un malheur irréparable.

Il reconnaît aussi qu'il a les jambes grosses comme des barriques et couvertes de pustules, ce qu'il attribue au séjour prolongé qu'il a fait dans la boue, le 18, pour retirer la mule.

Lundi 22 juillet. — La nuit a été très belle, étoilée. Soleillet l'a passée dehors, suivant son habitude. Il a les jambes en très mauvais état.

Il part à sept heures quarante-cinq minutes. A huit heures quinze minutes, il traverse la Doubouda qui, profondément encaissée, coule de l'est à l'ouest entre deux rives boisées. Il entre ensuite dans une plaine entourée de montagnes également boisées. A huit heures trente-cinq minutes il passe les ruines de l'ancien village de Kimbé, puis une verte combe (1) ou vallée fermée, puis une plaine belle et gaie comme un parc, dans laquelle il voit un bloc erratique.

À midi cinquante minutes, en montant une côte, il aperçoit le village de Douallé où il arrive à une heure cinq minutes.

Ce village est entouré de collines. Au milieu se trouve un hangar rempli d'hommes qui sont couchés sur un plancher élevé d'un mètre et posé sur des pieux.

Soleillet est à peine installé qu'un vieux griot vient le masser et lui frotter les jambes.

Les habitants sont Toucouleurs. Ils sont vêtus d'étoffes jaunes. Ils portent autour des reins et au bas de leurs pantalons des franges en coton. Ils sont peu hospitaliers. Hiero est furieux de n'avoir pu obtenir son mouton.

Le jeune marabout Tierno Boghard devient de plus en plus affable. Ce que Soleillet avait pris tout d'abord pour du fanatisme n'était que de la sauvagerie.

---

(1) *Combe* signifie vallée, terrain creux, lieu élevé, motte. Son acception ordinaire est vallée. (Voir *Dictionnaire historique de l'ancien langage françois,* par La Curne de Sainte-Palaye, verbo *Combe*). D'après Ch. Nodier, cité par Soleillet dans ses notes, il signifie vallée fermée et boisée.

La nuit est magnifique et Soleillet la passe dehors. Sur les onze heures, il entend des gémissements : c'est le gentil ânon du laoubé qui se meurt. Sa mère le lèche et le retourne doucement. Lui la regarde avec tendresse. Vient une dernière convulsion et la pauvre petite bête a cessé de vivre. Sa mère, tout à l'heure si caressante, se remet tranquillement à paître. Souvent il égayait la route par sa gentillesse, surtout quand, resté en arrière pour paître, il arrivait au galop à la voix de son maître et le bousculait pour téter sa mère.

Mardi 23 juillet. — Le matin une discussion s'élève entre Hiero et les hommes qui doivent composer l'escorte. Yaguelli s'en mêle malgré la défense de Soleillet. La discussion dégénère bientôt en dispute et l'on en vient aux coups. Quand Soleillet voit que l'on tombe sur Yaguelli, il lui passe un pistolet à un coup ; la vue de cet instrument ramène le calme. Yaguelli vient s'asseoir à côté de son chef et Hiero arrange l'affaire.

Départ à sept heures huit minutes. A huit heures cinq minutes arrivée à Diédégui, petit village soni-nké. Les cases sont envahies par des fourmis blanches qui sortent de partout et dévorent tout. La caravane est bien accueillie.

Le laoubé confectionne avec des pagnes une musette pour son ânesse et dit dessus de nombreuses prières. Ensuite il la remplit de mil et la porte à sa monture. Il revient avec du fil de coton qu'il tord et tresse en cordon. Ce cordon terminé, il se tient debout, souffle, prie, crache, grimace, fait des nœuds et va passer ce cordon au col de son ânesse.

Soleillet apprend de Yaguelli que le laoubé vient ainsi de confectionner un grigris pour sa monture. Par ses prières, il a invoqué des esprits et il en a enfermé un dans chaque nœud.

Le bon laoubé vante sa queue d'éléphant. Soleillet lui en offre 1,000 francs, ce qui, pour le pauvre homme, serait une fortune ; il refuse et déclare ne pouvoir s'en séparer à aucun prix, parce que, s'il s'en défaisait, il lui arriverait certainement un grand malheur.

Au Sénégal, on ne distingue pas les talismans des grigris. Il y a pourtant une différence.

Les Arabes ont pris aux Juifs le talisman. Les Juifs ont l'habitude de porter sur eux, caché dans leurs vêtements, des versets de la Bible et surtout le nom de Jehovah. Les Arabes portent, dans un sac de cuir, suspendu au col, des versets du Koran.

Le grigris est un objet quelconque qu'un bon esprit ordonne de porter en souvenir de lui ; on s'en sert pour protéger la maison, le fusil, les animaux ; c'est aussi une évocation que l'on enferme dans un nœud, comme vient de le faire le laoubé.

Les marabouts toucouleurs du Foutah ont, comme fabricants de talismans, une grande réputation, même chez les Maures. Les hommes du Cayor passent au contraire, parmi les noirs, pour les plus habiles confectionneurs de grigris.

Mercredi 24 juillet. — Le laoubé se rend à Nioro et prend congé de Soleillet. « Je suis du Cayor, lui dit-il, et vous êtes français : nous sommes donc presque compatriotes. J'espère que nous serons toujours bons amis, que vous verrez Ségou et que vous reviendrez dans votre case où vous ne trouverez que du bien ».

Tous les autres hommes de la caravane vont aussi à Nioro et prennent également congé de Paul Soleillet. Il paraît que Diédégui est, en hiver, le point de départ de la meilleure route de Nioro.

Les hommes qui doivent accompagner Soleillet ne sont pas prêts. Il en faut au moins six et l'on ne veut en donner que cinq. Soleillet fait décharger un âne et laisse la charge à terre, disant : « Puisque vous ne trouvez pas un homme pour conduire un âne, vous en trouverez peut-être deux pour en porter la charge ; je vais chez Daye ». Cela fait, il part à six heures quarante-cinq minutes.

Il traverse une plaine ondulée, entourée de montagnes appelées Kaï ; on y voit des champs de maïs, de belles rizières, des pâturages, de beaux arbres, des affleurements de roches, des épines, des terrains sablonneux, des grandes herbes à feuilles lancéolées.

A sept heures quarante-trois minutes, le chef du village de Diédégui arrive avec un homme portant la moitié de la charge de l'âne ; il dit qu'un autre homme le suit avec le reste. On attend pendant douze minutes, après quoi on le laisse avec son homme et les bagages.

Un aigle de très grande dimension, aussi beau que le peut être un aigle, plane au-dessus de la caravane.

A huit heures cinquante-cinq minutes, on passe près des ruines du village de Kanya, au pied de montagnes boisées. Dans la plaine, un homme et trois enfants cultivent un champ. Le sol est sablonneux et l'on y voit un *sabia,* très bel arbre à épais feuillage. A neuf heures quarante-cinq minutes, la caravane passe à peu de distance des roches grises et noires du mont Kamao. A onze heures six minutes, elle entre dans un océan de verdure, émaillé de beaux arbres, où gisent les ruines du village de Famarifera. Plus loin, des baobabs étalent leurs forêts de verdure, et un *doudé* présente ses fruits qui sont du genre des nèfles et qui deviendraient exquis s'ils étaient améliorés par la culture. A une heure quarante minutes, au milieu de pâturages, on rencontre encore des ruines, celles de Boullarou.

Dans ces villages, des familles vivaient heureuses, mais un Buonaparte est passé par là, et la solitude s'est faite. Plus d'enfants qui rient et gambadent, plus de femmes qui babillent, plus de jeunes gens qui s'égarent le soir sous la feuillée, plus d'hommes qui cultivent le sol, plus de ces troupeaux qui sont la parure et la vie des plaines : l'affreuse solitude et de pauvres huttes qui s'affaissent peu à peu sous les coups de la pluie.

A deux heures quarante-cinq minutes, la caravane campe sur un plateau pierreux, à l'ombre de *boubourys,* arbres qui ont l'aspect de platanes. A 800 mètres, au sud, se trouvent de grands rochers noirs remplis de singes cynocéphales de toutes tailles. Le voisinage de la caravane leur est désagréable. Ils font un vacarme épouvantable et aboient furieusement.

Sur le soir, on fait du même coup, avec du riz cuit à l'eau, le déjeuner et le dîner, puis chacun s'étend sur sa natte et dort.

Jeudi 25 juillet. — La nuit est très belle jusqu'à trois heures du matin. A ce moment, souffle un vent du nord-est qui amène une forte pluie ; à cinq heures trente minutes, après une accalmie d'une demi-heure, le tonnerre gronde dans le sud et la pluie recommence. A huit heures, le ciel s'éclaircit, mais à huit heures trente-cinq minutes, au moment du départ, il pleut de nouveau.

A neuf heures vingt-cinq minutes, après avoir franchi un col, la caravane longe, à mi-côte, le mont Koniongou dont le sommet est très boisé. Soleillet voit, sur sa gauche, une magnifique plaine boisée. Les collines, dont il suit les ondulations, sont couvertes d'arbres. A dix heures cinquante minutes, il aperçoit en face, dans le lointain, une grande chaîne bleuâtre dans laquelle il distingue particulièrement un grand plateau et deux pitons très élevés.

Il descend ensuite. La plaine, plantée de quelques arbres, entourée de montagnes boisées, est partie en culture, partie en pâturages et présente un ravissant panorama.

CHAPITRE VI

DE KAMANTÉRÉ A DIALA

Kamantéré. — Soleillet bénit des enfants. — Une chose précieuse. — Yaguelli, malade, refuse les médicaments de Soleillet. — Les bagages laissés à Diédégui sont apportés. — Goupou. — Soleillet bénit encore des enfants. — Une ruse des noirs. — Les Diavandos. — Arrivée à Diala.

A midi vingt minutes, il arrive à Kamantéré, village occupé par des Kasso-nkais, des Toucouleurs, des Soni-nkais, des Foulbé. Ses cases, en forme de ruche, sont en paille et entourées de cultures. Il est d'une saleté repoussante, rempli de tas de fumier, ce qui promet du lait pour le soir.

Les femmes portent d'énormes bracelets en cuivre. Les pagnes de coton dont elles se ceignent les reins sont teintes en jaune et ornées de dessins variés, surtout de croix de Malte dans un cercle.

Ces dessins sont imprimés par les femmes au moyen de cachets en terre sèche sur lesquels les dessins sont gravés en relief.

Les couleurs noire, rouge et marron, s'obtiennent avec certaines terres.

Soleillet est bien accueilli. Les hommes l'appellent *Tierno Toubak*. Les femmes lui apportent les enfants pour qu'il les bénisse, ce qu'il fait avec une gravité épiscopale, en leur imposant les mains sur la tête et en leur crachant sur le front.

Un homme lui annonce qu'il va lui montrer quelque chose de très curieux, et un instant après il lui apporte triomphalement une rose grossière, en porcelaine, qui jadis orna le couvercle d'une soupière ou d'un sucrier. Malgré les explications que

Soleillet croit devoir lui donner, il n'en tient pas moins pour précieux son bouton de couvercle.

Vendredi 26 juillet. — Le temps est resté couvert et il a plu de nouveau pendant la nuit.

Yaguelli a une forte fièvre. Comme beaucoup de tirailleurs qui n'ont vu leur camarade entrer à l'hôpital que pour y mourir (par la raison qu'ils n'y entrent qu'à la dernière extrémité et forcés), il est persuadé que les remèdes des Blancs ne valent rien pour les noirs, et il refuse absolument de prendre de la quinine.

Beaucoup des habitants du village ont aux jambes des vers de Guinée.

La charge laissée à Douallé arrive portée par deux hommes. Leurs camarades qui n'ont eu qu'à conduire les ânes, se moquent d'eux : « Vous avez fait les ânes », leur disent-ils. Soleillet leur fait donner à tous du tabac et tous, ânes ou conducteurs d'ânes, sont contents.

Départ à huit heures quarante-cinq minutes par un temps couvert. Le pays est toujours varié, pittoresque, généralement beau.

L'un des hommes de la caravane porte le bonnet que les ecclésiastiques désignent sous le nom de *clémentin*. Il est garni de cordons en coton qui tombent, comme une perruque, sur le col et sur les épaules. Dans la suite, Soleillet en a vu beaucoup d'autres. Ils n'indiquent pas une nationalité ; cependant ils semblent n'être portés que par des captifs.

A dix heures dix minutes, la caravane arrive à Goupou, petit village situé au pied de montagnes boisées. Les cases sont en paille.

La réception est la même qu'à Kamantéré ; comme à Kamantéré, les femmes apportent au marabout blanc, pour être bénis, leurs petits enfants.

Vers deux heures, deux hommes à cheval s'arrêtent devant la case de Soleillet. Il viennent, disent-ils, le saluer et le complimenter de la part du roi Daye. Cela fait, ils lui demandent un cadeau. « Puisque vous êtes envoyés par Daye, leur répond-il, je vous reverrai chez ce prince et je me ferai un plaisir de vous donner satisfaction ». Soleillet vit, à leur mine piteuse, qu'ils n'étaient envoyés par personne, qu'ils avaient tout simplement combiné cette petite ruse pour décharger de quelques belles choses les ânes du *Tierno Toubak*.

Le soir on lui envoie du lait, un chevreau et un poulet.

Samedi 27 juillet. — La population est *diavando* et vient du Diara, province du Khasso. Les Diavandos furent chassés de leur pays à la suite de guerres. Des captifs du Kaarta se révoltèrent, des discordes intestines s'en suivirent ; l'un des partis fit appel aux Bambaras et, depuis, on trouve des villages diavandos un peu partout, excepté dans le Khasso.

Les Diavandos sont de taille moyenne. Ils ont la tête ronde, les traits européens, la peau très noire et les cheveux crépus. Ils sont presque glabres et assez propres.

Leurs femmes sont réellement belles.

Cette race paraît provenir d'un mélange d'hommes foulbé et de femmes soni-nké.

Soleillet base cette hypothèse sur le langage et les coutumes. Dans une famille bilingue, la langue maternelle prend facilement le dessus. Or, les Diavandos parlent soni-nké. Les femmes dia-vandos ont conservé la coiffure et le costume des Soni-nkaises, tandis que les hommes sont restés pasteurs comme les Foulbé.

D'après la tradition, les Diavandos viennent de deux familles qui ont fondé, vers 1700, dans le Kaarta, la ville de Diara. Long-temps, pour ses richesses, la ville de Diara fut célèbre dans le Soudan de l'ouest et de la Sénégambie.

Ces familles venaient du Djolof ; elles avaient un père commun, s'appelaient *diara* et se distinguaient par les surnoms de *Dabô* et de *Sagoné*.

Pendant de longues années, les Dabôs et les Sagonés vécurent en paix. Mais un beau jour, on ne sait pour quelle cause, ils s'ar-mèrent les uns contre les autres. Ils luttaient depuis sept ou huit ans, avec des chances diverses, quand les Sagonés demandèrent aux Bambaras de les aider à détruire leurs parents. Les Dabôs furent battus et chassés de Diara. Les uns se réfugièrent auprès de Demba Sega, grand-père de Samballa, roi du Khasso ; les autres dans le Bondou et le Foutah, où ils fondèrent des villages aujourd'hui prospères.

Les mœurs de ces familles devaient présenter les différences que l'on remarque entre celles des Diavandos du Foutah et du Bondou et celles des Diavandos du Kaarta. D'un côté, elles sont *dabô,* de l'autre *sagoné.*

Les Sagonés, restés seuls maîtres de Diara, continuaient à prospérer, lorsqu'en 1847 la guerre surgit entre eux et Mamadi Kandian. Cette guerre dura sept ans. Diara en sortit fort amoindrie, mais encore vivante.

En 1854, en apprenant qu'el Hadji marchait sur le Kaarta, les Diavandos et les Bambaras firent la paix et s'unirent contre l'ennemi commun. Malheureusement ils furent vaincus et obligés, en 1858-1859, de se soumettre.

Ils commençaient à se relever, en 1871, quand le fléau de la guerre s'abattit de nouveau sur eux. Le sultan Ahmadou faisait son expédition de Nioro. Pour ruiner ce pays le digne prince fit camper son armée, pendant trois mois, autour de Diara. Ses braves soldats mangèrent les récoltes et les provisions des Diavandos. L'honnête sultan ne jugea pas la ruine assez complète, et, au moment de partir pour Guémou-Koura, il vola ce qui leur restait de moutons, de chèvres, de bœufs, de vaches, de captifs, de captives, d'armes et de munitions. Il daigna pourtant leur laisser leurs femmes libres et leurs enfants.

Mais le pays est fertile, la population industrieuse et laborieuse, en sorte que, dès 1879, les traces du sultan Ahmadou étaient à peu près effacées.

Les Diavandos qui sont dispersés dans les autres tribus ont la garde des troupeaux et forment une caste à part. Comme les Griots et les Laoubés, ils ne peuvent être réduits en servitude.

A sept heures vingt minutes, la caravane de Soleillet se remet en route. A huit heures cinquante minutes, elle est au marais de Koubonne et d'une butte voisine elle aperçoit un cercle de montagnes boisées. Jusqu'à la forêt de Possanlambé, où elle arrive à dix heures, la route est alternativement coupée de marais et de forêts. On trouve ensuite des affleurements de roches, de fins gazons, des broussailles, des ravins, un sol tantôt sablonneux, tantôt pierreux. A dix heures cinquante-cinq minutes, du haut d'une butte, on aperçoit, d'un côté, des montagnes boisées, de l'autre les cases en paille du village de Diala, où la caravane arrive à onze heures cinq minutes.

CHAPITRE VII

SÉJOUR A DIALA

Soleillet se rend directement au tata de Daye. C'est une enceinte carrée, avec tour ronde, située au centre du village. Le tata de Diala est tout simplement une réduction de celui de Kouniakary.

Il y a devant une assez grande place carrée où poussent des herbes que paissent de vilains chevaux.

A la porte du tata, Soleillet trouve Samba Diakranak, maçon de Saint-Louis, parti du Sénégal depuis 25 ans. C'est lui qui a construit les tatas de Kouniakary, Diala et Nioro. Il salue Soleillet eu français, langue qu'il parle un peu.

Daye est frère germain et cadet de Bassirou, bien qu'il paraisse plus âgé que lui. Il a le nez aquilin, les traits européens, la peau très bronzée sans être noire.

Il fait bon accueil à Soleillet, lui demande des nouvelles du gouverneur, etc., et reçoit le même cadeau que Bassirou.

Il donne pour logement à son hôte une case à l'extrémité du village. Celui-ci est à peine arrivé à ce logement qu'il l'envoie chercher, craignant qu'il ne soit pas assez bien. Les captifs prennent les bagages sur leur tête. Soleillet les suit dans le tata, chez Demba Poulo, chef des captifs, qui lui donne deux cases très propres. Le soir, Daye lui envoie du lait, du riz, de la viande, du couscous. Après dîner, il vient le voir, puis il lui envoie, pour le masser, quatre petites filles conduites par une matrone.

Dans une case voisine de la sienne, une pauvre femme est aux fers, et quels fers ! une lourde barre dans laquelle sont passés deux anneaux. Ce supplice est d'autant plus douloureux que cette femme est nourrice. Quel est son crime ? Son village s'est révolté il y a onze mois ; pour ce crime, Daye a rasé le village, envoyé à son frère Ahmadou plus de cent captifs, et mis aux fers la femme restée entre ses mains.

Toute l'après-midi Soleillet reçoit des visites. Les hommes et les femmes libres le saluent et le complimentent. Les captives se mettent à genoux, les mains croisées derrière le dos et touchent la terre du front. Elles ont les oreilles percées de douze à quatorze trous et chargées de petits anneaux d'or et d'argent. Un gros anneau pend à l'extrémité des petits. Leur coiffure est celle du Khasso. Elles portent de grosses bagues en argent.

Dimanche 28 juillet. — Le matin, Daye reçoit Soleillet dans une petite pièce basse remplie de bois peints en jaune. Il est assis sur une peau de chèvre. Il a son sabre sur les genoux et son chapelet à la main. Il a aussi une glace dans un étui en peau très bien travaillé. Un mortier recouvert d'une pagne doit servir de siége à Soleillet.

« Vous êtes, dit S. M. Noire, le premier Européen que je voie. Dites-moi : les *Prusses* vous ont-ils rendu Napoléon ? »

« Non, répond Soleillet. Napoléon est mort en Angleterre et nous sommes en République. Nous avons à notre tête un almamy que l'on nomme, comme au Foutah, pour un temps déterminé. Nous nous trouvons fort bien de ce mode de gouvernement et j'espère bien que nous le conserverons ».

Après avoir ensuite causé de choses et d'autres, Daye présente à Soleillet des malades. Les uns ont la maladie générale du pays, les autres la gale.

Puis la conversation tombe sur Kafouné, sa corcigui. C'est elle, dit-il, qui mène ma maison. Elle est économe..... Il en parle comme un chanoine parlerait de sa gouvernante.

Madame la Kafouné est une puissante femme, d'une trentaine d'années; un dragon noir à mine de soubrette. Elle est, au demeurant, très bonne personne.

Daye demande à Soleillet cinq gourdes (pièces de cinq francs en argent) pour faire des bagues. « Ah ! répond celui-ci, vous me faites beaucoup de peine ; je suis obligé de vous refuser ».

En rentrant à sa case, Soleillet reçoit du roi un beau bœuf qu'il s'empresse de faire abattre. Il en distribue la viande à l'exception du filet qu'il se réserve. Le cordonnier n'est pas content. Il prétend que ce morceau lui appartient de droit et que Soleillet le lui vole.

Avant l'Hadji Omar, Diala était un village soni-nké indépendant ; autour, vingt villages bambaras vivaient dans la prospérité.

Beaucoup de curieux viennent voir Soleillet. Il les oblige à laisser leurs sandales à sa porte. Quelques-uns, pour le narguer, entrent chaussés, ce qui, chez nous, aurait pour équivalent d'entrer le chapeau sur la tête. Il les emploie à donner de l'air et à chasser les mouches, qui sont fort nombreuses et incommodes. Ceux qui se rebiffent, il les met dehors par les épaules.

Dans l'après-midi, il reçoit la visite du roi.

Le soir, il a une forte fièvre. Il couche dehors, néanmoins, et le lendemain il se sent tout à fait bien.

Lundi 29 juillet. — La chaleur n'est pas excessive. Le thermomètre marque : à six heures du matin, 24° 1 ; à dix heures, 26° 7 ; à deux heures du soir, 28° ; à six heures, 26° 9'. Le baromètre marque, aux mêmes heures : 742° 4', 740° 9', 740° 5', 741° 1'. Le temps est couvert.

Le matin Soleillet va voir Daye. Daye est très aimable, mais il demande six cornalines. Soleillet les promet et, dès qu'il s'en va, l'économe Kafouné vient les réclamer. Elle revient dans la journée

disant que le roi demande au voyageur un peu de tout ce qu'il a.
« Allez dire à Daye (1), lui répond-il, qu'il a reçu de moi le même
cadeau que son frère Bassirou ; qu'en plus, je lui ai donné ce
matin six cornalines ; qu'il peut venir lui-même et prendre dans
mon bagage tout ce qu'il voudra. Je ne m'y oppose pas, seulement
j'en rendrai compte au sultan Ahmadou ».

Un peu après, Daye vient en personne et lui dit : « Vous avez
bien fait de refuser. D'ici Ségou il y a loin et vous n'aurez pas
trop de toutes vos marchandises. Oubliez ma demande ».

Dans la soirée, il vient faire une nouvelle visite pour montrer
qu'il n'est pas fâché.

Mardi 30 juillet. — Soleillet achève son courrier pour le
remettre à Hiero qui doit partir le lendemain pour Kouniakary.

Dans la matinée, Daye vient passer une heure avec lui. Il lui
refait l'éloge de sa corcigui Kafouna. Il l'a déjà mariée deux fois,
mais elle n'a pu rester avec ses maris. Le bon roi cherche à la
marier une troisième fois.

Les malades viennent, et en grand nombre. Il leur fait respirer
de l'ammoniaque. Il font des contorsions grotesques et s'en vont
satisfaits. Un vieux, qui est affligé d'un nez énorme, lui dit que
son nez ne veut pas sortir. Heureusement, lui répond Soleillet, car
s'il sortait, il serait comme celui de l'éléphant. Cette boutade,
traduite par Yaguelli, fait beaucoup rire et donne du Blanc une
très bonne opinion.

Sur les quatre heures, Daye vient chercher Soleillet pour faire
une promenade. L'un monte à cheval, l'autre à mule et les voilà
partis suivis de vingt cavaliers montés sur des rossinantes et de
cinquante captifs armés de fusils.

Dès qu'ils sont sortis du village, ils s'amusent à courir, c'est-à-
dire qu'ils mettent leurs chevaux au galop et les arrêtent brusque-

---

(1) Chez les noirs, on appelle les princes et les rois simplement par leurs
noms, sans y ajouter aucun titre. Les captifs mêmes, quand ils leur parlent,
disent : Daye, Bassirou. (NOTE DE PAUL SOLEILLET.)

ment par une saccade de la bride. Les noirs montent mal à cheval. Ils ont en général le mors très dur et mettent en sang la bouche de leurs montures.

Daye qui monte un beau cheval maure, gris pierre de rivière, court aussi deux ou trois fois. On l'applaudit beaucoup. Des femmes griotes s'égosillent à chanter sa grâce comme cavalier.

On rentre au village vers cinq heures et demie. Soleillet marche auprès de Daye. Un captif s'obstine à passer entre les deux cavaliers et chaque fois, du bout de son fusil, il touche la tête de la mule. La première et la seconde fois, Soleillet l'avertit en le tirant par sa pagne ; la troisième et la quatrième fois il le touche légèrement de sa bride sur les épaules, ce qu'il réitère encore deux fois ; il recommence de nouveau ; alors, emporté par la colère, Soleillet se dresse sur ses étriers et lui laboure le visage d'un coup de bride. Le pauvre noir sourit et disparaît.

Soleillet, honteux d'avoir frappé un homme qui ne pouvait lui répondre, sentit la rougeur lui montrer au front. Tout le monde, au contraire, trouva son acte de brutalité très naturel : cet homme était un captif !

De retour au Tata, Soleillet dit à Daye qu'il regrette beaucoup d'avoir frappé l'un de ses captifs. « Oh ! répond le roi, vous pouvez les frapper et les faire frapper tant qu'il vous plaira ». On ne pouvait être plus gracieux. Frapper un cheval, ce serait peut-être un délit ; frapper un captif, c'est frapper sur du bois.

Le soir, Daye apporte à Soleillet une pagne et quarante noix de gourou. En même temps, il lui présente Alassan, celui de ses officiers qui doit l'accompagner en remplacement de Hiero.

Mercredi 31 juillet. — Le berger Demba est malade depuis deux jours. Soleillet lui dit qu'il faut prendre de l'huile de ricin et de la quinine. Cela lui fait tellement peur qu'il disparaît sans qu'on puisse savoir ce qu'il est devenu.

Le chef du village vient demander un purgatif. C'est un vieux marabout du nom de Tierno Demba. Il est armé d'un gros fouet à cinq branches. « J'ai beaucoup de captifs, dit-il, et comme ils me savent très méchant, la vue seule de mon fouet suffit pour les faire obéir ».

Une belle fille soni-nké, Fatma, sœur de Diouboudou, grand dadais de 18 à 20 ans, fidèle éventeur et chasseur de mouches de Soleillet, vient demander un remède pour des dartres qu'elle a aux cuisses. Soleillet, pour rire, fait mine de lui refuser. Elle se met en colère et fait claquer son bras gauche contre son corps, ce qui est chez les noirs le signe du plus profond dépit. La belle Fatma obtient enfin ce qu'elle désire et s'en va contente.

Une toute petite femme amène son mari, un grand gaillard qui est cordonnier de Daye. Elle l'accuse d'impuissance, babille fort et gesticule avec énergie. Pour peu qu'on l'en eut priée, elle eut accepté la *preuve* et *le congrez*, avec toute la désinvolture des grandes dames du bon vieux temps.

Soleillet lui conseille de changer de mari. « Je l'aurais fait depuis longtemps, dit-elle, si celui-ci, étant cordonnier de Daye, ne pouvait mieux que tout autre homme du village me donner pour manger et m'habiller ». Soleillet lui donne un peu de cantharide et ce couple grotesque s'en va, lui, toujours muet, elle toujours babillant et gesticulant.

Sur les quatre heures, le tierno Demba, satisfait de son purgatif, apporte un énorme canard. Il est accompagné de dix Soni-nké, de Diala, comme tous, à figure très intelligente.

L'eau que l'on boit à Diala provient de puits. Elle est assez bonne quoique douceâtre.

A cinq heures et demie, le berger Demba, qui était introuvable depuis quelques jours, arrive et dit qu'il a dormi dans la case de l'un de ses amis. Soleillet lui annonce qu'il le renvoie à Bakel et lui donne, pour viatique, trois pièces de guinée, deux pains de sucre et six têtes de tabac. Il l'assure d'ailleurs qu'il a été content de ses services et lui délivre un certificat. Le pauvre Demba insiste pour rester, mais Soleillet fait la sourde oreille. Plus tard il priera tant et fera tant prier qu'il finira par gagner sa cause.

Le soir, au moment d'une visite de Daye, Soleillet fait un

cadeau à l'imposante Kafouné, aux petites filles qui l'ont massé tous les soirs et à la femme de Demba Poulo, le chef des captifs, chez qui il a logé.

Tierno Boghard lui demande l'autorisation de continuer le voyage en sa compagnie, ce qui est accepté sans difficulté.

Jeudi 1ᵉʳ août. — Soleillet va voir Daye. Ce prince est très fâché de le voir partir. S'il pouvait rester quelque temps encore avec lui, cela lui ferait grand plaisir (1).

(1) Le moyen d'ouvrir l'Afrique à la civilisation européenne serait, non de faire des conquêtes les armes à la main, mais d'entretenir auprès des princes comme Daye, qui ont l'esprit curieux, une centaine de résidants sans position officielle. On devrait ensuite créer des comptoirs et les réunir par des voies ferrées. On arriverait ainsi, en vingt ans, à s'ouvrir l'Afrique occidentale. Si l'on veut, au contraire, conquérir tout d'un coup, on n'arrivera à rien. Il ne faut pas perdre de vue que l'Afrique est grande ; que beaucoup de territoires fertiles sont inhabités ; que les populations ne connaissent pas la culture des plantes annuelles et l'élevage du bétail ; qu'elles n'ont, pour habitations, que des cases en paille ou en torchis ; que, par conséquent, elles se déplacent très facilement. Il résulte de cet état de choses que les vaincus feront inévitablement le vide devant les vainqueurs et que ceux-ci domineront sur la solitude. Il en a été ainsi au Sénégal et en Algérie.

Nos gouvernants ont toujours le prurit de la gloire des armes. Quelle gloire cependant, avec nos armes perfectionnées, de vaincre des noirs qui n'ont que des lances, des fusils à pierre, quelques fusils à piston, quelques fusils de déserteurs, mais sans cartouches !

Ne songe-t-on point à conquérir Ségou? Ce matin nous avons eu une grande revue. Ces gens se préparent à aller tout d'une traite à Bammako. Ils peuvent aller partout avec leurs canons et leurs fusils Gras. Après? Que restera-t-il?

Les moyens pacifiques nous ouvraient modestement mais sûrement le Soudan. Que fera-t-on par les armes? La chose étant décidée, il ne nous reste plus qu'à faire des vœux pour ces nouveaux *conquistadores,* puisqu'ils sont Français.

Pour moi, qui préfère la gloire de Livingstone à celle de Pizarre, j'avais rêvé quelque chose de plus grand et de plus digne de la France.

PAUL SOLEILLET.

Médine, 6 janvier 1881.

CHAPITRE VIII

DE DIALA A NIAR'ANÉ

A neuf heures, tout est prêt pour le départ. Daye, qui a fait à Soleillet l'accueil le plus sympathique, vient jusqu'au milieu de la place. Soleillet lui dit encore adieu et enfourche sa mule.

Alassan est à cheval. Daoudo, son captif, enfant de huit à dix ans, trottine derrière le cheval dont il tient dans la main droite quelques crins de la queue. Un homme de Diala, nommé Demba, et Hiero sont aussi à cheval. Daye fait à ses hommes des recommandations, et l'on part laissant derrière Yaguelli avec les bagages.

A onze heures quarante minutes, ils arrivent au village de Goupou et s'y arrêtent quatre minutes. A onze heures cinquante-cinq minutes, ils font halte dans une belle plaine ondulée où paissent des chevaux, des bœufs et des vaches. Ils s'installent sous de beaux arbres. Hiero apporte complaisamment à Soleillet une note, un tison pour sa pipe et du lait pour remplacer l'eau qui est détestable.

A une heure cinquante minutes, Yaguelli arrive avec les bagages.

Hiero fait alors ses adieux à Soleillet et reprend la route de Kouniakary. C'est un fort brave homme et Soleillet se félicite de ses relations avec lui. Au moment où il tourne bride à l'ouest,

Soleillet donne le signal du départ. Après avoir traversé des plaines, des marécages et surtout des forêts, il arrive à quatre heures cinq minutes à Diangounté, petit village entouré de cultures, dont les cases sont en paille et les habitants très affables. Soleillet s'y arrête huit minutes et arrive à quatre heures cinquante minutes à Maudinkanou, village soni-nké construit sur une butte et entouré de bois. Son horizon est fermé par un cercle de montagnes lointaines.

Dans le milieu du village il y a un très bel arbre. On y a placé la tête d'un lion tué depuis un mois. On pense que la vue de cette bête fera fuir les autres lions.

Soleillet est logé dans une case en paille composée de deux pièces. Dans la seconde se trouve un lit composé d'une natte posée sur des piquets.

On lui apporte, sans qu'il ait rien demandé, de l'eau chaude pour sa toilette, un chevreau, du mil et du lait pour son dîner.

Il a la fièvre et couche dans la case où il fait faire du feu. La fièvre, les piqûres des moustiques, le coassement des grenouilles, le beuglement des bœufs l'empêchent de dormir.

Vendredi 2 août. — Impossible d'avoir du lait. D'après l'usage du pays, tout le lait du vendredi est abandonné aux bergers, qui en font du beurre.

A six heures, le baromètre marque 743°6 ; à huit heures quarante minutes, placé à terre, il marque 744° 3′ ; sur la mule, 744° 1.

Vers neuf heures, Soleillet rencontre au bord d'un fossé une femme et un enfant qui lavent une natte. Un peu plus tard il voit des pâtres et leurs troupeaux. A dix heures quinze minutes, il traverse une forêt où l'arbre *oki* est en grand nombre.

A onze heures, il voit dans le lointain une montagne boisée appelée Bangassi. Cinq minutes plus tard, il rencontre des cases en paille dépendant du village de Dindé, qui se trouve à deux heures de marche au sud.

A midi, il arrive à Tambakara, village khasso-nké, situé sur un plateau et entouré, en partie, d'un mur en terre qui tombe en ruines. Au sud, il y a un groupe de cases isolées occupées par des diavandos. Il y a des cultures tout autour des cases.

Les femmes regardent Soleillet avec effroi. Elles n'ont jamais vu d'Européen *(toubak)*, elles n'ont même jamais vu de Maures.

Les anciens viennent le saluer de la part du chef qui est malade.

Il est logé dans une case ronde en terre ayant un toit conique en chaume. Le toit de cette case, comme celui de plusieurs autres cases, est terminé par un bâton dans lequel sont enfilés plusieurs morceaux de calebasses découpés en croissants. Le tout est terminé par des cercles entrelacés ou espèces de fleurs également ment faites de morceaux de calebasse.

Daoudo, le petit captif d'Alassan, vient près de Soleillet, chasse les mouches et le regarde écrire. Quand il voit qu'il·a fini et se met à fumer, il lui parle avec volubilité en bambara. Soleillet comprend à sa pantomime, à son accent, que le pauvre enfant parle de sa mère, de ses frères, de ses sœurs, les uns grands, les autres petits, de son village, de sa capture qui doit être récente, car il porte encore sur la poitrine une cicatrice toute fraîche (1). Quand il eut terminé son histoire, Soleillet lui caressa de la main le visage, lui donna un morceau de sucre et un morceau de biscuit. Le pauvre petit, qui certainement n'avait pas été caressé depuis qu'il était captif, en fut tout ému et se mit à chanter d'une voix douce, une complainte dans laquelle le mot *toubak* revenait souvent.

Un homme vient alors regarder à la porte de la case et se met à rire en considérant Soleillet. Celui-ci le saisit par ses vêtements. Le bonhomme tremble et donne tous les signes d'une grande frayeur. Soleillet appelle Yaguelli et le charge de dire à cet homme qu'il n'est pas une bête pour qu'on vienne le regarder ainsi, puis il le lâche et rit en le voyant se sauver en courant.

(1) La selle des noirs est à troussequin. Quand on ravit un enfant, on le garrotte et on l'attache en croupe. Le troussequin le frappant incessamment dans la poitrine finit par faire une plaie.

Jusqu'à l'âge de quinze ou seize ans, les garçons ont en général
pour tout vêtement un chiffon qui leur passe autour des reins et
entre les cuisses. Devant tombe une petite bande ; derrière pendent
des franges qui, quand ils courent, font absolument l'effet d'une
queue.

Il y a une mosquée construite en terre et ornée d'un drapeau.

Soleillet passe la soirée avec ses gens auprès du feu.

Plus il considère Tierno Boghard, plus il lui trouve les allures
d'un curé de campagne.

Demba, de Diala, raconte comment Daye fut blessé à la main
dans la défense de Nioro, quand il fit la guerre contre son frère
Ahmadou. On raconte aussi des histoires dans le genre de celles
recueillies au château de Genappe, en Belgique, où le Dauphin de
France attendait impatiemment, pour devenir Louis XI, la mort
de son père Charles VII. Et l'on rit à Tambakara comme on riait
à la petite cour du Dauphin. Ainsi que Soleillet le note avec beaucoup de raison, dans tous les temps et sous toutes les latitudes,
ces histoires légères, qui ne font de tort à personne, ont amusé
les honnêtes gens.

Samedi 3 août. — Départ à sept heures quinze minutes. A sept
heures vingt minutes, Soleillet, Demba et Alassan vont au village
des Diavandos boire du lait qui leur est offert de très bonne grâce.

A neuf heures cinquante minutes, ils voient au pâturage, et
gardés par des enfants, des chevaux entravés d'une façon barbare.
Les deux pieds de devant sont entravés, et l'un des pieds de derrière est attaché au pied de devant du même côté.

Quelques minutes après, ils arrivent à Yaoura, village construit
dans une plaine entouré de bois et ceint d'un mur en terre. Autour
de la muraille il y a des enclos d'épines. Les cases sont en terre,
rondes et couvertes en paille. L'eau est excellente et provient de
pluies.

Soleillet est bien logé. On lui apporte de l'eau chaude pour se
laver.

La population est soni-nkaise et ses nombreux enfants sont

magnifiques de santé. Quatre jeunes garçons, entre autres, qui viennent voir le voyageur, sont convenablement vêtus de jaune et paraissent fort bien sous tous les rapports.

Samba, de Diala, dit que le sultan Ahmadou est un voleur, qu'il fait impitoyablement piller tous ceux qui lui sont signalés comme possédant quelques biens. Le vieux Souley et Tierno Boghard se mettent en colère. Soleillet croit qu'il serait impolitique de laisser discuter devant lui le sultan Ahmadou et donne l'ordre à Samba de quitter la caravane.

Samba parti, on cause de choses et d'autres et Soleillet raconte l'histoire de la reine de Saba telle qu'elle est dans le Koran (1); les deux marabouts sont toujours surpris qu'il connaisse leur *Livre*.

Dimanche 4 août. — Le tonnerre gronde dans le lointain, un orage est imminent et Soleillet décide de faire séjour.

Il cause avec les gens du pays, surtout de ballons et de chemins de fer. *Ils en voudraient bien dans leur pays ; au moins ils iraient voir partout.*

Sous un arbre, près du hangar banal, un forgeron fait, avec des vieilles limes, des couteaux à raser. Il a pour enclume un bloc de fer; pour soufflet, un sac en peau terminé par un canon de fusil et manœuvré par un enfant. Tout son attirail tient dans un sac que l'enfant porte sur sa tête.

Le soir, sur la place, les hommes, armés de fusils et de bâtons, exécutent une danse guerrière, font un simulacre de combat. Ils sautent tantôt sur un pied, tantôt sur l'autre, en cadence. La mesure est donnée par trois tamtams et par des jeunes filles qui chantent en battant des mains.

---

(1) Ch. XXVII, v. 16-46. C'est dans ce chapitre que Salomon se vante de commander aux hommes et aux génies et de comprendre le langage des oiseaux. C'est par un oiseau, la huppe, qu'il apprit l'existence de la reine et du royaume de Saba.

Et c'est « au nom de Dieu clément et miséricordieux » que Mahomet débite ces sornettes comme une révélation d'en haut! Et des millions d'individus les soutiendraient encore au péril de leur vie!

La nuit, autour du feu, Tierno Boubakar raconte cet apologue :

Un enfant disait souvent à son père : Qu'y a-t-il de plus fort que toi ? — Tu le verras, répondit le père.

Un jour ils vont ensemble en voyage. Les pierres blessent le père aux pieds, et l'Enfant dit : Voilà ! les pierres sont plus fortes que mon Père.

Le Père trouve un bâton sur la route. Il le ramasse, s'en sert pour marcher et pour écarter les pierres. L'Enfant dit : Ce bâton est plus fort que les pierres qu'il chasse et que mon Père qu'il supporte.

Ils s'assoient sous un arbre. Le Père tire son couteau et coupe le bâton qui est trop long. Le fer est le plus fort, dit l'Enfant.

Avant d'arriver au village, ils voient des hommes qui fondent du fer dans des fourneaux. L'Enfant dit alors, c'est le feu qui est le plus fort de tout. Attends, lui répond le Père.

Ils entrent dans le village. Sur la place il y avait un forgeron qui maniait le fer et le feu, faisait des bêches, des haches, des couteaux. L'homme est le plus fort de tout, dit l'Enfant émerveillé. Attends, répond le Père.

Ce forgeron, déjà sur l'âge, avait une femme jeune et jolie qui lui faisait faire toutes ses volontés, surtout depuis qu'elle lui avait donné un fils qu'elle allaitait. Le Père et l'Enfant se logent dans une case voisine de celle du forgeron et l'Enfant entend la femme qui commande à son mari. Ah ! dit-il, la femme est tout ce qu'il y a de plus fort. — Quelquefois, répond le Père, mais attend.

La femme se couche et veut dormir, mais son petit, malade, pleure et elle lui obéit. C'est l'enfant qui est le plus fort, dit le Fils à son Père. Attends encore, répond celui-ci.

Dans la nuit, la mort enlève le fils du forgeron. Je sais maintenant qui est le plus fort, dit l'Enfant : c'est la mort ! — Tu as raison, répond le Père, c'est la mort, mais elle est dans la main de Dieu, maître des mondes, qui seul est puissant, bon, fort. Que son nom soit loué !

Cette légende rappelle la *Légende de Java,* que M. Xavier Mar-

mier a parée de tout le charme de son style. Il s'agit d'un tailleur
de pierre dont un ange accomplit tous les vœux. Il devint riche,
roi, soleil, nuage, roc, et enfin tailleur de pierre, comme
devant (1).

C'est le même ordre d'idées. On dirait que ces deux apologues
sont nés sur le même sol.

Lundi 5 août. — Départ à six heures quarante-cinq minutes.

Samba persiste à suivre la caravane, mais Soleillet lui donne la
chasse. Il disparaît et ne se montre plus.

Le pays présente toujours la même variété. A sept heures quarante-cinq minutes, il voit une rivière et trois femmes qui
arrachent les mauvaises herbes. Un peu plus loin une femme qui
nourrit en marchant et deux hommes montés sur des ânes;
encore un peu plus loin, trois hommes, un enfant, un âne; puis
un troupeau de moutons.

(1) *Contes populaires de différents pays* recueillis et traduits par M. Xavier
Marmier. Paris, Hachette, 1880, pp. 321 seq.

CHAPITRE IX

DE NIAR'ANÉ A DJIONGO

Niar'ané et ses habitants. — Une race de chiens bambaras. — Les Bambaras sont
mécréants. — A quels signes un noir se considère comme blanc. — Usages bambaras. — Réception de Soleillet à Djiongo. — *Poignez vilain, il vous oindra.* —
La danse du travail. — Pays riche. — Les six villages du Bagué.

A onze heures, il arrive à Niar'ané, village grand et propre,
clos d'un mur en terre en bon état avec un tata au centre et, en
faubourg, les cases des Diavandos. L'eau est bonne et le climat est
sain. Sa population est bambara et fort belle. Les jeunes gens
portent à la ceinture un fouet. Ils sont proprement vêtus de
boubous courts en pagne jaune. Ils sont coiffés du bonnet bambara, espèce de bonnet phrygien en pagne blanche. Les uns le
portent comme une mître, les autres comme un bonnet de police ;
tandis que d'autres en font un casque et d'autres encore (les
vieillards principalement) lui donnent sa forme classique. Quelques jeunes gens ont la singulière fantaisie de se coiffer d'une
espèce de cabas dont la bordure est ornée de petites houppes.

Tous portent, serré autour du cou, un collier en perles de verre
noir.

Le vêtement des jeunes filles consiste ordinairement en un
simple lac de perles passé autour des reins, ce qui ne les empêche
pas d'avoir la physionomie et l'attitude très modestes.

Les femmes ont pour chaussure une semelle de bois posée sur
deux hauts talons. Cette semelle est fixée au pied par une courroie
qui passe entre l'orteil et le deuxième doigt. Elles ont au cou des

colliers auxquels elles attachent toute espèce de chose, mais presque toujours une petite sonnette en cuivre.

On apporte à Soleillet des enfants pour qu'il les touche. D'autres viennent jouer autour de lui. Ces enfants ont les cheveux rasés par places et de longues mèches tressées avec des cauris. Ils sont parés de verroteries, portent des grelots et des petites sonnettes.

Hommes et femmes sont grands et bien faits. Les chefs surtout ont l'air bon et intelligent. Les enfants sont beaux, d'un sang riche.

Tous ont sur la figure des raies faites au fer chaud. Les hommes libres en ont trois de chaque côté de la face, les captifs en ont quatre.

Ils ont une race de chiens qui, je crois, n'avait pas été observée en Afrique avant Soleillet.

Cet animal a le poil jaune et rude, long et frisé comme celui des griffons d'Europe. Il a les oreilles petites et tombantes. Il n'a pas de basane, il est monochrome, sa queue est droite, sauf à l'extrémité qui est recourbée en faucille.

Soleillet est logé immédiatement et très bien. On lui apporte du lait, des poules et des œufs; plus tard on lui amène un beau mouton.

Les anciens viennent le saluer. Tous portent à la main de longues pipes et plusieurs la petite hachette qui est l'arme nationale.

C'est à Niar'ané que Soleillet entend parler, pour la première fois, de l'arbre à beurre.

Les habitants sont très braves gens, mais ils ne brillent pas par leur dévotion. Ils se moquent des hommes de Soleillet quand ils font leurs prières et les miment en les chargeant.

Un vieillard fait dire à Soleillet, par Yaguelli, qu'ils se considèrent comme des blancs parce qu'ils s'enivrent d'eau-de-vie, portent la moustache et ne sont pas marabouts. Ils savent qu'un chef blanc doit les délivrer des marabouts, et le bonhomme a l'espoir que cette délivrance aura lieu avant sa mort.

Les Bambaras sont exclusivement agriculteurs. Ils confient leurs troupeaux aux Maures et aux Diavandos. Presque toujours les villages bambaras ont près d'eux des cases diavandos.

Ils font faire leur commerce par les Soni-nké. Leurs ouvriers de métier, forgerons, tisseurs, etc., sont aussi d'origine mali-nkaise.

Mardi 6 août. — Départ à huit heures et arrivée à Djiongo vers midi.

Alassan, parti en avant, en courrier, se présente faisant piteuse mine. Le chef et les habitants, dit-il, sont fatigués de recevoir les gens de Daye; ils n'ont rien à vous donner et ne peuvent vous loger. Ils vont prendre dans les lougans (cultures) des hommes pour vous accompagner jusqu'au prochain village.

Yaguelli, dit Soleillet, priez le chef de me donner une case pour faire la sieste.

Je n'ai pas de case à prêter au *Toubak* (Européen), répond le chef, vieux noir à figure rébarbative.

« Je vais en chercher une », réplique Soleillet, « je saurai bien » la trouver. Je me décide d'ailleurs à coucher ici. Veillez à ce » que rien ne nous manque ».

Il se dirige alors vers le tata même du chef, y entre avec sa mule qu'il conduit par la bride, choisit une case double qui lui paraît en bon état et dit à Yaguelli de donner l'ordre aux femmes de balayer, puis d'apporter des nattes propres.

Au moment où Soleillet s'installait, Alassan vint le prévenir que le chef lui faisait préparer un logement à l'autre bout du village.

« — Dites-lui que je suis ici et que j'y reste. Yaguelli, amenez » les ânes et les bagages et rangez-les dans la case qui est derrière » celle-ci. Alassan, dites au chef de m'envoyer du lait ».

Alassan, entendant ainsi parler Soleillet, retourne auprès du chef. Un instant après, celui-ci arrive criant et gesticulant. Il ouvre une case, prend une hache de combat et vient s'accroupir auprès du voyageur qui était accroupi sur une natte. Il lui prend la main droite dans ses deux mains, se la passe sur le visage et dit : « *Selam alek* (le salut sur toi). — *Alek selam* (sur toi le salut), lui répond Soleillet. Cela fait, il entame un discours en bambara dans lequel il proteste de son dévoûment, remercie son hôte d'avoir choisi sa case et lui promet un bon traitement.

Soleillet sut plus tard que Sountoukou, le chef, dit aux notables : « Le *Toubak* est un véritable chef. Vous l'avez vu, « sans armes, agir comme s'il était chez lui, sans se fâcher, sans » crier. Le Toubak est bon, car nous avons eu tort envers lui. » Cependant il m'a bien reçu et ne m'a fait ni reproches ni » menaces. Il a le cœur large, car il a déjà oublié ; je l'aime, moi, » le *Toubak* ».

Sountoukou fut d'ailleurs rempli de prévenances et donna généreusement aux voyageurs tout ce qui leur était nécessaire.

Le Sorma et le Kaarta-Biné se trouvant en dehors des routes suivies jusqu'à présent par les voyageurs européens, et n'étant fréquentés ni par les Maures ni par les Foulbé, Soleillet est, pour beaucoup d'indigènes, le premier homme *non noir* qu'ils aient vu, ce qui les rend d'une curiosité fatigante. En dehors de cela, il n'eut pas à se plaindre d'eux ; ils furent, au contraire, complaisants et très empressés à faire tout ce qui lui pouvait être agréable.

Il y eut, ce soir-là, dans le village, une scène toute bucolique.

A sept heures, le tamtam résonne et les femmes crient. Ce sont les hommes qui rentrent des champs ; on se rend à leur rencontre et tout à l'heure, sur la place, on dansera la danse du travail *(cené doukili)*.

D'un côté de la place, un baobab étale son immense feuillage ; de l'autre côté se dresse un hangar couvert de chaume et pourvu d'un plancher supporté par des pieux. Sur ce plancher ont pris place le chef et les notables.

Devant, des hommes, des femmes et des enfants forment un cercle au milieu duquel un jeune homme danse, tenant une bêche à la main, et mime les travaux des champs. En même temps les tambours résonnent, les femmes battent la mesure en claquant des mains et chantent une complainte qui décrit les divers travaux figurés par le danseur.

Pendant un intermède, un vieillard, tenant à la main un éventail, danse et fait beaucoup rire.

Tout cela dura un peu plus d'une heure.

Cette coutume démontre que l'agriculture est en honneur dans le pays. En effet, Soleillet se trouve au milieu de ces populations bambaras que M. le général Faidherbe a si heureusement comparées à nos auvergnats. Elles ne considèrent pas le travail de la terre comme déshonorant. Les hommes s'y livrent, ce qui ne se fait ni chez les Toucouleurs, ni chez la plupart des autres noirs. Aussi, chez eux, l'agriculture est florissante. Outre les trois espèces de mil qui servent aux Bambaras pour faire de la bière et de l'eau-de-vie, ils cultivent le riz, le coton, l'indigo, l'arachide, des haricots, des tomates, des oignons et ces précieuses calebasses qui rendent aux noirs tant de services.

Les Bambaras ont quelque bétail, moutons, chèvres, bœufs, des chevaux et des ânes. Leurs troupeaux sont gardés par des *diavandos.*

Il y a très peu de commerce. Les Bambaras produisent tout ce qui est nécessaire pour la nourriture et le logement. Ils n'achètent que du cuivre et du fer blanc pour faire des bijoux à leurs femmes, du soufre pour fabriquer de la poudre, et quelques fusils.

Ces objets leur sont vendus par les Saracolais, les seuls négociants de cette partie de l'Afrique, dont les villages sont disséminés dans tous les pays noirs depuis Saint-Louis jusqu'à Ségou.

Le Sorma et le Kaarta-Biné ne font plus pour le moment aucun commerce, mais ils pourraient en faire et beaucoup, car ils produisent en abondance le riz, le coton, l'indigo, l'ébène, le teck, le cail-cédrat.

Le Bambara est fort, énergique. Il honore le travail et ne résistera pas à l'influence européenne.

Il n'y a pas de mosquées. Le soir, quand les hommes de Soleillet font la prière, un bossu seul y prend part. Les autres habitants du village ne paraissent pas s'en soucier, ce qui ne les empêche pas d'être de braves gens, cent fois supérieurs aux dévôts qu'on y a rencontrés jusqu'ici.

Il y a là six villages qui forment, sous le nom de Bagué, un état particulier qui était indépendant avant l'Hadji Omar. Les villages s'étendent de l'ouest à l'est, et sont nommés Djiongo, Gourga, Sitakoto, Gentalla, Gourindikoto et Tamasa. (1)

Ces populations parlent un idiome particulier du bambara. Leur précédent chef les a amenés du *Souba* (?). Leur chef actuel est Sountoukou, qui est très âgé.

Mercredi 7 août. — Départ à sept heures quinze minutes.

(1) La carte de Regnauld de Lannoy de Bissy donne à ces villages les noms de Dindanco, Serouma, Koudionka, Kouroundingkobo et Marena.

CHAPITRE X

DE DJIONGO A FARABOUBOU

Un grigris pour tuer du gibier. — Lambédou. — Fathau. — Regrets d'une vieille
femme aveugle. — Un griot. — Coiffure des femmes de Fathau. — Des griotes.
— Un grigris. — Voir un blanc tout nu! Le maître de la case. — La rivière
Houssa. — Le porteur d'impôts. — La dîme. — Ruines de Sidyagna. — De Diala
à Faraboubou.

Les habitants de Djiongo ne pensent pas à la prière, mais ils ne
sont pas, pour cela, exempts de superstitions. L'un d'eux, qui
accompagne Soleillet, porte un collier en grigris composé d'os de
biche entourés de sang figé de biche. Il prétend qu'avec ce talisman
il est sûr de tous les coups de fusil qu'il tirera sur les biches et
autres animaux de même espèce.

A neuf heures cinq minutes, rencontre de deux bûcherons noirs
coiffés du classique bonnet de la liberté en coton blanc. Trente-
cinq minutes plus tard, Soleillet aperçoit un village.

A neuf heures quarante-cinq minutes, il arrive à Lambédou,
grand village entouré d'un mur en terre en bon état. Moussa
Fatma en est le chef. La population est soni-nké.

La mosquée, qui n'est point couverte, se compose de quatre
murs en terre hauts de 1ᵐ50. L'entrée est à l'occident ; au levant,
du côté de la Mekke, le mur forme, à la moitié de sa longueur,
un petit hémicycle.

A dix heures vingt minutes, au moment où Soleillet remonte
sur sa mule, un homme lui offre gracieusement une noix de
gourou.

Trois quarts d'heure plus tard, il est en face de Fathau, village construit au pied d'une montagne et entouré de cultures. Il y arrive à onze heures onze minutes. Ce village est entouré de murs formés de tours contiguës et alternativement rondes et carrées. Un puits creusé au milieu donne d'excellente eau.

La population est bambara et légèrement mélangée de soninké. Elle fait bon accueil à Soleillet et l'installe provisoirement dans une entrée de maison.

Le chef est Massiré, vieillard tout couvert de grigris et paré d'une sonnette attachée au bras gauche par une lanière de cuir. Il vient voir Soleillet et lui dit qu'il ne peut, pour le moment, lui donner des hommes, parce que tout son monde est occupé dans les champs.

Il lui donne pour logement une. case très propre dont l'entrée est ornée de grossiers dessins.

Soleillet est à peine installé qu'il reçoit la visite d'une vieille femme aveugle. « J'ai toujours souhaité, lui dit-elle, de voir un » rouge. Maintenant que je n'y vois plus, il en arrive un. Puisque » je ne puis vous voir, permettez-moi de vous toucher ». Soleillet lui tend la main ; elle lui palpe les bras, le visage, s'extasie sur sa barbe, qui doit avoir 0^{m}35. Quand elle arrive aux pieds, qui sont nus, elle est surprise d'en trouver la plante sans calosités, douce comme celle d'un enfant qui vient de naître. « Ah ! » dit-elle, en terminant ses réflexions, « si j'étais jeune fille, je ferais mieux que de vous palper ». Ce regret de la pauvre vieille fait beaucoup rire les spectateurs. Soleillet, pour reconnaître ses bonnes intentions, lui donne deux feuilles de tabac.

Un griot, du nom d'Abdulaye, vient ensuite lui faire de la musique. Il porte un instrument bambara nommé *gambaré*. Le gambaré est une calebasse couverte d'une peau d'âne et traversée par un bâton de 0^{m}55 de longueur sur lequel sont adaptées trois cordes en crin. Le griot en joue en pinçant les cordes et en frappant sur la peau d'âne.

La case est remplie de monde. Tous les hommes portent au

poignet droit un bracelet en fer formé d'une torsade. La coiffure
des femmes a toujours la forme d'un casque, mais leurs cheveux,
divisés en tresses, sont pris dans un grand nombre d'anneaux en
cuivre. Elles ont des pagnes de toutes sortes.

Des femmes griotes viennent aussi. Soleillet contente tout ce
monde en donnant à Abdulaye une pièce de cinquante centimes.
Le bon griot improvise un chant dans lequel il compare Soleillet
à une nourrice, lui à un petit enfant, la pièce de cinquante centimes à du lait.

Tandis que Soleillet se promenait dans les cases avec Boghard,
on lui amène un enfant de six à sept ans atteint de pléthore. Ce
malheureux est réellement énorme. Une corde à nœuds lui fait le
tour du col, descend jusqu'au nombril, fait le tour du corps et
remonte entre les épaules pour se rattacher au col. Elle entre dans
les chairs et en beaucoup d'endroits elle a déterminé des plaies
qui supurent. On demande pour lui des remèdes. « Le premier
» remède à faire », répond Soleillet, « est de couper la corde pour
» que les plaies se guérissent ». Le père et la mère répondent :
« Vous demandez une chose impossible. Cette corde est un
» grigris. Si on la coupait, l'enfant mourrait et il leur arriverait
» un grand malheur ». — « Adressez-vous donc au Tierno qui
» est avec moi. Si vous voulez lui donner un bœuf, il vous don-
» nera un écrit qui guérira cet enfant ». Donner un bœuf ne
sourit point au bonhomme, et il part avec son petit malade.

Jeudi 8 août. — Il pleut de onze heures du soir à trois heures
du matin. A six heures, le baromètre marque 736° 9', le thermomètre 22°.

Soleillet veut faire sa toilette et changer de linge. Mais sa case
n'a pas de porte et les habitants viennent en foule pour le voir
tout nu. Il crie, tempête, jette ses souliers à la tête des curieux :
rien n'y fait. Voir un blanc tout nu !... Enfin ses gens viennent,
font la garde devant la porte et lui procurent un peu de tranquillité.

Un peu après, le maître de la case lui fait dire de donner cinquante centimes en argent s'il veut du lait. Soleillet donne les cinquante centimes. Le bonhomme vient ensuite lui demander un cadeau pour l'avoir logé. Le voyageur lui répond : « Depuis » mon départ de Saint-Louis, j'ai fait un cadeau tant au chef du » village qu'à l'habitant qui m'a logé ; mais toujours on m'a » donné ce qui m'était nécessaire et jamais on ne m'en a demandé » le payement. Vous, vous m'avez fait payer le lait que vous » m'avez fourni ; je n'ai pas de cadeau à vous faire et je ne vous » en ferai pas ».

Le départ a lieu à sept heures vingt-cinq minutes. Moins d'une heure après, il rencontre la rivière Houssa, large de 100 mètres, mais peu profonde. Plusieurs fois dans la journée il rencontre cette rivière qui tantôt traverse des marécages ou de vertes prairies, tantôt se dissimule derrière des rochers, des roseaux et des grands arbres où chantent une multitude d'oiseaux.

A neuf heures cinquante minutes, un vieillard à cheval, suivi de trois piétons et d'un cavalier, vient lui donner la main. A dix heures cinquante minutes, il a sur sa gauche un village nommé Hiari.

A onze heures cinquante-cinq minutes, il fait route avec un homme qui va porter à Faraboubou, au roi Ahmadou Moktar, l'impôt de Lambédou, son village. Apprenant de cet homme qu'il est près de Faraboudou, il laisse à Semba et à Souley la conduite des ânes et part en avant avec Yaguelli et le porteur d'impôts.

Cet impôt consiste en pagnes, comme il a été dit en parlant de Kouniakary. Il frappe tous les produits du sol excepté le coton, l'indigo, l'oignon, les tomates, les calebasses, etc., etc. Il est du dixième. C'est la dîme imaginée par Moïse, admise par les princes musulmans, exigée par le clergé chrétien jusqu'en 1790, c'est-à-dire jusqu'au moment où, malgré ses gémissements, ses cris, ses tentatives de guerre civile, l'Assemblée nationale la supprima.

Cette dîme est perçue au nom du sultan Ahmadou, de Ségou, qui en abandonne une partie aux rois qu'il a mis à la tête de ses états particuliers. Les chefs des villages convertissent en pagnes l'impôt prélevé en nature, au moment des récoltes, en présence des délégués (contrôleurs, percepteurs) des rois.

Cette conversion procure aux chefs des villages d'assez beaux bénéfices. Ils reçoivent le coton et font tisser les pagnes chez eux. Toutes les amendes étant payées en pagnes, ils ont un écoulement certain et d'autant plus fructueux que le prix des denrées est fixé au moment de la récolte, quand il est le plus bas.

Les troupeaux, sauf ceux des Maures nomades, sont exempts d'impôt. Toutes les marchandises importées dans l'empire de Ségou, à l'exception des cauris, payent la dîme. Les exportations sont franches.

A une heure dix minutes, il arrive à l'endroit où s'élevait le village de Sidyagna. Ce village a été détruit pendant les guerres de l'Hadji Omar. Une partie des habitants, dit Soleillet, s'est fixée à Faraboubou. Et le reste ?

A deux heures vingt-cinq minutes, Soleillet arrive à Faraboubou.

Depuis Diala, il a fait un voyage des plus agréables, dans une contrée montagneuse dont il a beaucoup admiré les sites qui sont pittoresques dans les montagnes, gracieux et riants dans les vallées où abondent les arbres odorants, où chantent et voltigent d'admirables oiseaux.

Ce pays est élevé et relativement sain. L'eau y est bonne et le lait excellent.

Soleillet a peu à peu délaissé le sulfate de quinine. Il ne pense plus à la fièvre et sa santé est aussi bonne que peut être la santé du blanc, dans le Soudan, pendant la terrible saison des pluies qui est redoutée même des noirs.

Le Soudan est caractérisé par les pluies tropicales; c'est donc, suivant Soleillet, dans cette saison qu'il faut le visiter, comme c'est en hiver qu'il faut visiter le Spitzberg et en été le Sahara.

Ce qui dut augmenter encore l'agrément de son voyage, c'est la réception sympathique qu'il a reçue dans tous les villages.

CHAPITRE XI

FARABOUBOU

Faraboubou. — Ahmadou Moktar. — Soleillet encore médecin. — Chute et pansement du petit Daoudo. — Le tierno Boghard fait des grigris. — Chevaux bambaras. — Le trafic avec le Bouré. — Le prix des captifs au Bouré. — Le tierno
Boghard veut se marier. — *Dieu seul peut créer un homme!* — Les hommes de Faraboubou. — Départ de Faraboubou.

Faraboubou avait une double enceinte composée de murs en
terre aujourd'hui en partie détruits.

Au milieu du village, qui est assez grand, situé dans une
dépression, entouré de cultures et de pâturages, se trouvent des
palmiers roniers et deux mares où nagent pêle-mêle des oiseaux
aquatiques sauvages et des canards domestiques. En face des
mares est le tata d'Ahmadou. Il est petit, en très bon état, carré,
avec une tour carrée au milieu du mur de façade et une tour
ronde surmontée d'un toit conique en chaume à chacun de ses
angles.

Des gens qui sont sous des arbres viennent saluer Soleillet.
Avec eux se trouve Alassan qu'il a fait partir en avant le matin.
Alassan le conduit au logement qu'il lui a préparé chez Baoulé,
chef des captifs du roi. A côté du tata, et à droite, Soleillet a une
chambre en terre avec un tara (lit). Devant cette chambre se
trouve un hangar en nattes et une case pour les bagages.

Le voyageur est à peine assis qu'Ahmadou Moktar vient le
saluer.

Ahmadou commande, comme roi, le Kaarta-Biné, royaume qui commence à Yaoura. Il n'est pas parent du sultan Ahmadou, de Ségou. Il est toucouleur de Galloya, village du Foutah sénégalais.

Le chef Ahmadou a de 45 à 50 ans. Il est petit, très noir. Il a la peau rugueuse, les yeux petits, à demi-fermés. Il porte un chapelet, dit toujours *Bismi-Allah* (au nom de Dieu) et son air est celui d'un tartufe. Il porte un boubou blanc, une calotte blanche, un sabre qui est retenu à l'épaule gauche par une pagne servant de baudrier.

Il complimente Soleillet et lui dit qu'il est chez lui. Celui-ci va lui rendre sa visite et lui faire son cadeau.

Ahmadou revient dans la soirée avec un mouton, de la volaille, du riz et au moins 50 litres de lait.

Vendredi 9 août. — Dès le matin, Soleillet rend visite au roi Ahmadou, qui lui fait donner un bœuf.

Ahmadou vient aussi le voir, lui demande des nouvelles de Paris et de la Nouvelle-Calédonie. Il cause beaucoup des chemins de fer et, selon lui, le sultan Ahmadou ferait bien d'en construire dans ses états pour mettre fin aux révoltes. Il demande ensuite à Soleillet un objet que ne possédaient pas les Romains et dont la langue française ne permet de dire ni le nom ni l'usage.

Pour Ahmadou Moktar, le sultan de Ségou est le seul roi réellement roi qu'il y ait parmi les noirs. Il a donné à Moktar plus d'or qu'il n'en faudrait pour acheter le Foutah et tous ses habitants. Il est le véritable père de Moktar ; Moktar a toujours été avec lui et toujours il restera avec lui, « s'il plaît à Dieu ».

Samedi 10 août. — Dans la matinée, Soleillet purge Ahmadou avec de l'huile de ricin.

Daoudo, le petit captif d'Alassan, ayant voulu faire courir le cheval de son maître, tomba sur la tête. On le relève tout étourdi ; on lui fait avec un couteau, à la tête, des incisions que l'on fait beaucoup saigner, ce qui paraît le soulager. En cette circonstance, Alassan, se montre très bon pour cet enfant.

Une négresse, qui vient de laver son enfant à la mamelle, le secoue comme l’on fait d’un panier à salade.

Dimanche 11 août. — Alassan fait faire un grigris au tierno Boghard et lui donne en paiement son fusil. Pauvre Alassan !

Ahmadou n’ayant pas été satisfait de l’huile de ricin, Soleillet lui donne double dose de sel de Glauber.

Dans l’après-midi, il reçoit Soleillet dans son tata. Il a près de lui un beau cheval de race maure et près du cheval un captif qui ramasse le crotin dans une calebasse.

Les chevaux de cette partie du Soudan sont généralement en très mauvais état.

Les quelques chevaux maures que possèdent les chefs sont l’objet de soins extraordinaires. On les tient d’une propreté parfaite. Quand on les lave, on les sèche avec des chiffons de laine. On ne laisse jamais de fumier auprès d’eux. On leur chasse les mouches et les moustiques. Quand il pleut, on les met sous des hangars et on leur fait du feu. On choisit leur mil grain à grain et on les laisse en manger tant qu’ils veulent. On choisit également avec le plus grand soin leur herbe fraîche ou sèche.

Lundi 12 août. — Il pleut une partie de la journée. Soleillet profite de l’occasion pour faire raconter au vieux Souley un voyage qu’il a fait au Bouré.

Le bonhomme ne se rappelle ni les distances ni les noms des villages, mais il donne des détails intéressants sur le commerce, qui est celui des esclaves.

Un certain nombre d’habitants de Kouniakary, qui avaient chacun un âne, se rendirent à Bakel avec du mil pour acheter de la guinée. Ils retournèrent à Kouniakary et changèrent, à des Maures, leur guinée contre des briques de sel.

La brique de sel a de 0^m30 à 0^m35 de largeur, de 0^m90 à 0^m95 de longueur, de 0^m03 à 0^m04 d’épaisseur. Son poids est de 12 à 13 kilogrammes et 4 font la charge d’un âne. Rendue à Kouniakary, la brique de sel vaut deux pièces de guinée.

Les marchands se rendirent de Kouniakary au Bambouk où ils

payèrent aux principaux chefs, à titre de coutume, environ le 1/20ᵉ de leur sel. Arrivés au Bouré, ils changèrent contre de l'or tout ce qui leur en restait. Le sel étant rare, ils vendirent le leur jusqu'à 35 gros d'or la brique, plus de 36 francs le kilogramme.

La brique de sel tombe parfois à 20 gros, 29 francs.

Au Bouré, un captif se paie de 30 à 40 gros d'or; 150 à 200 francs (1). Mais comme la brique de sel coûte seulement deux pièces de guinée, le prix d'un captif n'est en réalité que de 25 ou 30 francs.

Le tierno Boghard désire s'arrêter à Faraboubou. Il explique à Soleillet qu'il ne peut se passer de femme; qu'il est trop pauvre pour épouser une jeune fille de son pays; qu'il ne convient pas à sa dignité de marabout d'épouser une femme qui ait déjà été mariée; qu'il trouve trop lourd à porter le précepte qui prescrit au pauvre la continence (2); qu'il a fait le projet d'aller à Ségou avec quelques marchandises (4 pièces de guinée et un burnous en flanelle rouge bordé de jaune) dans l'espoir que le sultan lui donnera une captive vierge et musulmane dont il fera sa femme légitime (3); qu'Ahmadou Moktar lui promet de le satisfaire et qu'il va rester à Faraboubou.

Le bon musulman donne à Soleillet sa planchette à écrire et Soleillet lui donne, pour sa future épouse, une cornaline taillée en forme de triangle.

Le roi Ahmadou vient voir Soleillet. Après lui avoir demandé un remède pour son frère Ousman, il lui confesse qu'il a neuf femmes et que malgré cela il ne peut avoir d'enfants. Les Blancs

(1) La valeur réelle du gros d'or est de 12 fr. 50; mais au Bouré, comme à Ségou, on donne, pour une pièce de 5 fr., un gros ou un gros et demi d'or. (Note de PAUL SOLEILLLET.)

(2) Que ceux qui ne peuvent trouver un parti à cause de leur pauvreté, vivent dans la continence jusqu'à ce que Dieu les ait enrichis de sa faveur. (KORAN, *La Lumière, 33.*)

(3) Si vous craigniez encore d'être injustes, n'en épousez qu'une seule ou une esclave. (KORAN, *Les Femmes, 3.*)

n’ont-ils pas de remèdes... Soleillet lui répond sentencieusement, comme un vrai musulman : « Dieu seul peut créer un homme! »

En reconduisant Ahmadou Moktar, Soleillet rencontre des femmes qui sont atteintes du vers de guinée. L’une de ces malheureuses en a six : trois au ventre et trois aux cuisses.

Les hommes de Faraboubou sont très noirs, de types divers se rapprochant de l’Européen. Ils ont généralement le nez gros.

A une heure du soir, Soleillet fait partir Demba et Souley avec les ânes et les âniers.

Ahmadou lui donne pour guide Hiero, un brave homme qui paraît fléchir sous le poids d’un nez monumental.

A une heure vingt minutes, Soleillet se met en route. Le roi Ahmadou Moktar et quelques notables montent à cheval pour l’accompagner. Des captifs à pied portent le fusil et les souliers du roi.

Après un quart d’heure de marche, Soleillet reçoit les adieux et les protestations d’amitié du roi Ahmadou.

Cet homme ne lui inspire aucune confiance malgré toutes ses protestations. Dans sa conviction, il nous déteste et nous fera du mal si l’occasion s’en présente.

Baoulé, le captif qui logea la caravane, et le tierno Boghard continuent d’accompagner Soleillet. A une heure quarante-huit minutes, Baoulé fait aussi ses adieux et retourne à Faraboubou.

CHAPITRE XII

DE FARABOUBOU A YANGUERDÉ

Fourneaux pour la fonte du minerai de fer. — Sariné. — Le tierno Boghard quitte
Soleillet. — Soleillet a le délire. — La chasse à l'éléphant. — Un homme qui
revient de Ségou. — Ahmadou Moktar invite Soleillet à venir se faire soigner à
Faraboubou. — Soleillet est visité par toutes les femmes d'Ousman Moktar. — Ce
qu'il faut de temps pour expliquer une querelle entre les deux Moktar. — Délimitation du Kaarta et du Ségou. — Entrée dans le Ségou. — Soleillet et Yaguelli
s'égarent pour n'avoir pas compris un âne. — Traces d'éléphants. — Nuit dans la
forêt. — Les égarés sont retrouvés au jour par un chasseur d'éléphants. — Arrivée
à Yanguerdé.

A deux heures cinquante minutes, Soleillet aperçoit un village
qui est précédé d'une vingtaine de fourneaux pour la fonte du
minerai de fer. Ce sont des constructions coniques de 2^m à 2^m50
de hauteur et d'environ 1^m50 de diamètre au ras du sol. On y
pénètre par une petite ouverture semi-circulaire et le sommet
laisse une ouverture pour le passage de la fumée.

A trois heures cinq minutes, Soleillet qui est parti en avant
avec Boghard et Yaguelli, arrive à Sariné, village soni-nké, entouré
d'un mur de terre. Il y a une mosquée en terre et, au milieu de la
place, un énorme et superbe figuier sous lequel les habitants complimentent le voyageur.

On le conduit ensuite à un logement préparé par les soins de
Hiéro, qui avait pris les devants.

Les ânes et les bagages arrivent à trois heures trente minutes.

Le tierno Boghard fait ses adieux à Soleillet. Comme il le voit très fatigué, il lui masse la tête, fait des prières, dit que cela ne sera rien et lui recommande de ne pas partir le lendemain s'il est encore fatigué. Ce marabout est vraiment un bon garçon.

A peine est-il parti que Soleillet a le délire. Il voit sa mère, sa femme, son fils ; il les appelle et cause avec eux. Cependant, Demba et Souley sont près de lui, le massent et font des prières. Yaguelli lui fait prendre du thé ; Hiéro cherche partout du lait frais.

Sur les sept heures du soir, le malade se sent mieux, mais il est extrêmement faible. Il espère cependant pouvoir partir le lendemain.

On lui apporte les défenses d'un éléphant tué depuis un an dans une forêt qu'il doit traverser le lendemain. Elles pèsent une trentaine de kilogrammes et sont intactes. Il les paie cinq pièces de guinée et deux pièces de cinq francs en argent. A Sariné, la pièce de guinée vaut deux gros d'or (25 francs) ou deux pièces de cinq francs en argent.

Les habitants de Sariné chassent l'éléphant avec un fusil de gros calibre, très long, à pierre, monté sur bois peint en rouge et garni de capucines en cuivre. Ils se servent de balles en fer forgé, de calibre. Selon eux, il serait impossible de tuer l'éléphant avec des balles de plomb. Ils chassent isolément, à l'affût, et tirent à bout portant, au défaut de l'épaule. Ils s'associent à deux ou trois, mais chacun va de son côté. Les produits de la chasse sont partagés, ce qui est cause que les deux défenses d'un éléphant sont rarement dans une même main.

Les éléphants réservent leur défense droite pour le combat et en affilent la pointe ; celle de gauche leur sert à déterrer les herbes et toujours elle est ébréchée.

Mardi 13 août. — La fièvre et la fatigue obligent Soleillet à séjourner. Il ne peut se tenir debout.

Dans l'après-midi, il reçoit la visite d'un homme de Fathau, nommé Diédi Gari, qui revient de Ségou-Sikoro, où il était allé réclamer auprès du sultan Ahmadou contre le chef de son village qui l'avait pillé. Il rapporte l'ordre de le remettre en possession de son bien. Dieu sait si le pauvre homme est content. Il dit qu'en faisant toute la diligence possible, il a mis treize jours à venir de Ségou.

Le tierno Boghard arrive vers quatre heures du soir sur le cheval de Baoulé. Il raconte que c'est la première fois qu'il monte à cheval. Jusqu'alors il a monté des ânes, des bœufs porteurs, des chameaux, mais jamais un cheval. Il assure qu'il y tient comme s'il n'avait fait que cela toute sa vie.

Le roi Ahmadou Moktar, apprenant que Soleillet est malade, lui envoie Boghard pour l'inviter à venir se faire soigner à Faraboubou et l'engager à ne pas se remettre en route avant qu'il ne soit complètement rétabli.

A onze heures du soir, la case du pauvre voyageur est envahie par une foule de femmes et d'enfants. Ousman Moktar s'est disputé, dans la journée, avec le roi son frère. Il a décidé d'aller se plaindre au sultan Ahmadou et s'est mis immédiatement en route avec toute sa maison. Ce sont ses femmes et ses enfants que Soleillet a l'honneur de recevoir.

Mercredi 14 août. — Le matin, Baoulé et ses principaux captifs viennent solliciter Ousman de rentrer à Faraboubou. Après quatre jours de palabres, dans lesquels ils émettent une foule de menaces et de bonnes raisons, ils finissent par obtenir gain de cause (1). Quatre jours de discussion pour expliquer une querelle entre deux frères ! Il faut reconnaître que les noirs peuvent en revendre à nos avocats les plus diserts.

A six heures quarante minutes, Soleillet part avec Yaguelli ; Hiero, Demba et Souley sont en avant avec les ânes et les bagages.

A neuf heures quinze minutes, Hiero montre à Soleillet un cordon de gros cailloux noirs allant de droite à gauche et marquant

(1) Ce sont toujours les captifs qui remplissent ces sortes de missions. Comme nous l'avons dit plus haut, ils occupent auprès des rois et des grands toutes les places de confiance.

la limite entre le Kaarta et le Ségou. Ce cordon existe sur toute la
frontière des deux états et fut établi il y a une cinquantaine d'années, à la suite de guerres. A neuf heures quarante-cinq minutes,
Soleillet entre dans le Ségou. A dix heures vingt minutes, il est au
marais de Tinkaret, qui contient une épaisse couche de tourbe.
C'est là que le sultan Ahmadou réunit ses troupes pour attaquer
Guemoukoura.

Dix minutes plus tard, Soleillet, rompu de fatigue, s'arrête.
Hiéro lui montre la route, assure qu'il est impossible de se tromper
et part en avant. Soleillet reste seul avec Yaguelli et son âne, qui
porte le nom de Gaspard, en souvenir d'un commis de la maison
Maurel et Prom.

Les deux voyageurs possèdent quelques œufs durs. Un seul se
trouve bon. Ils le partagent et compensent par une bonne sieste ce
qui manque à leur déjeuner. Gaspard et la mule, plus heureux,
broutent tant qu'ils veulent une herbe grasse et abondante.

A midi quarante minutes, ils se remettent en route. A deux ou
trois cents mètres de distance, Yaguelli s'aperçoit qu'il a oublié
l'entrave de la mule; il met pied à terre et va la chercher. Soleillet
s'arrête sous un arbre et l'âne part en avant. On le laisse faire,
dans la persuasion qu'avec l'instinct admirable qui caractérise sa
race il ne saurait quitter la bonne route. Yaguelli revenu, on suit
la piste de maître Gaspard que l'on trouve dans un buisson.
Yaguelli se remet en selle et l'on s'engage dans un passage.
Gaspard hésite; on le frappe, il avance, et les voyageurs reconnaissent un peu plus tard qu'ils se sont égarés.

Gaspard dut être effrayé soit par un serpent, soit par les traces
de quelque fauve. Une fois dévoyée, la brave et intelligente bête
attendit que ses maîtres la remissent dans le droit chemin.

Soleillet commet la faute de ne pas retourner à l'endroit où il a
dormi, pour de là chercher sa route.

A deux heures, il voit, pour la première fois, des traces d'éléphants. Le sol est argileux, et les lourdes bêtes y ont fait des
trous énormes. Une heure quinze minutes après, il voit les traces

de tout un troupeau de ces mammifères : onze grands et quatre petits. Chemin faisant, pour essayer leurs forces, ils cassent quelques petits arbres et en déracinent de très grands. Il paraît que parfois, pour déraciner un arbre, ils se mettent à plusieurs. Suivant les indigènes, ils s'agenouilleraient et presseraient sur l'arbre avec le front. D'après les naturalistes et d'après Livingstone, ils se serviraient tout simplement de leurs trompes.

Soleillet maintient la direction de sa route à l'est, tout en tirant des bordées de 5 à 600 mètres au nord et au sud. A trois heures trente minutes, Yaguelli monte à la découverte sur un arbre et ne découvre rien. Il y remonte à quatre heures et à quatre heures trente minutes sans plus de succès.

Soleillet, en proie à une forte fièvre, est obligé, pour ne pas tomber, de se tenir des deux mains au *kermous* (pommeau de sa selle). Il a faim et soif. Ne pouvant aller plus loin, il envoie Yaguelli à la recherche d'un peu d'eau et de quelque pièce de gibier.

Les voilà donc perdus, sans eau, sans vivres, dans une forêt de l'Afrique centrale.

Cela produit une impression pénible. Je n'ai point, dit Soleillet, l'*æs triplex* « du premier qui livra aux flots menaçants une barque fragile », et j'avoue qu'en pareille circonstance je suis accessible à la crainte. Du reste, ces immenses solitudes, avec leurs mille bruits mystérieux, inspirent une certaine terreur. On est ici dans une portion de la terre où la nature n'a pas encore été domptée par l'homme.

Dans ce vaste creuset, la vie se manifeste sous des formes imprévues, et l'on ignore contre quels dangers on doit se tenir en garde. Oui, la forêt vierge a sa poésie et sa beauté, mais elle a aussi ses terreurs et ses mystères.

Soleillet trouvait le temps bien long, et ce n'est qu'à six heures trente minutes qu'il entendit les premiers cris de Yaguelli. Le pauvre garçon revenait les mains vides.

Ils amassent de la bourrée, de la paille sèche, et y mettent le

feu d'un coup de pistolet bourré avec du chiffon. Puis ils donnent
du mil à la mule, Rosette, et à Gaspard. Pour apaiser la faim et
la soif, ils mâchent un peu de tabac, mais Yaguelli trouve cela
mauvais. Il ne leur reste plus qu'à s'étendre sur la couverture et
à se souhaiter un bon sommeil ; mais arrivent, par légions, de
grosses fourmis noires avec lesquelles il faut compter. On ne les
sent pas courir sur la peau ; par contre, leurs morsures sont très
douloureuses. Impossible de résister à leurs attaques. C'est en
vain que les voyageurs changent de place, qu'ils secouent leurs
couvertures, leurs tapis, leurs vêtements. A peine étendus, de
nouvelles légions pénètrent jusqu'à leur corps et en piquent les
parties les plus secrètes. Force est de battre en retraite devant
l'ennemi. Il est neuf heures. La mule, affolée par les piqûres, au
moment où l'on veut la brider se dérobe et part au triple galop
dans la direction de l'ouest. Soleillet monte sur Gaspard, tandis
que le pauvre Yaguelli porte sur sa tête les besaces et les sacoches.
Il fait d'ailleurs un magnifique clair de lune.

Les plaies que Soleillet a aux pieds et aux jambes commencent
à se cicatriser ; il est encore obligé, néanmoins, de rester jambes
et pieds nus, ce qui lui rend pénible une marche à âne, car tous
les halliers, tous les buissons, tous les roseaux lui tailladent la
peau.

A onze heures et demie, la lune se dérobe derrière de gros
nuages. Force est de s'arrêter sous un arbre. A minuit, la pluie
commence à tomber assez fort. C'est une bénédiction. Soleillet
étend un boubou et une serviette, et recueille assez d'eau pour
apaiser la soif de son compagnon et la sienne, et boit le dernier,
comme c'est son habitude en pareil cas. Ils se sentent mieux, mais
ils sont mouillés jusqu'aux os, ne peuvent songer à faire du feu
et entendent autour d'eux rugir les fauves. Les deux amis sont
tristes, silencieux, en face l'un de l'autre, attendant le jour.

Soleillet a les jambes en sang, est enfiévré et tremble dans ses
vêtements mouillés.

Jeudi 15 août. — Le jour, si désiré, paraît enfin. La lumière, la bonne et sainte lumière du soleil se joue dans le feuillage, réveille l'oiseau, qui module son chant de joie et d'amour, tandis que le fauve, comme un vrai malfaiteur nocturne, regagne sa tanière.

Yaguelli gagne le sommet d'un monticule et, se faisant un porte-voix de ses mains, il crie aux quatre coins de l'horizon : « Hou houll ! hou houll ! » Et ce cri, répété pendant plus d'une heure, reste sans réponse. La situation est moins triste que pendant la nuit, mais on risque de mourir de faim et de soif.

Enfin, Soleillet entend deux coups de fusil. Il répond aussitôt par un coup de pistolet. Yaguelli crie de plus belle : « Hou houll ! hou houll ! »

Une demi-heure après, le brave garçon revenait avec un chasseur d'éléphants qui avait été envoyé au devant de Soleillet. Il repartait sans avoir entendu les cris de Yaguelli, lorsqu'il eut l'idée de tirer deux coups de fusil.

Malheureusement, il n'a ni eau, ni vivres. Les trois hommes se mettent immédiatement en route. Deux surtout font triste figure et s'arrêtent à tous les trous pour boire quelques gorgées d'eau.

Ils retrouvent enfin la route. Soleillet croit qu'il ne l'aurait pas retrouvée seul, car elle est beaucoup plus au sud qu'il ne le supposait. Sans le tierno Boghard Amadi (nom du nouveau venu), il aurait fallu passer sous bois, sans manger, encore toute une journée.

A huit heures, ils rencontrent Demba, Souley, Hiero, des habitants du village qui viennent à leur rencontre. Hiero lui offre son cheval. A neuf heures, la caravane traverse des rizières de toute beauté, puis des champs de mil, d'arachides, de coton, d'indigo. A dix heures, elle arrive à Yanguerdé, village au milieu de la forêt. Il est entouré d'un mur en terre ; à son point culminant se trouve un tata en bon état. Au-dessus de plusieurs cases, on a mis, comme ornement, des œufs d'autruche.

CHAPITRE XIII

YANGUERDÉ

Un bon déjeuner envoyé par la reine et vingt-quatre heures de sommeil. — Le tierno Ahmadou Cirré. — Une veuve d'el Hadji Omar. — Mariages bambaras. — El Hadji Omar et Mahomet. — La reine veut être blanchisseuse et cuisinière de Soleillet. — Cadeau à la reine. — Présent de la reine. — La reine demande des remèdes. — Elle ne peut être vue par un homme. — Une captive. — Le tierno Boghard Amadi. — Une page de roman.

Dès son arrivée, Soleillet reçoit de la reine un excellent déjeuner composé de lait, de riz, de volaille et d'œufs. Il y fait largement honneur, se couche aussitôt après et fait un somme de vingt-quatre heures. Demba, Souley et deux jeunes captives se relèvent auprès de lui pour chasser les mouches pendant le jour et les moustiques pendant la nuit.

Samedi 16 août. — Le principal personnage religieux du village est le tierno Ahmadou Cirré. Ce marabout, bien que très noir, a la figure d'une finesse et d'une intelligence remarquables. Soleillet lui trouve de la ressemblance avec Lamartine.

Notre voyageur est logé chez Mamadi Bouba, chef des captifs de la reine. C'est un homme fort riche.

Le pays de Yanguerdé est gouverné par l'une des veuves de l'Hadji Omar. Bien que mariée deux fois, elle serait encore vierge. L'Hadji Omar la prit à son premier mari avant qu'il ait eu des rapports avec elle ; lui-même ne la connut pas parce qu'elle était trop jeune, mais comme elle était de grande famille, il la mit à la tête du Koussata, royaume situé entre le Kaarta-Biné et le Bakhounou.

Les noirs Bambaras et les Soni-nké sont dans l'usage d'épouser des enfants de trois à cinq ans, qu'ils font élever chez eux et qu'ils épousent réellement quand elles ont douze ou treize ans.

Soleillet n'a pu savoir le nom de la reine : on en fait un mystère. On l'appelle, comme toutes les veuves de l'Hadji Omar, *joumma* (mère) ou *mama* (maman). Elle a trente ou trente-deux ans et serait fort belle, du moins si l'on en croit les femmes qui, seules, avec l'émir, peuvent la voir.

L'Hadji Omar a eu l'étrange prétention de se faire traiter comme le fondateur de l'Islam. On sait qu'il a établi que le voyage à Ségou équivaudrait, pour les Noirs, au pèlerinage de la Mekke. Il a voulu que ses femmes fussent en tout traitées comme celles de Mahomet. On peut voir à cet égard dans le Koran (les *Confédérés*, 6, 53, 55), les orgueilleux préceptes et la duplicité du prétendu prophète. Sa maison est sacrée comme sa personne ; ses femmes sont les mères des croyants ; on ne doit leur parler qu'à travers un voile ; défense d'épouser les femmes avec lesquelles il aura eu commerce : « Ce serait grave aux yeux de Dieu ! »

La reine fait dire à Soleillet qu'elle veut le traiter comme s'il était fils de l'Hadji Omar, qu'elle fera elle-même sa cuisine et lavera son linge.

« Je ne sais, dit Soleillet, si vous autres Européens traiterez cette conduite de sauvage ; pour moi, j'en fus vivement touché ; je me crus au milieu de ces peuples naïfs des premiers âges de la Grèce ; dans la reine noire, je pensai voir Nausicaa « aux bras blancs », lavant dans le fleuve le linge de sa famille ».

Il envoie en cadeau à la reine : un collier en grenat, une grosse boule d'ambre et six cornalines. Elle le fait beaucoup remercier et lui envoie un *beidou* (couvert en calebasse) tressé par elle-même, lui fait-elle dire.

Soleillet l'a donné, ainsi que presque tous les objets qu'il a rapportés du Soudan, au ministère de l'Instruction publique, pour le Musée d'ethnographie du Trocadéro.

La reine lui fait demander des remèdes pour une indisposition qui ne se reproduit pas régulièrement. Soleillet lui fait répondre qu'il ne peut rien faire sans l'avoir vue. Hélas ! l'étiquette, la religion, que sais-je ? ne permet pas à la pauvre reine de voir un homme. C'est la femme de Mamadi Bouba qui sert d'intermédiaire.

Le soir, une malheureuse captive de dix-huit à vingt ans et jolie vient trouver Bouba, qui était assis près de Soleillet. Elle porte à la main des entraves en fer et deux pierres. Bouba est captif comme elle, mais il est son maître. Elle le salue en s'agenouillant les mains croisées derrière le dos et en se mettant le front dans la poussière. Elle s'assied ensuite à côté de lui, se met elle-même les fers, dispose l'anneau qui ferme les entraves, le place sur une pierre et attend, une autre pierre dans la main, le bon plaisir de Bouba. Celui-ci, après avoir fini de causer et de fumer, frappe sur l'anneau qui ferme les fers (1).

Une fois ferrée, la captive se lève et s'en va, emportant les deux pierres.

Cette fille n'a commis aucune faute, mais parce qu'elle est libre de naissance et du pays, on craint qu'elle ne prenne la fuite.

Sur les sept heures, Demba revient avec Rosette. Il paraît qu'elle est venue d'elle-même dès qu'elle aperçut le cheval de Hiero.

Le tierno Boghard Amadi vient voir Soleillet, et celui-ci, pour le remercier de l'avoir délivré, lui fait donner une pièce de guinée. Il est très satisfait et, pour montrer l'importance du service rendu, il nomme, en comptant sur les grains de son chapelet, les hommes qu'il a connus et qui sont morts dans la forêt de faim, de soif ou sous la dent des bêtes. Il commençait un second tour de chapelet quand Soleillet s'endormit sur sa natte.

(1) Les fers sont terminés d'un bout par un boulon, de l'autre par un anneau en fer doux que l'on ouvre et que l'on serre en frappant dessus.

Samedi 17 août. — Dans la matinée, Soleillet donne des remèdes. On offre de lui vendre une grande peau de lion et deux petites dents d'éléphant. Il est trop pauvre pour faire ces acquisitions.

Il a les jambes et les pieds en si piteux état qu'il ne peut, à son grand regret, visiter le village.

Cependant, sur un avis de la femme de Bouba, il sort à neuf heures du soir, par un beau clair de lune, et se rend avec Yaguelli derrière le tata. Il monte sur un tertre élevé près du mur et voit de l'autre côté, montée sur deux mortiers à piler le mil, une femme complètement voilée d'une pagne noire : c'est la reine. Yaguelli est accroupi aux pieds de Soleillet, la femme Bouba est accroupie aux pieds de la reine. Soleillet salue la reine et lui fait ses compliments. Elle le remercie de son cadeau et, par un geste plein de coquetterie, elle entr'ouvre son voile pour lui faire voir son collier de grenat. La pagne plisse. Elle fait, pour la retenir, un geste tardif, et reste debout, le buste et le visage nus. Elle sourit et paraît embarrassée. Soleillet lui tend la main par-dessus la muraille ; la reine fait le même geste, et il reçoit dans sa main une petite main noire, douce, potelée, moite et parfumée, qu'il sent tremblotter légèrement. A ce moment, la lune, qui les éclairait *a giorno,* se voile discrètement. La femme Bouba replace sur les épaules de la reine la pagne qui était tombée si à propos ; la reine souhaite à Soleillet un heureux voyage.

La gracieuse apparition évanouie, Soleillet se rappelle ses jambes et ses pieds, qui le font beaucoup souffrir.

CHAPITRE XIV

Dimanche 18 août. — Soleillet fait partir les ânes avec Souley,
Demba et neuf hommes qu'on lui a donnés pour l'accompagner.
On lui a donné aussi, pour l'accompagner jusqu'à Guigné, le
tierno Boghard Ousman, ce marabout à l'air bête, qui garde la
porte de l'Hadji Omar ; Addoulay, garçon de quinze à seize ans,
fils de Bouba ; un enfant du même âge qui est avec le tierno
Boghard.

Soleillet panse ses jambes et ses pieds avec de la glycérine,
les emmaillotte dans des chiffons et part à sept heures trente-sept
minutes, après avoir reçu les adieux et les souhaits de tous les
gens du village. Il est accompagné, pendant un kilomètre, par
Bouba et une vingtaine d'habitants, notamment par Boghard, son
libérateur, qui est monté sur une jument et porte une grande
lance.

A dix heures cinquante minutes, il arrive au marigot de Guérabala, où l'Hadji Omar a couché avec son armée en allant à
Ségou.

Le pays est accidenté. Aux plantations succèdent des forêts, aux forêts des plaines, puis des plateaux, des marais, des collines, des gazons.

A cause des plaies de ses jambes, Soleillet ne peut chausser ses étriers. Il lui faut se tenir assis sur sa selle turque, les jambes croisées sur le col de sa mule. C'est dans cette fatigante position qu'il prend ses notes de route. Il se blesse le bras gauche à une branche, et il en est encore à se demander comment il n'a pas été jeté par terre. A trois heures cinq minutes, il s'arrête au marigot de Kalabana pour faire boire sa mule ; cinq minutes après, il est sur l'emplacement du village du même nom, qui fut détruit par l'Hadji Omar. Voilà l'œuvre des héros : des ruines et des ossements humains éparpillés par les carnassiers !

A quatre heures, Soleillet s'arrête pour la nuit dans une forêt.

Les hommes trouvent une racine nommée *defferé*, qui tient de la betterave, du topinambour et de la pomme de terre. Ce tubercule gît à 0^m40 ou 0^m50 de profondeur; une petite touffe d'herbes vertes et luisantes décèle sa présence.

Lundi 19 août. — Départ à cinq heures trente minutes. A dix heures dix minutes, Soleillet rencontre un petit marigot et traverse l'emplacement du village de Gesibiné, qui fut détruit par l'Hadji Omar. A onze heures vingt minutes, il voit, sur sa droite, des cultures d'arachides et de mil. Le mil étant presque mûr, des hommes et des enfants le gardent et s'efforcent, par leurs cris, de chasser une nuée de jolis petits oiseaux jaunes que les Sénégaliens désignent sous le nom de *mange-mil*.

Un quart d'heure après, il arrive au village de Simbalau, qui est ceint d'un mur et composé de cases en paille et de chambres en terre. A 500 mètres se trouve un second village. Simbalau a été détruit par le sultan Ahmadou. La population est Bambara, d'un sang magnifique et riche en enfants.

Sur la place, il y a une grande *tabula*, espèce de tambour ayant 1 mètre de hauteur et 0^m60 de diamètre. Il est formé d'un tronc d'arbre creusé, posé sur trois pieds et couvert d'une peau tendue à l'aide de chevilles.

Le chef du village est un vieillard qui fait la grimace en voyant Boghard. Il faut parlementer pour avoir un logement, et Boghard, qui pourrait servir d'intermédiaire, est encore plus sot qu'il n'en a l'air.

Le soir, on apporte à Soleillet un chevreau.

Les hommes du village lui font un discours pour lui exprimer leur amitié à l'égard dés Européens.

Parmi eux se trouve un grand gaillard d'une trentaine d'années. Il a de longs cheveux tressés qui lui tombent sur les épaules, des bracelets et des bagues en cuivre. Ses boubous sont très sales ; il n'en a pas moins la splendide beauté d'un Antinoüs africain.

Les femmes sont d'une stature magnifique. Outre leurs ornements de cuivre et de fer, elles portent des colliers, des bracelets, des diadèmes et autres ornements faits de paille de mil délicatement et artistement tressée. Elles ont généralement des pagnes blanches. Les jeunes filles ont autour des reins un lac de grosses perles bleues. Ce lac soutient un large ruban qui leur passe entre les jambes et pend devant et derrière de 0^{m}30 à 0^{m}40. Les garçons ont un costume tout aussi peu compliqué.

Mardi 20 août. — Chaque Bambara est possesseur d'un chien qui le suit partout et qu'il traite bien. Les femmes en ont aussi dans les maisons.

Cette coutume d'avoir des chiens, conforme à nos usages européens, donne lieu chez les noirs aux fables les plus étranges.

Ils disent et croient que les Bambaras épousent des chiennes et leurs femmes des chiens, et que de ces unions naissent des hommes et des femmes velus qui vivent dans les bois.

Ils assurent que des chiens sont maîtres de maisons et même chefs de villages.

Les Bambaras caressent leurs enfants et vivent très bien avec leurs femmes.

Les femmes qu'ils enlèvent aux autres peuples pensent rarement à les quitter; au contraire, si elles sont reprises, elles font tout leur possible pour revenir avec eux.

L'Hadji Omar s'est souvent plaint de cette tendance des femmes vers les Bambaras.

Boghard a laissé partir les hommes de Yanguerdé qui ont conduit les ânes et vient dire que les gens du village ne veulent donner personne.

Soleillet va trouver le vieux chef du village ; après un long palabre, il obtient neuf hommes pour le lendemain, mais à condition qu'il donnera un écrit contre les oiseaux qui dévorent les récoltes.

Soleillet commença par s'en défendre disant que, chez les Blancs, ces écrits sont inconnus. A cette réponse, les conseillers du chef sourirent incrédulement. « Nous savons le contraire, dirent-ils. Et d'ailleurs, étant toujours à lire et à écrire, pouvez-vous nier que vous ne savez beaucoup de choses ? Il nous faut l'écrit que demande le chef ». Soleillet repart : « Il y a loin d'ici à Saint-Louis, et encore plus loin de Saint-Louis chez moi. Je ne connais que les esprits de mon pays, et l'écrit que je puis vous donner n'aura d'effet que dans quinze ou vingt jours ». Soleillet pensait que, dans quinze ou vingt jours, la récolte serait coupée.

Quand il eut promis, malgré toutes ses restrictions, les bons noirs qui l'entouraient manifestèrent une grande joie et l'accompagnèrent à son logement pour que de suite il fasse le grigris.

Il dessine une espèce de portique. Au fronton, il écrit : *1879 ;* sur la façade : *20 août. — Paul Soleillet ;* sur les degrés : *Simbalau ;* à droite, dans les blancs formés par trois barres qui figurent autant de colonnes : *Venant de — Saint-Louis ;* à gauche, en pendant : *Allant à — Ségou.*

Ces bonnes gens partirent heureux. Ils ne devaient plus désormais rien craindre des oiseaux. Pleins de reconnaissance, ils envoyèrent au faiseur de grigris de la volaille et du lait. Tant de simplicité n'a rien qui nous étonne : quantité de gens, chez nous, même des lettrés, sont tout aussi crédules.

Mardi 21 août. — Départ à sept heures neuf minutes. Quelques minutes après, Soleillet atteint une colline rocheuse et stérile à sa

base, couverte de terre et de végétation de la moitié de sa hauteur
à son sommet. Il trouve là des arbres qu'il appelle, à cause de
leur forme, *candélabres*. Ils ont une gousse pleine de soie végétale.
A neuf heures, il entre dans une forêt de baobabs. Jusqu'au ruisseau de Kintaba, où il arrive à dix heures, le terrain est boisé.
Il quitte à onze heures les bords du ruisseau, et un peu moins
d'une heure après il rencontre des hommes qui chassent les oiseaux
d'un champ de mil en tirant avec des cordes des baguettes qui
frappent sur des calebasses vides ou chargées de petites pierres.

A midi un quart, Soleillet arrive à Binienkou, village situé
dans un creux. Les chambres y sont en terre, rectangulaires, à
toit plat. La porte est rectangulaire, ainsi que les meurtrières qui
sont percées à hauteur d'homme. Les chambres se touchent ; les
rues sont étroites et tortueuses. La boue forme une masse compacte.

Les cases-greniers sont en paille, élevées sur pilotis pour préserver les grains de l'atteinte des fourmis.

Le mur d'enceinte est formé d'angles rentrants et sortants : on
dirait un grand paravent à moitié déplié. Comme les chambres, il
est percé de meurtrières à hauteur d'homme. Soleillet pense que
ce village ne doit pas être facile à prendre.

Notre pauvre voyageur ne se lasse pas de dire que Boghard est
une bête. Par sa faute, il est mal accueilli à Binienkou. Bien que
Bambaras, les habitants se montrent très défiants.

Un homme du village vient pourtant le voir et l'aide à panser
ses jambes et ses pieds, qui sont toujours bien malades.

Sur le soir, on lui apporte deux poulets étiques, peut-être
malades. Pour son seul repas de la journée, il se contente de riz
cuit à l'eau.

Le propriétaire de l'immeuble occupé par Soleillet est mort
depuis peu et, suivant l'usage des Bambaras, on l'a enterré dans
sa chambre. Cela cause une odeur insupportable qu'il faut supporter cependant, parce qu'un orage, qui dure jusqu'à minuit, ne
permet pas de sortir.

Jeudi 22 août. — Le matin, on offre à Soleillet un peu d'eau-de-vie bambara. Elle est assez bonne. Elle se compose de mil germé que l'on pile dans de l'eau chaude et qu'on laisse ensuite fermenter. Elle est édulcorée avec de l'eau miellée. Plus la fermentation a été complète, plus les propriétés enivrantes du breuvage sont développées, plus ce breuvage est estimé. On le boit généralement, comme les Gaulois buvaient l'hydromel, dans une corne.

Désireux de voir partir la caravane, les gens du village ont donné sans difficulté les hommes nécessaires pour conduire les ânes.

CHAPITRE XV

Sambougou. — Pour l'élection d'un chef. — Les hommes importants de Sambougou.
— Le sexagénaire Boghard épouse une fille de huit à dix ans. — Délicatesse de
Boghard. — Guérison miraculeuse. — Un noir qui ne veut pas du pouvoir. —
Samintéra. — Un village maure.

Le départ a lieu à six heures trente-cinq minutes. Arrivée à
neuf heures vingt minutes, par une pluie légère, à Sambougou.
Sambougou est un grand village orné de palmiers roniers, entouré
de murs en bon état. Devant la maison du chef, qui est mort, se
trouve une grande place.

Soleillet est logé par un ami de Boghard, vieillard aveugle,
nommé Mari. Il offre du lait, deux poulets, un cabri, et veut être
seul à recevoir les étrangers.

Depuis la mort du chef, les gens du village sont divisés en deux
partis. Les uns veulent le fils aîné ; les autres, suivant l'ancien
usage, veulent le frère de l'ancien chef.

Dernièrement, ne pouvant s'entendre, les deux partis allaient
continuer la discussion à coups de fusil, quand heureusement les
anciens intervinrent, firent entendre des paroles de paix et amenèrent tout le monde à choisir pour arbitre le sultan de Ségou.

Le village de Sambougou s'est formé des survivants du village
de Djerabella, qui fut détruit par l'Hadji Omar.

Tous les hommes importants de Sambougou s'appuient, en
marchant, sur une lance de 1m80 de longueur et ferrée des deux
bouts. La lame est large et longue.

Boghard amène à Soleillet une jolie petite négresse de huit à dix ans, fille de Mari. Il l'a épousée il y a quelque temps. Il attend, pour l'emmener chez lui, qu'elle ait atteint sa nubilité. Il a donné pour dot deux bœufs et un captif.

Boghard est laid, bête, méchant, vieux d'une soixantaine d'années. Quel joli ménage cela va faire !

Soleillet donne à l'enfant une bague en cornaline qui paraît lui faire beaucoup de plaisir. Un instant après, Boghard revient avec la bague, la rend et dit qu'il préférerait une pièce d'argent. Soleillet reprend la bague, lui dit qu'il est un malhonnête et qu'il ne donnera rien.

Un enfant de la maison rentre avec un pied tout écorché. Le marabout tierno Bailla, qui est présent, écrit sur la poussière, avec son doigt, le nom de Dieu. L'enfant ramasse cette poussière, la met sur son mal et part comme si de rien n'était. A Lourdes, on ne ferait pas mieux.

Un vieillard du nom de Mamadi Blé vient voir Soleillet. Il est frère du chef qui est mort. Il parle beaucoup de son frère Amadi, parti pour Ségou, et qu'il voudrait voir nommer chef. Mamadi est philosophe. Bien qu'il soit l'aîné de la famille, il n'a jamais voulu être chef. Aux honneurs et aux soucis du pouvoir, il préfère sa liberté et sa tranquillité.

Vendredi 23 *août*. — Départ à sept heures dix minutes. La route est toujours variée, le pays est toujours riche et beau. A neuf heures quinze minutes, Soleillet arrive à Samintéra, village de cases en terre carrées, entouré d'un mur de terre, orné de palmiers roniers, comme presque tous les villages bambaras.

Il est bien reçu.

Comme il arrive souvent chez les Bambaras, une cinquantaine de familles maures habitent à côté du village, dans des cases en paille. Ces familles appartiennent à la tribu des Hammidas et parlent arabe. Elles gardent les troupeaux du village et cultivent quelques champs de mil.

Elles viennent voir Soleillet. Les femmes portent des colliers de corail, d'ambre et de cornaline. Les enfants vont nus jusqu'à treize ou quatorze ans. Ils ont beaucoup de sang noir.

Ces braves gens demandent des remèdes. Tant pour son plaisir que pour le leur, Soleillet donne l'ordre à Yaguelli de leur faire sentir la bouteille d'ammoniaque. Ils font un bruit épouvantable.

Après son dîner, Soleillet déboucle une courroie qui lui sert de ceinture. Les Maures ont peur, bien à tort, il va sans dire, et se sauvent à toutes jambes.

L'eau du village est excellente et provient de puits.

Ici finit le royaume de Koussata, dont Yanguerdé est la capitale. Le royaume de Bakhounou commence. Il a pour chef Omar. Mamadou, qui n'est pas parent du sultan Ahmadou.

CHAPITRE XVI

Cause de départ de Samintéra. — Un Eden. — Gomentara. — Les jambes et le pieds de Soleillet. — Waltéré. — Le chef de Waltéré. — Danses. — Soleillet est prié de danser. — Néma. — Combat de Guimba et de son chien contre un tigres. — Guimba vient demander des soins à Soleillet. — Boghard envoyé en avant à Guigné.

Samedi 24 août. — La nuit est belle, mais très humide. Cependant Soleillet la passe dehors.

Le lendemain, on lui apporte du lait qui est imbuvable.

La veille au soir, un homme d'Omar Mamadou est arrivé au village pour faire la perception de l'impôt. Il engage Soleillet à rester encore un jour à Samintéra. Boghard serait assez de cet avis, d'où Soleillet conclut qu'il ferait une sottise, et de suite il donne l'ordre de tout préparer pour le départ.

A huit heures dix minutes, il se met en route. La contrée est superbe. On dirait un parc d'agrément, tant il y a de symétrie dans la végétation, la nature et les mouvements du sol. De gigantesques baobabs, placés de distance en distance, au hasard, enlèvent au tableau ce qu'il pourrait avoir de monotone. Plus loin, une forêt de beaux arbres, touffue, tapissée d'un gazon vert, retentit du chant des oiseaux.

A cet Eden succède un marécage. Là, plus d'oiseaux, plus de chants, mais une boue noire et fétide. Tout auprès s'élève le tombeau d'un marabout maure. Boghard jette une branche verte sur le tas de pierres qui forme ce tombeau. La contrée reprend ensuite sa beauté, sa fraîcheur jusqu'à Gomentara, où l'on arrive à deux heures quarante minutes.

Le mur de ce grand village est tout neuf, bien bâti. Il est crénelé en dents de loup et sa porte ressemble un peu à celles des temples égyptiens. Devant cette porte se trouve un magnifique figuier. Soleillet s'arrête un instant sous son feuillage pour boire. Yaguelli a tellement soif qu'il ne peut attendre un instant et boit à la même calebasse que son âne. Il allume ensuite la pipe de son maître avec une loupe, ce qui cause aux gens du village le plus grand étonnement.

Les habitants sont bambaras et font à Soleillet une bonne réception. Leurs cases sont construites en terre. Ils ont de l'eau de puits qui est excellente.

Soleillet a les pieds et les jambes en meilleur état. Cependant il a encore, du côté droit, 19 plaies suppurantes, et du côté gauche, 17.

Dimanche 25 août. — La nuit est pluvieuse et orageuse, ce qui arrive souvent. Le départ a lieu à sept heures trente-cinq minutes par un temps très couvert, le thermomètre marquant 21° 2′ et le baromètre 735,0.

A huit heures cinquante minutes, arrivée à Waltéré.

Waltéré est un grand village entouré d'un mur en terre en partie éboulé. Les chambres et les cases y sont en terre. Au milieu se trouve une place, et sur cette place s'élève un hangar-estrade, comme on en a déjà décrit. Le nom bambara de ce bâtiment est *danki.*

Le tata du chef est une construction importante. Le mur est crénelé en dents de loup. Deux ailes, semblables à deux tours carrées, s'avancent à droite et à gauche de la porte d'entrée. A gauche se trouve une estrade en terre battue avec dossier en planches. C'est là que s'assied le chef. Dans l'intérieur sont des cases carrées avec toits en terrasse et des cases rondes à toits coniques en chaume.

Ce chef est dans ses champs. On va le chercher. C'est un très bel homme, jeune encore bien qu'il ait la barbe blanche. Il a les cheveux divisés en cinq tresses et trois raies parallèles sur les joues. Il est armé d'un fusil à deux coups, à pierre. Son poignet gauche est orné de deux morceaux de fer forgé ; l'un a la forme d'une spatule, l'autre d'un crochet. Ce sont des grigris. Il se nomme Lamini.

Il fait bon accueil à Soleillet, le loge bien et lui envoie du lait.

La population est bambara. Elle a de bonne eau de puits.

Le soir, on danse sur la place. L'orchestre se compose de *dayé-bigné*, ou cornes de bœufs sauvages, et de *dounous*, espèce de tam-tams que l'on tient sous le bras.

Le *dayé-bigné* est une trompe formée d'une corne. Il donne des sons plus ou moins graves, plus ou moins aigus. Le joueur de *dayé-bigné*, comme le joueur de trompe, place son poing gauche dans le pavillon de l'instrument. Le dayé n'est pas percé au bout, mais sur le côté, de même que la flûte. Il y en a de plusieurs dimensions. A Ségou, ils sont en ivoire, comme l'olifant de Roland.

Le *dounou* se compose d'un morceau de bois de trente centi-mètres taillé en forme de sablier et creusé. Les deux extrémités en sont couvertes de peaux maintenues par des cordelettes. En serrant plus ou moins ces cordes avec le bras gauche, on modifie les sons de l'instrument, sons que l'on obtient en frappant sur la peau avec une petite baguette recourbée.

Soleillet se place sous le *danki* pour voir les danses, mais le chef vient le prendre par la main, le conduit sur son estrade et le fait asseoir à côté de lui sur sa peau de mouton.

La danse consiste en une sorte de valse exécutée par six hommes qui jouent des cornes ; des hommes et des femmes viennent aussi valser et sauter ; des jeunes filles se disloquent par des mouve-ments plus ou moins gracieux.

Au bout d'une heure, le chef Lamini lui-même, quittant sa grosse pipe bambara, se rend gravement au milieu du rond et y exécute, pendant une demi-heure, une danse qui tient du menuet de nos pères et de la gigue des Anglais.

Il danse seul, mais les musiciens soufflent dans leurs cornes et frappent sur leurs tambours avec un zèle qui tient de la fureur. Les femmes battent des mains, deux vieilles griotes le suivent en chantant et en faisant des gestes d'admiration.

Revenu à sa place, Lamini fait dire à Soleillet par Yaguelli : « Les Français dansent aussi ; vous me feriez grand plaisir, ainsi qu'à tous les gens du village, de danser à votre tour ». — « Je le ferais bien volontiers, répond Soleillet ; malheureusement, j'ai mal aux jambes et aux pieds ». Lamini paraît très contrarié.

« Si mes jambes n'eussent été malades, dit le voyageur, j'aurais volontiers fait quelques gambades pour être agréable à ces braves gens. Depuis le temps où, petit enfant, le père Lovi m'enseignait l'art de faire des battements, des ailes-de-pigeon, des pirouettes, je me suis abstenu de danser ; je déteste même la danse, au moins celle en usage dans les salons de l'Europe. A la sotte contredanse, à la valse lubrique, je préfère la farandole de Provence, la bourrée d'Auvergne, les poses voluptueuses des almées, la naïve bamboula des noirs. Mais là ! je ne pouvais pas plus faire une farandole qu'un cavalier seul, pas plus une bourrée qu'une valse. C'était du repos que demandaient mes pauvres jambes ». A onze heures, il laissa les noirs, qui longtemps encore continuèrent les danses et la musique.

Lundi 26 août. — Départ à sept heures vingt minutes. A onze heures dix minutes, arrivée à Néma, tout petit village bambara d'une vingtaine de familles. On l'entoure d'un mur en terre. L'entrée en est aussi petite que celle d'une maison ordinaire.

Soleillet est logé très mal et très salement. Les habitants font pourtant de leur mieux. Tous viennent le saluer, et parmi eux Guimba, garçon de vingt-trois à vingt-cinq ans, qui est accompagné de sa sœur.

Vingt et un jours avant, Guimba travaillait dans la forêt ; en bon bambara qu'il était, il avait près de lui son chien.

Sur le midi, le chien donna tout à coup des signes d'inquiétude. Guimba regarde autour de lui et voit, à vingt mètres, un tigre qui darde sur l'homme et sur le chien un regard flamboyant. Guimba pose sa hache, prend son fusil, vise le fauve et tire. Celui-ci bondit et disparaît. Guimba recharge son arme et se remet à l'œuvre.

Il était tout occupé de l'abatage d'un arbre, quand il fut renversé, mordu au bras·gauche et sous le tigre. Son brave chien saute à la gorge du tigre. Celui-ci abandonne Guimba pour le chien. Mais Guimba ne veut pas abandonner son fidèle compagnon. Il saute sur sa hache et en assène de toutes ses forces un coup sur la tête du fauve, qui s'enfuit en hurlant.

Guimba s'évanouit. Au moment du coucher du soleil, il est étendu sur le sol et son chien lui lèche ses plaies.

Ce chien l'accompagne ; il est de petite taille, à poil jaune, dur et court ; il a l'oreille petite et droite, les yeux petits et jaunes, la queue en trompette. Le brave animal a au dos et au col des blessures qui se cicatrisent.

Guimba porte à l'épaule gauche de fortes éraflures qui sont cicatrisées, mais il souffre beaucoup de la morsure qu'il a au bras. Ce membre est enduit de terre glaise et de bouse de vache. Depuis qu'il a été mordu, il n'a pas dormi et n'a fait que vaguer d'un endroit à l'autre sans pouvoir s'arrêter nulle part. Il demande à Soleillet des remèdes. « La première chose à faire, lui répond le voyageur, est d'enlever ce qu'on vous a mis sur le bras ». — « Volontiers », répond-il ; aussitôt sa sœur va chercher de l'eau chaude et des chiffons, et le nettoie bien. Soleillet voit alors quatre trous au gras du bras. Il lui fait mettre un emplâtre vésicant et fait préparer un lénitif. Quand le lénitif est prêt, il enlève l'emplâtre, qui le faisait beaucoup souffrir, et lui lave le bras dans le lénitif en même temps qu'il fait sortir le pus des blessures, les nettoie bien avec du coton trempé dans le lénitif et les fait panser ensuite avec du coton enduit de beurre frais. Il prescrit à la sœur, qui l'a observé très attentivement, de faire ce lavage et ce pansement trois fois par jour. Il donne ensuite un peu d'opium à Guimba et lui dit d'aller se coucher. « C'est inutile », répond le pauvre homme. « Allez toujours », réplique Soleillet.

Le lendemain matin, Guimba vient voir son médecin improvisé. Il est tout heureux, car il a bien dormi et se croit guéri. Le blanc est un bon et grand marabout. Sa sœur le lave et le panse devant Soleillet. Elle s'en acquitte fort bien et avec beaucoup de soin.

Mardi 27 août. — Soleillet fait partir Boghard à quatre heures du matin. « Vous voyez, lui dit-il, que je suis bien malade et bien fatigué. Mon intention est de rester à Guigné le temps de rétablir ma santé, de guérir mes jambes et mes pieds. Allez, préparez-moi un logement commode. Si vous réussissez, j'oublierai toutes les sottises que vous avez faites depuis notre départ et je vous ferai un cadeau dont vous serez satisfait.

A huit heures quarante minutes, Soleillet se met en route. A dix heures quarante-six minutes, il rencontre les ânes qu'il avait fait partir en avant. A onze heures trente minutes, il aperçoit, dans la plaine, le mur noir de Guigné. La ville est entourée de cultures de mil et d'arachides, et paraît grande. A onze heures quarante-cinq minutes, il y arrive.

CHAPITRE XVII

GUIGNÉ

Mardi 27 août. — Il pleut. Néanmoins, les larges rues de la ville sont très animées. De tous côtés, on voit des gens chargés de marchandises. Dans des échoppes en paille travaillent des forgerons et des cordonniers.

Les maisons de Guigné sont en terre, généralement à simple rez-de-chaussée, et, par exception, à un étage.

Boghard sort d'une case et conduit Soleillet au logement qu'il lui a préparé, une case toute noire, où il faut de la lumière en plein midi.

Le pauvre voyageur a mal aux jambes ; il est enfiévré, énervé, furieux, mais il se contient et remonte sur sa mule.

Il y a, dans Guigné, le chef de la ville et trois chefs nommés directement par le sultan Ahmadou pour percevoir l'impôt et s'occuper des voyageurs. Le premier a charge des voyageurs du

Macina, le second de ceux de la Sénégambie, le troisième de ceux du Ségou.

Soleillet fait appeler ce dernier et se rend dans une grande maison, sorte de caravansérail, située au centre de la ville. Elle appartient au chef de Guigné. C'est là que les marchands de gourous et les voyageurs reçoivent l'hospitalité.

Soleillet est entouré de gens qui le regardent avec curiosité. Il se plaint amèrement à Yaguelli de Boghard. Celui-ci vient lui rire bruyamment au nez. « Je suis naturellement très colérique et très impatient, dit Soleillet ; mais depuis que je voyage en Afrique, j'ai appris à *mâter ma bête,* et généralement, en voyage du moins, je la tiens bien en main. Mais je suis agacé, malade, elle en profite pour se dérober, et, au lieu de tourner le dos à Boghard, elle se met à crier, à gesticuler, prend par les épaules ledit Boghard, qui rit toujours, le secoue comme un pantin, lui applique dans le derrière deux, peut-être trois coups de pied, et lui fait signifier par Yaguelli de ne plus paraître devant elle ».

Sur ces entrefaites arrive le chef des gens de Ségou, jeune noir tout vêtu de blanc, qui répond au nom d'Amidou. Il tient en main une longue baguette blanche et se fait escorter d'une dizaine de personnes.

Soleillet commence par se plaindre amèrement de Boghard.

Amidou lui fait répondre : « Boghard est un marabout que je vénère ; il est mon parent et je le regarde comme un père ; jamais je ne vous donnerai raison contre lui. Puisque vous êtes fâché avec Boghard, je ne ferai pour vous que ce que je ne pourrai pas me dispenser de faire ».

Cependant, il fait donner de suite à Soleillet, qui le demande, deux chambres en bon état situées dans la cour même où ils se trouvent.

A peine installé, il reçoit beaucoup de visites, notamment celle de quelques Maures et d'un schériff de Fez, Mouley Ahmed, qu'il revit au mois de janvier 1881, à Médine, chez Monmar Diak, dont il était comme lui commensal.

Mouley Ahmed est petit de taille, assez gros, rougeaud de poil, et parle arabe avec un nasillement qui paraît judaïque.

Plusieurs fois, des juifs du Maroc vinrent au Sénégal, s'y firent passer pour schériffs et allèrent faire dans le Soudan une promenade fructueuse, car tout le monde leur donne, et de tout.

En 1874 ou 1875, deux jeunes gens, paraissant très dévots et très fanatiques, se rendirent, par la route du Sénégal, jusqu'à Nioro ; l'année suivante, ils revinrent à Saint-Louis chargés d'or, de plumes, d'ivoire, d'étoffes du Soudan, mais très malades. Admis à l'hôpital, ils affectaient de ne comprendre que l'arabe. Un jour, le médecin dit devant le lit de l'un d'eux : « Débilités comme ils sont, le meilleur remède pour eux serait du bon bordeaux ; s'ils n'étaient pas schériffs, je leur en ordonnerais ». — « Vous le pouvez, major, répond en français le faux schériff ; nous sommes des israélites marocains et nous avons habité en Europe ».

Mouley Ahmed n'est pas fanatique, et Soleillet le prend pour un vrai schériff.

Des courtiers viennent faire à Soleillet leurs offres de service.

C'est par l'intermédiaire de ces courtiers que se fait une partie du commerce de la place. Leurs honoraires sont fixés à 4 cauris pour 100, payés moitié par le vendeur et moitié par l'acheteur. A Guigné, le troc est inconnu. Toute marchandise vendue est évaluée en cauris (1), monnaie acceptée par tous, ce qui suppose un état commercial assez avancé.

Une pièce de guinée filature de l'Inde vaut actuellement 9,000 cauris ; une pièce de guinée belge en vaut 11,000. De la guinée de Rouen, il n'en est pas parlé. La pièce de 5 francs en

---

(1) En ouolof, *pelau* ; en poular, *tièlè* : en bambara, *collo*. C'est un petit coquillage univalve de la mer des Indes, blanc, du genre porcelaine, ou coquille de Vénus. Il est importé dans le golfe de Benin et sur la côte occidentale d'Afrique par des maisons européennes qui achètent dans ces parages de l'huile de palme. La maison Regis, de Marseille, porte chaque année, à Widah, une quantité considérable de ces coquillages.

argent se cote de 3,500 à 4,000 cauris et s'échange généralement contre un gros d'or, qui est considéré comme son équivalent.

Pour 100 et au-dessus, les cauris subissent une réduction de 20 pour 100. Ainsi, un objet vendu 99 cauris est payé 99 cauris; mais pour 100 cauris on en donne 80, et pour 1,000 on en donne 800.

Outre les courtiers, il y a un marché, grande place carrée à laquelle aboutissent quatre rues bordées de petites boutiques et fermées par des portes. Le marché est également entouré de boutiques et au milieu se trouvent des auvents. Il est fort animé, et l'on y voit des gens de toutes les contrées de l'Afrique. Il n'y a pas de droits de place. Les boutiques et les auvents sont aux premiers occupants.

Le sultan Ahmadou a voulu faire de Guigné une ville de commerce. Nul n'y est inquiété, alors même qu'il serait d'une nation en guerre avec le sultan. On y vend de tout, depuis le piment et le natron jusqu'aux armes et aux étoffes.

Des rôtisseurs font leur cuisine sur des fourneaux carrés en maçonnerie recouverts de baguettes en bois et la vendent en plein vent.

Des gens armés de fouets font la police au nom du chef. Ils empêchent les vols et, quand il y a des disputes, ils les font cesser en frappant à tour de bras sur les disputeurs.

Des femmes courent les rues en vendant des massepains faits d'arachides, de miel et d'un peu de piment. Ils sont très bons, et leur prix est de deux cauris et demi.

Le soir, Soleillet reçoit la visite de Samba Tambo. Samba est à Guigné depuis quelques jours, avec des canons, et compte partir bientôt pour Ségou.

Soleillet envoie acheter, pour lui en offrir, des noix de gourou. On les lui fait payer quarante cauris pièce.

Samba Tambo désire vivement d'être envoyé en France par le sultan Ahmadou, et Soleillet le fortifie dans cette résolution.

Quand il est seul, Soleillet voit venir à lui Demba et Souley. Il leur confie, sous le sceau du secret, que son intention est d'aller de Ségou à Timbouktou, et les prie de recueillir sur cette route tous les renseignements possibles, ce qui doit être facile dans une ville où il y a des gens de tous les pays.

Mercredi 28 août. — Soleillet, malade des pieds, passe la nuit sur son tara et met en ordre ses notes de voyage.

Jeudi 29 août. — La nuit du 27 au 28 a été magnifique ; celle du 28 au 29 a été très pluvieuse. Le 28, le thermomètre a marqué le matin, à six heures, 23°2' ; à dix heures, 28°4' ; le soir, à deux heures, 32°3' ; à six heures, 31°7'. Le 29, le temps s'est maintenu couvert tout le jour, et le thermomètre a marqué : à six heures du matin, 20°1' ; à dix heures, 25°2' ; à deux heures du soir, 26°4' ; à six heures, 25°7'.

Soleillet a fait l'acquisition d'une pagne du Macina, tissue coton et laine, avec de jolis dessins. On lui en a demandé une pièce et demie de guinée filature, puis une pièce belge, puis 10 francs. Depuis Kouniakary, deux pièces de 5 francs en argent valent une pièce de guinée filature. Cette belle pagne est allée enrichir le musée d'ethnographie.

Les ânes de Soleillet s'échappent et vont ravager les cultures. Ils sont pris et conduits chez Amidou, et c'est là qu'il faut aller les réclamer.

Soleillet a toujours les pieds malades. Il éprouve une fatigue générale et sent venir la fièvre.

Du vendredi 30 août au lundi 2 septembre, la fièvre cloue Soleillet sur son tara. Dans la matinée du 2, un vieillard, porteur d'une bonne figure, vient le voir et lui donne dix noix de gourou.

Dans la nuit suivante, des indices de guérison se manifestent.

Le 3 septembre, la fièvre diminue. On ramène un âne perdu la veille au soir. Soleillet note qu'un poulet coûte 300 cauris et un moule de mil 100, les deux filets d'un bœuf 400, un gigot de mouton 400, six côtelettes de 200 à 240, un sekko (paillasson grossier) de 100 à 120, une journée d'homme de 200 à 250. Il fait vendre par un courtier ce qui lui reste de tabac en feuilles, et cette vente produit 120 cauris par tête de tabac.

Le 5, le tonnerre gronde de deux à quatre heures du matin, et toute la journée est pluvieuse. Le thermomètre varie de 22°2′ à 28°1′. Soleillet est complètement rétabli ; il n'a plus qu'une plaie à la jambe droite et deux à la gauche. Il achète, au prix de 3,000 cauris, une paire de souliers du pays, espèce de babouches du Maroc dont la semelle, en cuir, a trois centimètres d'épaisseur. Cette chaussure est très commode pour la pluie, mais elle est trop lourde.

Il commande au cordonnier qui lui vend les babouches une paire de bottes, ou plutôt une paire de bas en cuir rouge. Le prix convenu est de 5,000 cauris. Un boubou brodé qu'on est venu lui offrir est payé, en sa présence, deux barres de sel, soit 44,000 cauris.

Le vendredi 6 septembre, la pluie tombe pendant une partie de la nuit. Dans la journée, le thermomètre monte de 21°2′ à 27°2′ et à 29° ; la pluie redouble vers quatre heures du soir et le tonnerre se fait entendre.

Depuis quelque temps, Soleillet s'éclaire avec du beurre végétal. Sa lampe consiste en un godet en poterie dans lequel il met le beurre et une mèche de coton. Ayant remarqué que le *karité* ou beurre végétal ne fond qu'à une température très élevée, il eut l'idée d'en fabriquer des bougies. Il se servait pour cela d'un moule en papier dans lequel il introduisait le beurre et le pressait, avec une baguette, autour d'une mèche en coton (1).

Samedi 7 septembre. — Ahmed, envoyé à Ségou par Samba Tambo, est revenu ce matin, mais il est pris d'une très forte fièvre et l'on ne peut lui parler. Le lendemain, il va mieux, et prédit à Soleillet une bonne réception.

(1) J'ai rapporté du beurre végétal. Je l'ai remis à mon vénéré et regretté maître Paul Thénard, qui le fit étudier par un de ses élèves, M. David, chimiste à Lyon, et ce beurre a été trouvé très riche en stéarine remarquable par sa pureté et sa blancheur. — PAUL SOLEILLET.

Soleillet décide son départ pour le 10 ; Samba Tambo fait chercher des bœufs pour porter les canons et part avec lui.

Lundi 9 septembre. — Un Maure, du nom de Bachir, annonce à Soleillet qu'il partira le 10 pour Saint-Louis.

Bachir, que Soleillet a retrouvé à Médine, chez Monmar Diak, en janvier 1881, a la figure intelligente et fine, de pur type arabe. Il raconte ses voyages au Maroc, au Touat, à Tombouktou, au Haoussa. Depuis dix ans, il est en relations avec M. Gaspard Devès. Il va porter à ce négociant 4,000 gros d'or.

De Saint-Louis à Ségou, le nom de M. Gaspard Devès est populaire.

Soleillet passe la nuit à la lumière d'une bougie de karité fabriquée par lui : il écrit les lettres qu'il doit remettre à Bachir.

Samba Tambo ne peut pas trouver de bœufs pour porter ses canons et ne sait plus quand il partira. Son serviteur Demba va retourner à Ségou avec Soleillet.

Mardi 10 septembre. — Bachir vient prendre le courrier de Soleillet. Celui-ci lui donne un pain de sucre, trois feuilles de papier, et, comme Bachir espère trouver à Médine ou à Bakel l'*Éclair*, vapeur de M. Gaspard Devès, il le charge de compliments pour M. Chimère, *gourmet* (1) de Saint-Louis, avec qui il est très bien.

Soleillet achète, pour 800 cauris, un sac en peau bien tannée pour mettre son grand portefeuille et ses papiers. Il vend deux pièces de 5 francs en argent pour 9,200 cauris.

Un homme de Nioro, nommé Mamadou Fal, grand et gros noir d'une cinquantaine d'années, lui parle de Mage et de Quintin, qu'il a connus. Il se rend, avec 28 cavaliers, en ambassade auprès du sultan Ahmadou. Il y a sept ans que ce dernier demande aux gens de Nioro de lui fournir des troupes, et toujours en vain.

---

(1) Les *Gourmets* sont des noirs pur sang qui ont adopté notre costume et abandonné leurs croyances nationales. Presque tous les noirs de Gorée sont Gourmets. Les Signars, au contraire, ont du sang blanc.

Mamadou Fal est chargé de lui dire qu'il aura des troupes s'il veut prendre l'engagement de les laisser revenir à Nioro, quoi qu'il arrive, pour les travaux de l'hiver, et s'il veut promettre de ne garder personne de force à Ségou (1).

Fal se plaint beaucoup de la réception d'Amidou et demande un peu d'eau de Cologne pour un mal de tête. Soleillet lui donne une petite bouteille d'eau de lavande, ce qui lui donne pleine satisfaction.

Mercredi 11 septembre. — Soleillet achète d'un diananké, nommé Ahmed Lanin, brave homme qui vient souvent le voir, pour 5 francs d'argent, un coussin en peau, de diverses couleurs, rond et fort joli.

Ensuite il va voir Amidou, qui lui donne pour guide son jeune frère Baidé. Quant aux conducteurs d'ânes, cela regarde le chef du village, et celui-ci assure que tout sera prêt dans la matinée. « Ainsi, dit Soleillet, je n'emporterai de Guigné que de bons souvenirs, malgré l'incident Boghard-Amidou ».

Par sa situation topographique et par les sages mesures du sultan Ahmadou, Guigné (2) est appelée à devenir l'un des marchés les plus importants de la région. Elle a une population sédentaire de 4,000 âmes et, suivant la saison, une population flottante de 10,000 à 15,000. Les traitants de Médine et de Bakel ont à Guigné des sous-traitants.

Il est impossible d'évaluer en chiffres les affaires qui se traitent dans cette ville, mais la matière commerciale y est des plus variées, tant à l'importation qu'à l'exportation. Ainsi, on y trouve toutes sortes de tissus, des armes, des munitions, de la bimbeloterie, du sel, de l'or, des plumes d'autruche, de l'ivoire, des pagnes, des peaux, du natron, des captifs.

(1) Ahmadou a promis tout ce qu'on lui demandait, et, au mois de janvier 1881, les gens de Nioro ne lui avaient encore envoyé personne. (PAUL SOLEILLET.)

(2) Elle a été complètement détruite par les Bambaras en 1879. (PAUL SOLEILLET.)

Dans le caravansérail, on trouve des gens de toutes les nations africaines. Parmi ceux qui s'y trouvaient en même temps que Soleillet, il y avait un vieux Soni-nké, l'hadji Omar, qui avait mis quinze ans à faire le pèlerinage de la Mekke. Parti par Timbouktou, Mabrouk, In-Çalah, Gath et Mourzouk, il est revenu par le Nil, le lac Tschad, le Haoussa. Il affirme que le Nil et le Niger sont réunis par des lacs et que l'on pourrait aller en bateau de l'un à l'autre. Cette croyance est générale chez les Soudaniens. Mungo Park a recueilli le même renseignement. A Ségou, Barth et Mage entendirent également parler de noirs idolâtres qui auraient fait en bateau le voyage du Djoliba à la Mekke. Le rabbin Mardochée insistait beaucoup auprès de M. Beaumier sur un fait semblable. Les anciens géographes arabes réunissaient le Nil d'Égypte au Nil des noirs ou Sénégal. Il est à peu près certain qu'à la saison des pluies le Djoliba et le Sénégal sont en communication. Le lac Tschad reçoit de nombreux cours d'eau qui ne sont pas bien connus, et quand des affluents de ce lac aboutiraient temporairement les uns au Nil d'Égypte, les autres au Niger, il ne faudrait pas trop s'en étonner. Comme le dit Soleillet, c'est à vérifier.

Une centaine de marchands, venus de toutes les contrées de l'Afrique, des forgerons, des cordonniers, des tisserands, tous gens fort affairés, font des trois cours entourées de chambres en terre une véritable ruche très pittoresque et très animée. Il y aurait eu beaucoup à apprendre d'eux, mais il aurait fallu comprendre les langues ouolove et bambara (1). Parmi les noirs qui

---

(1) Les langues courantes de Guigné sont le bambara et le soni-nké ; le poular y est peu parlé. Le ouolof du Sénégal tend, au contraire, de jour en jour, à devenir la langue commerciale du Soudan. Comme elle renferme beaucoup d'expressions françaises et que ses emprunts à notre langue deviennent plus fréquents, à mesure que le français se répand chez les noirs de la Sénégambie, c'est, en définitive, un acheminement vers la langue française, qui deviendra, on peut l'espérer, la langue commerciale de l'Afrique occidentale.

Nous aurions un moyen fort simple de faire pénétrer le français chez les

voyagent, il y en a peu qui ne connaissent l'une ou l'autre de ces langues. La seconde a l'avantage d'une foule d'expressions qui lui sont communes avec le mali-nké, le ouassolo-nké, le khasso-nké,

noirs avec qui nous sommes en relations, et qui se divisent en chrétiens ou *gourmets* et musulmans.

Pour les chrétiens, il suffirait d'obliger les prêtres à leur enseigner le catéchisme en français et à les prêcher en français. En ce moment, les prêtres ne font usage que du ouolof, non seulement dans nos possessions proprement dites, mais à Dakar, à Gorée, à Saint-Louis.

Pour les musulmans, le moyen serait peu différent. On sait que les musulmans ont de la vénération pour les Arabes, même pour ceux qui ont complètement adopté nos mœurs et nos vêtements, comme M. Mohamed Haoussen, kabyle musulman et vétérinaire de l'escadron des spahis de Saint-Louis. Alger possède une école normale où beaucoup de jeunes Arabes viennent prendre leurs brevets d'instituteurs. On leur enseigne avec soin l'arabe et le français. Que, près de tous nos postes, on ouvre des écoles tenues par des maîtres algériens pour enseigner simultanément l'arabe, le français et la doctrine tolérante du Koran ; que l'on accorde à tous leurs élèves brevetés une exemption de l'impôt personnel, qui est, je crois, de 1 fr. 50 (on sait qu'ils préfèrent à une prime de 1,000 francs une exemption d'impôt de 0 fr. 50), et tous les musulmans seront désireux, à cause de la religion, d'envoyer leurs enfants à des écoles tenues par des hommes de même nationalité que le Prophète. Nous annulerions ainsi l'influence des marabouts maures et indigènes.

On s'étonne à bon droit que le français, qui est parlé depuis des siècles sur la côte d'Afrique, ne soit pas plus répandu. Il ne le pouvait être que par les négociants qui ont pris, en arrivant, des femmes du pays. Le ouolof est une langue douce qui n'a pas, pour un Français, de difficulté de prononciation. Ils ont appris de suite cette langue, qui est encore celle de toutes les familles de Saint-Louis. Des femmes dont les fils sont avocats ne savent pas un mot de français.

Si j'insiste pour que l'on répande le plus possible l'usage de la langue française, je ne pense point à demander l'abandon de la langue ouolove. Au contraire, je trouve qu'il y a quelque chose de touchant dans l'emploi d'une langue familiale. Je me rappelle toujours avec émotion que mon père, bien que ses fonctions administratives l'eussent tenu, pendant de longues années, loin des pays où se parle notre douce langue provençale, avait coutume, comme fils de Marseillais de vieille roche, quand il éprouvait un vif plaisir, de prononcer quelques mots de provençal.

Enfant, j'ai assisté à la restauration littéraire de notre gracieux idiome. Mon

le soni-nké, etc. Les gens de toutes ces nations se comprennent, tout en parlant chacun sa propre langue. Un fait semblable se remarque dans le bassin de la Méditerranée pour les dialectes

vieil ami Roumanille, le patriarche des Félibres, est le premier qui sut chanter en provençal notre Midi bien-aimé, nos antiques ruines, notre riante nature, la beauté de nos filles, le pieux et patriarcal usage de nos foyers, et cela dans une langue correcte et littéraire, vivante et parlée, qui serait comprise des troubadours du roi René. Elle est comprise des jeunes filles de Saint-Remi, lieu de naissance du Burns français. Quelle émotion n'ai-je pas éprouvée, en janvier 1878, quand les étudiants de la vénérable Université de Leyde me parlèrent avec enthousiasme de *Mireille*, et que j'appris d'eux que leur professeur de littérature les avait entretenus, peu avant, des beautés du poème de Mistral, des œuvres de Roumanille et d'Aubanel, et de toute la pléiade.

Dans un siècle ou deux, je pense, deux langues, le français et l'anglais, seront seules écrites et parlées dans le monde entier. Chacun choisira la langue qui rendra le mieux sa pensée. La première sera la langue des philosophes, des savants, des diplomates, des littérateurs ; la seconde sera celle des ingénieurs, des industriels, des commerçants, des marins. Mais, dans chaque région, le traditionnel idiome des aïeux sera celui du foyer, que bégayera l'enfant, qui sera murmuré à l'oreille de la femme aimée ; c'est dans cet idiome qu'on écrira les choses intimes, contes ou poésies, que le père donnera ses conseils et la mère ses caresses. Il y a dans un idiome particulier quelque chose qui tient au cœur, une voix qui vous appelle au village et que l'on finit par entendre toujours.

Je ne vois donc aucune raison pour éloigner du ouolof les gens du Sénégal ; au contraire, l'usage de cette langue ne peut que fixer au Sénégal la population mulâtre qui tend trop malheureusement à envahir les emplois du gouvernement et à s'expatrier. Autant il est désirable que les gens de couleur (surtout dans celles de nos colonies où il y a des créoles, gens remplis de préjugés de caste) viennent en France et même y soient élevés, autant il est désirable qu'ils conservent leur langue nationale et retournent au lieu de leur naissance pour servir de lien entre la métropole et les indigènes, entre Alger et Saint-Louis, pour répandre, dans l'Afrique occidentale, l'usage de la langue française, les idées françaises, l'amour de la patrie française.

On peut hâter le jour où les races sénégaliennes se considéreront comme françaises en se servant du commerce comme véhicule de notre civilisation. Il ne faut pas l'oublier, *le commerce seul crée entre les peuples des rapports avantageux à tous, qui amène, lentement, il est vrai, mais sûrement, sinon une fusion complète, au moins une assimilation progressive au profit du peuple le plus civilisé,*

catalan, provençal, languedocien, corse, génois, livournais, tabarcain, qui sont, pour un étranger, autant de langues différentes.

qui finit toujours par imposer sa langue et ses coutumes.

Cette dernière idée, pour laquelle je suis actuellement persécuté, m'est commune avec la grande majorité des habitants du Sénégal et des négociants français en relations avec ce pays.

L'un d'eux, M. Raymond Martin, de Saint-Louis, négociant, membre du Conseil général du Sénégal, parlant au nom de MM. Louis Descemet, négociant, président du Conseil général ; Edouard Rabaud, négociant ; Emile Delor, négociant, membre du Conseil général ; A. de Bourmeister, conseil commissionné, membre du Conseil général ; Maximin Portes, négociant ; Louis Neubourg, négociant ; Jean Béziat, négociant, membre du Conseil général et du Conseil privé ; V^{or} Beynis, censeur de la Banque du Sénégal, et Alexis Béziat, négociant, membre du Conseil privé et administrateur de la Banque, a donné son avis dans une réunion privée, devenue publique par la publication du procès-verbal.

Le taleb Moktar termine sa déposition par une phrase caractéristique dans laquelle il met en opposition les *Français* avec les *gens de Saint-Louis*. Il faut savoir que les indigènes donnent le qualificatif de *français* aux agents du gouvernement, dont les idées de conquête et d'administration directe leur ont toujours paru redoutables et dont ils s'éloignent le plus possible, tandis qu'ils appellent *gens de Saint-Louis* les commerçants, qui ne leur inspirent aucune crainte, contribuent à leur bien-être matériel et jouissent de toute leur confiance.

M. Martin lui répondit en langue ouolove : « Nous sommes heureux, comme
» Français, qu'un des nôtres ait été l'objet de si honorable et de si haute
» protection (la protection du cheikh Sâad Bou). En rentrant dans vos foyers,
» dites bien au brave cheikh que nous ne sommes ni des guerriers, ni des
» conquérants : nous sommes des marchands, et notre seul désir, comme notre
» seul but, qui est aussi celui de la France, est de créer des relations amicales
» avec tous ces pays et d'ouvrir de nouvelles voies au commerce pour échan-
» ger pacifiquement avec eux les produits de notre sol et de notre industrie.
» Chacun retire avantage de ces relations amicales et pacifiques, et nous
» comptons sur l'appui du cheikh Sâad Bou pour en établir de solides et de
» durables. Le voyage de M. Soleillet dans vos contrées avait ce but, et nous
» espérons que, lorsqu'il le reprendra, le même appui et la même protection
« lui seront donnés. »

Ce langage de M. Martin est celui de toutes les personnes qui connaissent le Sénégal et veulent sa prospérité. (*Médine, janvier 1881.* PAUL SOLEILLET.)

Ce fait tient à ce que toutes ces langues remontent à la langue latine.

Il y avait encore dans le caravansérail une famille de diulas du Foutah-Djallon. Elle se composait du père, de deux femmes, quatre jeunes filles, deux grands garçons et un tout petit, un homme qui est peut-être ami et sûrement associé. Ils vendent des noix de gourou, sont fétichistes et parlent une langue inconnue.

Le chef de cette famille est un homme de cinquante ans, petit et nerveux. De ses deux femmes, l'une est jeune et l'autre d'âge mûr. Elles n'ont de remarquable que le costume, qui consiste en un lac de perles passé autour des reins. Mais, soit au moyen d'un fer chaud, soit par tout autre procédé, elles ont obtenu une multitude de points en relief, comme de petites verrues, qui forment des festons et des astragales. Ainsi, les seins sont ornés de trois cercles concentriques de points ; le ventre et l'estomac sont couverts de festons ; un cordon fait le tour du cou et dessine la ligne des épaules ; les cuisses et le derrière sont également ornés. Ces femmes paraissent d'ailleurs modestes et bien élevées. Elles passent leurs journées à filer du coton, à faire la cuisine pour leur famille et pour les marchands qui sont pensionnaires de leur père. Dans certaines tribus de l'Amérique et de l'Afrique, le tatouage des naturels est si complet et si parfait qu'il produit l'effet d'un vêtement.

Cette famille donne à Soleillet, sur la production et le commerce des noix de gourou, de curieux renseignements (1).

La noix de gourou est le fruit du *Sterculia acuminata* ou kolat, qui croît dans les montagnes du Foutah Djallon. Ce fruit, de la grosseur d'une très grosse châtaigne, est recouvert d'une pellicule grisâtre ou rosée. Il se sépare dans le sens de sa longueur. Sa chair est blanche ou rosée, très ferme. Mâchée, elle donne à la bouche un parfum amer qui devient rapidement très agréable. Elle donne à l'eau une saveur et une fraîcheur remarquables. Elle

(1) Sur les noix de gourou, voir Mage, Barth et Mungo Park.

est en usage dans tout l'intérieur de l'Afrique et fait l'objet d'un grand commerce, qui reste dans les mains des naturels du pays de production.

La conservation du gourou demande des soins incessants.

Les marchands, qui parcourent d'énormes distances, les portent sur la tête, dans des paniers de forme allongée ayant de 0^m90 à 1 mètre sur 0^m50 à 0^m60. Les noix y sont disposées par couches séparées l'une de l'autre par des feuilles. Il faut conserver ces feuilles toujours fraîches. Si elles étaient humides, les fruits se gâteraient ; si elles étaient sèches, ils se dessécheraient. Chaque gourou et chaque feuille sont, en conséquence, visités au moins une fois par jour. La patience des marchands est telle qu'ils arrivent, tout en voyageant, à conserver les gourous pendant huit mois et même pendant un an.

Dans les pays producteurs, les arbres à gourous ne sont pas des propriétés particulières ; ils appartiennent à tout le village. Chaque village ne peut en avoir qu'un certain nombre et l'on ne peut, sous des peines sévères, en prendre des plants ou de la semence. L'idée du monopole est aussi naturelle et aussi bornée que l'égoïsme.

A la récolte, les fruits sont partagés. Les parts sont inégales et réglées sur le rang de chacun, mais tout le monde en a, même les esclaves. C'est l'excédent de ces parts qui est livré au commerce.

Les arbres à gourous sont gardés jour et nuit.

Une Mauresque, du nom de Fatima, âgée de vingt-cinq à vingt-sept ans, toute petite femme, mais bien prise et assez jolie, s'est installée chez Soleillet, dès le premier jour, en qualité de blanchisseuse. Tandis que ses maux de jambes le retiennent sur son tara, la bonne Fatima lui fait des contes comme à un enfant.

Une femme captive venait régulièrement deux fois par jour lui offrir des massepains. Matin et soir, elle lui apportait aussi deux ou trois litres de lait, pour lesquels il donnait une pièce de cinquante centimes. Mais comme la maîtresse de cette femme désirait avoir une pièce de cinq francs, il fut convenu que Soleillet lui en

donnerait une chaque fois qu'elle lui apporterait en échange douze
pièces de cinquante centimes. Avec ces pièces de cinq francs, elle
devait se faire faire des bagues. Les bagues qui ont pour chaton
une pièce de cinq francs en argent sont très recherchées.

CHAPITRE XVIII

DE GUIGNÉ A BORO

Départ de Guigné. — Medina. — Marena. — Sansankoura. — Tomboula. — Le chef Kaourou. — Marchands diulas. — Mauvais dîner. — Danse comique. — Danse de filles. — Un campement de Mage et de Quintin. — Tikoura. — Barsafa. — Bouilla. Ouaka. — Un homme et sa femme. — Un captif d'Ahmadou. — Un convoi de captifs. — Yéyé. — Un javelot du Macina. — Arrivée à Boro. ·

Mercredi 11 septembre. — A huit heures et demie tout est prêt pour le départ. Demba et Souley, accompagnés de neuf hommes fournis par le chef du village, se mettent en route avec les ânes. Soleillet, Yaguelli et le jeune Baidé, qui monte un joli cheval maure, quittent le caravansérail après avoir reçu les souhaits des nombreux curieux venus pour assister au départ.

A neuf heures, ils traversent le marché, qui, comme d'habitude, est très animé. Beaucoup de gens viennent serrer la main du voyageur. Soleillet va chez Samba Tambo, qui demeure au quartier maure (quartier formé de cases en paille) et apprend qu'il est parti en avant. En effet, il le rencontre à peu de distance en compagnie de Domba Aïssa. Il a mal à la tête et Soleillet lui donne un peu d'eau de lavande, ce qui lui fait plaisir. Tambo dit à Soleillet qu'il envoie Demba à Ségou et qu'il le met à sa disposition pour la durée du voyage (1).

(1) Le 16 janvier 1881, Samba Tambo est arrivé à Médine revenant de Saint-Louis. Il est logé, comme moi, chez Monmar Diak. Je l'ai revu avec plaisir et il m'a fait beaucoup d'amitiés. Le 18, il revient me voir et m'an-

Ils s'avancent bon pas à travers des plaines où l'on voit tantôt des broussailles, tantôt des gazons, quelques arbres et des cultures. A dix heures, ils laissent sur leur gauche Medina, petit village soni-nké, construit en terre, et s'engagent dans un fourré d'épines où ils rencontrent six hommes armés d'arcs, de flèches, de sagaies, de lances. Ces hommes portent sur leur tête des nattes en fila-ments de palmiers roniers et des peaux de mouton préparées. Le chef, un poulo presque blanc, vient serrer la main à Soleillet et se met à causer avec Demba, qui lui achète, pour 400 cauris, une peau de mouton au poil blanc et très soyeux.

Peu après, Soleillet rencontre une femme chargée qui est affli-gée d'un énorme goître, le premier qu'il ait vu dans ce voyage. Il se croise ensuite avec des hommes et des femmes chargés. La route est très fréquentée.

A onze heures cinquante minutes, il arrive à Marena, village bambara, passe un marigot rempli d'une eau infecte et s'arrête à l'ombre de tamarins pour attendre Yaguelli, faire manger les ani-maux et se reposer.

Il se remet en route à deux heures. A deux heures vingt mi-nutes, il passe sur l'emplacement de Sansankoura, village détruit par l'Hadji Omar. A deux heures quarante-cinq minutes, nouvelle halte sous des tamarins pour attendre encore Yaguelli. Des enfants qui gardent des chèvres, des ânes et un cheval, font griller des épis de maïs. A trois heures vingt-trois minutes, la caravane laisse sur sa gauche le village de Yankéboubou et arrive à quatre heures cinq minutes devant Tomboula, grand village soni-nké construit en terre avec beaucoup de soin. L'entrée du tata du chef rappelle l'architecture des palais de l'ancienne Égypte.

nonce qu'il a porté au gouverneur des lettres du sultan Ahmadou, mais il ne me dit rien de leur contenu. Il partit le même jour, à deux heures de l'après-midi. Bien que je sois très pauvre, je lui donne en présent quatre gourdes (pièces de 5 francs en argent). Il est fort satisfait.

(*Médine, 18 janvier 1881.* PAUL SOLEILLET.)

Soleillet est reçu cordialement par le chef, petit vieillard alerte et vigoureux, dont la face est ornée d'un épais collier de barbe blanche. Son nom est Kaouron. Il porte à l'annulaire de la main gauche une grosse bague en argent. Il est armé d'une longue lance et d'un coutelas passé dans une gaîne en peau, vêtu d'un boubou bleu et coiffé d'un bonnet blanc à oreilles. Il a connu Mage et Quintin à leur retour de Ségou et demande de leurs nouvelles à Soleillet.

Il loge Soleillet dans sa maison, qui consiste en une vaste pièce rectangulaire. Préalablement, il en fait déloger une vingtaine de Diulas. Ces marchands sont armés d'arcs de deux sortes. Les uns sont en bambou et flexibles. Les autres sont en bois dur courbé, et toute leur élasticité est dans une corde formée de filaments de bambou. Ces arcs sont hauts de 0^m90 à 1 mètre. Les flèches sont de petits roseaux de 0^m40 à 0^m50 de longueur, empennés d'un bout et armés de l'autre d'un fer de 0^m04 à 0^m05, présentant deux crochets opposés, mais non en face l'un de l'autre. Ces fers sont enduits d'une matière grasse et visqueuse qui serait un poison végétal. Chaque village possède un poison particulier dont il a le contrepoison.

Les flèches sont enfermées dans un carquois en peau dont le couvercle est orné d'un gland. Sur le côté se trouve une poche pour deux flèches, qui sont ainsi toujours sous la main.

Ces marchands ont aussi des sagaies. La hampe en est en bois dur et longue de 1^m50 à 1^m70. Le fer, long de 0^m10, est armé de plusieurs crochets opposés les uns aux autres.

Soleillet doit attendre jusqu'à huit heures du soir pour avoir du lait et du mil grillé. Un bon dîner lui aurait fait plaisir, car, ayant recouvré l'appétit avec la santé, il a grand'faim : la calebasse de lait qu'il a prise à six heures du matin est loin. Un explorateur doit savoir se contenter d'un mauvais dîner.

Comme compensation, le soir, à neuf heures, il a un spectacle qui l'amuse beaucoup. C'est une danse comique. Des femmes et des filles assises en cercle frappent dans leurs mains en chantant,

Un homme est debout au milieu du cercle. Il a près de lui sept
garçons de dix à treize ans qui ont la tête dans un sac tout raide
et orné de deux glands à ses angles supérieurs. A son commandement, ces enfants sautent et tournent sur un pied, puis sur l'autre,
font des écarts, se mettent sur leur derrière, sautent sur les talons,
exécutent, en un mot, une danse qui ressemble beaucoup à celle
de Polichinelle. Le plus amusant, c'est quand l'un des enfants,
n'observant pas bien sa distance, en accroche un autre. Les efforts
qu'il fait pour se débarrasser le font tomber de l'un sur l'autre.
Tous alors cherchent à s'éviter réciproquement et arrivent à
s'entremêler de la façon la plus comique.

Jeudi 12 septembre. — La nuit a été pluvieuse. A dix heures du
matin, le thermomètre marquait seulement 22°3. Il continua de
descendre. A six heures, il ne marquait plus que 21°9.

Le soir, les jeunes filles viennent sur la place située devant le
tata du chef et se forment en cercle. Tandis que les unes frappent
dans leurs mains, d'autres valsent seules dans le cercle ou sautent
en se disloquant.

Vendredi 13. — Départ à sept heures quinze minutes. On lui
fait voir à droite, en sortant du village, l'arbre sous lequel ont
campé Mage et Quintin.

Mage et Quintin, comme la plupart des voyageurs, avaient des
tentes et campaient en dehors des villages. Ils n'ont pas vécu,
comme Soleillet et Mungo Park, au milieu des populations. C'est
parce que Mungo Park et Soleillet ont vécu dans les villages, de
la vie des indigènes, qu'ils ont pu saisir leurs mœurs intimes et
recueillir d'eux des renseignements qui durent nécessairement
échapper aux voyageurs qui n'observaient qu'à distance.

A huit heures dix minutes, après une marche pénible dans des
marécages, Soleillet arrive à Tikoura, petit village bambara, et se
remet en marche après une halte de vingt-cinq minutes. A neuf
heures trente-sept minutes, il est à Barsafa, autre village bambara,
entouré de belles cultures, de palmiers roniers, de beaux figuiers,
de palmiers en éventail de très grandes dimensions. Il s'arrête

derrière le village, sous un figuier, et ne repart qu'à dix heures quinze minutes. A onze heures quinze minutes, nouvel arrêt à Bouilla, petit village, à moitié démoli, habité par des Bambaras et des Soni-nké. A une heure, il traverse un bois de palmiers-roniers. Le tronc des arbres a la forme d'un gros navet, de couleur gris terne. Leur ramure est d'un vert grisâtre. L'aspect du bois est lugubre.

A deux heures, Soleillet arrive à Ouaka, village soni-nké très petit et construit en terre. Le chef, Gata, le reçoit bien et le loge chez lui. Ce village est très pauvre, sans une seule vache. Le chef a, au lieu d'une lance, un vieux coutelas dans une vieille gaîne en cuir.

Samedi 14 septembre. — Départ à sept heures quinze minutes. Il se croise avec deux hommes et une femme. L'un des hommes est monté sur un bœuf et la pauvre femme est chargée comme une bête de somme.

Il rencontre ensuite un captif du sultan Ahmadou. Il est monté sur un beau cheval blanc et se rend à Nioro. Il informe Soleillet que la colonne qui sert d'escorte entre Boro et Yamina doit partir le mercredi 18. Cette escorte est nécessitée par les Bambaras insoumis qui pillent les voyageurs se rendant à Ségou.

Plus tard, il rencontre un convoi de captifs composé d'un homme, neuf femmes et un enfant à la mamelle, conduits par deux hommes qui sont montés l'un sur un bœuf, l'autre sur un âne. A onze heures quarante-six minutes, il fait halte devant Yéyé, petit village bambara ceint d'un mur en terre.

Il obtient avec beaucoup de peine les dix hommes dont il a besoin pour conduire ses ânes. Il menace le chef de laisser ses bagages, et comme cette menace ne produit pas d'effet, il ordonne d'empiler ses colis devant la porte, de seller sa mule, et fait mine de partir avec ses gens et ses ânes. Pendant ces débats, il achète, pour 700 cauris, un javelot du Macina, arme très remarquable. Le fût en est d'un bois dur et jaunâtre de la grosseur du doigt. A l'extrémité inférieure se trouve une bague en plomb, au-dessus une bague en cuir, au centre de gravité une tresse en cuir avec une ganse servant à passer l'index pour bien assurer l'arme dans la main. C'est l'*amentum* de la *hasta* des Romains, tant discuté par les archéologues, et décrit par Anthony Rich. Le fer a 30 centimètres de longueur, et se compose d'une pointe de lance très aiguë et de deux crochets disposés dans le sens de la lance, mais à des hauteurs un peu différentes. Soleillet a perdu cette arme.

CHAPITRE XIX

DE BORO A BANAMBA

Le chef de Boro. — Un bon noir. — Samba Imola apporte à Soleillet des compliments
d'Ahmadou Moktar. — La forêt entre Boro et Yamina. — Fabrication et emploi du
beurre végétal. — Aire de production du *Bassia Parki*. — Cadeaux peu coûteux. —
La petite fille de Mahmadou. — Chants de femmes en l'honneur de Soleillet. —
Composition de la caravane. — Une géante. — Tiémabougou. — Traversée de la
forêt. — Entrée dans Néguessébougou. — Achat d'une poule. — Bagages laissés en
garde à Néguessébougou. — Un Mali-nké du Foutalenda. — Deux esclaves fugitifs
morts de faim et de soif. — Le passage dangereux. — Joie des hommes libres et
indifférence des captifs. — Dénombrement de la caravane. — Arrivée à Banamba.

A quatre heures quarante-neuf minutes, arrivée à Boro, grand
village bambara entouré d'un mur en terre très soigné. Le chef
s'appuie d'une main sur sa lance, de l'autre sur son fils. D'après
ce que disent les habitants, le père a cent vingt-cinq ans et le fils
quatre-vingts. Tout le monde fait au voyageur un bon accueil.

En arrivant dans sa case, Soleillet s'étend sur sa natte. Un
nommé Moussa, s'apercevant qu'il a mal aux jambes, lui prend
son mouchoir et, sans rien dire, le frotte délicatement, ce qui lui
fait beaucoup de bien.

Dimanche 14 septembre. — De nombreux voyageurs attendent à
Boro la colonne d'escorte. Parmi eux se trouve Samba Imola, qui
porte au sultan Ahmadou 35 fusils envoyés de Faraboubou par
Ahmadou Moktar, et provenant d'un village soni-nké désarmé
pour cause d'insubordination. Cet homme est parti de Faraboubou

après Soleillet. « Le roi, lui dit-il, vous fait beaucoup d'amitiés et m'a donné l'ordre de me mettre à votre disposition ».

Entre Boro et Yamina, il y a une forêt et, dans cette forêt, deux grands villages bambaras, Ouoro et Touta, qui n'ont jamais fait leur soumission à l'Hadji Omar ni au sultan Ahmadou. Ils s'efforcent d'empêcher les communications entre le Ségou de la rive droite du Niger et les pays de la rive gauche. Quand ils sont avisés du passage d'une caravane de Ségou, ils la guettent, l'attaquent et la pillent. Pour obvier autant que possible à cet inconvénient, le sultan de Ségou a établi à Touba, avec le titre d'almamy, un chef qui a le commandement d'une colonne mobile destinée à protéger les caravanes. L'almamy perçoit, pour ce service, 100 cauris pour un homme chargé, 200 pour un âne, 300 pour un bœuf. Malgré cela, on est souvent pillé, mais il paraît que, généralement, on s'en tire la vie sauve.

Il n'y a pas encore bien longtemps, quand des États européens étaient en guerre, ils armaient des corsaires. Ces corsaires guettaient les navires marchands, les attaquaient, les pillaient et ne se gênaient pas pour jeter par-dessus bord leurs équipages. Il y a un siècle, nous étions donc un peu plus sauvages que ne le sont actuellement les naturels de Ouoro et de Touta.

Lundi 15 septembre. — La veille, Soleillet a eu la fièvre, ce qui lui arrive souvent, mais il s'en est débarrassé au moyen de deux grammes de quinine.

Il est réveillé avant le jour par deux femmes qui pilent dans un mortier. Elles vont faire du beurre végétal. Voici les procédés de cette fabrication, qui n'a pas encore été décrite.

A la récolte, le karité, qui donne le beurre végétal, est séché au feu sur des claies. Quand on veut l'employer, on le met macérer dans de grands mortiers en bois. Il est mêlé avec de l'eau chaude dans la proportion de un d'eau et de trois de karité. Après vingt-quatre heures de macération, des femmes le pilent pendant quatre ou cinq heures, jusqu'à son complet mélange avec l'eau. On le retire alors des pilons. Des femmes, à genoux devant des pierres dures, noires, d'un grain très fin, bien polies, prennent la pâte, l'étendent en plaques minces, en retirent soigneusement les corps étrangers, et passent dessus un rouleau de bois dur jusqu'à ce qu'elle ait la consistance, la couleur et l'odeur de la pâte de chocolat.

La première opération se fait dès le matin, la seconde dans l'après-midi.

Cette seconde opération terminée, la pâte est soigneusement recouverte et mise de côté. Le lendemain matin, elle est brassée à la main, avec de l'eau, dans des calebasses. L'eau est mise par petites parties, peu à peu, à mesure de l'avancement du travail, jusqu'au moment où l'on obtient un liquide brunâtre ayant la consistance du sirop. Cette troisième opération demande une heure. Ce liquide est alors mis dans une marmite en fonte, on le fait bouillir tout en le remuant avec une cuiller de bois, puis on cesse de le remuer tout en le maintenant en ébullition. Une écume mousseuse se forme d'abord à la surface ; on la recueille et on la jette. Ensuite on cesse l'ébullition, tout en maintenant du feu sous la marmite, et l'on voit se former une huile très limpide, très fluide, d'une couleur légèrement ambrée. Cette huile, mise dans de petites calebasses, se fige rapidement et prend tout à fait l'aspect du beurre. On en fait des pains que l'on empaquette de feuilles.

Le beurre de karité est très blanc et ne fond qu'à la température de 40 ou 45°. Il a une odeur et une saveur *sui generis* qui n'a rien de repoussant et qu'il doit à quelque mélange de résine. C'est probablement à cela qu'il doit de se conserver sans altération. Il sert à la préparation des aliments et à l'éclairage. Il donne une lumière vive et franchement blanche. Les indigènes le brûlent dans des lampes en terre ou en fer forgé.

A Guigné, Soleillet en a fait des bougies qui brûlaient sans odeur appréciable, dans une case ouverte, il est vrai.

On s'en sert également pour graisser les canons de fusil, les sabres et autres objets en fer.

Les femmes noires et même les signares du Sénégal s'en servent comme de pommade et l'emploient tantôt naturel, tantôt parfumé, car il s'incorpore très bien toutes les odeurs.

De tout temps, il a servi à faire des frictions et à combattre les rhumatismes. Il est employé à cet usage au Sénégal par les médecins européens. Feu M. Alain, ancien maire de Saint-Louis, en aurait obtenu des résultats très satisfaisants.

Depuis quelques années, l'industrie anglaise se sert du karité pour le graissage des machines et la trempe de certains aciers.

Cette matière peut remplacer, dans tous leurs usages, les huiles, les graisses et le beurre. Il est donc susceptible de nombreuses applications.

En 1878, avant de quitter Paris, dit Soleillet, mon ami Paul Bourde, je dois le dire, m'a longuement parlé du karité. Ce que Mungo Park dit du karité l'avait vivement frappé.

C'est cet illustre voyageur qui a fait connaître à l'Europe l'arbre qui porte le karité, et c'est avec justice que cet arbre a pris dans la nomenclature le nom de *Bassia Parki*.

Depuis très longtemps, il y a du karité dans les bocaux du musée des colonies, au palais de l'Industrie, à Paris ; mais jusqu'à présent on ne l'a pas étudié dans ses applications industrielles.

En 1879, à son retour du Soudan, Soleillet a soumis le beurre végétal à l'examen de M. le baron Thénard, membre de l'Institut, et l'un des savants qui font le plus d'honneur au pays (1). M. Thénard a envoyé l'échantillon à l'un de ses élèves, M. N. David, chimiste de la maison Weil, de Lyon.

Après avoir reconnu ses qualités précieuses pour la saponification, M. David en a tiré une stéarine qu'il a trouvée des plus remarquables. Il n'hésite pas à déclarer que cette stéarine est supérieure à toutes celles connues jusqu'à ce jour pour sa blancheur et sa fusibilité, qui ne se produit qu'à une température très élevée ;

____

(1) Note du baron Thénard au Ministre des Travaux publics sur le *Fernan*.

que l'on peut en faire des bougies éclairant mieux, coulant moins et durant davantage que toutes celles connues.

Le *Bassia Parki* croît en abondance, à l'état sauvage, dans toutes les forêts du Soudan occidental. La production du karité est à peu près illimitée ; illimitée sera aussi sa consommation quand l'industrie aura reconnu ses qualités multiples. Le karité n'est pas le seul produit naturel du Soudan, mais il suffirait seul à nous ouvrir ces vastes contrées (1).

Les deux femmes des deux cordonniers du village viennent voir Soleillet et lui demandent un cadeau. Il donne à chacune d'elles un bouton de la capote du capitaine Soyer. Il en donne un aussi à la petite fille de Mahmadou, son hôte. Tout ce monde paraît content.

La petite fille de Mahmadou est une charmante enfant de trois à quatre ans, qui joue comme un jeune chat sur la natte de So-

---

(1) A propos des richesses naturelles du Soudan, Soleillet rappelle qu'en 1880, M. Th. Lecard, botaniste, a découvert une vigne qui donne d'excellents raisins.

Pour en avoir le fruit, il découpa son moustiquaire et enferma dans des sacs des grappes en fleur. Au bout de quelque temps, il eut de magnifiques raisins.

Les indigènes, en goûtant ces fruits, étaient stupéfaits : ils n'en avaient jamais vu parce que les insectes, les oiseaux et les petits quadrupèdes les dévoraient à l'état embryonnaire.

La découverte de M. Lecard a été beaucoup discutée. On dit que Raffenel et plusieurs autres avaient vu cette plante. C'est bien possible, mais M. Lecard a l'honneur d'avoir reconnu qu'elle donne de bons raisins.

Voici, sur M. Lecard, une note de Paul Soleillet :

M. Lecard a fait partie du corps des jardiniers de la marine. C'est en cette qualité qu'il vint au Sénégal sous le gouvernement du général Faidherbe. Il eut la direction de la pépinière de Richard-Toll en même temps que le commandement civil et l'administration du poste.

Une lettre, datée de Saint-Louis 11 janvier et reçue à Médine le 26, annonce que M. Th. Lecard vient de mourir des suites d'une maladie contractée pendant son exploration botanique.

Médine, janvier 1881. — PAUL SOLEILLET.

leillet. Le père et la mère sont très touchés de l'accueil fait à leur enfant.

Un homme de Saldé, nommé Hiero Ahmadou, part le lendemain pour le Sénégal, et emporte pour le gouverneur une lettre de Soleillet.

A la tombée de la nuit, les gens de Nioro arrivent dans le village et viennent rendre visite au voyageur.

On n'a, dans le village, que de l'eau de puits de mauvaise qualité.

De la chute du jour à minuit, les femmes frappent avec la main sur des tamtams en chantant en chœur avec assez d'ensemble. Cette sérénade a lieu dans la cour de Mahmadou et probablement en l'honneur du Blanc.

Ces tamtams se composent tout simplement d'une calebasse couverte d'une peau tendue avec des cordes.

Mardi 16 septembre. — Le matin, le chef des gens de Nioro et les principaux de ses compagnons viennent voir Soleillet. Après une assez longue discussion, il est décidé que, nombreux et armés comme ils sont, le voyage peut être fait sans la colonne d'escorte jusqu'au village de Néguessébougou, qu'ils laisseront les bagages en cet endroit et partiront pour Touba. D'après eux, l'almamy a tout intérêt à faire sortir la colonne le plus tard possible, car, plus il attend, plus les gens à escorter sont nombreux, plus importante est la redevance à percevoir. Il se pourrait très bien qu'il attendît, sous prétexte de religion, la fin du Ramadan, et, dans ce cas, il faudrait perdre quinze jours. Il y a donc tout intérêt à partir, à le relancer. Quand il saura que Soleillet va chez le sultan, il n'hésitera pas, selon l'avis des gens de Nioro, à faire sortir immédiatement sa colonne.

Aussitôt cette décision prise, on selle les chevaux, on charge les ânes et l'on se rend sur la grande place qui se trouve hors des murs, devant l'une des portes de Boro.

Sur cette place, il y a deux grands arbres et un hangar en paille dans lequel travaillent les forgerons. Elle est remplie de partants, de gens qui les accompagnent et de curieux, qui partout sont nombreux et encombrants.

La caravane se compose de vingt-huit cavaliers de Nioro, qui ont avec eux cinquante hommes à pied, dont une trentaine de captifs chargés ; de trois vieillards, deux femmes captives et une petite fille chargés ; de quinze chevaux menés à la main et devant être offerts en présent au sultan ; d'un autre vieillard, au teint de vieux bronze, monté sur un bœuf et représentant au naturel une effigie de Laotze ; de Samba Imola, qui est accompagné de deux cavaliers, de dix hommes à pied et d'autant de captifs portant sur la tête les bagages et les fusils ; d'une cinquantaine de marchands avec leurs ânes chargés, surtout de barres de sel ; d'une trentaine de captifs chargés. Il y avait enfin Soleillet avec quatre hommes, une mule et dix ânes. Le chef des gens de Nioro a mis à sa dispotion sept hommes pour conduire ses ânes.

Parmi les curieux se trouve une femme de très haute taille, un véritable géant d'une belle couleur bronze florentin et d'une figure agréable. Soleillet la regarde avec plaisir ; elle s'en aperçoit et lui sourit gracieusement en le saluant. Il profite de l'occasion pour s'approcher d'elle. Il constate qu'il lui vient à peine à l'épaule. « J'ai pourtant, dit-il, la taille d'un cuirassier français ».

Quand il voit que tout est prêt, Soleillet part en avant avec Yaguelli. Le pauvre Yaguelli est à pied : son âne, Gaspard, ayant dû recevoir la charge d'un autre âne blessé.

Par une marche de quatre kilomètres à l'heure, il arrive à huit heures cinquante-quatre minutes à Tiémabougou, petit village bambara ceint d'un mur carré surmonté de créneaux à dents de loup. La porte en est basse et très étroite. En voulant la passer sur sa mule, Soleillet se heurte violemment la tête. Il est obligé de mettre pied à terre.

Le village est construit en terre et d'un aspect misérable.

Il fait halte près de la porte de sortie, sous un arbre, pour attendre les ânes, qui arrivent à neuf heures cinquante minutes. A dix heures six minutes, il se remet en marche.

Il paraît que, dans cette région, les voyageurs sont souvent attaqués. La caravane prend des précautions. On fait charger les armes. On distribue les fusils que l'on porte au sultan. Quelques cavaliers s'arment de trois fusils, dont deux sont passés entre la selle et la cuisse du cavalier, comme le sabre des spahis arabes. On offre à Soleillet un fusil, mais il le refuse pour conserver son caractère pacifique. Il a cependant son javelot du Macina, mais un bon revolver le rassurerait davantage.

Il éprouva une singulière sensation en se sentant complètement désarmé. Il tint bon cependant. D'ailleurs, Yaguelli avait un fusil, Souley un pistolet à un coup, Samba un fusil à pierre à un coup.

Les cavaliers se divisent en quatre groupes. Le premier forme l'avant-garde ; le second et le troisième sont à droite et à gauche du convoi, en flanqueurs ; le quatrième est à l'arrière-garde.

Soleillet est au centre, ayant près de lui Yaguelli, qui ne veut pas le quitter parce qu'il croit la situation dangereuse. La marche est alors d'environ trois kilomètres et demi à l'heure.

A douze heures trente minutes, la colonne entre dans Néguessébougou, village bambara. Mais, avant, la caravane s'est formée en ordre pour en imposer.

Les habitants de ce village ont la réputation de favoriser les pillards, d'espionner pour leur compte et de partager avec eux le butin fait sur les caravanes.

Le village est entouré d'un mur en terre et ses constructions sont aussi en terre. Au milieu du village, il y a des arbres.

La réception est cordiale, et le vieux chef donne au blanc deux chambres sur une cour.

Les habitants, craignant d'être pillés par les gens de Nioro, ont caché tout ce qu'ils possèdent. On ne reçoit pas de cadeaux et l'on ne trouve rien à acheter. Yaguelli est là, heureusement. A force de chercher, de fureter de case en case, il finit par trouver une vieille femme qui consent à lui vendre une poule étique et vieille comme elle. Cette vente est d'ailleurs toute une affaire, toute une négociation. La vieille femme veut pour sa vieille poule du girofle ; on lui en donne ; mais avant de l'accepter, elle va le montrer au chef, aux bambaras qui sont avec le chef, aux commères qui l'accompagnent. Après bien des démarches, le marché est enfin conclu, et Soleillet peut souper de la vieille poule bouillie avec du riz.

Le lendemain, il doit se rendre à Touta, avec les gens de Nioro, pour presser l'almamy d'envoyer la colonne d'escorte. Les bagages seront laissés à Néguessébougou, parce que les gens de Nioro ne croient pas sûr d'aller avec les ânes jusqu'à Touta.

Soleillet fait venir le chef du village. Devant le chef des gens de Nioro, il lui demande une case fermant à clef, lui recommande Samba, Souley, les ânes et les bagages. Ensuite il fait tout ranger dans la case, charge Souley des bagages et Demba des ânes.

Un mali-nké, du nom d'Ousman, qui fait partie de la caravane, vient voir le chef blanc. Son village est Foulatenda, poste anglais de la Haute-Gambie. Ousman sait quelques mots d'anglais, ce dont il est très fier. Soleillet lui apprend à dire : *bonjour, ça va bien, merci, monsieur*. Le bon noir saura ainsi autant de français que d'anglais.

Il a un âne chargé de marchandises achetées à Foutalenda.

D'après lui, les Anglais fermeraient les yeux sur le commerce des esclaves fait en rivière. Nous faisons de même au Sénégal.

Ousman demande si nous sommes bien avec les Anglais. Soleillet répond que nous sommes au mieux et, pour lui en donner la preuve, il le charge de ses compliments et d'une carte de visite pour le gouverneur de Foutalenda.

Mercredi 17 septembre. — La colonne est formée dans le même ordre que la veille.

Vers sept heures quinze minutes, l'attention de la caravane est attirée par une mauvaise odeur qui a pour siège un tas de chiffons. Deux *charognards,* selon l'énergique expression de Soleillet, fouillent ces chiffons. A son approche, ils ouvrent de grandes ailes et s'enlèvent d'un vol lourd sur un arbre voisin. Ce sont de grands

vautours, d'une espèce commune au Sénégal. Ils dévorent deux
pauvres esclaves fugitifs qui sont morts de faim et de soif.

A sept heures cinquante-six minutes, la caravane passe à gauche
de l'emplacement de l'ancien village de Medina. Un peu plus tard,
Yaguelli se coupe, sur une pierre, l'extrémité de l'orteil. Heureusement, Soleillet a sur lui une cartouche Kipstet qui lui a été
donnée à Bruxelles ; il panse Yaguelli, et le brave garçon continue
de marcher près de lui.

A neuf heures quarante-cinq minutes, ils atteignent une jolie
forêt où deux routes se croisent. L'une passe à Ouoro. La distance entre Ouoro et le croisement est la même qu'entre Banamba
et Badougou. L'autre route passe à Touta, qui se trouve à la
même distance que Badougou de Touba.

Tout près, il y a une mare d'eau. Les captifs courent y boire.
Une pauvre petite fille de sept à huit ans, qui porte aussi un paquet
sur la tête, fait comme eux. Pour les faire remettre en route, il
faut crier après eux et même les bousculer.

A dix heures vingt minutes, le passage dangereux est franchi.
Les noirs en témoignent leur contentement. Les cavaliers font la
fantasia ; les piétons, tout en chantant, font des sauts, des
pirouettes, des gambades, des moulinets avec leurs fusils. Les
captifs, eux, sont indifférents. Que leur importe d'être ou de
n'être pas pris par les Bambaras. Chacun se dit sans doute, comme
l'âne de la fable :

> Me fera-t-on porter double bât, double charge ?
> Notre ennemi, c'est notre maître.

Les captifs, au nombre de plusieurs centaines de mille, sont
employés pour les transports et traités comme de véritables animaux. On les achète pour un voyage et, au retour, on les revend.
Il y en a qui changent ainsi de maîtres à tout instant et qui passent
toute leur vie sur les routes, chargés comme des bêtes de somme.
Leurs traits expriment un profond abrutissement. Comme l'a dit
Homère : « Jupiter enlève au captif la moitié de sa sensibilité ».

Vers dix heures et demie, la caravane passe près des ruines de deux villages détruits par l'Hadji Omar. « Par ce prophète ou ses lieutenants, dit Soleillet, les quatre cinquièmes des villages du Ségou ont ainsi disparu ».

Depuis que le danger est passé, Yaguelli a cessé de faire le garde-du-corps et marche lentement, à cause de sa blessure. A une heure trente-huit minutes, halte. A mesure que les hommes arrivent, ils vont s'étendre sous les arbres. A deux heures, quand tout le monde est rassemblé et un peu reposé, la colonne se reforme à la file indienne. En tête, à la place d'honneur, se trouve Mahmadou-Boghar-Samba-Lillé, chef des gens de Nioro. C'est un vert vieillard, borgne, au teint clair. Il monte un mauvais cheval blanc, de race maure, dont la queue a été teinte en rouge avec du henné. Derrière vient Tierno Yatté, marabout, sur un grand cheval grisâtre. Il est couvert de talismans et porte à la main droite un long bâton fourchu. Le vieux à tête de Chinois s'avance gravement, monté sur son bœuf, derrière le marabout. La quatrième place est occupée par un jeune Maure qui est schériff du Tichid. Il est monté sur un mauvais cheval rouge et coiffé d'un chapeau de paille. Le cinquième personnage est un homme de haute taille, d'un noir violet. Sa barbiche et ses cheveux sont blancs. Sa physionomie est grave, digne, intelligente, bonne et ouverte. Il est coiffé d'un immense chapeau de paille, couvert de beaux boubous bleus et blancs, chaussé de bottes rouges brodées d'or, armé d'un beau fusil, monté sur un cheval de très haute taille, tout noir, magnifiquement harnaché, qui piaffe et caracole. Ce beau cavalier est quoi ? Un forgeron.

Viennent ensuite vingt-cinq cavaliers armés et montés plus ou moins mal, mais tous se campent sur leurs Rossinantes et se donnent des airs de matamores. Ils sont suivis de quinze chevaux maures menés en laisse, puis des captifs chargés. La marche est fermée par vingt hommes à pied, le fusil sur l'épaule, mais à la mode des noirs, c'est-à-dire la crosse en l'air. Presque tous ont sur l'épaule gauche une petite peau de bouc. Ils marchent en écar-

tant les jambes et en se dandinant. Ce défilé a duré vingt minutes.
Soleillet enfourche alors sa mule et suit avec Yaguelli. La plaine
est ondulée, couverte de magnifiques cultures de mil, d'indigo,
de citrons et d'arachides. Après sept minutes de marche, on arrive
à Banamba, village bambara, construit en terre, entouré de beaux
murs en parfait état. Au centre se trouve une grande place avec
des arbres. Dans une échoppe, un marchand vend de la guinée,
du calicot, des pagnes, du sel, des verroteries. Sous un arbre, un
cordonnier fait des colliers en fixant à de petites lanières, teintes
de couleurs vives, des fragments de cauris. Un enfant travaille
auprès de lui.

CHAPITRE XX

DE BANAMBA A KERCOUANÉ

Tout le monde s'est rassemblé sur la place, tout le monde
bavarde et gesticule.

Un homme, jeune encore, a une jambe très grosse et attaquée
par l'éléphantiasis.

Le vieux chef, Dianima, dit à Soleillet de loger chez lui. Pour
arriver chez Dianima, il faut traverser deux mares croupissantes.
L'une est couverte de plantes vertes qui ont l'apparence de laitues
pommées ; l'autre, infecte et carrée, est devant la porte d'entrée
du tata.

Soleillet est bien logé, dans une case toute peinte.

A côté, sous un appentis en paille, une jeune captive est aux
fers. Elle a la physionomie douce et gracieuse, des traits agréables,
des seins faits au tour, les extrémités très fines. Son vêtement
consiste en un chiffon passé autour des reins. Elle joue avec une
jolie petite fille.

A la nuit, un beau jeune homme vient causer avec elle. Ce doit être son amant. Les fers n'empêchent pas les doux sentiments et les plus vifs témoignages d'amour.

A ce point de vue, d'ailleurs, on laisse aux esclaves la plus grande liberté, pourvu, toutefois, que la femme ait acquitté le droit du seigneur. Après cela, si elle tombe enceinte, tant mieux, c'est un accroissement de fortune, car tous les enfants de captifs nés hors mariage sont vendus.

Après vingt-six heures de jeûne, Soleillet a du lait; trois heures plus tard du couscous. Il pense que ces diètes prolongées sont une cause de fièvre.

Jeudi 18 septembre. — Départ à six heures cinquante minutes. Maintenant que le chemin est sûr, Soleillet va voyager seul avec Yaguelli.

En sortant de Banamba, on se trouve dans une belle avenue, tirée au cordeau, large de 12 à 14 mètres, bordée à droite et à gauche de haies vives en épines, bien soignées. Derrière ces haies, il y a des champs de mil, de coton, d'indigo, de haricots, d'arachides et d'autres terrains prêts à recevoir de l'indigo.

Soleillet rencontre des hommes, des femmes, des enfants, les uns armés, les autres chargés de marchandises. Il rencontre même un cavalier qui revient de Touba avec une femme en croupe.

A huit heures cinquante et une minutes, il passe devant Bassabougou, petit village bambara qui se construit un mur en terre. Il demande à boire; on lui apporte une eau excellente, fraîche et limpide, qui provient d'un puits du village. Après quelques minutes de repos, il se remet en marche et rencontre peu après un cavalier envoyé par l'almamy dans les villages pour rassembler la colonne qui doit partir le 22 septembre.

A neuf heures cinquante-six minutes, il arrive à Touba, village soni-nké, en terre, régulièrement construit. Il est bien reçu par le vieil almamy. Les gens de Nioro sont passés le matin. Le danger passé, la caravane s'est disloquée, éparpillée dans les villages, chacun allant de son côté, chez ses parents ou chez ses amis. L'almamy a donc été prévenu de l'arrivée de Soleillet. Il est armé d'une lance et d'un sabre français dans son fourreau de cuir.

Il fait entrer le Blanc chez lui, lui donne d'excellente eau de puits et le conduit chez la veuve de son frère aîné, qu'il avait dû épouser, suivant la loi empruntée au judaïsme par les mahométans.

Dans la journée, Soleillet reçoit la visite de l'almamy accompagné de sa famille ; beaucoup de noirs viennent aussi, et trois d'entre eux paraissent parler couramment la langue anglaise.

Vendredi 19 septembre. — Le matin, l'almamy vient voir Soleillet. Il a les yeux petits et bridés, la figure très ridée ; quelques poils blancs lui ornent le menton. Sur ses boubous de coton blanc, il a un épais burnous arabe en laine. Il a toujours à la main sa lance et son sabre.

Chez les Bambaras et les Soni-nké, le port de la lance est un signe de noblesse, comme autrefois chez nous le port de l'épée. L'Hadji Omar fit jadis porter le sabre aux musulmans : aujourd'hui, tous les hommes de sa secte joignent le sabre à la *santalla* (bouilloire en fer ou en cuivre avec de l'eau pour les ablutions).

Dans la matinée, Soleillet rend la visite de l'almamy et va ensuite se promener dans la ville.

Au milieu se trouve une place entourée d'arbres. Là se trouve aussi la mosquée, importante construction en terre, rectangulaire, formant une seule pièce.

Sur l'un des côtés, elle a trois portes ; sur l'autre, une tour carrée qui sert de minaret. Le sol est en terre battue. La construction est en bon état.

Un forgeron, qui est installé sur la place, se sert d'un soufflet fort curieux. C'est d'abord un cube creux, en terre, de un mètre de côté ; sur la partie supérieure se trouvent deux outres en peau. Deux tubes en terre sont adaptés dans le bas de l'une des faces du cube.

Les forgerons font usage de charbon de bois qu'ils fabriquent eux-mêmes et qui est de bonne qualité. Ils ont avec eux un apprenti.

Le matin, l'apprenti découvre, avec un petit croc en fer, le feu enterré la veille. Quand il l'a retrouvé, il y met du charbon neuf qu'il tire d'un sac en peau, et va s'accroupir entre les deux outres. Il les prend à pleines mains, tire sur l'une et appuie sur l'autre, alternativement, et obtient ainsi un jet d'air puissant. Quand le feu est bien pris, le forgeron se met à l'œuvre.

Plus je vois les Bambaras et les Soni-nké, dit Soleillet, plus je suis frappé de leurs traditions de civilisation. Souvent je me suis demandé si ce ne sont pas là ces anciens Garamantes dont Barth et Duveyrier ont retrouvé des traces dans le Sahara, dont Hérodote nous a entretenus. Le professeur Berlioux, de la faculté de Lyon, place leur capitale, *Garama*, d'après les tables de Ptolémée, par 21° 30' de lat. N. et 43° de long. E. (Mér. de l'Ile-de-fer), dans la partie septentrionale du Tibesti. Les uns reconnaissent les Garamantes chez les Éthiopiens, d'autres chez les Achantis, d'autres ailleurs.

J'ai déjà eu l'occasion de faire remarquer que les Khasso-nké, les Bambaras, les Mali-nké, les Soni-nké, qui tous ont des idiomes particuliers, se comprennent entre eux, et que ces idiomes n'ont aucune ressemblance avec le ouolof, le sererer, le sousou, etc. J'ai dit aussi que ce fait a son équivalent en Europe ; ainsi, les Catalans, les Languedociens, les Provençaux, les Corses, les Génois, les Livournais, les Tabarcains, qui tous ont des idiomes différents, se comprennent entre eux. Je ne parle que le provençal du Comtat d'Avignon, dit Soleillet, et j'ai toujours compris les Catalans, les Languedociens, les Provençaux, les Corses, les Génois, les Livournais, les Tabarcains, et j'ai toujours été compris d'eux. Ce fait est facilement expliqué, parce que l'Europe méridionale a une histoire écrite. Nous savons que, pendant des siècles, tous ces pays ont parlé la langue des Latins, et que leurs langues sont des rejetons de cette souche commune. Peut-être en est-il de même pour la langue bambara et ses congénères. Si la langue des anciens Garamantes avait donné naissance aux dialectes dont j'ai parlé, il ne faudrait pas trop s'en étonner.

« J'ai proposé au gouverneur du Sénégal de faire publier dans le journal de la colonie l'inscription en lettres grecques et en langue inconnue que M. Duveyrier a recueillie à Ghadames et publiée dans le *Touareg du Nord* ; j'ai proposé, en outre, de promettre une récompense à celui qui pourrait y trouver un sens dans une langue noire.

» M. Brière de l'Isle a montré cette inscription à l'un de ses hommes de confiance ; celui-ci a déclaré qu'elle ne signifiait rien, et l'affaire en resta là.

» Peut-être sera-t-on plus heureux maintenant.

» Outre les indices que l'on peut tirer de la linguistique, relativement à la communauté d'origine des Bambaras, des Soni-nké, etc., on peut encore citer :

» 1° La coloration de la peau, qui est celle des populations du Sahara occidental, que l'on considère comme autochthones ;

» 2° Le type des constructions, qui est celui des pays habités par les Garamantes : ce sont les mêmes ornements, la même distribution intérieure ;

» 3° Les Bambaras, les Soni-nké, etc., d'après leurs traditions, viennent du Nord ; l'Europe a enregistré le fait d'un vaste empire soni-nké à Timbouktou ; ces peuples ont passé des traités avec les Portugais ; ils étaient conquérants, non autochthones, et furent chassés par les Marocains ;

» 4° Pour monnaies, ils se servent de cauris, de pagnes, de girofles, et ignorent le troque pratiqué par les autres populations noires de l'Afrique ;

» 5° Hérodote donne aux Garamantes des bœufs à bosse, dont les cornes affectaient une direction horizontale, et ces mêmes bœufs se retrouvent chez les Bambaras et les Soni-nké, etc.;

» 6° Les Bambaras, etc., qui ne sont pas musulmans, croient à deux principes préexistants : le bien et le mal, et aux esprits intermédiaires qui représentent l'un ou l'autre principe. Cela rappelle Zoroastre et Manès ».

Les Bambaras ont une foule d'usages singuliers. Ainsi, les

enfants arrivés à une dizaine d'années sont marqués, avec un couteau rougi au feu, de trois ou quatre lignes parallèles qui vont du front au menton. Les captifs sont marqués de quatre lignes, les personnes libres de trois seulement. Chacun porte ainsi sur la face, en marques ineffaçables, la preuve de son origine.

Cette distinction est importante, car les hommes libres ont seuls le droit de défendre le pays ; les captifs leur doivent le respect, quelles que soient leurs fonctions ; nul captif, même le chef des captifs, ne peut s'asseoir devant un homme libre.

Les Bambaras donnent aux captifs les premières places de l'Etat, non par déférence pour des mérites éclatants, mais parce qu'ils ne comprennent pas qu'un homme libre s'assujettisse à exercer des fonctions, si importantes qu'elles soient, sauf celles de juge.

Chez les Bambaras, comme chez tous les noirs, comme cela devrait être partout, la première place est au juge. Le roi est le juge suprême, et il siège en personne pour les affaires importantes. Les affaires ordinaires sont jugées en son nom par les chefs de villages, hommes libres et âgés.

Les délits sont rares chez les Bambaras, qui ne sont ni voleurs ni menteurs, et professent le plus grand respect pour le roi et les chefs.

Les peines consistent en amendes *dgiourousara*. C'est le chef des captifs qui les perçoit.

Les Bambaras n'ont aucune religion.

Les Massassis sont supposés musulmans. Ils prétendent même descendre de Massa, compagnon du Prophète ; en réalité, comme leurs sujets, ils sont livrés à de grossières superstitions et toujours préoccupés de pénétrer l'avenir par des sortilèges.

Avant d'entreprendre quoi que soit, il faut se livrer à des ablutions, avec une eau lustrale, dans un bois sacré. Comme les Romains, ils ont des aruspices chargés de prédire l'avenir par l'inspection des victimes, c'est-à-dire de coqs de petite taille et d'une race particulière. Après avoir immolé la pauvre bête, moins bête que les hommes qui lui demandent le secret de l'avenir, le sacrificateur, qui n'est autre que le forgeron, la jette en l'air tandis qu'elle est dans les convulsions de l'agonie. Si elle tombe sur le ventre, mauvais présage, bon présage si elle tombe sur le dos.

Jamais un roi ne se déplace sans une cérémonie, qui est telle : On décide la route à suivre et sur cette route on marque un point ; puis un âne est amené, une jeune fille, vierge, est placée dessus, les yeux bandés, la tête tournée vers la queue ; l'âne est lancé, avec force coups, dans le sentier indiqué ; s'il atteint le but sans avoir renversé la jeune fille, le roi pourra partir, sinon, non.

L'armée des Massassis se composait de quatre divisions, nommées *main,* de mille hommes chacune, et commandées par trois chefs subordonnés l'un à l'autre.

Le roi, sa famille et le chef des captifs se distinguent par un gros anneau d'or retenu par une bande de cuir près de l'oreille droite.

Les Bambaras du Kaarta avaient l'habitude de louer leur armée aux princes de la Sénégambie qui guerroyaient entre eux. La location d'une *main* se payait 40 chevaux.

Les griots des Bambaras jouent un rôle des plus importants. J'ai déjà parlé d'eux en détail, mais pour donner une idée de leur aptitude musicale, je donne ici, avec les paroles, une phrase notée, sur la demande de Soleillet, par M. Pélissier, agent comptable à Kita.

En voici les paroles avec la traduction :

Dianaro Ali Laio	*Monseigneur Ali Laio*
io Ali Laio	*Oui Ali Laio !*
io Ali Laio	*Oui Ali Laio !*
Badario iondoukeba	*Le très puissant, le très grand,*
Sanoukaréné kontente	*Partout donne l'or ;*
Foubito	*Jamais ne sera musulman.*
Io Diou roukeba	*Oui, l'homme intègre !*
Kou Dabalon	*Ici, le marabout peut venir,*
Konbabou Tegebaro	*Il lui coupe le col.*

Ce chant a été composé par le griot du dernier roi bambara de Ségou, à l'occasion de l'abjuration du roi de Nioro et de la marche d'el Hadji Omar sur Ségou.

Le roi fut tellement satisfait de ce chant qu'il donna à son auteur un cheval de race richement harnaché, cent captifs et cinq cents gros d'or. Jamais griot ne l'a chanté devant lui sans obtenir une importante gratification.

Les Bambaras sont polygames et ont l'amour de la famille. Il ne faut rien croire de ce que les noirs disent de leur moralité.

Ils ont le défaut de boire et sont amis du plaisir, comme tous ceux qui ont *mens sana in corpore sano.*

Un homme libre dédaigne d'être soldat ou publicain, mais il tient à honneur de cultiver sa terre. Les chefs et même les rois se livrent à ce travail qui n'est dédaigné que des chefs captifs.

Jusqu'à présent, les Bambaras ont résisté à l'Islam, dont le puritanisme ne saurait convenir à leurs ardentes passions et à leurs sentiments artistiques.

Soleillet pense que le christianisme, avec ses pompeuses cérémonies, ses anges, ses saints, les superstitions qu'il répand ou tolère partout, conviendrait aux Bambaras comme il convient aux Mexicains, aux Ethiopiens et à quelques Garamantes.

Les Bambaras sont d'ailleurs, de tous les Soudaniens, les plus aptes à la civilisation.

Cependant, comme superstitions, ils ne le cèdent à personne. Les griots mali-nké en racontent un exemple curieux.

Un jour, le roi Sagaba, qui régna de 1790 à 1793, allait attaquer Tamba, ville du pays manding. Au moment où il se préparait à passer une mare, un hippopotame mit innocemment la tête hors de l'eau pour souffler. Les sorciers du roi assurent que cet hippopotame n'est pas un hippopotame, mais le roi de Tamba qui a pris cette forme pour épier l'armée de Sagaba. Si nous pouvions nous en saisir, disent-ils à leur prince, Tamba serait à nous. Sagaba est naturellement de leur avis et donne l'ordre de lui amener la bête. Toute l'armée pose ses armes sur la rive et se jette à l'eau avec des bâtons.

Or, il arriva que cet hippopotame n'était pas le roi de Tamba, mais l'un des génies protecteurs de cette ville et qu'il était venu pour provoquer les folles imaginations des sorciers. Le roi de Tamba, prévenu par des génies, tombe à l'improviste sur l'armée de Sagaba, tout occupée de sa chasse, la taille en pièces, et force son ennemi à chercher son salut dans la fuite.

Revenons aux aventures de Soleillet. Il reçoit la visite d'un homme de Ségou, qui est envoyé en commission ici (à Touba). Il part le lendemain et lui demande s'il a des commissions pour Ségou.

Nema, garçon d'environ quatorze ans, fils de Mahmadou Sille, l'ancien almamy, a pris le Blanc en affection et ne le quitte pas d'une semelle. Il a une bonne figure de noir, mais peu intelligente. Si Nema a la chance que son oncle et beau-père, Mahmadou Tierno, vive encore une dizaine d'années, il sera aussi almamy, car il est le seul mâle de la famille ; si non, cette dignité passera dans une autre famille.

Soleillet habite le tata de Nema. C'est fort grand. Il y a trois cours remplies de chèvres, de moutons, de chevaux. Des femmes y pilent du mil, s'y peignent et s'y coiffent l'une l'autre. Pour se peigner, elles font usage d'un poinçon en cuivre ou en argent à tête plate, en forme de lyre.

Dans cette cour, Soleillet a vu faire une opération fréquemment pratiquée chez les noirs, et consistant à se piquer les gencives avec une aiguille très fine, pour leur donner une teinte bleuâtre qui fait ressortir la blancheur des dents. Les noirs sont très fiers de leurs dents et leur donnent des soins assidus.

On ramène un petit captif qui s'est sauvé après avoir volé du mil. Comme cet enfant est destiné à devenir un captif de case et qu'on veut l'habituer, au lieu de le battre, on le gronde paternellement.

Samedi 20 septembre. — Un vieux marabout, ayant nom Tierno Moussa, vient passer toutes ses après-midi avec Soleillet. Il est très curieux, parle un peu l'arabe et connaît bien le Koran. Il demande beaucoup de renseignements sur les chemins de fer, dont il a entendu parler par des pèlerins, sur la Mekke, sur Stamboul, sur la guerre entre les Turcs et les Russes (Mosco), etc. Il explique, à sa manière, le système du monde, fait beaucoup de contes, et manifeste un vif désir de posséder en arabe l'*Ancien et le Nouveau Testament*. La plupart des marabouts noirs demandent aussi ce livre. En leur distribuant des bibles, on ne ferait pas d'eux des chrétiens. Je ne pense pas d'ailleurs que les changements de croyances fissent beaucoup avancer la civilisation. Mais, à un autre point de vue, la distribution de bibles aurait un certain intérêt. Les marabouts arabes et autres ont répandu le bruit que nous avons perdu nos livres et que nous sommes dans une ignorance complète des choses révélées. Quelle que soit notre foi ou notre crédulité à l'égard des révélations, nous grandirions dans leur esprit si nous leur montrions que nous sommes en possession des livres où Mahomet puisa son Koran.

Moussa porte un chapelet, ce qui n'est pas étonnant, et ce chapelet est orné d'un poinçon en cuivre, long de dix centimètres, carré et orné de dessins jusqu'à la moitié de sa longueur, rond dans la seconde moitié et terminé par une pointe. Beaucoup de Soni-nké en portent, et cela sert à se nettoyer les yeux.

Soleillet donne, à la maîtresse de la maison, une glace, et aux femmes qui ont fait ses commissions, Bana et Kafourné, deux boutons de la capote du capitaine Soyer.

Dans la cour, une femme très parée, la tête couverte d'un voile, pile du mil. C'est l'une des filles de l'almamy qui est nouvellement mariée. L'usage veut qu'elle reste ainsi voilée pendant un certain temps.

Dimanche 21 septembre. — Il y a dans la cour un palmier ronier dont les branches sont chargées de nids ronds et couverts ayant l'apparence de fruits de la grosseur des deux poings.

L'industrieux architecte de cette aérienne demeure est un bel oiseau gros comme un serin d'Europe. Il a le corps bouton d'or, la tête et le col ponceau. Son chant est très agréable. Il vient dans les cases, se pose partout, furète, regarde curieusement. Les allées et venues de cette bestiole furent pour Soleillet une grande distraction.

Lundi 22 septembre. — Une femme vient prier Soleillet de lui vendre une pièce de 5 francs en argent. Elle la paie 5,000 cauris, le prix du pays, et le soir elle lui fait cadeau d'une poule. Les forgerons sont assez habiles pour faire avec une pièce de 5 francs un gros anneau qui sert à l'ornement des poignets et des chevilles. Le creux de ces anneaux est rempli d'un mélange de sable et de cire fondue.

Mardi 23 septembre. — Le mil vaut de 80 à 100 cauris le moule. Moussa raconte une foule d'histoires.

Mercredi 24 septembre. — Les bagages arrivent dans l'après-midi.

L'ammoniaque eut un très grand succès. Depuis Néguessé-bougou, les gens de Nioro disent partout que le *Tierno Toubak* possède une bouteille contenant quelque chose de si fort, si fort, qu'on ne peut seulement le respirer un moment, mais que ce quelque chose guérit les maux d'yeux, de tête, etc. Les vertus supposées de l'ammoniaque dépassent de beaucoup celles que l'on attribuait jadis à l'orviétan, à la thériaque, au catholicon.

Tout le monde en demande, mais Soleillet répond que la bouteille est dans ses bagages. Les bagages arrivés, des gens de Banamba, de Touba et d'ailleurs, de tout âge et de tout poil, viennent au nombre de plus d'une centaine. Soleillet les fait asseoir en rond, dans la cour, et Yaguelli leur place sous le nez le flacon. La scène est des plus amusantes.

Jeudi 25 septembre. — A sept heures cinquante minutes du matin, il se met en route, après avoir reçu les adieux de la population, de l'almamy et du tierno Moussa. Il suit une large avenue bordée de broussailles, de gazons, de quelques arbres, de baobabs, de champs d'indigo, d'une ligne de collines boisées.

Il rencontre Demba Aïssa, qui revient de Ségou et le complimente de la part d'Ahmadou. Le sultan a donné l'ordre de préparer à Yamina une pirogue pour passer le voyageur blanc.

CHAPITRE XXI

DE KERCOUANÉ A YAMINA

Kercouané. — Les Foulbé. — Boubou Targui, chef des Foulbé. — Soleillet passe une mauvaise nuit. — *Pas de benné, pas d'ammoniaque!* — Bakolo. — La colonne d'escorte. — Un captif du sultan Ahmadou. — Rencontre de la colonne d'escorte. — Un ancien laptot. — Moribougou. — L'escorte voudrait arriver à Yamina pour les fêtes du Ramadan. — Apparition de la nouvelle lune. — De Moribougou à Yamina.

A dix heures dix-huit minutes, après avoir rencontré des voyageurs au repos sous un baobab, il arrive à Kercouané, grand village soni-nké, bien bâti. On le fait attendre au centre du village, sur la place, dans un hangar bâti près d'une mare, qu'on lui ait préparé un logement. Il est bien logé, mais, à peine installé, on vient lui demander de l'ammoniaque. Il renvoie les quémandeurs à l'après-midi.

Le village est rempli de gens de Boubou Chargui, chef des Foulbé (1) de Ségou, qui vient de parcourir, par ordre d'Ahmadou, les territoires révoltés de Ouoro et de Touta. Un de ses hommes, gravement blessé, est porté sur une civière par quatre de ses compagnons. Les bras de la civière sont appuyés non sur les épaules, mais sur la tête des porteurs.

Aujourd'hui, dit Soleillet, j'ai eu l'occasion, assez rare, de voir réunis 400 à 500 Foulbé. Je vais essayer de les décrire.

Leur taille est petite. Peu d'entre eux doivent dépasser 1 ᵐ 62

(1) On dit *Foulbé* au pluriel, *Poulo* au singulier. La langue s'appelle *poular* (note de Soleillet).

ou 1^m63 ; beaucoup doivent avoir moins de 1^m56 à 1^m58. Ils sont minces, élancés ; leurs membres sont secs et nerveux ; leur système musculaire est relativement développé. Ils ont le teint cuivré, mais très clair, des Bohémiens et gitanos qui courent toute l'Europe. Ils ont la peau fine et sèche. L'usage qu'ils ont de s'oindre de beurre le corps et les cheveux leur donnent une odeur particulière et peu agréable. La couleur de leurs yeux varie du noir au tabac d'Espagne, et le blanc en est très franc. Leurs cheveux sont d'un noir bleuâtre, lisses, très épais, plantés obliquement, réunis en tresses de 0^m20 de longueur. Je n'ai jamais vu un poulo chauve. Ils ont peu de barbe, presque pas de moustaches. Le col et le menton sont un peu mieux garnis. Leur type est invariablement prognate. Le visage est ovale, les traits sont réguliers ou chiffonnés. Le front est droit, les arcades sourcillères proéminentes, les sourcils arqués, bien dessinés, se rejoignent souvent à la racine. Œil oriental, en amande ; cils longs et abondants ; pommettes nullement saillantes ; nez droit ou aquilin, petit, toujours effilé ; bouche petite et fine, lèvres minces et pâles, dents verticales, petites, d'un blanc mat. Beaucoup ont les canines pointues. Le menton est fin ; les oreilles sont petites, régulières et bien attachées ; le cou est long et mince, sans exagération. Les épaules sont tombantes, la poitrine large et bien proportionnée, les bras nerveux, les poignets fins, les mains petites, sèches, nerveuses, les doigts en fuseau, les ongles bombés, longs et blancs. La taille est cambrée. Les jambes sont minces, les mollets bien dessinés, nerveux, la cheville mince, le pied petit et très cambré. L'orteil est très séparé, ce qui paraît provenir de la bride des sandales, leurs chaussures habituelles.

Les Foulbé font peu de gestes en parlant. Leur physionomie est douce, fine, et souvent chiffonnée. Ils parlent assez vite, mais bas, sans presque remuer les lèvres, en entr'ouvrant simplement la bouche, et donnent des sons doux.

Ils sourient volontiers ; rarement ils rient aux éclats, comme le font les nègres.

Ils paraissent avoir le goût musical très développé. Ils ont de petits violons et de petites guitares dont ils s'accompagnent en chantant à demi-voix.

Leurs vêtements sont blancs, bleus ou jaunes, et cette dernière couleur a leur préférence. Ils portent un tolbé qui descend à peine aux genoux et de vastes braies, de légères sandales en cuir de bœuf non tanné, un petit chapeau conique en paille tressée, bordé en cuir et attaché sous le menton par une bride en cuir. Plusieurs ont un bonnet jaune ou blanc à oreilles.

Pour armes, ils ont une lance et un ou deux javelots. Le fer de la lance a la forme d'une feuille de laurier; celui du javelot la forme d'une pique. Quelques-uns ont en plus un fusil. Je n'en ai vu aucun ayant une hache ou un sabre.

Leur chef, Boubou Targui, vient voir Soleillet dans l'après-midi. Il est de la taille de M. Thiers, déjà sur l'âge, mais vert et vigoureux. Il est vêtu d'un court boubou jaune et d'un pantalon blanc, coiffé d'un bonnet jaune à oreilles, couvert de talismans contenus dans de petits étuis en peau de la grosseur d'une ciga-rette et de moitié moins long. Il tient à la main une lance et un javelot. Son menton est orné d'un petit bouquet de barbe blanche. Ses cheveux sont gris et divisés en cinq tresses. Il n'a, pas plus que ses hommes, le goût des ornements.

Boubou Chargui est l'un des grands feudataires de la couronne du Ségou. Il a sous ses ordres une centaine de villages habités par des Foulbé de race pure qui paraissent éviter avec soin toute alliance étrangère. Il est rare de voir un Poulo se marier ou avoir des rapports avec une femme noire. Les Noirs, au contraire, recherchent les filles foulbé.

Boubou Chargui est presque indépendant. Il fait garder, dans ses villages, les troupeaux de bœufs du sultan, mais il a le droit de faire la guerre pour son compte et tout le butin qu'il fait est sa propriété.

Les Foulbé combattent à pied et à cheval. Arrivés à portée de l'ennemi, ils lancent leurs javelots et chargent leurs armes à feu.

La cavalerie se forme ensuite en bataille et charge au galop, la lance en arrêt. L'infanterie, formée en coin, la suit au pas de course.

Les Foulbé sont musulmans, pasteurs, un peu cultivateurs et éleveurs d'esclaves. Ils achètent, pour les revendre plus tard, de très jeunes enfants.

Il y a ici beaucoup de voyageurs : les uns vont à Ségou, les autres en reviennent. Ils n'ont pas oublié l'ammoniaque et en demandent.

Le village manque de lait. Soleillet fait en vain chercher le henné dont il a besoin pour panser le dos de sa mule.

L'eau est très bonne. Elle provient d'un puits cloisonné avec des planches et creusé sur la place, près de la mare dont il a déjà été parlé.

Boubou Chargui et ses gens partent vers six heures.

Vendredi 27 septembre. — Il pleut pendant la nuit.

Toute la nuit, le pauvre voyageur, qui souffre de la fièvre, sent tomber sur lui des gouttes de boue liquide, grosses, grasses, gluantes et nauséabondes.

Les cases sont construites en terre gâchée avec du fumier de vache, et le plafond est loin d'être étanche.

Aux personnes qui viennent pour l'ammoniaque, Soleillet répond qu'il lui faut du henné ; pas de henné, pas d'ammoniaque. Elles en possèdent puisque plusieurs d'entre elles en ont les ongles teints. Quand on voit que la fameuse bouteille ne sortira de sa cachette qu'à ce prix, on en a bien vite apporté, plus même qu'il n'en faut, et Soleillet peut panser la pauvre mule.

Samedi 28 septembre. — Il part à sept heures du matin, avec Yaguelli. Les ânes suivront. A huit heures trente minutes, il passe sur l'emplacement d'un village jadis occupé par des Maures ; on ne peut lui dire le nom. Des plantes lancéolées en remplacent les anciennes cultures.

A neuf heures dix-sept minutes, il arrive à Bokolo, village bambara, dont la porte est ornée de beaux arbres. Il ne s'y arrête pas et va dans la plaine faire paître sa mule en attendant les ânes et la colonne qui vient de Yamina pour escorter les voyageurs.

Des voyageurs, au nombre de 150 ou 200, qui conduisent des ânes et des bœufs porteurs, font aussi paître leurs bestiaux en attendant le chef de la colonne.

Ce chef arrive entre neuf heures et demie et dix heures. Il monte un beau cheval blanc couvert d'une housse de drap écarlate enrichi de galons d'or et d'argent. Sur cette housse est posée la selle à laquelle sont attachés des sacs en peau ornés de dessins, de glands, de franges. La bride est de même.

Le chef est un tout jeune noir, captif du sultan. Son nom est Makhé Kanouba. Il est vêtu de blanc, armé d'un sabre et d'un fusil. Il a les pieds nus, mais les mollets sont passés dans des houseaux en cuir rouge orné de dessins blancs, bleus et verts. Ses talons sont armés d'éperons en fer, de forme arabe, mais à branche très courte.

Il vient saluer Soleillet et lui parle de Mari Fili, le chef des captifs à Yamina. Il sera très heureux de vous recevoir, dit-il au voyageur.

Le jeune noir fait beaucoup d'embarras. Il descend de cheval et marche les jambes écartées en se dandinant.

Des gens du village et des voyageurs viennent aussi saluer Soleillet.

Les ânes arrivent à dix heures et demie, et comme on n'attend qu'eux, tout le monde s'arrange pour le départ, qui a lieu à onze heures deux minutes.

Soleillet part en avant avec Yaguelli et rencontre, à douze heures quarante-cinq minutes, les cavaliers et les piétons qui forment le gros de l'escorte.

Quand on aperçoit la caravane, les tamtams battent le rappel et les hommes d'infanterie se mettent à danser et à chanter. Soleillet pense que le danger n'est pas sérieux. Il ne serait même pas éloigné de croire que ce danger est un prétexte à impôt.

L'un des hommes de l'escorte s'approche de lui et le salue en français. Il est ancien laptot du commerce et a servi à Kenieba sous le capitaine Maritz. Il regrette le Sénégal, mais il ne voudrait pas y retourner sans avoir fait quelques économies.

Entre une heure et demie et deux heures la pluie tombe abondamment. La colonne se met à l'abri dans une forêt, ce qui ne l'empêche pas d'être trempée jusqu'aux os. A deux heures et demie elle se remet en route pour s'arrêter de nouveau, repartir et s'arrêter encore jusqu'à trois heures quarante-cinq minutes, moment où elle arrive à Moribougou, petit village bambara dont les rues sont très étroites et remplies d'eau.

Yaguelli est resté en arrière. Personne ne comprend un mot de français ni d'arabe. Soleillet traverse deux fois le village. Il explique, par signes, qu'il veut attendre Yaguelli ; les hommes de l'escorte lui répondent, dans la même langue, qu'ils ne veulent pas le quitter seul. Ils lui disent autre chose, mais il ne les comprend pas. Il leur mime d'attendre son compagnon et qu'ils parleront ; ils ne comprennent pas et se mettent à rire. Soleillet fait comme eux, et tandis qu'ils s'amusent de leur embarras mutuel, arrive Yaguelli. Les hommes de la colonne expliquent alors qu'ils espèrent voir ce soir le croissant de la nouvelle lune, qui marque la fin du ramadan et qu'ils désirent assister aux fêtes de Yamina. Cependant, ajoutent-ils, si le Blanc veut rester, nous resterons. Soleillet les remercie, leur dit qu'il attendra ses ânes et qu'il partira demain pour Yamina.

Les gens du village le reçoivent bien, le logent du mieux qu'ils peuvent, mais très mal. Leurs cases sont en contre-bas de la rue et pleines d'eau. Ils lui apportent d'excellent lait et du couscous.

Bien qu'ils soient très mauvais musulmans et ne fassent pas le ramadan, le soir ils fêtent la nouvelle lune. Vers huit heures, quand on l'aperçoit, ils chantent, ils crient, sonnent de leurs cornes, tirent des coups de fusil, frappent sur leurs tamtams. Ces braves Bambaras, comme beaucoup de chrétiens, ne voient dans la religion qu'une occasion de réjouissances.

Dimanche 29 septembre. — A sept heures quarante minutes du matin, Soleillet part en avant avec Yaguelli. Le temps est couvert. Il traverse des cultures bordées d'oseille cultivée. Un peu plus loin, un grand baobab est couché par terre comme un géant. Il a été rongé par les vers et un coup de vent a suffi pour le faire tomber. Tout auprès se trouvent des champignons qui ont tout à fait la forme d'un sabot de cheval.

A neuf heures vingt et une minutes Soleillet voit Yamina, qui est au milieu d'une immense plaine. Elle est grande, entourée de hautes murailles d'où émergent des tours et des palmiers.

Beaucoup de chevaux, d'ânes et de bœufs porteurs sont au pâturage.

CHAPITRE XXII

Arrivée à Yamina. — Mari Fili, chef des captifs. — Sidi, chef de la ville. — Demeure
de Sidi. — Visite au Niger. — Soleillet entouré de curieuses. — Un Noir généreux.
— Petits malheurs. — Embarquement sur le Niger.

A neuf heures cinquante minutes Soleillet arrive à Yamina. Le
mur est en bon état. La porte d'entrée est dans une tour devant
laquelle beaucoup de personnes, en habits de fête, lui souhaitent
gracieusement la bienvenue, tout en laissant deviner l'étonnement
et la satisfaction que leur cause la vue du *toubak*. Elles s'entretenaient de lui depuis quelque temps et ne supposaient pas qu'il
arriverait sans armes et suivi d'un seul domestique.

Un vieillard lui dit : « En agissant ainsi, tu nous traites comme
» tes frères ; nous aussi, nous te recevrons comme un frère ».
— « Nous sommes tous fils d'Adam et d'Eve », lui réplique le
toubak.

Plusieurs de ces braves gens lui servent de guides dans les rues
sales, étroites et tortueuses de la ville, où il remarque un assez
grand nombre de cases écroulées, ce qui arrive toujours après les
pluies.

Yamina doit avoir une population fixe de 4 000 à 5 000 personnes et une population flottante égale, souvent même supérieure.

On conduit Soleillet chez Mari Fili. Mari Fili est un captif de
race bambara, grand et maigre, d'une quarantaine d'années, vêtu
avec soin, tout en blanc, armé d'un sabre et d'un chapelet. En sa

qualité de chef des captifs, il est logé dans un beau tata, sur une place en éminence, au milieu de la ville.

Informé de l'arrivée de Soleillet, il vient au-devant de lui et dit à deux de ses hommes (l'un est celui qui, la veille, commandait la colonne) de le conduire chez Sidi, le chef du village. Il arrive chez Sidi entouré d'une foule compacte où, comme partout, dominent les femmes et les enfants.

Sidi est un nom patronymique qui n'a rien de commun avec le *sidi* (monsieur) des arabes, même lorsqu'il est porté par des Maures parlant arabe, comme Sidi Eli, roi actuel des Maures Braknas du Sénégal.

Le sidi de Yamina paraît un bien brave homme. Tous ses ancêtres ont laissé le souvenir de gens honnêtes, justes et vertueux ; il reste fidèle à ces souvenirs, aussi est-il très aimé.

Tout brave homme qu'il est, sa personne est grotesque. Il est énorme de taille et d'embonpoint. Il a le nez gros et épaté, les oreilles larges, les lèvres lippues, la peau chocolat et rugueuse, la barbe épaisse, large, longue, taillée à la yankee, les bras énormes, les mains grosses et lourdes et les pieds à l'avenant.

Il est coiffé d'un énorme turban bleu, vêtu d'un boubou en pagne très fine, à petits carreaux gris et blancs, brodé du haut en bas de curieuses arabesques. Il a un soleil dans le dos et un sur l'immense poche de son boubou. Sa démarche est celle d'une femme enceinte.

Il fait entrer Soleillet dans sa demeure, qui est comme un petit village. Ils pénètrent d'abord dans une première cour remplie de voyageurs et de gens du pays qui sont dans leurs plus beaux habits à l'occasion de la fête de la *tabaski*. Parmi eux se trouvent quelques marabouts que l'on distingue à leurs hauts bonnets, à leurs turbans de mousseline blanche dont un pan voile le bas du visage, à leurs grosses et longues cannes ferrées ornées de grosses pommes en cuivre.

Des Maures, assis dans un coin, causent entre eux.

Le chef de la colonne, donné pour guide par Mari Fili, fait ses embarras et choisit lui-même le logement de Soleillet. Quand ce logement est prêt, il vient chercher le voyageur et le conduit dans une troisième cour, à une case fort propre, précédée d'une petite cour et meublée d'un tara, d'une natte, d'un escabeau et d'une jarre pleine d'eau.

Après un peu de repos et un excellent déjeuner, composé d'une belle volaille envoyée par Sidi, Soleillet sort avec Yaguelli et deux hommes pour voir Yamina et le Djoli-ba ou Niger.

Yamina est une ville soni-nkaise. Elle a été fondée par l'un des ancêtres de Sidi, dans un emplacement admirable, en face de Nioro, du Tichid et du Tagant, au point où le Niger devient navigable, en toute saison, pour les grandes embarcations du pays. De Yamina au saut de Boussa on a une voie navigable de 600 lieues. C'est à Yamina, dit Soleillet, que devrait s'établir le négociant qui voudrait faire le commerce du Niger.

Par la vallée de Kouniakary et de Nioro on peut se rendre facilement de Médine à Yamina. La route par Bafoulabé et Kita est coupée de marigots et de montagnes et manque de pâturages. Elle est bonne au point de vue stratégique et nulle au point de vue commercial. Le moyen le plus simple, selon Soleillet, serait de faire monter les marchandises par le Sénégal jusqu'à Médine et de les transporter de ce poste à Yamina au moyen de chars à bœufs, comme ceux en usage dans l'Afrique Australe, avec lesquels Thomas Baines a vu transporter une machine à vapeur montée du poids de plusieurs tonnes. Cela peut se faire pacifiquement, par un négociant ou par de simples particuliers.

Soleillet s'engage dans une longue rue, traverse la place du marché, gravit une butte, passe le mur par une poterne et se trouve devant le Niger qui coule, imposant et majestueux, entre deux rives basses. Ce fleuve est, pour le voyageur africain, ce que le Gange est pour l'Indien et le Jourdain pour l'Israélite. Soleillet tremble d'émotion. Il y boit, il s'y baigne le visage, en rappelant à son souvenir Mungo Park, René Caillé, Mage et Quintin. L'exploration de l'Afrique n'est pas une œuvre individuelle. Com-

ment aurait-il oublié ses pères (Mungo Park et Caillé), ses frères
(Mage et Quintin) dans un moment aussi solennel ? comment
n'aurait-il pas eu leurs noms sur les lèvres et sous sa plume?

Après un long moment de contemplation, il rentre, traverse le
marché où se trouvent de nombreux auvents, mais peu d'ache-
teurs. Il paraît d'ailleurs que tout ici se fait par courtiers et qu'il y
a, dans la cour de Sidi, une espèce de bourse.

Il visite aussi la mosquée principale, vaste parallélogramme
ayant trois portes à sa façade ouest. Sur le mur de façade, il y a
une rangée d'œufs d'autruche. Au centre du toit en terrasse,
s'élève un dôme de forme ovoïdale traversé par des perches. Sur
chacun des murs des côtés, il y a quatre dômes de même forme,
mais beaucoup plus petits. Ces formes ovoïdales se retrouvent
dans toutes les kouba du Sahara septentrional.

Pour cette course à travers la ville, Soleillet a mis les souliers
qu'il a achetés à Guigné. Leurs épaisses semelles les rendent très
lourds, et quand il rentre à sa demeure, vers quatre heures, les
plaies de ses pieds se sont réouvertes. Il trouve Souley, Demba et
les ânes qui sont arrivés depuis une heure.

Il se fait raser les cheveux par Yaguelli, comme il le fait tous
les mois, en Afrique, depuis 1872. L'opération a lieu dans la cour
de la case. Il est bientôt entouré par une foule de femmes (plusieurs fort jolies) en habits de fête, qui veulent voir le *toubak*, et
qui, le voyant, se mettent à jacasser comme des perruches. Elles
sont renvoyées par le chef de la colonne qui apporte une poule en
cadeau. Soleillet lui donne une bague de cornaline. Il paraît très
satisfait et veut bien se charger de tout faire préparer pour le
départ, qui doit avoir lieu le lendemain de bon matin.

Le soir, Sidi apporte du couscous, de la viande et du lait.

Peu après vient aussi un homme du Sénégal. Il porte un beau
drapeau et, comme Soleillet lui en fait compliment, il s'empresse
de le lui donner.

Lundi 30 septembre. — Deux malheurs arrivent à Soleillet : il
casse un thermomètre et sa montre s'arrête. Il sortira de ses

bagages un nouveau thermomètre, mais comme sa montre ne peut être ni réparée, ni remplacée, il sera forcé d'apprécier l'heure sur le soleil.

Demba conduira, par terre, la mule et les ânes à Ségou. Sidi veillera sur lui jusqu'au moment du départ et lui donnera deux hommes pour l'accompagner.

Soleillet présente son cadeau à Sidi et lui fait ses adieux, puis se rend au fleuve où plus de deux mille personnes veulent assister à son embarquement. Pendant une longue heure, il éprouve le supplice d'être dévisagé par cette foule, d'ailleurs très sympathique.

Sur les huit heures on charge les bagages; une demi-heure après, le voyageur se réfugie dans la pirogue. Le chef des *Somonos* (pêcheurs), Dembeley, beau vieillard, se met à l'eau pour venir lui faire ses adieux. Une partie de la population, même des femmes et des enfants, lui serrent la main à travers la fenêtre de la petite cabine.

Le départ a lieu à neuf heures.

CHAPITRE XXIII

SUR LE NIGER

Le fleuve est large de 1 000 à 1 500 mètres. Ses rives sont basses, cultivées, ornées de quelques arbres.

La pirogue mise à la disposition de Soleillet par Ahmadou est des plus confortables.

Son avant est relevé en bec de canard ; son arrière est carré. Sa largeur est de 1ᵐ45, sa longueur de 13ᵐ56. Elle est creusée dans un tronc de cail-cédrat ; après avoir été creusée on l'a sciée en six morceaux que l'on a recousus pour donner, disent les indigènes, plus de liant et de solidité. Au milieu on a construit une cabine en *seccos* ou paillassons dans laquelle on a ménagé des ouvertures à droite et à gauche. Le fond est rempli de fagots couverts de nattes. Cette embarcation vaut 300 000 cauris. Les bagages sont empilés à l'avant et à l'arrière.

Il y a huit pagayeurs : quatre à l'avant, quatre à l'arrière, et un patron qui se tient assis sur le toit de la cabine. Quant à Soleillet, il s'arrange tant bien que mal sur les bagages pour voir le pays. Yaguelli et Souley se couchent dans la cabine.

Dans tous les villages du Niger, il y a un quartier spécial qui, souvent, forme un véritable village : c'est le quartier des *Somonos* (pêcheurs).

Les Somonos sont de race soni-nké et musulmans. Au moment de la conquête du Ségou, les Bambaras les trouvèrent établis sur le fleuve. Ils durent vivre très bien ensemble, car les Somonos ont abandonné l'idiôme soni-nké pour le bambara.

Les Somonos ne s'allient qu'entre eux, mais ils ne forment pas une caste méprisée ni fermée. Au contraire, ils ont le privilège exclusif de la pêche et des industries qui s'y rapportent, ainsi que des transports sur le Niger.

A ces privilèges correspondent certaines obligations.

Ils doivent fournir au sultan tous les rameurs dont il a besoin (1), entretenir d'un certain nombre de pirogues de guerre, et payer une redevance en poisson.

Le patron de la pirogue est un Somono de Ségou. Il porte un boubou bleu sur un boubou blanc, une culotte blanche, une calotte de même couleur et une pagne noire dont il se drape. Il est tout jeune et de couleur franchement noire. Ses traits sont fins et agréables, sa physionomie est intelligente. — Il donne à Soleillet le nom de tous les villages qui bordent le fleuve.

En partant, on traverse le fleuve. Le courant est rapide et cette opération demande environ une demi-heure. Quand on tient la rive, on la suit de près ; dès que le fond le permet, l'équipage quitte ses pagaies et pousse l'embarcation avec de longues perches de bambou. Cette manière de naviguer paraît leur plaire, comme à tous les Noirs.

A dix heures on passe devant Kolimana, village de la rive gau-

____

(1) Soleillet en change dans tous les villages.

che, en face d'une petite île. Toutes les petites îles de cette partie du Djoli-ba portent le nom de *Goun*, mot bambara qui veut dire île ou îlot.

A onze heures un quart, on voit sur la rive droite *Foumi*, en face d'une île, et une heure après on traverse un petit archipel. A midi et demi, sur la rive droite, Douboubany.

Des deux côtés les rives sont basses et boisées. Le fleuve est très large et l'on aperçoit sur la rive gauche une haute montagne boisée.

A ce moment, Soleillet entame la conversation avec le patron. Le fleuve, lui dit celui-ci, baisse de moitié en été tout en conservant sa largeur et sa profondeur au-dessus de Yamina jusqu'au village de Segala-Delingo. Les derniers rapides sont en aval de Bammakou et en amont de Koulikoro. Le fleuve reste navigable jusqu'à Timbouktou et même bien au-delà. Je n'ai jamais vu Timbouktou, mais mon père y est allé souvent, et même beaucoup plus loin, avec de très grandes pirogues. Il en rapportait du sucre, du sel, des étoffes du Maroc et de Sansanding. Le sultan Ahmadou empêche maintenant de dépasser en barque les villages qui lui sont soumis, et les relations avec Timbouktou ont cessé, au grand dommage du pays.

A une heure, ils s'arrêtent à Tamany, village de la rive droite, pour renouveler l'équipage. Gassa, chef de Tamany, vient saluer Soleillet. A une heure et demie, on voit deux montagnes sur la rive gauche ; une heure après, on passe devant Nymphalla, village de la rive droite, situé en face d'une montagne boisée de la rive gauche. A deux heures quarante-cinq minutes Siradja, sur la rive droite, à trois heures Toukorro, sur la même rive, à trois heures un quart une île entre deux rives très boisées, à trois heures quarante-cinq minutes Mognogo, joli village de la rive droite, coquettement posé au milieu de beaux arbres. On s'y arrête... pour voir des marionnettes !

Une tente carrée en étoffe rayée blanc et bleu est installée sur une pirogue à deux pagayeurs. Une tête d'autruche emmanchée d'un long col s'avance sur le devant, se dresse, s'allonge, se baisse, se raccourcit, tourne à droite, à gauche, d'un air curieux et inquiet. Tout à coup, deux marionnettes surgissent du milieu de la tente : l'une est vêtue de rouge, l'autre de bleu et se livrent à des pantomimes grotesques. Des tamtams placés sur une autre pirogue accompagnent le spectacle d'une musique assourdissante. Ce jeu se nomme, chez les Bambaras, *kounou-doukili ;* il est inconnu des autres Noirs.

Les habitants de Mognogo parurent heureux de voir Soleillet prendre part à leurs divertissements. Ils l'emmenèrent dans leur village, sur une place ombragée d'un doubalel, l'arbre le plus gracieux de ce pays, et firent venir pour lui des danseurs, des danseuses et des musiciens. Quand il les quitta, vers cinq heures, ils le reconduisirent à sa pirogue et lui donnèrent un beau poulet. Pour les remercier et les saluer, il fit tirer deux coups de fusil, ce qui parut leur faire le plus grand plaisir.

Yaguelli lui fait observer que le lendemain, devant Ségou-Sikoro, il faudra tirer de nombreux coups de fusil et qu'on usera beaucoup de poudre.

A six heures quinze minutes, sur la rive droite, le village de Tickorla, entouré de beaux palmiers-roniers et de doubalels. Le chef du village, Biraïma, vient saluer Soleillet. Ce beau vieillard demande si l'on touche la main au *toubak ;* sur la réponse affirmative du patron, il présente sa main à Soleillet.

On doit ici changer l'équipage, et comme le patron a des cauris à recouvrer dans le village, on jette l'ancre, c'est-à-dire que l'on enfonce un pieu dans le fleuve.

Soleillet reste dans la pirogue. On lui apporte un fruit qui a l'aspect du jujube. Les Ouolof le nomment *soop*, les Foulbe *tiallé*, les Bambaras *minko*. Il est très âpre, comme presque tous les fruits sauvages, mais il est problable que la culture le rendrait excellent.

On repart à sept heures. Il y a beaucoup d'humidité. Les Noirs n'y font pas attention, mais Soleillet est obligé de passer une chemise de flanelle. Un quart d'heure après, devant Banan-

Koroni, village de la rive droite, il lui faut mettre son manteau.

Le fleuve offre alors un spectacle curieux. De nombreux feux follets se forment sur les rives et le traversent en vacillant.

A sept heures quarante-cinq minutes, Doukou-Kono, très petit village ; à huit heures quarante-cinq minutes Somono-Dougouni, grand village des bords du fleuve où il faut encore changer d'équipage. On s'y arrête. Soleillet est prévenu qu'on va lui apporter à dîner, ce qui lui rappelle qu'il n'a rien pris depuis la veille. La joie d'être sur le Niger lui a fait oublier que l'on mange. A onze heures, les habitants lui apportent un excellent couscous et des poules bouillies assaisonnées au piment. Ce piment est tellement fort et mis avec tant de profusion, qu'il lui semble avoir la bouche pleine de braise vive. Ni Yaguelli, ni Souley ne peuvent en manger. Soleillet qui, pour faire le brave, mange une aile, sait ce qu'il lui en a coûté. Ils quittent ce village à onze heures quarante-cinq minutes, par un temps couvert qui peu à peu s'éclaircit et laisse voir les étoiles.

Mardi 1er octobre. — A six heures, au moment du réveil, la barque est arrêtée devant le grand village de Somandougami. On y remarque de beaux arbres et une mosquée. Un peu plus bas, la rive gauche est marécageuse, la rive droite couverte de bois et de cultures.

Avec un morceau de guinée bleue, un morceau de calicot blanc et un morceau de ceinture rouge, Soleillet fait confectionner un pavillon français qu'il attache à l'une des longues perches en bambou qui servent à pousser l'embarcation. A sept heures tout est prêt. Un vieux fusil de munition français à pierre reçoit quatre charges de poudre et Souley a pour mission de faire feu quand il en recevra le signal. Yaguelli explique au patron et à l'équipage ce que représente à nos yeux le drapeau, et ces braves bambaras ont l'air de comprendre.

Soleillet se place à l'avant ; sur un signe, Yaguelli, resté à l'arrière, lève le drapeau et Souley le salue d'un formidable coup de fusil. Le patron et l'équipage poussent des cris. Soleillet, nu-tête

nu-pieds, s'incline avec émotion et respect devant nos couleurs
nationales qui flottent pour la première fois sur le haut Niger, où
nul drapeau européen n'a encore été déployé. « Je suis heureux
et fier, dit Soleillet, que ce drapeau soit arboré pacifiquement ; je
me réjouis à la pensée que d'autres, en grand nombre, flotteront
sur les barques, les chalands et les vapeurs des négociants français
qui introduiront dans le Soudan la paix et la civilisation, donne-
ront au travail une valeur, produiront le seul et véritable élément
de progrès ».

A huit heures quarante minutes Dougoukona, village de la rive
droite ; à neuf heures Farako, village de la rive gauche ; à neuf
heures et demie Ségou-Sékoro, sur la même rive, en face d'un
bois. Pendant la nuit, on a passé Boundou, Samana et Kamané.

A onze heures on arrive devant Ségou-Sébougou, grand village
très animé. Un noir se met à l'eau et vient saluer Soleillet d'un :
Bonjour docteur. Il parle un peu français. C'est un ancien laptot
qui a servi sur les avisos de l'État. Son nom est Ibrahim. « Je
suis si heureux, dit-il, de voir le drapeau, que j'en *danserais* ».

Dix minutes après on se remet en marche. Soleillet et Yaguelli
vont faire toilette.

Yaguelli met une culotte blanche, un boubou de dessous
bleu, un grand boubou blanc, un beau bonnet de velours brodé d'or
et orné d'un gland or et soie, de babouches neuves en cuir jaune.
Soleillet met un pantalon blanc, un turqui blanc, un tolbé bleu,
sa belle chechia de Tunis et ses bottes rouges de Guigné.

A midi un quart, Ségou-Sekorci, petit village entouré de palmiers roniers d'où l'on aperçoit Ségou-Sikoro (1).

(1) Je crus d'abord que ces villages étaient situés sur des rives opposées.
Mungo Park a fait la même erreur. Il est à remarquer cependant qu'à l'époque
où l'illustre écossais visita le Ségou, il y avait des villages sur les deux rives.
En plaçant les quatre Ségou, deux sur la rive droite et deux sur la rive
gauche, il n'a commis qu'une erreur de nom. N'y avait-il pas, à cette époque,
des deux côtés du fleuve, des villages du nom de Ségou ? C'est possible. Je
n'ai pu le vérifier, et je le regrette parce que je tiens beaucoup à Mungo Park.

(PAUL SOLEILLET).

TROISIÈME PARTIE

EL HADJI OMAR, PROPHÈTE DU SOUDAN OCCIDENTAL, ET SES FILS

CHAPITRE Ier

Le jeune Omar. — Son séjour à Saint-Louis. — On lui attribue des miracles. — Il se donne pour une incarnation de Jésus. — Départ pour la Mekke. — Légende. — Nouvelles d'un grand prophète. — Mariages d'el Hadji. — L'une de ses femmes refuse de le suivre. — Petit commerce.

De Saint-Louis à Médine et de Médine à Ségou nous avons trouvé des traces d'el Hadji Omar, prophète du Soudan occidental, et père d'Ahmadou, émir actuel du Ségou.

Au moment où Soleillet va entrer dans la capitale de ses conquêtes, dans Ségou dont il a fait ou voulu faire la Mekke des Noirs musulmans, nous croyons le moment venu de raconter son histoire.

El Hadji Omar est né vers 1797, à Aloar, près de Podor, dans le Foutah Toro.

Il était de la caste Torodo, qui jouit du privilège de fournir seule des almamys au Foutah.

Il est connu dans la Sénégambie sous le nom d'el Agui ou d'el Hadji (le pèlerin) et de Cheikou. Une dévotion exaltée lui donna, dès ses jeunes ans, un grand renom de sainteté. Même avant d'avoir conquis son titre de *hadji*, il avait des *talibés* (élèves) qui lui attribuaient un pouvoir surnaturel. Plusieurs marabouts de Saint-Louis lui faisaient, dans la population musulmane, une très grande réputation.

En 1825, il vint à Saint-Louis pour solliciter des *Oulad N'dar* (enfants de Saint-Louis) les moyens de faire le pèlerinage de la Mekke. Il a toujours dit depuis qu'il devait à leur générosité d'avoir pu visiter les saints lieux.

Il fit alors des miracles, à ce qu'on nous assure, et la chose n'a rien d'impossible en pays musulman.

Quelques personnes prétendent qu'el Hadji leur a confié le secret de sa mission, et beaucoup de marabouts, séduits par ses discours, l'ont considéré comme prophète, malgré les déclarations formelles de Mahomet.

D'après le Koran, Mahomet est l'envoyé de Dieu et le sceau des prophètes. Dieu a créé directement deux hommes : Adam et le prophète Jésus *(Sidna Aïssa ben Miriem)*. Le prophète Jésus n'est pas mort. Il a été au ciel et l'on a crucifié à sa place un homme qui lui ressemblait. Il reviendra sur la terre. Il sera musulman et détruira l'idolâtrie. Les Musulmans, les Juifs et les Chrétiens croiront en lui (1).

La plupart des commentateurs du Koran considèrent comme prochaine la résurrection de Jésus. Omar paraissait partager cette croyance et en entretenait ses adeptes.

Il ne disait pas aux marabouts instruits : « Je suis Jésus ! » Mais il leur parlait beaucoup de cette incarnation, leur racontait son histoire, commentait le texte du Koran, faisait entrevoir que Jésus reviendrait secrètement, sous la figure d'un Noir, inconnu de la plupart des hommes.

Ce grain confié aux consciences musulmanes, il partit secrète-ment pour la Mekke.

Il aurait pu, comme ses coreligionnaires riches, faire faire par un pauvre homme son pèlerinage ; mais il avait besoin de dispa-raître pour un temps, afin que son grain pût germer.

Il raisonna juste. Une légende se forma sur son compte. Les marabouts de Saint-Louis, ses anciens élèves, racontent de lui les choses les plus prodigieuses. A ceux qui doutent, ils citent,

____

(1) *Koran*, IV, 156.

comme preuves irrécusables, les miracles de Saint-Louis. Ces miracles sont dès lors considérés comme authentiques, et il ne ferait pas bon de paraître en douter.

D'ailleurs, quand on parle de l'inspiration divine, un bon musulman doit donner des preuves répétées d'admiration, alors même qu'il se croit dupe d'un imposteur.

En 1836 ou 1837, on apprit à Saint-Louis qu'un grand prophète, du nom d'el Aguy, parcourait en triomphateur le Soudan. Les rois du Bornou et du Haoussa, disait-on, ont brigué l'honneur de l'avoir pour gendre. Il est accompagné d'une troupe nombreuse de captifs et de talibés. Sa fortune est immense. On supposait qu'il venait prendre l'almaminat du Foutah (1).

A son retour de la Mekke, el Hadji avait, en effet, séjourné en Bornou et en Haoussa. Il s'était marié dans ces deux pays, et c'est d'une femme du Haoussa qu'il eut, en 1833 ou 1834, Ahmadou, émir actuel du Ségou.

Les femmes de ces pays ne sont pas tenues, paraît-il, de suivre leurs maris. Aussi, malgré son prestige, malgré ses miracles, il fut abandonné de l'une de ses femmes, princesse du Haoussa, mère d'Abibou qui devint chef de Dinguiray.

Quand Samba N'diaye se rendit auprès du Prophète, plusieurs de ses femmes refusèrent également de l'accompagner.

El Hadji fit un long séjour dans le Haoussa et s'y enrichit par les dons du souverain, surtout par la vente des reliques et des amulettes.

(1) Le Foutah est une fédération de petits états qui ont chacun leur chef particulier. Les chefs de tous ces états nomment l'almami sans pouvoir eux-mêmes le devenir : l'almami devant être Torodo et marabout.

CHAPITRE II

SÉJOUR DANS LE SÉGOU

Les Bambaras sont hostiles au mahométisme. — El Hadji est mis aux fers. — Remis en liberté, il part pour le Foutah Djallon. — Il s'établit à Bounboura et prêche l'Islam. — Augmentation du nombre de ses prosélytes. — Il fanatise les Noirs et fait du commerce.

Il en partit enfin avec toute sa smala de femmes, d'enfants, d'esclaves et de talibés, traversa le Macina et arriva dans le Ségou, de 1837 à 1839, alors que régnait Tiéfolo.

Les Bambaras, maîtres du Ségou, éprouvaient pour l'islam une invincible répulsion. Le fanatisme religieux, la passion du prosélytisme ne convenaient point à leur caractère honnête et pacifique. Ils se trouvaient fort bien d'être *kafir* et ne voulaient pas laisser pénétrer chez eux un élément de discorde. Ils souffraient à Sansanding des Soni-nké musulmans, qu'ils ne voyaient d'ailleurs que pour la perception des impôts dont ils les écrasaient, mais ils résistaient énergiquement et heureusement, depuis cent ans, à toutes les tentatives des musulmans du Macina.

Tout autre que l'Hadji Omar aurait mis une sourdine à son zèle religieux pour ne pas froisser ses hôtes. Il était bien au-dessus de ces délicatesses. Jamais, au contraire, il ne se montra plus ardent ; jamais il n'afficha une dévotion plus exagérée. Il devint suspect, fut l'objet d'accusations et Tiéfolo le mit aux fers. Malheureusement, grâce aux instances des marabouts, sa captivité fut de courte durée.

Relaché, il remonte le Djoli-ba, puis la Milo, qu'il passe à
Kankan, par 10° de latitude nord. Suivant alors la route de René
Caillié, il atteint Saraya, puis Bagareya, sur la Tankisso; incli-
nant un peu vers le nord, il touche au Fodé-Hadji et s'arrête :
suivant Mage, à Diegundo ou à Sareboval, un peu à l'est de
Timbo; suivant Soleillet, à Bounboura, aux sources du rio Grande,
dans le Tamgué. Dans tous les cas, le chef du Foutah Djallon
commet l'imprudence de lui donner un vaste terrain.

El Hadji se met à prêcher le retour aux principes rigoureux de
l'Islam, l'abolition des pratiques idolâtriques et des grigris (rivalité
de métier puisqu'il vendait des reliques et des amulettes). Il parle
de l'égalité de tous les hommes entre eux, de la fraternité, de la
justice. A ce thème très rebattu, mais très bon, il en ajoute un
autre, aussi très rebattu, mais très mauvais : il partage les frères
en Croyants et en Infidèles, c'est-à-dire qu'il les exhorte à s'égor-
ger les uns les autres. Il soutient aussi, oh ! par de bons arguments,
que le pouvoir appartient de droit au plus vertueux et que le plus
vertueux, c'est lui. Il s'élève avec force contre l'autorité des
familles féodales qui pèsent sur la Sénégambie, et le saint homme
rêve d'établir, sur la ruine de ces familles, un pouvoir théocratique
absolu dont il sera le chef. En attendant lui et ses fidèles vont
partout disant : « Un noir va dominer. Dieu lui a donné la sagesse
» et la force comme à Mahomet, à Aïssa ben Meriem (Jésus-Christ),
» à Moussa (Moyse) ; il est *nebi* (prophète), *reçoul* (envoyé),
» *veli* (ami de Dieu) ».

Grâce à ces duplicités, Bounboura devient un lieu de pèlerinage. Les anciens élèves d'Omar arrivent des premiers. Parmi eux
se trouve Jean Bambara, le maçon, qui reçoit d'el Aguy le nom
d'Abdallah.

La plupart s'attachent au Prophète ; les autres retournent au
Sénégal.

Tous se rappellent ses discours de 1825 sur Jésus, et soutiennent qu'il est Jésus lui-même. Pour les moins instruits, il est un
prophète égal à Mahomet, spécialement envoyé aux Noirs. On lui

accorde toutes les pérogatives dont Allah gratifia Mahomet.

Mahomet dépassait miraculeusement, de la tête, tous ceux qui l’approchaient : ainsi d’el Hadji. Le visage de Mahomet fut brillant : celui d’el Hadji resplendit. Quant aux miracles, nous avons vu qu’il en faisait. Il avait donc tous les signes du prophétisme.

Tedjini, marabout et saint de Laghouat, commande à la nature aussi bien qu’aux hommes. S’il dit au palmier : « courbe-toi », le palmier s’incline respectueusement ·pour lui présenter ses dattes.

Allah n’a pu faire moins, certainement, pour Omar-Jésus, et tout nous porte à croire que ce prophète s’attribuait le pouvoir de commander à la nature.

Cependant il reste à Bounboura jusqu’en 1846. Il ne perd d’ailleurs pas son temps. Il fanatise les Noirs, surexcite toutes leurs mauvaises passions. Il leur apprend à haïr tout ce qui n’est pas musulman, à souhaiter des richesses acquises promptement et sans peine. Lui-même fait un grand et fructueux trafic. Il échange la poudre d’or du Bouré contre la poudre de guerre et les fusils des comptoirs de Sierra-Leone, du rio Nuñez et du Pongo.

Chaque jour voit augmenter le nombre de ses partisans ; des familles entières viennent se fixer auprès de lui. De toutes parts on lui apporte des présents. Jamais il ne dit : *c’est trop peu, c’est trop, c’est assez.* A tous les donneurs il promet la bénédiction d’Allah, ce qui n’est ni ruineux, ni compromettant. Dons et bénéfices sont convertis en armes, en munitions, en approvisionnements. Il fait fortifier de plus en plus par Abdallah sa ville de Bounboura.

Il n’ose pourtant pas encore s’aventurer dans le Toro. Craint-il de ne pas être prophète en son pays ? Attend-il, pour se présenter, qu’il puisse joindre à son pouvoir surnaturel le prestige de la puissance temporelle ?

Moulay-Ali, marabout et saint de Laghouat, faisait à notre collègue M. Auguste Choisy, cet aveu d’une ravissante candeur :

« oui, mon influence est grande ; mais, croyez-le bien, *je ne suis
» pourtant qu'un homme!* (1) » Or, Moulay-Ali, qui a la modestie de
se reconnaître pour un simple mortel, est prophète jusque dans la
ruelle qu'il habite. Si l'Hadji Omar est bien au-dessus de l'humanité, comme il le prétend, pourquoi met-il en doute la crédulité
de ses compatriotes ? Pourquoi se montre-t-il inférieur à son
confrère Moulay-Ali ?

Quelle que soit sa pensée intime, en 1846, quand il se décide à
faire une tournée dans l'ouest et dans le nord, pour éprouver son
influence, il est suivi d'une petite armée, et Bounboura est une
place forte qui peut défier tous les efforts des Noirs.

(1) M. Aug. Choisy, *Le Sahara, souvenir d'une mission à Goleah ;* Paris,
Plon, 1881, pp. 12, 13.

CHAPITRE III

Il descend dans la plaine du Khabou, occupée par des Soni-nké musulmans, gens paisibles, agriculteurs et commerçants, qui se bornent à le bien recevoir.

Il entre dans le beau pays arrosé par le rio Grande, traverse le Saloum, le Sine, le Baol, le Cayor peuplés de Ouoloffs et de Serrères, races intelligentes et d'une grande beauté. Il reçoit beaucoup de présents, mais il fait très peu de prosélytes.

Il pénètre dans le Oualo, qui malheureusement est infesté de marabouts, vient à Podor et s'arrête à Donaye (1), près de M. Caille, gouverneur par intérim. Il propose alors de pacifier le Sénégal et d'en assurer les relations commerciales.

Les présents continuent d'affluer, il contracte de nombreux mariages, ce qui prouve l'admiration des tribus pour sa personne.

Se voyant alors riche et puissant, il ose affronter ses compa-

(1) Ce village, cité par Mage, ne figure pas sur sa carte, et Soleillet ne le mentionne pas.

triotes et va passer quelques jours dans son village natal. Il retourne ensuite à Bounboura, pour revenir à Bakel au mois d'août 1847.

Il rencontre dans ce fort M. de Grammont, gouverneur du Sénégal, et M. Caille, alors directeur des affaires extérieures. Dans l'entretien qu'il eut avec eux, en présence de Paul Holl, il dit :

« Je suis l'ami des Blancs. Je veux la paix. Je déteste l'injure.
» Quand un chrétien a payé la *coutume,* il doit pouvoir trafiquer
» en sécurité. Quand je serai almami du Foutah, vous devriez me
» construire un fort ; je disciplinerais le pays, et des relations
» parfaitement amicales s'établiraient entre nous ».

Voilà de belles paroles, mais ce sont paroles de prophète musulman : elles n'engagent nullement et servent à endormir le *kefir* que l'on veut duper.

Quelque temps après, il provoqua les musulmans du Sénégal à se soulever contre nous, à nous faire payer de force la *djezia* (1), à nous humilier. « Dieu vous interdit, enfants de N'dar, leur
» écrit-il, de vous réunir aux Blancs ; il vous a déclaré que celui
» qui se réunira à eux est un infidèle comme eux en disant : vous
» ne vivrez pas pêle-mêle avec les Juifs et les Chrétiens ; celui qui
» le fera, est un juif ou un chrétien comme eux ». (2)

Soleillet pensa, néanmoins, qu'en 1847 nous pouvions nous l'attacher. C'était sans doute l'avis de son informateur, Samba

---

(1) La *djezia* ou *djezie* est un tribut religieux. A Bokhara, où ils sont depuis 150 ans, les Juifs paient un djezie de 2000 *tilla* (26,000 fr.) Ce djezie est payé par le chef de la communauté, qui reçoit, comme quittance, suivant les prescriptions du Koran, deux soufflets.

Malgré ce tribut, ou à cause de ce tribut, les Juifs ne peuvent quitter le pays que secrètement. S'ils étaient seulement soupçonnés de vouloir se sauver, il leur en coûterait leurs biens et même la vie. (ARM. VAMBÉRY, *Le Faux derviche,* p. 324).

(2) MAGE, *Voyage dans le Soudan Occidental (Sénégambie-Niger);* Paris, Hachette, 1868, p. 240, note.

N'diaye. Mais Samba N'diaye, qui admit sans sourciller toutes les sornettes que daigna lui conter le prophète, n'était pas de force à démêler la vérité (1).

(1) Samba N'diaye est un bakiri de Tuabo ; en 1825, à l'âge de 8 ou 10 ans, il fut emmené en otage à Saint-Louis. Voici dans quelles circonstances :

En 1824, le Tounka de la république aristocratique des Soni-nké du Galam était le plus âgé des Bakiri de Tuabo. La population soumise à son autorité se divisait en deux parts : les Bakiri et les Saïbobés, tous de race soni-nkaise. Les derniers sont agriculteurs et commerçants ; les premiers sont politiques, guerriers, pillards et même quelque peu commerçants. Ils entrent volontiers chez nos négociants, qui sont généralement satisfaits de leurs services. L'arrière-petit-fils du Tounka actuel est employé à Bakel, chez M. Abdoulaye Gay, traitant de la maison Devès de Saint-Louis. Les Soni-nkais deviennent très âgés.

En 1824, un vol fut commis au préjudice du fort de Bakel par les gens de Tuabo et réprimé par les Français. Le fils du Tounka résolut de venger son père et s'embusqua dans le mont aux Singes, près duquel les Blancs du fort allaient se promener. Quand des Blancs vinrent à portée de son javelot, il visa celui qu'il prenait pour le commandant, M. Nonat, qui mourut de sa blessure. Une guerre s'en suivit. Quand on fit la paix, on nous remit en otage Samba N'diaye, fils ou neveu du meurtrier.

A cette époque, l'école des otages de Saint-Louis n'existait pas encore et Samba fut élevé dans l'hôtel du gouvernement, où d'ailleurs il fut très bien traité, choyé, caressé.

Au moment de son départ pour cette douce captivité, sa famille lui avait fait jurer de refuser d'apprendre à lire et à écrire, même l'arabe, tant qu'il serait chez les Blancs. C'est pour cette raison qu'il est parti de chez nous, après un séjour de dix ans, complètement illettré. Mais il n'a pas été maçon, comme le dit Mage, qui le confond avec John Bambara, l'un des premiers et des plus ardents prosélytes de l'Hadji Omar, qui fut envoyé de Farabanah à Bakel pour saluer M. Protet, gouverneur, et s'offrir comme intermédiaire entre nous et des indigènes avec qui nous avions des difficultés.

A la vérité, Samka N'diaye aurait pu très bien être maçon, car dans la Sénégambie, les métiers de maçon, menuisier, employé de commerce, capitaine (pilote), laptot (matelot), sont réputés nobles. Les hommes libres, même les princes, ne se croient pas plus déshonorés par l'usage de la truelle, ou par le maniement du mètre, que le gentilhomme breton par la conduite de sa charrue. Les métiers considérés comme ignobles en Sénégambie sont ceux de chauffeur à bord des bateaux, d'ouvriers sur métaux, de soldats d'infanterie. Les domestiques et les cuisiniers sont regardés comme membres de la famille qu'ils servent.

PAUL SOLEILLET.

La lettre aux Musulmans de Saint-Louis montre clairement qu'el Hadji était notre ennemi intime et que son rêve était de nous jeter à la mer.

En quittant Bakel il se dirige sur le Bondou, de là sur le Bambouk, puis sur le Foutah Djallon, en suivant la route du capitaine Lambert (1860). L'almami du Foutah lui fait défendre d'entrer sur son territoire. Le Prophète est le plus fort; il sert la cause d'Allah; il est dispensé d'observer les lois, de respecter le bien d'autrui. Donc, il rit de la défense de l'almami, passe et se rend à Diegundo.

A son départ de Saint-Louis, Samba N'diaye reçut de quelques négociants des marchandises en présent et fonda un comptoir de traitant à Tuabo, son village. En 1853 ou 1854, quand l'Hadji Omar entra en vainqueur à Farabannah, Samba liquida ses affaires et se rendit auprès de lui avec ses femmes et ses captifs.

Le prophète, pour utiliser les connaissances qu'il avait acquises parmi nous, le fit ingénieur de l'armée; plus tard, quand il eut des canons, il lui en donna la garde. Son habileté à réparer les affûts cassés permit au prophète de pousser ses conquêtes jusqu'au Niger.

Au moment de la campagne du Macina, il fut laissé à Ségou en qualité d'ingénieur en chef des fortifications et de gardien de la maison d'el Hadji. Il fut admis dans l'intimité du prophète, mais, tout en étant maintenu dans sa position officielle, il est moins bien avec l'émir Ahmadou.

Il a toujours conservé pour les Blancs beaucoup d'amitié. En 1864, quand il apprit l'arrivée de Mage et de Quintin, il sollicita et obtint, malgré les griots, l'honneur de les loger. Il en fut de même pour Soleillet.

Les rivalités qui se produisirent à l'occasion du logement des Blancs n'étaient pas désintéressées. L'émir ayant annoncé qu'il voulait les *recevoir*, les Noirs prévoyaient une abondance de vivres dont ils espéraient avoir leur bonne part. Samba, en sa qualité de Bakiri, dit Mage, n'était pas moins intéressé que les autres, mais son séjour parmi les Blancs lui avait donné un certain respect humain, et il était moins mendiant que la plupart de ses frères ou cousins, qui ont pris depuis longtemps l'habitude de regarder les Blancs comme des gens qui doivent forcément leur donner.

Samba est maintenant (1879) un vert vieillard de taille moyenne, à peau chocolat foncé, à figure intelligente et rusée encadrée dans un collier de barbe blanche. Il boîte des suites d'une blessure reçue à Sansanding. Il a été guéri par le docteur Quintin. Il a souvent dit à Soleillet, avec une grande expression de reconnaissance, qu'il devait la vie à ce médecin, dont le souvenir est d'ailleurs bien vivant à Ségou.

En 1848, el Hadji commence à prêcher la guerre sainte et fanatise de plus en plus ses talibés. Tous les gens de sac et de corde, qui mettent leur espoir dans le pillage des villes, viennent se ranger sous ses drapeaux.

L'hostilité de l'almami lui cause de l'inquiétude, il ne se croit pas encore assez fort et quitte Diegundo pour Dinguiray, ville frontière du Foutah Djallon et du Djallonkadougou, s'y construit une véritable forteresse et commence l'organisation de son armée.

Son intention est d'attaquer d'abord Tamba, capitale du Djallonkadougou, à qui le Bouré paye tribut. Le chef du Djallonkadougou est le plus cruel et le plus fort des Noirs. Quand il voit planer des vautours, il les montre au chef de ses captifs en disant : « Il ne faut pas que les vautours de mon père manquent de » nourriture », et, séance tenante, on donne aux vautours un homme à dépécer (1).

Ce chef de Tamba, inquiet de la puissance et des préparatifs de son voisin, vient attaquer Dinguiray. Mais il a trop attendu ; Dinguiray est devenue une place très forte, et sa tentative n'a aucun succès.

El Hadji augure bien du résultat de cette première affaire et se décide à lever l'étendard et à marcher sur Tamba.

____

(1) MAGE, *op. cit.,* p. 237.

Tamba est une ville puissante et bien défendue. Son chef passe pour invincible et les talibés ne se soucient pas de se mesurer avec lui. Le Prophète tourne habilement la difficulté. Il se porte sur le petit village de Labata, le prend d'assaut, fait respirer à sa troupe l'odeur du sang, lui donne les jouissances du pillage, et profite de son enthousiasme pour la conduire devant Tamba.

Il entre dans cette ville après un siège de six mois, partage le butin et massacre les prisonniers.

Mage a vu à Ségou le fils du chef de Tamba, Fali, chef des softas. Fali n'a ni oublié ni pardonné l'assassinat de son père. Bien qu'il soit dans une position élevée, il a pour son maître une haine qu'il dissimule à peine. Il semble toujours dire : « Je te sers » pour ne pas avoir le cou coupé ».

El Hadji retourne à Dinguiray, digère sa victoire et voit son armée s'augmenter. Moins d'un an après l'affaire de Tamba, il attaque le Ménien, prend Goufoudé, coupe la tête à son chef et à tous les hommes.

Ces deux victoires mettent en sa possession les trésors des chefs du pays et amènent la soumission du Bouré.

S'il ne voulait que la fortune et la satisfaction de ses caprices, il ne lui resterait plus rien à désirer, mais il vise plus haut. De l'or de Tamba, de Goufoudé, des mines du Bouré, il se fait un marchepied pour atteindre à la couronne.

Après quelques mois de repos, il va passer le Bafing à Tamba, prend trois villages riches en or et va recevoir la soumission du chef de Koundian, qu'il ruine, bien entendu. Il entre ensuite dans le Bambouk et installe son quartier général à Dialafara tandis que Mahmady Dian, l'un de ses généraux, ravage le Diébédougou.

De Dialafara, el Aguy se dirige, par Diokheba, sur Farabannah, dans le Niagala. Il s'y installe après une faible résistance et envoie une armée à Makhana, sur le Sénégal.

Pendant son séjour à Farabannah, dit Mage, les traitants musulmans de Bakel, qui ont de nombreux comptoirs dans les villages du fleuve, effrayés pour leur commerce, lui envoient une députation pour connaître ses intentions à leur égard et au besoin pour traiter avec lui. Quelques-uns se rendent auprès du Prophète. Il les reçoit avec bienveillance, leur assure qu'ils n'ont rien à craindre, qu'il n'en veut qu'aux Infidèles et surtout aux Bambaras. Ils rentrent chez eux, confiants en cette promesse, et ne tardent pas à savoir ce que vaut la parole du prophète el Hadji Omar (1).

Peu de temps après le départ des traitants, il charge Alpha Oumar Boïla de piller tous les comptoirs de Bakel à Médine, et cet honnête guerrier s'acquitte de sa mission en vrai toucouleur. Et quand les traitants ont la simplicité de venir reprocher a l'Hadji Omar son manque de parole, il se contente de leur répondre : « Samba Sarracolet a vendu aux Bambaras de la poudre et des fusils ».

Cet homme d'Allah n'admettait pas la neutralité. Qui n'était pas pour lui était contre lui.

(1) MAGE, *op. cil.*, p. 257.

CHAPITRE IV

Les Massassis, famille princière du Kaarta, et les Bambaras, qui suivaient avec inquiétude les mouvements du Prophète, vinrent camper à Khoulou, sur la rive droite du Sénégal.

El Hadji se présente au gué de Bongourou, mais il le trouve défendu par Thiama, fils du roi de Nioro, et par plusieurs chefs du Kaarta et du Khasso. Pendant la nuit, il envoie un corps de six mille hommes, sous la conduite de Diodio Deimba, au gué de Dia Kandapé. La manœuvre réussit, et tandis que Diodio tourne le camp des alliés, le Prophète passe le Sénégal. Les Bambaras, pris entre deux feux, sont mis en pleine déroute, et leur défaite entraîne la perte de Kouniakary.

L'Hadji Omar s'établit dans cette place où il reçoit la soumission de plusieurs chefs et de gens du Diafounou, pays de Bambaras et de Soni-nkais.

Que leur demande-t-il en signe de soumission ? Peu de chose :
de se raser la tête, de couper les oreilles de leurs bonnets, de
réciter les cinq prières quotidiennes. Moyennant ce léger sacrifice,
ils vaudront beaucoup mieux et l'humanité aura fait un grand pas
vers sa perfection. On comprend en effet qu'Allah doive être
irrité, que la morale doive beaucoup souffrir de têtes masculines
chevelues, de bonnets à oreilles et de prières autres que celles du
rituel.

Le lendemain, el Hadji monte au nord, dans le Diafounou,
détruit Elimané et Medina.

Mana, de la famille des Massassis, qui commande ce dernier
village, ose défendre son pays contre le Prophète Omar-Jésus ;
c'est combattre contre Allah, c'est un crime de lèse divinité ; ce
crime, il le paye de sa tête.

Après l'exécution de Mana, el Hadji fait dire, par deux fois, à
Mahmady-Kandia, le Massassis qui règne à Nioro : « Obéis à
» Dieu. Suis la loi de Mahomet. Rase ta tête. C'est Cheikou qui
» te le fais dire ».

Ne recevant pas de réponse, il envoie un troisième courrier et
part pour Nioro. Il était déjà dans la banlieue de cette ville quand
des gens du roi Bambara lui vinrent dire :

« Cheikou, Mahmady-Kandia te salue et te prie de ne pas
» entrer chez lui ».

El Hadji sourit et répond : « Mes amis, dites à Mahmady-
» Kandia : Cheikou te salue et te prie de faire évacuer Karkharo,
» car il y campera demain ».

Le lendemain, en effet, l'Hadji Omar prit possession de Karkharo, village situé à trois heures de marche de Nioro.

Il fait immédiatement appeler Thiama, le Massassis qui commandait l'armée bambara au passage du Sénégal. Ce prince refuse
de venir. Cheikou le fait appeler une seconde fois en lui donnant
l'assurance formelle qu'il ne court aucun danger. Thiama vient.
El Hadji le fait asseoir à son côté et lui dit :

« Tu es le plus courageux, le plus brave des Massassis. Il faut

» que tu aies un grand cœur pour oser, comme tu l'as fait, venir
» si loin de ton pays pour te mesurer avec moi ».

Puis s'adressant à son entourage :

« Voyez Thiama, c'est un brave ; il ne craint rien. Voilà les
» hommes que j'aime, que je souhaite avoir pour amis. Je les
» aimerais comme des frères, comme des fils. Mais quand un
» homme comme Thiama est mon ennemi, je ne crains point de
» lui donner publiquement des marques de mon estime ».

Se retournant vers le jeune prince :

« Est-ce qu'un homme comme toi, grand, généreux, intelligent,
» peut rester idolâtre, ignorant de Dieu comme les bêtes. Écoute
» Dieu. C'est lui qui te parle. Ne refuse pas sa parole et accepte
» la loi de Mahomet. Toi, descendant de Massa, qui marcha près
» du Prophète, resteras-tu infidèle ? »

Il est pressant, caressant. Que demande-t-il pour reconnaître
que Thiama n'est pas une bête, pour réjouir le cœur d'Allah et
du Prophète ? Que le jeune prince rase sa tête et coupe les oreilles
de son bonnet. Ni plus, ni moins. Du reste, il n'en a cure.
Comme Allah, il se contente volontiers d'un simulacre. Être n'est
rien ; paraître, c'est tout.

Notre Henri IV n'a pas craint, dans une situation à peu près
semblable, de faire le *saut périlleux*. Thiama suit l'exemple du
bon roi et fait bien. Ces choses-là n'engagent pas beaucoup. Si le
sacrifice de ses cheveux et des oreilles de son bonnet ne suffisait
pas pour tirer des serres du saint prophète le trône séculaire de sa
famille, il pourrait toujours rendre à sa tête et à son bonnet leurs
anciens ornements.

Donc, au moment de son départ, sa tête rasée est coiffée d'un
bonnet sans oreilles, et il fait don au Prophète des quatre plus
beaux chevaux de son escorte.

Le lendemain, l'Hadji Omar fait dire à Mahmady-Kandia,
dixième roi de la dynastie massassite, de se rendre à son camp
sous trois jours ou que le siège sera mis devant Nioro.

Tandis que les Toucouleurs d'el Hadji sont dans tout l'orgueil du triomphe et fortement installés, l'armée du vieux Massassis est découragée, tremblante. La résistance est impossible. Mahmady se rend donc, avec ses fils et ses familiers, à l'invitation impérative du prophète noir, qui s'empresse de leur faire raser la tête et de les coiffer de bonnets sans oreilles, se disant persuadé qu'il en fait ainsi de bons musulmans, de précieuses recrues pour le paradis de Mahomet.

Trois jours après, il entre dans Nioro sans avoir besoin de brûler une seule cartouche.

En arrivant devant le tata royal, Mahmady lui en présente les clefs. Il les refuse, ce qui ne l'empêche pas de s'y installer en maître et de déclarer solennellement que Dieu lui a donné le Kaarta.

Il pourrait attribuer cette conquête à sa vaillance, à son habileté, aux efforts de son armée. Il est bien plus subtile. Il assure qu'il est tout simplement l'épée choisie par Allah pour humilier les *kafir*. C'est Allah qui a promené l'incendie, broyé des hommes, mis l'épouvante au cœur des Kaartans et posé sur le front de son prophète noir la couronne des Massassis. Dès lors les droits d'el Hadji ne reposent pas sur la force, mais sur la volonté divine.

S'élever contre el Hadji sera donc s'élever contre Allah et attirer sur sa tête les peines les plus sévères, peines qui suivront de près la faute quand elles ne la devanceront pas.

Chez les peuples musulmans qui admettent cette théorie, le gouvernement est simple et facile. Le peuple est couché ventre à terre ; le roi, ses marabouts et la caste dite noble dansent dessus tant qu'il leur plaît, ayant soin d'écraser les têtes qui paraissent vouloir se dresser.

Mahmadi ne peut contredire le Prophète. Il sait que, depuis plus d'un siècle, les Kaartans maudissent sa famille, et que s'il faisait appel à leur patriotisme ils lui répondraient comme l'âne de la fable :

Notre ennemi c'est notre maître.

Lui et ses ancêtres ont exécuté l'air que joue maintenant el

Hadji ; il sait à quoi s'en tenir sur les jongleries du prétendu prophète, mais il est le plus faible et il lui faut avoir l'air de croire que ses dieux sont vaincus par celui de son ennemi.

El Hadji, ayant autour de lui presque tous les princes du Khasso, réunit un grand palabre et demande aux Bambaras leurs idoles et leurs fétiches. Ceux-ci les apportent et les voient détruire publiquement sans manifester la moindre irritation.

L'Hadji Omar déclare ensuite que les Musulmans ne peuvent avoir plus de quatre femmes, bien que lui-même en ait un grand nombre de légitimes sans compter celles qui ne le sont pas.

Il faut reconnaître d'ailleurs que le Koran arrivait bien à point pour sauver les intérêts politiques et militaires du Prophète. Les soldats Toucouleurs se plaignaient amèrement de n'avoir point de femmes. Il fallait leur en donner ou s'attendre à les voir déserter en masse. El Hadji a pour lui Allah, cela ne fait doute pour personne, mais Allah a la méchante habitude d'exiger, pour manifester sa puissance, le concours de bons et nombreux soldats. L'Hadji doit donc, à tout prix, conserver les Toucouleurs. Ils veulent des femmes, il leur en donnera, pas les siennes, mais celles des Kaartans.

Les Kaartans épousent des fillettes de cinq à six ans, les élèvent près d'eux et consomment le mariage quand elles ont de quinze à dix-huit ans. Pendant toute la période de lactation, qui est très longue, les femmes vivent à l'écart de leurs maris. Ces deux usages se rencontrent souvent en Afrique et partout ils ont pour conséquence la polygamie. La polygamie a bien d'autres causes, mais ce n'est pas ici le cas d'en parler.

Or, les Kaartans aiment leurs femmes parce qu'ils les élèvent et aussi, comme le dit Voltaire, parce que c'est du vitriol, du feu qui coule dans leurs veines.

Le Prophète a pris leur roi, ils n'ont rien dit ; il a demandé leurs dieux, ils les ont donnés ; il s'est emparé de leurs biens, ils ont laissé faire. Ils étaient vaincus et subissaient les lois de la guerre, comme un homme pris par des voleurs se laisse dépouiller.

Mais quand el Hadji veut prendre leurs femmes, ces hommes si abattus, si tremblants, se relèvent furieux, terribles. Ils traquent et poursuivent les Toucouleurs, les égorgent sans pitié, sans merci. Dans la plupart des villages il y a des puits profonds uniquement destinés à recevoir les cadavres des soldats du Prophète.

El Aguy charge l'un de ses talibés de faire le partage des femmes de Guelabio, chef de Kolomina. Guelabio laisse le talibé lui exposer l'objet de sa mission, puis lui répond, en africain, par un coup de fusil en pleine poitrine.

A cette nouvelle, Alpha Oumar, qui était campé dans les environs, vient devant Kolomina, s'en empare après un furieux combat et en passe au fil de l'épée les hommes, les femmes et les enfants.

L'Hadji Omar ordonne en même temps le massacre des Bambaras qui se trouvent à Nioro.

Voilà la guerre dans toute sa grandeur, dans toute sa beauté.

Appelons la donc par son nom et disons franchement que c'est le brigandage en grand. On ne va faire la guerre chez son voisin que pour le voler. Qu'on ait un uniforme au lieu de guenilles, des canons Krupp au lieu d'espingoles; que l'on vole une province au lieu de voler une montre, cela ne change rien à l'affaire, et ce n'est pas aux Petites-Maisons, comme le voulait Boileau, que l'on devrait mettre les conquérants.

D'après les renseignements recueillis par Mage, le massacre de Nioro aurait eu lieu à l'insu de l'Hadji Omar.

Tandis que le Prophète s'occupait de l'organisation du pays, les Talibés maltraitaient et pillaient les Bambaras. Ceux-ci, exaspérés, se soulevèrent et assiégèrent, en même temps, el Hadji, dans Nioro, et Alpha Oumar Boïla dans Kolomina. Nioro fut si étroitement investi que personne, pendant quinze jours, ne put en sortir. Les Talibés craignirent d'être trahis par les Bambaras enfermés avec eux et les assassinèrent au nombre de plus de quatre cents. Mahmadi Kandia et son griot trouvèrent seuls un refuge dans les bras d'el Hadji.

Le massacre fut commencé à l'arme blanche, mais cela n'allant pas assez vite, les Talibés tuèrent à coups de fusil, et l'armée assiégeante, croyant à une sortie, s'enfuit précipitamment au sud, vers Lakamané.

Tel est le conte que font certains compagnons d'el Hadji. Cela ne résiste pas à l'examen. Soleillet est dans le vrai quand il dit : le soulèvement fut déterminé par le partage des femmes, les Bambaras n'ont pas assiégé Nioro, le massacre fut ordonné par le Prophète.

Les Bambaras, peu satisfaits des Massassis, affolés, acceptaient, sans trop de répugnance, le gouvernement d'el Hadji. Le pillage et les mauvais traitements qui accompagnent toujours une conquête devaient les irriter, mais un fait particulier, les mordant au cœur, pouvait seul les déterminer à se soulever soudainement contre une armée victorieuse. Ce fait, c'est l'enlèvement des femmes.

Les épaisses lignes Bambaras qui forment autour de Nioro un mur impénétrable, et qui prennent la fuite au bruit de quelques coups de fusil, n'ont existé que dans l'imagination des Talibés.

El Hadji gouvernait théocratiquement. Il n'est pas supposable que ses Talibés aient pris sur eux de massacrer plus de quatre cents personnes restées à Nioro sur la foi de ses promesses. Supposé qu'il en fût ainsi, n'aurait-il pas été prévenu par les cris des victimes ? S'il est resté tranquillement dans son tata pendant l'exécution, s'il n'a rien entendu, c'est que l'on exécutait ses ordres et qu'il ne voulait rien entendre. Il n'a d'ailleurs jamais reculé devant un massacre, et la mort de quatre cents infidèles ne pouvait que réjouir son cœur de prophète musulman.

Tandis que cela se passait à Nioro, Alpha Oumar, à la tête de sept mille cavaliers d'élite, s'efforçait de fermer aux Bambaras les frontières du Lakamané. Il atteint Guimbana et s'en empare après un furieux combat de cinq heures, mais il ne peut empêcher ses adversaires d'effectuer leur passage.

Un village de la frontière, probablement le Kandiari de Mage, n'a pas été abandonné. Alpha Oumar l'attaque et les Bambaras lui infligent une sanglante défaite.

Les princes Bambaras se liguent avec les Soni-nké et les Diavandos de Diara. El Hadji se porte à leur rencontre et les disperse.

Une armée du Macina, forte de quarante mille hommes, commandée par Abdoulaye-Bakavamady-Sala et Seidou-Sayou, s'avance au secours du Kaarta. Il ne s'agissait pas seulement, pour les Maciniens, de défendre le Kaarta; ils avaient en vue, ce semble, de faire acte de protection sur le Ségou, qu'ils convoitaient depuis cent ans, et que l'Hadji menaçait d'une attaque prochaine.

Alpha Oumar est envoyé à leur rencontre. Le choc a lieu à Kaskaré, dans le Bakhounou. Ils combattent musulmans contre musulmans. Allah n'est nullement embarrassé. Il donne la victoire au plus habile. Les Maciniens sont vaincus et reprennent la route de l'Est tandis qu'Alpha Oumar vient établir son camp à Bassakha, entre Kaskaré et Nioro.

Dans le même temps, Karonga entre, avec les Diavandos, dans le Kaarta Bine, province soumise à el Hadji, et en détruit tous les villages, à l'exception de Farabougou. El Hadji se dirige à marche forcée sur Yanguerdé, leur village, le détruit, et poursuit Karonga jusqu'à Diala, où il construit un tata dont il donne le commandement à Solymane Babaraty, l'un de ses esclaves.

Dans la suite, c'est toujours à des esclaves, à des maçons, à des forgerons, qu'il donnera le commandement des pays conquis. Ces nominations, aux postes les plus importants, de maçons, de forgerons, d'esclaves, sont tout à fait dans le goût musulman. Il n'y a pas encore bien longtemps que le sultan de Constantinople a nommé magistrat, puis général, le figaro qui avait l'honneur de lui raser la tête.

L'Hadji Omar n'admettait nullement l'égalité civile et politique, mais en prenant ses gouverneurs dans les dernières classes, il avait des agents fidèles, coupait court aux compétitions de ses lieutenants et conservait dans sa main le gouvernement de son vaste empire.

De Diala, el Hadji se rend dans le Tamora, tue, incendie, pille, ramasse des captifs et les envoie à Nioro avec son butin. Niamody, chef du Logo, prend la fuite ; Sabouciré est pris sans résistance. Reste Médine, où se trouve Sambala, roi du Khasso.

CHAPITRE V

Tant de succès troublèrent l'esprit du Prophète et de ses soldats.
Ceux-ci crurent que la Sénégambie ne leur résisterait pas et
l'Hadji Omar rêva peut-être un empire s'étendant de l'Atlantique
au Niger. Il résolut donc d'en finir avec les Khasso-nké, alliés des
Blancs, qui avaient donné un asile aux Massassis.

Cependant, comme il se défiait des Blancs, et qu'il ne voulait, à
aucun prix, compromettre son prestige, il se fit forcer la main par
les Toucouleurs. « *Je ne suis rien maintenant pour les Maures et pour*
» *les Blancs* », disait-il hypocritement : « *Je suis envoyé aux*
» *noirs* ». Il se réservait ainsi le moyen, en cas d'insuccès, de désa-
vouer son armée.

Le 20 avril 1857, le siège fut mis devant Médine, qui était
protégée par un fort français construit en septembre 1855.

L'armée assiégeante comptait, d'après Samfarba, qui s'y trouvait, vingt-trois mille hommes. Mage, sur d'autres informations,
réduit ce chiffre à quinze mille.

« L'histoire du siège de Médine », écrit le même auteur, « est
» une des pages les plus brillantes des fastes militaires du Séné-
» gal ; c'est un de ces faits qui ne seront jamais assez connus,
» parce qu'ils se sont passés au Sénégal, pays qui excite bien peu
» d'intérêt en France ; mais il n'en est pas moins vrai qu'on peut
» chercher dans l'histoire de la France et dans les faits les plus
» mémorables des guerres de l'Algérie, on trouvera autant
» d'héroïsme, mais plus, non, c'est impossible ».

Pendant quatre mois, c'est-à-dire jusqu'au 18 juillet 1857, une
poignée d'hommes parmi lesquels se trouvaient quelques Français, commandés par Paul Holl, mulâtre de Saint-Louis et simple
civil, a tenu tête à une armée formidable, se croyant invincible,
animée d'une haine profonde contre les Khasso-nké et les Français,
fanatisée par son chef qui promettait, à ceux qui tombaient sur le
champ de bataille, les joies du paradis musulman.

L'héroïque petite troupe du fort avait épuisé ses munitions et
défendait ses murs à l'arme blanche. Paul Holl avait calculé le
moment où il ne lui resterait plus qu'à se faire sauter. Tout à
coup le canon tonne au-delà des lignes ennemies. Le combat
s'engage avec le nouveau venu. Les soldats d'el Hadji se défendent énergiquement, mais peu à peu ils perdent du terrain et
finissent par battre en retraite. Médine est sauvée !

C'était le lieutenant-colonel Faidherbe qui arrivait au secours
de cette place. Par un puissant effort de volonté, grâce aussi à une
crue inespérée du fleuve, il avait pu remonter jusqu'à Kayes, avec
une poignée de laptots. Avec ses quelques hommes il en mit en
fuite quinze mille, et la ceinture de cadavres qui entourait le fort
témoignait de l'opiniâtreté de la résistance. C'est prodigieux,
mais c'est ainsi. Tout est prodigieux dans cette affaire de Médine.

Le colonel poursuivit l'ennemi jusqu'au Félou, mais avec si
peu de force il n'eût pas été prudent d'aller plus loin.

L'armée d'el Hadji, fortement éprouvée, va retrouver son maître
à Sabouciré.

Quand elle lui dit que le chef-aux-quatre-yeux *(Lamdo diom*

guilte naii) (1) et les *Sakkars* (bateaux à vapeur) venaient et qu'il
n'y avait plus moyen de résister, il leur répondit hypocritement :
« Eh bien ! vous l'avez voulu, vous êtes allés attaquer les Blancs,
» et les voilà qui vous chassent. Cependant je n'avais pas affaire
» à eux ; je n'ai affaire qu'aux Bambaras et aux Noirs kafir. Vous
» fuyez ; eh bien ! moi, je ne fuirai pas, et si les Blancs viennent
» jusqu'ici ils me trouveront (2) ».

Cinq jours après, le colonel Faidherbe livre bataille à toute
l'armée d'el Hadji et lui enlève un immense convoi qui arrivait
du Foutah. La famine entre alors dans le camp, les désertions se
multiplient, et quand le Prophète en demande la raison, il reçoit
cette douloureuse réponse : « Nous mourons de faim, el Hadji ».

C'était le moment pour Allah de faire un miracle, de pour-
voir à la nourriture de ces hommes qui combattaient pour sa
gloire et pour son triomphe ; c'était le moment de montrer que
l'Hadji Omar était son vicaire, l'exécuteur de ses volontés, mais
rien. Comme les dieux olympiques, il s'oublie auprès de beautés
célestes et laisse le monde aller comme il peut ; de divines mélo-
dies étouffent les gémissements du Prophète, et en vingt jours
l'armée musulmane tombe de quinze mille hommes à moins de
sept mille.

Pour éviter un anéantissement complet, car le *chef-aux-quatre-
yeux* n'est pas loin, el Hadji part précipitamment pour Dinguirai,
dans le Natiaga, tout en disant : « Je ne fuis pas ; je vais chercher
» des vivres, et si l'on me cherche, il ne sera pas difficile de me
» trouver ».

Il passe une nuit à Dinguirai et se rend, par les montagnes,
à Kourba. De là il envoie Alpha Ousman, avec cinq mille
hommes, pour ravager le Bambouk, le Bafing, le Gangaran, le
Bagniaka-Dougou, le Gadougou, le Nabou, en un mot tous les

(1) Le général Faidherbe était ainsi désigné parce qu'il porte des lunettes.
(2) MAGE, *op. cit.*, pp. 247, 248.

pays Mali-nké non soumis. En 1858, tandis qu'el Hadji est dans le Foutah, Alpha Ousman fonde Mourgoula (1).

Le Prophète se rend de Kourba dans le Koudian, par le Bafing, dont le courant lui enlève plusieurs centaines d'hommes et d'animaux. La population du Koundian ne peut se flatter d'avoir pratiqué consciencieusement le mahométisme et voit avec épouvante le saint marabout revenir dans le pays. Elle émigre en masse vers le midi, mais elle n'a pas la précaution de détruire ses approvisionnements de mil, qui sont considérables.

La joie que ces approvisionnements causent au Prophète est empoisonnée par la nouvelle que le colonel Faidherbe a pris Somson Tata, dans le Bondou, et Kana Makhounou, dans le Khasso. Pour se venger, le saint homme fait ravager le Konkadougou.

En décembre 1857, l'Hadji se remet en marche à travers le Diébédougou et arrive, le 15 avril 1858, à Boulebané, dans le Bondou, qui a passé, après la délivrance de Médine, au pouvoir de Boubakar Saada. Il est inutile de dire que tout le monde fuit devant lui et qu'il incendie tous les villages.

A Garty, les gens du Foutah essaient de barrer le Sénégal. El Hadji assure que la chose est impossible et qu'il n'a pas besoin de se déranger. Il sait bien à quoi s'en tenir puisque le travail s'exécute par son ordre... *à son insu*.

De Boulebané el Hadji se rend à Djavara, un peu au-dessous de Bakel ; de Djavara il passe à Oréfondé, dans le Foutah, sur le Sénégal, un peu au-dessus de Saldé. Il y campe jusqu'au mois d'avril 1859.

Il n'est pas content des gens du Foutah, qui n'ont pas d'enthousiasme. Il leur pratiquerait volontiers une petite saignée, mais il n'ose, tous les chefs de son armée étant Toucouleurs.

Il entre dans le Toro et vient brûler N'dioum à quelques milles seulement de Podor.

(1) MAGE, *op. cit.*, p. 249.

Rappelé dans le Kaarta par une révolte, il remonte le Sénégal avec quarante mille persónnes, hommes, femmes et enfants.

Les forts de Matam et de Bakel, occupés par une poignée de Français, saluent le Prophète de quelques obus. Celui-ci courbe les épaules et continue sa route, chargeant Allah du soin de le venger.

En mai 1859, il est de retour à Djavara, et peu de temps après toute son armée campe devant Arondou, au confluent de la Falémé. Le brick le *Pilote,* alors en stationnement sur ce point, lui paraît une proie facile et enviable. Vite il fait tirer sur la corde qui l'attache à la rive. Le navire cède, approche ; on a presque la main dessus. Allah ! Allah ! — Soudain le canon tonne et la mitraille envoie dans le paradis de Mahomet des centaines d'assaillants. El Hadji se hâte de battre en retraite, jurant de ne plus s'attaquer aux *kafir* français.

Il se rend d'étape en étape à Nioro. Les Djavaras du Kingui n'osent pas l'y attendre et vont se réfugier à Ségou.

El Hadji, toujours suivi des femmes, des enfants, des ânes, des bœufs porteurs qu'il emmène du Foutah, suit les Djavaras de village en village, jusqu'à Marcoïa, capitale du Bélédougou et quartier général des révoltés du Kaarta. Cette place est défendue par un grand nombre de Pouls du Diakounou, de Djavaras du Kaarta, de Massassis qui, forcés de suivre le prophète, l'ont abandonné à la première occasion.

El Hadji met le siège devant Marcoïa et s'en rend maître grâce à ses deux obusiers qui glacent d'épouvante les défenseurs.

Le massacre est épouvantable. Pas de quartier. Le roi est pris et mis à mort. Les cadavres sont jetés hors du village et abandonnés en pâture aux hyènes.

Au moment où l'Hadji est dans la joie du triomphe, une fâcheuse nouvelle lui vient de l'Occident : le 25 octobre 1859, le colonel Faidherbe, avec quinze cents hommes, a pris Guémou, dans le Guidimakha, sur la rive droite du Sénégal, et fait quinze cents prisonniers.

De ces prisonniers, il n'en a pas tué un seul. Au lieu de les maltraiter, il a pourvu à leurs besoins. Ils ont reconnu, ces bons musulmans, que les *kafir* Blancs leur sont supérieurs en habileté, en justice, en humanité. Mais cet aveu fait, ils ajoutent, avec autant de fierté que de conviction : « Dieu soit loué de nous avoir créés musulmans ! »

CHAPITRE VI

PRISE DE SÉGOU-SIKORO

Tiéfolo, qui régnait quand Omar revint de la Mekke, mourut en 1842. Ses successeurs, parvenus au trône dans un âge avancé, passèrent rapidement, et Torocoro-Mary prit le pouvoir en 1855. A cette époque, le bruit des victoires de l'Hadji Omar remplissait d'inquiétude Ségou-Sikoro. Tel était alors le prestige du prophète, que le vieil Abdoul, parent du roi, se rendit auprès de lui dans le Kaarta.

Il revint avec des propositions que personne n'a bien connues. La population, jugeant sur des indices ou dupe de quelques intrigues, fut très mécontente, prononça le gros mot de trahison, et Torocoro-Mary mourut subitement, en 1859, après quatre ans de règne.

Il eut pour successeur Ali, son frère, qui paraissait pressé de régner à son tour. Il croyait sans doute qu'une fois roi, tout serait pour lui couleur de rose, que le monde entier retentirait de ses louanges, qu'il n'aurait plus qu'à se laisser vivre joyeusement au milieu de son harem. Le pauvre homme se trompait du tout au tout. Sa couronne fut une couronne d'épines.

A peine sur le trône, il lui faut entrer en lutte avec l'Hadji

Omar. Malheureusement il méconnaît la puissance de son ennemi, ou ne comprend pas qu'il s'agit d'une lutte à mort. Au lieu de pousser contre lui toutes ses forces et de l'écraser sous le nombre, il envoie des corps d'armée qui se font battre l'un après l'autre et découvrent Yamina.

L'Hadji Omar n'a plus qu'à marcher de l'avant. Mais la famine est dans Marcoïa. On a dévoré les approvisionnements de cette ville et le produit du pillage des pays voisins. L'Hadji propose un remède, un remède à sa façon, barbare, odieux : l'expulsion des femmes qui entravent, dit-il, les mouvements de l'armée. Il est bien vrai que les femmes gênaient les mouvements de l'armée ; mais la chose n'était pas nouvelle et ce n'était pas sur les rives du Niger qu'il fallait s'en apercevoir. C'était condamner à une mort presque certaine des milliers de pauvres êtres qui le suivaient avec confiance depuis le Foutah et le Kaarta.

A cette nouvelle, hommes et femmes poussent des cris effroyables. Puis on réfléchit, on parlemente ; quelques-uns cèdent, d'autres suivent, beaucoup profitent du désordre pour déserter dans l'espoir de gagner les rives du Sénégal. Mais ils ont à traverser d'immenses régions entièrement dévastées par les hordes du Prophète. Beaucoup périssent en route de fatigue et de faim. Ceux qui arrivent au fleuve ressemblent à des squelettes ambulants. Pendant un mois et plus, ils n'ont vécu que d'herbes et de racines. En 1860, à Makhana, Mage sauve quelques centaines de ces malheureux.

Les Français disent beaucoup de mal d'eux-mêmes, non sans raison : ils sont rieurs, moqueurs impitoyables. Mais ils sont bons, généreux ; ils ont l'amour, le culte de la femme. Ils sont, à tout prendre, ce qu'il y a de meilleur.

Il y a quelques mois, si ces malheureux Sénégambiens avaient pu détruire tous les Français, ils l'auraient fait de grand cœur, et ce sont ces mêmes Français qui les arrachent à la mort.

Mage n'est pas le premier qui tendit à des ennemis une main secourable. Je citerai un fait entre mille.

En 1700, M. de Riolla, gouverneur de Pensacola, sur le golfe du Mexique, fut chargé par le gouvernement espagnol de nous prendre le fort de Biloxi, situé à une quinzaine de lieues à l'ouest de la Mobile. Le bon amiral se mit en route pour nous surprendre. Sa malchance et notre bonne étoile voulurent qu'il fît naufrage. Lui et ses officiers, nus, affamés, furent recueillis à bord de la *Renommée*, par M. de Ricouart, qui commandait en l'absence de Lemoyne d'Iberville.

Les Français reçurent à bras ouverts les pauvres naufragés, les couvrirent de leurs meilleurs vêtements, de leur plus beau linge, les fêtèrent. Cela pourrait passer pour de la courtoisie. Mais 140 hommes étaient sur la plage, sans vivres, sans abri, sans espoir de secours. Les Français risquèrent cent fois leur existence et réussirent, à force de cœur et d'énergie, à parvenir jusqu'à eux. Ils les ravitaillèrent, subvinrent à tous leurs besoins jusqu'au moment où ils purent les reconduire à Pensacola.

Quand Iberville revint à bord, il ne fut pas content : il trouva qu'on n'avait pas assez fait. Cependant, dit Ricouart, « j'ai pro-
» digué son bien hardiment, estant bien persuadé de son bon
» cœur, et surtout dans de *pareilles occasions, où il s'agissait de*
» *faire honneur à la France* (1). »

Cela n'était plus de la courtoisie; c'était de l'humanité pure. Pour faire honneur à la France, il faut être humain, ne pas craindre de jouer sa vie pour sauver celle de son prochain.

En recevant les victimes du Prophète noir, Mage a fait son devoir de marin et de français.

Pendant ce temps, que fait l'Hadji Omar, le dévôt marabout qui dit être une incarnation de Jésus ? Débarrassé des « bouches inutiles », il reprend sa course en avant. Son armée est suivie

---

(1) M. PIERRE MARGRY. *Mémoires et documents. — Découverte par mer des bouches du Mississipi et établissements de Le Moyne d'Iberville sur le golfe du Mexique* (1694-1703). Paris, Maisonneuve, 1881 ; tome IV de la collection, pp. 386-91.

d'une armée de femmes que l'on chasse comme des chiens affamés, hurlants, qui rôdent autour des provisions.

Les malheureuses ne suivent qu'à peine, manquant de tout. Les Bambaras les ramassent, les conduisent dans leurs villages, épousent les plus belles et gardent les autres comme esclaves.

Plus tard, quand il sera maître de Ségou, l'Hadji les fera rendre. La plupart seront alors enceintes et plusieurs déserteront pour retourner à leurs époux bambaras.

El Hadji arrive ainsi devant Oïtala où le roi Aly a jeté 15,000 hommes sous le commandement de son fils Tata. Les Talibés se précipitent à l'assaut, mais ils se heurtent à une défense énergique. Trois cents d'entre eux tombent sous les balles des Bambaras, et les autres, découragés, se retirent. Pendant cinq jours ils refusent obstinément de revenir au combat. Le sixième ils cèdent enfin aux prières et aux jongleries du Prophète. Grâce à leurs canons, qui terrifient les assiégés, ils s'emparent de la place, mettent à mort Tata et ses frères, tandis que les mères, sœurs, femmes, griotes de ces jeunes gens deviennent la proie du chef.

La capitale du Ségou est alors complètement découverte, l'Hadji peut s'en emparer sans coup férir, mais ses troupes ont besoin de repos et des traîtres offrent de lui livrer Sansanding.

Ces traîtres sont des musulmans. Ils pensent qu'avec un chef musulman comme eux ils ne paieront plus d'impôts. Ils se trompent, ce qui arrive souvent aux traîtres, et bientôt ils regretteront les rois bambaras.

Le roi du Macina vient avec 15,000 hommes au secours d'Aly. L'armée alliée est battue ; l'Hadji marche sur Ségou-Sikoro et s'en empare le 10 mars 1861. Le pauvre Aly n'a que le temps de monter à cheval et de se sauver.

L'Hadji Omar trouve dans Ségou de grands trésors, notamment des armes anciennes et des pendules apportées en présent au roi et aux princes par les négociants du Sénégal, de la Gambie et de Sierra-Leone. Les Toucouleurs prirent ces objets pour des fétiches et les détruisirent impitoyablement.

CHAPITRE VII

GUERRE DU MACINA ET MORT DU PROPHÈTE

Négociations entre le roi du Macina et l'Hadji Omar. — El Hadji se prépare secrètement pour la guerre. — Il organise les pays conquis et nomme Ahmadou sultan
de Ségou. — Ahmadi-Ahmadou est trahi. — Son dernier combat. — Le prophète
entre dans Hamdallahi, s'empare du roi du Macina et lui fait couper le cou. —
Puissance de l'Hadji Omar. — Ses ruses. — Conspiration contre lui. — Un noir
traître. — Ahmadou envoie à son père des conspirateurs bambaras. — Le prophète
leur fait couper le cou. — Révolte du Macina. — On parle tout bas de la mort du
prophète. — Ce qu'un grand dignitaire apprend en chatouillant les jambes du
prophète. — Détails sur le siège de Hamdallahi. — La mort du prophète racontée
par Samba N'diaye.

Le roi du Macina, Ahmadi-Ahmadou, comme tous les souverains musulmans, était chef politique et religieux.

Son grand'père, Ahmadou Amat Labbo, de même que l'Hadji
Omar, s'est donné comme prophète, et c'est sous ce masque qu'il
a fondé, vers 1770, le royaume du Macina.

Tout naturellement, Ahmadi se croit aussi quelque peu prophète. Donc, entre Omar et lui, il y a rivalité de métier, haine
mortelle. Pour Ahmadi, el Hadji n'est qu'un marabout de second
ordre, un pauvre hère en quête d'une calebasse de riz. Il éprouve
de la répugnance à se mettre en rapport avec lui. Il est cependant
forcé d'en venir à cette extrémité, puisque l'Hadji Omar est
maître du Ségou, royaume que le Macina convoite depuis cent
ans.

Ahmadi entame donc des négociations, mais sur le ton du

dédain. El Hadji, patient et rusé comme un vieux fauve, prétend bien choisir son moment et ne se montre nullement pressé d'une solution. Bien que Hamdallahi ne soit qu'à six jours de marche de Ségou-Sikoro, la correspondance entre les deux prophètes ne dure pas moins d'une année. Pendant ce temps, el Hadji reçoit la soumission des Bambaras, organise le gouvernement du pays conquis, dispose son armée, amasse des provisions, aiguise ses griffes, guette sa proie. Au mois d'avril 1862, quand Ahmadi-Ahmadou décide d'en appeler aux armes, el Hadji est prêt.

Jusqu'à son arrivée à Ségou, el Hadji a commandé une horde plutôt qu'une armée. Plusieurs fois il dut faire abandonner les femmes et les enfants, ce qui toujours suscita des mécontentements et des désertions. Il est juste de dire qu'il ne se sépara jamais de son harem. Sa double qualité de marabout et de prophète ne lui permettait pas de s'imposer des privations.

Pour la campagne qu'il prépare, il lui faut une armée plus facile à manœuvrer. Il laissera donc à Ségou tous ses *impedimenta*.

Et comme la campagne sera longue et qu'il tient à éviter les compétitions qui pourraient se produire à sa mort, il nomme son fils Ahmadou sultan de Ségou et suzerain des autres pays conquis. Il laisse à ce prince deux de ses quatre canons, l'une de ses cannes (insignes du pouvoir, sceptre), Samba N'diaye, et son fils Aguibou, qui devra, au besoin, c'est-à-dire dans le cas où son frère Ahmadou mourrait, prendre les rênes du gouvernement. Il envoie à Dinguiray la plupart de ses fils et celles de ses femmes qui ont des enfants.

Dans tous les royaumes conquis, el Hadji a installé un certain nombre de Talibés toucouleurs du Foutah, leur a donné des terres et des captifs. Ces Talibés sont affranchis d'impôts, mais ils doivent toujours être prêts à combattre à cheval et à conduire un nombre déterminé de fantassins. Dans chaque capitale il a fait construire un tata et mis en approvisionnement de l'or, des vêtements, des étoffes précieuses et ordinaires, des armes, des munitions, des provisions de toute sorte ; il a réuni des chevaux, des captifs, des captives et même des jeunes vierges destinées à être données en cadeau. En même temps il a organisé le pays, lui a donné son autonomie et l'a rattaché à ses autres conquêtes. A la tête de tous ces états, comme nous l'avons dit, il a mis des captifs. Il fit une exception pour Yanguerdé, qu'il donna à l'une de ses femmes, alors très jeune.

Ahmadou est le chef de cette confédération.

Ces dispositions prises, el Hadji part pour le Macina, emmenant avec lui le fils de son frère Tiani, ses fils Makigou et Mahi, qui furent tués dans le Macina, et Abdallah (Jean Bambara), qui réunit les fonctions d'ingénieur en chef à celles de chef de l'artillerie. Ce dernier titre était un peu prétentieux, car l'artillerie du Prophète consistait en quatre vieux canons que les Français avaient abandonnés dans une excursion trop aventureuse.

La lutte qui va commencer est une lutte à mort.

Ahmadi-Ahmadou est infiniment plus brave qu'Omar, mais Omar est plus habile qu'Ahmadi. Celui-ci est trahi par les siens ; l'autre, au contraire, est servi par des fanatiques.

Les premières troupes envoyées par Ahmadi sont battues.

Lui-même prend les armes. Il n'est pas plus heureux, grâce aux traîtres qui l'entourent et qui espèrent se partager ses dépouilles.

Dans le dernier combat, qui eut lieu à la fin de juin, quand Ahmadi-Ahmadou vit son infanterie culbutée, plus de la moitié de sa cavalerie en fuite, quand il vit que ses efforts ne pouvaient rallier l'armée, « pleurant de rage et entouré de ses fidèles, il » s'élança en avant, faisant une terrible charge. Semblable au lion » qui, blessé mortellement, effraye encore ses ennemis, et, dans » les derniers moments de son agonie, fait de nombreuses » victimes, Ahmadi-Ahmadou, blessé à la poitrine et un bras » cassé par une balle, faisait pleuvoir la mort sous ses coups. » Pénétrant au milieu des rangs des Talibés, il planta trois lances » dans la poitrine de trois chefs, disant : « Pour mon grand'père, » pour mon père, pour moi ! » C'étaient, en effet, les lances de

» sa famille, héritage précieusement gardé, dont il s'était armé
» pour ce combat suprême.

» Tant d'héroïsme devait être vain. Il ne lui restait plus qu'une
» poignée d'hommes ; il fallut fuir, plutôt entraîné par son cheval
» que de son propre gré, et telle était la frayeur de ceux qui
» avaient été témoins de ses hauts faits que personne n'osa le
» poursuivre. Aujourd'hui encore, on ne parle pas sans respect
» de ce roi aussi brave que malheureux (1). »

Le même soir, el Hadji campe devant Hamdallahi, immense
ville ouverte abandonnée de sa population. Le lendemain, il y fait
son entrée solennelle. En tête de la colonne marche le Gannar,
compagnie du pavillon blanc ; viennent ensuite les Irlabés, au
pavillon noir ; puis le pavillon rouge et blanc du Toro ; enfin le
Prophète avec ses Softas, ses Diomfoutous (gardes), ses femmes,
sa *smala*.

Il va s'installer dans le palais du roi. Se souvenant alors que les
Maciniens sont musulmans, il défend de les poursuivre et de leur
faire du mal. « Je n'en veux », dit-il, « qu'au roi Ahmadi-
» Ahmadou ».

C'est entendu, saint Prophète, vous n'en voulez qu'au roi
Ahmadi-Ahmadou ; personne ne se permettrait d'en douter. Vous
êtes, comme marabout et prophète, un reflet de la divinité, toutes
vos paroles sont articles de foi. Donc, vous n'en voulez qu'au roi
Ahmadi. Mais alors, pourquoi n'avez-vous pas vidé avec lui,
homme à homme, marabout à marabout, prophète à prophète,
cette querelle qui n'intéressait que vous deux et que vous êtes
venu chercher ? Pourquoi faire broyer tant d'hommes, pourquoi
faire tant de ruines ? Pourquoi prendre ses états ? Prophète,
auriez-vous dit le contraire de la vérité ?

Pour bien montrer qu'il en veut au roi Ahmadi-Ahmadou, qui
fuit alors vers Timbouktou avec sa mère, sa grand'mère et
quelques fidèles, il envoie à sa poursuite une armée. Le pauvre

(1) MAGE, *Op. cit.*, pp. 266, 267.

et vaillant jeune homme est pris et dès que le Prophète en est informé il ordonne de lui couper le cou.

Aly, l'ancien roi de Ségou, tombe aussi en son pouvoir. Par un mouvement de clémence incompréhensible, il se contente de le mettre aux fers.

Le voilà donc, à force de duplicité, de guerres, d'assassinats, chef d'un empire qui s'étend de Médine au Niger, et de la latitude de Tingrela (9° 40′ N.) au grand désert.

Jamais noir n'a été si puissant.

La possession du Macina lui donne droit à une part des impôts de la ville et du marché de Timbouktou. Tout en combattant pour l'Islam et pour Allah, il ne néglige pas ses intérêts mondains et ne perd pas de temps pour faire valoir ce qu'il appelle ses droits. Sa victime est à peine refroidie qu'il envoie une troupe chercher les richesses qu'elle a mises en dépôt à Timbouktou.

En 1862, il appelle auprès de lui son fils Ahmadou et le garde pendant deux mois. Mage croit que c'est pour s'assurer de la fidélité du Ségou. Ne serait-ce pas plutôt dans l'espoir d'une révolte qui lui donnerait une bonne occasion de piller encore une fois, tout à son aise, ce malheureux pays?

En 1863, il appelle encore une fois Ahmadou pour lui donner le gouvernement du Macina. Quant à lui, sa mission n'est pas terminée; il doit de nouveau prendre les armes et combattre les infidèles.

Quand les oncles d'Ahmadi-Ahmadou voient ainsi s'évanouir l'espoir qu'ils ont eu d'obtenir d'el Hadji, pour prix de leur trahison, le rang qu'ils convoitaient, ils complotent une révolte dans laquelle ils font entrer le cheick de Timbouktou, Sidi Ahmed Beckay, qui a de bonnes raisons de craindre pour son pays.

El Hadji a près de lui Modibo Daouda, ancien talibé d'Ahmed Beckay. Ahmed croit pouvoir se fier à cet homme, qu'il a élevé, le met au courant du complot et lui demande des renseignements sur les forces d'el Hadji.

« Modibo Daouda, dit Mage, Modibo Daouda qui avait quitté

» Sidy Beckay en l'appelant son père, en lui jurant qu'il était
» toujours à son service, qui peut-être lui avait écrit des protes-
» tations de ce genre, dont les noirs, surtout les musulmans, sont
» si prodigues, ne se crut sans doute pas engagé envers son ancien
» maître et protecteur, et vint montrer la lettre à el Hadji
» Omar (1) ».

Le grand marabout, aussi surpris que furieux, fait aussitôt
battre le tabala. L'armée se réunit. Quand chacun est à son rang,
il montre aux conspirateurs la lettre de Sidy Beckay. Ceux-ci
courbent la tête et gardent un silence plein de dignité. Ils savent
bien d'ailleurs qu'ils imploreraient en pure perte la clémence du
marabout, et puis, en bons musulmans qu'ils sont, ils pensent
que « c'était écrit ».

Contre leur attente, el Hadji se borne à les mettre aux fers,
« ce qui est bien malheureux, dit Samba N'diaye ; car s'il leur
» avait fait couper le cou, le pays ne se serait pas révolté ».

Le livre de l'avenir était-il fermé au Prophète ? Cela n'est pas
possible : il ne serait pas prophète. Il a tout simplement oublié de
l'ouvrir, et c'est à cet oubli que les conspirateurs doivent de vivre
encore quelques jours.

El Hadji apprend en même temps que les chefs bambaras
palabrent en vue d'une révolte. Ce n'est pas la liberté qu'ils
veulent : ils ne la connaissent pas. Ils veulent leur autonomie, la
faculté de boire de l'eau-de-vie. Leur complot devait éclater avec
celui des Maciniens, et les Maciniens, comme on l'a vu, s'enten-
daient avec les Touareg de Timbouktou.

A cette nouvelle, Ahmadou quitte subitement Hamdallahi et
rentre à Ségou. Il paraît ne rien savoir, caresse les conjurés, les
appelle dans son tata le 23 mars 1863, jour du Cauri, les fait
arrêter et les envoie à son père. El Hadji ne veut pas les voir.
Ont-ils réellement conspiré ? tous ont-ils conspiré ? n'a-t-on pas
pris des innocents avec les coupables ? quel est leur degré de

____

(1) MAGE, *Op. cit.*, p. 270.

culpabilité ? Ce sont des puérilités bonnes pour les Blancs. Le Prophète ne s'y arrête pas et ordonne de couper le cou aux prisonniers sur les rives du Niger.

Avec ces pieux musulmans la détention préventive n'existe pas, et la procédure est d'une admirable simplicité. Le chef commence par faire couper le cou et tout est dit. Si le supplicié est innocent, cela ne fait qu'un homme de moins.

Nouvelle complication. Balobo, Abdoul Salam et son fils, conspirateurs maciniens, réussissent à briser leurs fers et à s'enfuir. Les autres prisonniers et le roi Aly ne les imiteront pas : le saint marabout s'empresse de leur faire couper le cou. Couper le cou ! toujours couper le cou ! comme c'est bientôt dit et aussi vite fait, le Prophète s'en donne à cœur joie.

Toutes ces têtes coupées n'empêchent pas la révolte d'éclater. Le mois de mai voit les Maciniens en armes. Ils moissonnent à pleine faulx dans les Talibés. Depuis cette époque, les communications entre le Macina et le Ségou sont fermées.

Le 20 février 1864, quand Mage et Quintin arrivèrent à Ségou-Sikoro, on était depuis neuf mois sans nouvelles du Prophète.

L'Hadji Omar est cerné dans Hamdallahi. La révolte éclate sur le Bakhoy, dans le Sarrangoudou, le Kaminiandougou. L'autorité d'Ahmadou est limitée à Ségou-Sikoro et à quelques villes de garnison. Même dans ces villes, dit M. Quintin, quand elles sont assez fortes, on égorge les soldats. A Sansanding, le plus grand centre commercial après Timbouktou, à Sansanding, cette ville qui trahit en faveur d'el Hadji Omar, on égorge sans pitié les Talibés d'Ahmadou.

En février 1864, Mage et Quintin observèrent qu'à mesure qu'ils approchaient du Djoli-ba, l'étoile du Prophète pâlissait. On leur exaltait bien encore la puissance du personnage, mais en même temps on leur avouait que les tribus voisines étaient en pleine révolte et on leur faisait faire de grands détours pour les éviter.

L'accueil qu'ils reçurent à Ségou, les promesses du sultan, les balivernes qu'on leur débita de l'air le plus candide les trompèrent, et pendant plusieurs mois ils gardèrent sur les affaires du pays la plus complète illusion. Cependant, certains bruits qui circulaient, d'ailleurs très discrètement, et les soulèvements des Bambaras leur apprirent la défaite et la mort du Prophète.

Ahmadou ne confiait à personne les nouvelles qu'il recevait du Macina, et quiconque se hasardait à parler de ces graves affaires devait bien regarder autour de soi.

« Tous ceux à qui je faisais part de mes impressions en parti-
» culier », dit M. Quintin, « m'avouaient franchement qu'ils
» pensaient comme moi, mais survenait-il un troisième person-
» nage entre nous, ils changeaient aussitôt de manière de voir en
» me disant que ce n'était là que des propos de femmes ».

C'était en effet des femmes, conduites exprès à la frontière du Macina, qui avaient apporté les premières nouvelles de la mort d'el Hadji Omar. Ahmadou les avait fait garder à vue pendant quelque temps, puis leur avait rendu la liberté, à condition qu'elles garderaient le secret.

Jean de la Fontaine prétendait que rien n'était difficile aux dames comme de porter loin un secret. S'il visait nos chères françaises, il avait tort, pour sûr; mais s'il visait les dames des rives du Niger, il avait cent fois raison. A peine libres, elles confièrent leur secret, avec force recommandations, à toutes leurs amies et connaissances. Le secret fut si bien gardé que dès le lendemain tout le monde se disait à l'oreille : le Prophète est mort !

L'une de ces femmes révéla sur le siège d'Hamdallahi d'hor-ribles détails. Quand el Hadji tenta une sortie, il était assiégé depuis neuf mois et son armée en était réduite à manger les morts.

Ces faits se passaient en 1864. Aujourd'hui encore, ils sont dans l'ombre. Beaucoup de braves gens renouvellent pour el Hadji les légendes fameuses du roi Arthur et de Barberousse.

Samba N'diaye a raconté à Paul Soleillet sa dernière entrevue avec Cheikou et les derniers combats du Prophète.

Le Prophète était assis sur une peau de chèvre, et Samba N'diaye, un grand dignitaire, lui massait les genoux.

Tandis que Samba N'diaye se livre respectueusement à cette grave occupation, le Prophète daigne lui conter familièrement bien des choses, dont les unes sont arrivées et les autres arriveront infailliblement, selon la croyance de Samba.

Il lui dit notamment : « Je suis né avant que tu fusses en germe ; quand je mourrai, ton corps ne sera plus même un peu de poussière ».

Samba ne doute aucunement des paroles du Prophète, aussi dit-il à Soleillet : « Je n'ai jamais cru à la mort de Cheikou. Nous sommes quelques-uns, bien peu, qui connaissons la vérité sur lui. Ce que tout le monde sait avec certitude, c'est qu'il est vivant. Quand aux événements sur lesquels on a fondé le bruit de sa mort, les voici :

» Les Foulbé du Macina, influencés par les Beckay de Timbouktou, se révoltèrent et forcèrent Cheikou à se réfugier dans les murs de Hamdallahi, où ils l'assiégèrent.

» Le siège durait depuis longtemps et les vivres étaient épuisées. Un vendredi, après la prière de l'après-midi, Cheikou donna l'ordre d'ouvrir les portes, sortit avec toute la population et traversa les lignes des ennemis. Ceux-ci, miraculeusement endormis, ne se réveillèrent que le lendemain. Cheikou et les siens étaient alors au sommet de la montagne de Bandiagara, en sûreté, à ce qu'ils croyaient ».

Le bon Samba oublie de dire pour quelle cause el Hadji n'a pas profité du sommeil miraculeux de ses ennemis pour les envoyer souper chez le diable. Il ne dit pas non plus de quoi l'armée devait vivre sur le sommet du Bandiagara.

Samba continue ainsi : « Cheikou envoie à Tiani sa seconde canne (1) avec ordre de venir immédiatement à son secours.

(1) Tiani prétend, depuis lors, que la possession de cette canne le rend héritier du Prophète au même titre qu'Ahmadou, et qu'il est aussi légitime

» Mais el Hadji est trahi par l'un des siens, les Foulbé ont connaissance de sa retraite et le cernent.

» Se voyant sur le point d'être pris, il appelle un enfant et lui remet sa satalla ; puis, prenant son sabre, il se dirige vers un endroit où la montagne est taillée perpendiculairement comme un mur. *Ce qui arrive devait arriver*, dit-il ; *je reviendrai.*

» Il descend des marches d'escalier qui se forment sous ses pas et disparaissent derrière l'enfant qui le suit. Il arrive ainsi au fond du précipice.

» Là se trouve, dans la direction de la Mekke, une muraille très haute et très large, sans la moindre fissure, toute d'une pièce, unie *comme un marbre de commode.*

» Placé devant cette muraille, Cheikou prend la satalla des mains de l'enfant et lui dit : « Je vais prier ». Il ôte ensuite ses chaussures, puis se fond, s'évanouit, s'anéantit devant la muraille.

» Pendant ce temps, les Foulbé massacrent tous les compagnons du Prophète. Le lendemain, au moment où ils célèbrent leur victoire, Tiani les surprend et les massacre à son tour.

» Cela fait, le vainqueur s'informe d'el Hadji. On cherchait depuis longtemps quand on découvrit, au fond du précipice, l'enfant qui pleurait. Après bien des détours et beaucoup de peine

souverain du Macina qu'Ahmadou du Ségou. Il est vrai qu'il appuie ses prétentions sur des régiments de bonnes lances.

En envoyant à Tiani son bâton, el Hadji ne voulait pas que celui-ci pût douter des paroles de son messager.

Au Soudan, il est d'usage que toute personne chargée d'un message verbal présente, pour preuve de sa mission, un objet connu pour appartenir à celui qui l'envoie.

Un jour, Soleillet remit à son commissionnaire l'un de ses souliers.

Il en était de même chez les Barbares qui ont fait la conquête des Gaules.

Quand Chlodowig envoie Aurelianus à Chlotohilde, pour la demander en mariage, il lui remet un anneau qui doit servir à le faire reconnaître sous son costume de mendiant. Chlotohilde ayant accepté la proposition, remet au même Aurelianus un autre anneau pour prouver la sincérité des paroles qu'il va reporter à son maître.

on arrive jusqu'à lui et l'on apprend de sa bouche ce qui s'est passé. Les chaussures d'el Hadji sont devant la roche et prouvent la sincérité du récit de l'enfant.

» Cheikou est-il encore dans le rocher? a-t-il retourné à la Mekke? Ce qui est certain, c'est qu'un jour il reviendra, que l'on verra des choses écrites depuis longtemps et que peu comprennent ».

C'est ainsi que Samba N'diaye, un homme grave, intelligent, parlait à Paul Soleillet, en 1879, dans la ville sainte de Ségou-Sikoro.

Il semble résulter de ces récits qu'el Hadji Omar a terminé sa trop longue carrière en 1864, dans une sortie qu'il tenta pendant le siège de Hamdallahi.

A l'exemple de tant d'autres, qui ne valaient pas mieux que lui, il se supposa une mission providentielle, fit le thaumaturge, et réussit par dominer un instant sur tout le vaste espace qui s'étend de Médine au Niger, à fonder le royaume du Ségou qui est encore dans la main de son fils.

CHAPITRE VIII

PORTRAIT D'EL HADJI OMAR

Cheikou était toujours vêtu fort simplement : calotte de calicot
blanc, petit turban, chemise et pantalon blancs, boubou bleu-clair
et babouches jaunes.

Il portait, attaché à l'épaule gauche avec une pagne, comme
tous ses talibés, le sabre du Foutah dont se pare tout musulman
prêt à faire la guerre sainte. Il avait souvent à la main une satalla
et, dans les grandes occasions, l'une de ses deux cannes.

Au témoignage de tous ceux qui l'ont vu, il était d'une beauté
remarquable. Ses yeux étaient expressifs, sa peau dorée, ses traits
réguliers. Sa barbe était noire, longue, soyeuse, partagée au menton. Il n'avait ni mouche ni moustache. Ses mains et ses pieds
étaient parfaits.

Il ne parut jamais avoir plus de trente ans. Personne né l'a
jamais vu se moucher, cracher, suer, avoir ni chaud ni froid. Il
pouvait rester indéfiniment sans manger ni boire. Il ne parut
jamais fatigué de marcher, d'être à cheval ou immobile sur une
natte.

Sa voix était très douce et s'entendait distinctement aussi bien
de loin que de près. Il n'a jamais ni ri ni pleuré, jamais il ne s'est
mis en colère. Son visage était toujours calme et souriant. Il n'a

jamais frappé personne. Il traitait les hommes libres comme les captifs disant que tous les hommes sont fils d'Adam. Il n'a jamais jugé personne et fit rendre la justice par les marabouts. Il exigeait que les jugements fussent appuyés d'un texte de loi. La justice, disait-il, est le droit de l'homme dans ce monde et dans l'autre ; là où la justice des hommes aura été en faute, celle de Dieu ne faillira pas.

Il n'a donné la liberté à aucun captif, mais il n'a fait aucune distinction entre les captifs et les personnes libres.

Il ne s'est jamais servi d'une arme, même à la guerre. Dans un combat, quand ses soldats reculaient, il se portait en avant disant : « *On ne veut pas aujourd'hui du paradis* ». Tout le monde alors marchait en criant : *ia Allah !* et prenait d'assaut les murs qui résistaient au canon. Bien qu'il se soit souvent exposé, il n'a jamais été blessé.

Personne n'a connu le nombre de ses femmes. Il n'a jamais passé la nuit avec une femme. Tous les soirs il visitait soit l'une, soit l'autre, faisait en entrant ses prières et ses ablutions, restait un instant, recommençait ses prières et ses ablutions et se retirait. Bien que très sensuel, il ne fit l'amour que tout juste pour remplir ses devoirs envers Allah et donner le jour au plus grand nombre possible de musulmans. Il cessait toute relation avec celles de ses femmes qu'il supposait enceintes ou qui nourrissaient.

Tel est le portrait que font de lui ses anciens compagnons.

On ignore le nombre de ses enfants. La plupart sont et seront toujours de simples marabouts inconnus des hommes, mais bien connus d'Allah et de ses anges.

Ceux de ses fils que les hommes ont connus, sont :

1° Ahmadou el-Mekki, né à la Mekke, d'une femme arabe, et mort à Domboura avant 1847 ;

2° Ahmadou Cheikou, sultan actuel du Ségou ;

3° Abibou, fils d'une princesse du Haoussa, aux fers, à Ségou ;

4° Moktar, fils de la même femme qu'Abibou, aux fers, à Ségou ;

5° Makigou, fils d'une captive, mort à la guerre du Macina ;

6° Mahi, également fils d'une captive et mort aussi à la guerre du Macina ;

7° Moult Aga, fils d'une captive toucouleur, chef actuel du Kaarta ;

8° Mourtada, fils d'une femme bambara, chef de Koniaremé ;

9° Daye, fils d'une femme poulo, chef à Diala ;

10° Aguibou, fils d'une princesse du Bornou;

11° Bassirou, fils d'une femme bambara, chef de Kouniakary;

12° Chaidou, mort à Nioro en 1877 ;

13° Addi, actuellement à Nioro ;

14° Daha, à Nioro ;

15° Nourou, fils d'une femme poulo, chef du Diafounou ;

16° Moumirou, frère de Daye, à Ségou ;

17° Amidou, frère de Moult Aga, à Ségou ;

18° Mamoudou, frère d'Abibou, à Ségou ;

19° Seydou, frère d'Aguibou, mort dans un combat aux environs de Dingraye dont il était le chef;

20° Daibou, à Ségou ;

21° El-Amin
21° Vaidou   Jeunes princes qui ont pour mères des prin-
23° L'Amin   cesses bambaras. Ils habitent Ségou.
24° Ahidou

On lui connaît aussi deux filles :

Médina, née à la Mekke et mariée au Foutah Djallon pendant le séjour d'el Hadji à Domboura. Elle serait de huit ans plus âgée que le sultan de Ségou et habite toujours le Foutah Djallon.

Fadima, de quatre ans plus âgée que le sultan. Elle est fille d'une femme du Bornou et fut mariée à Dingraye. Maintenant veuve, elle habite à Ségou avec son fils.

Les enfants d'El Hadji Omar envoyés à Dingraye étaient encore dans cette ville en 1868. Ils étaient élevés dans la plus grande ignorance. Fils de prophète, ils savaient à peine faire le salam. Ils vivaient entourés de femmes et de griots dont tout le souci était de les flatter et d'exciter leurs passions.

CHAPITRE IX

LES FILS DU PROPHÈTE

Moult Aga pille Mourgoula et quelques autres villages. — Moktar et plusieurs de ses
frères marchent sur Kouniakary. — Assa Mady, chef de Kouniakary. — Il reçoit
bien les enfants du prophète. — Les fils du prophète marchent sur Nioro. —
Richesses de Nioro. — Moustapha prévient Ahmadou. — Le tata est mis au pillage.
— Ahmadou vient avec son armée. — Son arrivée à Nioro. — Comment il traite
ses frères. — Moktar quitte Nioro et pille le village d'Ahmadou. — Abibou entre
en campagne. — Entrevue des frères révoltés. — Les révoltés courent le pays. —
Combat dans le Kaniarémé. — Deux mots d'Ahmadou. — Ahmadou prend soin
de son frère Moumirou. — Diplomatie d'Ahmadou. — Ahmadou prend Moktar et
Abibou et les met aux fers.

Abibou, l'aîné de ces princes, à la fois fils du prophète et d'une
fille de sang royal, était adulé de tous. Moktar et Mamadou sont
ses frères utérins. Leur mère, en sa qualité de princesse, a le pas
sur toutes celles des autres femmes d'el Aguy qui sont reléguées à
Dingraye.

Quand Abibou passe quelque part, les griots lui chantent :
Négué tégué négué (tu es le fer qui coupe le fer).

En 1869, ces princes se crurent en âge d'agir.

Moult Aga faisait alors le marabout. Dès son jeune âge, il avait
parlé de guerre sainte. Comme ses frères, il croit que l'heure est
venue pour lui d'agir, c'est-à-dire de prendre les armes et de
continuer de son mieux la tradition paternelle. Il se met donc à la
tête de quelques partisans, marche sur Mourgoula, livre quelques
combats heureux et pille, comme infidèles, les habitants des
villages voisins.

Si Moult Aga n'avait fait que voler des poules on l'aurait condamné comme voleur; mais il a pillé des villages et, en Afrique comme en Europe, l'homme qui pille des villages est en voie de devenir un héros.

Les lauriers de Moult Aga troublent le sommeil de Moktar. « Quoi, dit celui-ci, des fils de captives soutiennent l'honneur de » notre père, et nous, fils de princesses, nous ne ferions rien! »

Lui aussi va faire quelque chose. Il réunit une bande de gens de sac et de corde, prend avec lui ses frères Moumirou, Bacirou, Amidou, Daye, Daha et se présente, au mois de février 1870, devant Kouniakary.

Le royaume de Diombokho, dont Kouniakary est la capitale, a pour chef Assa-Mady, talibé, ancien captif d'el Aguy, et nommé par le prophète.

Assa-Mady, est un homme tranquille, modeste, qui sait faire vivre en paix les divers pays de son commandement (le Sera, le Sorma, le Tringa). Il entretient de bonnes relations avec le poste de Médine et avec notre allié Sambala, roi du Khasso. Parce qu'il est captif, les gens de Kouniakary ont pour lui peu de respect; mais comme il est bon et généreux, il est obéi du reste du Diombokho.

Ce pays marécageux n'est habité que par des Foulbé, des bergers du Bondou et des pêcheurs du Foutah, tous gens de basse extraction « dont la science », disent les indigènes, « ne dépasse pas l'ombre du nez ».

Assa-Mady et les gens de Kouniakary, heureux de voir des enfants du prophète, font à Moktar et à ses frères l'accueil le plus empressé, et quand Moktar demande une armée, ils se lèvent en masse.

A la fin de février 1870, Moktar se met à la tête de ses bandes, prend Nafadjii (qui ne se trouve pas sur la carte), village bambara insoumis, le détruit, envoie à Nioro son butin et se dirige sur cette ville.

Nioro, capitale du Kaarta, ancienne résidence des Massassis,

était un pays riche. Avant de partir pour Ségou, el Hadji Omar
l'avait constitué fortement et avait mis dans sa dépendance le
Diafounou, le Kaniarémé, le Djavara, le Kaarta-Bine. Pour chef
il lui avait donné un talibé captif, Moustapha, homme intelligent,
débonnaire, généreux, qui sut se faire aimer des bons, craindre
des mauvais et respecter de tous. Des talibés d'el Hadji, appartenant aux plus grandes familles du Foutah, étant venus à Nioro,
attirés par la richesse du pays, durent, comme les autres, se
soumettre.

Dans le tata de Nioro, comme nous l'avons dit, il y avait de
grandes quantités d'or, de pagnes, de boubous, de burnous brodés
de soie, de provisions de bouche, de fusils, de munitions, de
sabres, de lances; quatre cents chevaux de pure race choisis un à
un avec leurs harnais; quatre cents jeunes vierges choisies dans les
innombrables captives de bonne famille et destinées à être données
en cadeau.

Pour le prophète, tous les hommes sont fils d'Adam. Toutes
les femmes doivent être filles d'Eve. L'esclave est sœur, en Eve,
de la princesse qui lui donne des coups de fouet. Parmi ses petites
captives, il y a des filles de roi. Qu'importe ! il les donnera comme
il donne des chevaux et des boubous.

Moustapha administrait tout avec sagesse et augmentait chaque
jour les trésors confiés à sa garde.

Quand il apprit l'arrivée de Moktar et de ses frères, il prévit que
le tata allait subir un rude assaut.

Il ne pouvait songer à résister ouvertement à des fils de son
maître, mais, fin politique, il envoie à Moktar une ambassade
pour le complimenter et lui offrir dix chevaux magnifiquement
harnachés, tandis qu'un courrier va presser Ahmadou de venir en
diligence s'il ne veut pas trouver au pillage le tata si richement
approvisionné par el Hadji.

Moktar se rapproche de plus en plus de Nioro. Ses dernières
étapes sont Guemou, Tourda, Medina où des cavaliers lui annoncent que Moustapha vient le complimenter.

Moktar, sans s'arrêter à ce qu'on lui dit, regarde les chevaux de la petite troupe, les trouve de son goût, donne l'ordre aux cavaliers de mettre pied à terre, prend les plus beaux chevaux pour lui et ses frères et donne les autres à ses gens.

Les cavaliers sont furieux. En s'en retournant à pied, ils rencontrent Moustapha et lui content l'affaire ; celui-ci ne fait aucune observation et continue sa route.

Il se présente devant le pieux marabout. Il est humble et soumis, laisse démonter la plupart de ses gens, rentre tranquillement à Nioro avec Moktar et ses frères qui s'installent dans le tata.

Dès le lendemain, Moktar prend dans le tata, pour les offrir aux chefs de Kouniakary, trente vierges, des boubous, de l'or, etc. Il prend aussi ce qu'il juge nécessaire pour habiller splendidement ses soldats.

Il dispose de tout comme de son bien, plus libéralement peut-être.

Après un séjour d'une semaine, il se rend à Kolomina en compagnie de Moustapha.

Cependant les courriers de Moustapha sont arrivés à Ségou. Ils ont vu l'émir et celui-ci a de suite réuni une armée ainsi composée :

Quatre cents talibés du Foutah armés de fusils doubles et de sabres, bien montés, bien équipés, et suivis chacun de deux ou trois captifs armés de fusils ;

Trois cents cavaliers auxiliaires Toulonga, Foulbé, armés de lances et de javelots ;

Trois cents auxiliaires Tourouba, Foulbé, armés de lances et de javelots ;

Quatre régiments de Softas de chacun 1500 hommes ;

Samba N'diaye avec une centaine d'hommes et deux canons ;

Les gardes du corps à pied au nombre de 500 ;

La maison royale, c'est-à-dire les compagnons de l'émir, composée de 200 cavaliers et 300 fantassins ;

Deux mille coraguis (1) ou captifs chargés et mille bœufs porteurs.

Tout cela forme un effectif de 10 300 hommes.

Ahmadou, à la tête de cette petite armée, passe le Niger à Yamina et se trouve, quinze jours après, dans le voisinage de Nioro.

Un soir, vers sept heures, Moustapha était enfermé dans une case avec Moktar, quand une voix lui dit, à travers l'huis : « *Moustapha, ton maître te salue et t'attend ; il est déjà à Tougouné* ». Moustapha se lève aussitôt, sans même prendre congé du prince, saute en selle, court à Nioro, fait nettoyer la ville, prépare des logements pour l'émir et son armée.

Le lendemain Moktar arrive à Nioro. Il est désespéré, car il comprend que l'arrivée d'Ahmadou est la ruine de ses projets. Il en repart vingt-quatre heures après avec ses frères et quelques cavaliers restés fidèles à sa fortune. Tous ses autres compagnons, qui promettaient de faire merveille, n'avaient eu garde d'attendre, pour fuir, l'arrivée d'Ahmadou.

Moktar rencontre à Nomo l'armée de l'émir et passe la nuit avec son frère.

Le lendemain, à sept heures du matin, tous arrivent à Nioro.

Le rusé Moustapha vient à pied, ainsi que sa suite, pour les recevoir.

Ahmadou s'établit dans le tata.

Quelque jours après il appelle Moustapha et lui donne l'ordre de rendre publiquement ses comptes.

Moustapha déclare tout ce qu'il a reçu de l'Hadji Omar, tout ce qu'il y ajouta et dit : « Tout est là, sauf ce qu'il a plu à Moktar de prendre ».

Ce prince, amené devant l'émir, est sommé de tout restituer immédiatement et d'envoyer chercher ce qu'il a fait porter à Kouniakary. Moktar s'exécute sans mot dire.

_____

(1) Mage donne à ces servantes de l'émir le nom de Kountiguis.

Plus tard, Ahmadou somme ses frères et toutes les personnes présentes à Nioro de le reconnaître avec les gestes et les paroles de soumission en usage chez les Musulmans, de lui baiser la main, etc.

Bassirou et les gens du Foutah se soumettent ; Moktar, Daye, Daha, Moumirou refusent ainsi que les quelques Soni-nké et Diavandos qui les accompagnent.

Ahmadou rentre très irrité contre Moktar et déclare qu'il traitera comme rebelles ceux qui resteraient avec lui.

Le soir même, Moktar fait connaître à son frère Abibou, resté à Dingraye, les prétentions d'Ahmadou. Viens vite, lui dit-il, sinon Ahmadou va s'emparer de toutes les richesses laissées par el Aguy.

Moktar reste encore trois mois à Nioro et s'y fait même des partisans ; comprenant enfin qu'il ne peut y prolonger son séjour, il part pour Kouniakary avec ses frères insoumis et une petite armée.

Sur sa route, il ravage tous les villages fidèles à l'émir, notamment dans le Kaniarémé.

Abibou, de son côté, ne reste pas inactif. Dès la réception du courrier de Moktar, il se met en campagne.

Son armée se compose de 3 000 hommes : 500 cavaliers et 2 500 captifs armés de mauvais fusils, mal habillés, grossiers et indisciplinés.

Il a, en outre, une cour nombreuse, aussi encombrante qu'inutile, composée de griots des deux sexes, de chanteurs et d'instrumentistes. Il a beaucoup d'or et s'en sert pour se faire des partisans. Ses flatteurs lui disaient depuis si longtemps qu'il était *négué tégué négué* que le pauvre homme avait fini par le croire, et il allait partout disant : « Ahmadou veut être seul héritier de notre père ; il verra que je suis *négué tégué négué* ».

Ces paroles arrivent à Nioro. Ahmadou affecte d'en rire et dit : « Si mon frère est *négué tégué négué*, je suis le *Djoli-ba* qui engloutit dans ses abîmes le fer qui tombe dans ses flots ».

Il est cependant moins rassuré qu'il ne le veut paraître. Il fait courir les pays environnants, dit qu'on peut tuer Abibou sans rien craindre et permet même d'espérer une riche récompense.

Dès le début de la campagne, Abibou tombe malade et rentre chez lui où il passe la plus grande partie de l'année 1871. Au mois d'août 1872, il se rend à Misra, village Foulbé, auprès de ses frères Moktar, Moumirou, Daha et Daye. Alpha Sega, interprète de Bakel et l'un des informateurs de Soleillet, raconte ainsi cette entrevue :

« J'avais été envoyé à Misra, par le commandant de Médine, à
» la recherche d'un tirailleur qui venait de déserter.

» Ce jour-là, le caractère poulo m'a poussé à faire une chose
» que nul n'oserait s'il n'est Poulo, Maure ou Blanc.

» J'avais quitté Médine accompagné de trois hommes : Sam-
» bou, agent de place, un laptot du poste et mon garçon. C'était
» au mois d'août, époque de l'hivernage, et nous étions à pied
» parce qu'on ne peut aller à cheval sur cette route.

» Le soir j'arrive à Kouniakary, très fatigué, ayant fait, pour
» la première fois de ma vie, dix lieues à pied.

» Je ne trouve à Kouniakary qu'un seul chef important, Siré
» Samba. Tous les autres, ainsi que les notables, étaient à Misra,
» avec les princes.

» Ne pouvant pas avoir de nouvelles du tirailleur, je résolus
» d'aller à Misra. Je demandai donc à Siré Samba s'il pouvait me
» prêter un cheval et même m'accompagner. Il me répondit :
» « volontiers », et dès le lendemain nous quittions Kouniakary.
» Nous étions en tout six cavaliers, Siré ayant pris sa petite
» escorte. A midi nous arrivions à Misra.

» Les princes, enfermés dans une case, discutaient leur plan
» de campagne. Nous ne pouvions les voir, et comme la chaleur
» était suffocante, nous nous établîmes derrière le village, à
» l'ombre d'un gros tamarinier.

» Vers deux heures, les princes sortent de leur case. Moktar
» rentre à Kouniakary ; Abibou et les autres se dirigent sur Nioro.

· .» A la sortie d'Abibou, nous entendons un vacarme épouvan-
» table de tabalas, de tamtams, des chants de femmes et
» d'hommes.

. » Abibou vient de notre côté. Nous sommes à cheval et nous
» nous avançons à sa rencontre. A quatre pas de distance, mes
» compagnons mettent pied à terre et vont le saluer. Moi, j'arrête
» mon cheval et je reste immobile. Abibou me lance un regard
» farouche, demande qui je suis et me dit :

— » Alpha, pourquoi ne me saluez-vous pas ?

— » Parce que je ne veux de vous ni honneurs ni deshonneur.

— » Que dites-vous là ?

— » Chez vous on descend de cheval pour vous saluer. Je ne
» saurais le faire et je garde pour moi mes salutations.

» Tout le monde est étonné de mon langage. Abibou me jette
» un regard méchant et part suivi de ses gens.

» Moktar arrive. Je lui touche la main, mais sans descendre de
» cheval, et je vais passer la nuit avec lui à Kolomé. Le lende-
» main, je rentre à Kouniakary et le surlendemain je suis à mon
» poste, à Médine ».

Au mois d'août 1872, Abibou et ses frères quittent Misra et se
dirigent sur Mounia où ils arrivent le soir même de leur départ.

Abibou commet la faute d'y rester quinze jours, ce qui donne
le temps à l'émir de négocier avec les gens du Kaniarémé et de les
lui enlever.

En quinze jours, les princes et leurs armées épuisent les ressources de Mounia, pillent, violent, exaspèrent la population.

Dans les premiers jours de septembre, quand il entre dans le
Kaniarémé, où il espère trouver des alliés, Abibou reçoit défense
de traverser le pays. Bien qu'il ait avec lui seulement 400
hommes, il dit qu'il va châtier ces téméraires et leur présente
immédiatement bataille.

Ses fidèles n'ont jamais vu le feu et ne s'en battent pas moins
comme des lions. Dans une lutte acharnée, qui dure de trois à six
heures du soir, Abibou et les siens font des prodiges de valeur. Il

est blessé plusieurs fois ainsi que tous ses frères. Daye a le pouce
mutilé. Moumirou reçoit un coup de feu en pleine poitrine et reste
pour mort sur le champ de bataille.

A la nuit, Abibou bat en retraite, crie trahison et vengeance et
se rend à Kouniakary où il ne pense qu'à se fortifier.

Il envoie à Médine et à Bakel des hommes de confiance pour
convertir en armes et en munitions tout l'or qu'il peut se procurer.

Les vainqueurs d'Abibou s'empressent d'annoncer leur victoire
à l'émir Ahmadou. En public, celui-ci paraît se fâcher qu'on ait
livré bataille à ses frères ; mais dans l'intimité il dit, en se
moquant : « Abibou, ce *négué tégué négué*, a trouvé des forgerons ».

Il fait transporter Moumirou à Nioro, le reçoit avec beaucoup
de témoignages d'amitié, le loge à côté de lui, le fait soigner, lui
prodigue des caresses, en public et en particulier, disant que toutes
ces disputes sont des enfantillages et qu'il ne faut plus y songer.

Dans le même temps, l'émir charge Ahmadhou Moktar, roi du
Faraboubou, Saada Bané, Dioubayerou Boubou, de se rendre à
Kouniakary, avec deux cents cavaliers de confiance, de publier
partout qu'il n'a plus de ressentiment contre ses frères, qu'il
désire les voir et les traiter comme il a traité Moumirou. Ils ont
ordre de voir en particulier chacun de ses frères, de les inviter à
le venir voir séparément, d'insister tout particulièrement auprès
de Moktar et d'Abibou. Pour les amener, les ambassadeurs
pourront faire toutes les promesses, jurer sur le Koran, par leurs
têtes et celles de leurs enfants, par le chef sacré d'el Hadji : le
sultan Ahmadou prend tout sur lui et s'en arrangera avec Dieu.

Les émissaires partis, Ahmadou va camper avec toute son
armée dans le Gadiaba où sont les villages Diavandos qui tiennent
pour Moktar. Il peut, de là, couper toutes les communications
entre Kouniakary et le Kaarta.

Après deux mois de vains efforts, les émissaires d'Ahmadou
parviennent à décider Moktar. Celui-ci part avec seulement dix

cavaliers. Mais il a de l'or et compte s'arrêter chez ses amis de Gadiaba et y prendre une décision.

Les routes sont si bien gardées qu'aucun des mouvements d'Ahmadou n'a transpiré, tandis qu'il connaît, par ses espions, tous les mouvements de son frère. Avant d'arriver à Gadiaba, Moktar est pris dans une embuscade, mis aux fers et amené devant Ahmadou qui lui dit que c'est pour toute sa vie.

Abibou, ignorant de tout ce qui se passe, se décide, quinze jours après Moktar, à se rendre auprès d'Ahmadou.

Abibou, fier, orgueilleux, exigeant des marques publiques de respect, se laissant approcher difficilement, n'avait aucune influence sur les Noirs (1). Aussi Ahmadou le fait prendre, à Mounia, par des cavaliers qui l'amènent devant toute la population sur un tara, et le conduisent ainsi devant l'émir, qui le fait mettre aux fers comme Moktar.

Daye et Dara sont bien reçus et traités comme Moumirou.

(1) On ne saurait trop le répéter, si l'on veut avoir de l'influence, de l'autorité sur les Noirs de la Sénégambie, il faut être simple, accessible, que l'on soit blanc ou noir. On se trompe quand on croit leur en imposer par de la hauteur et de l'apparat.

Médine. janvier 1881. P. S.

CHAPITRE X

AHMADOU VAINQUEUR DE SES FRÈRES

Ahmadou détruit deux villages bambaras. — Il est mal accueilli par les Niorotes. — Les talibés de Nioro refusent de le suivre à Sansanding. — Les Diavandos et les Foulbé refusent aussi de le suivre. — Deux marabouts soulèvent contre lui la population. — Liberté de la parole chez les Noirs. — Ahmadou vide le tata de Nioro. — Les talibés de son père s'éloignent de lui. — Zeidou Zelia. — Ahmadou enlève tout aux habitants de Digna, jusqu'à leurs couteaux. — Il organise l'administration de Guigné et prend le titre d'*Emir Moumenin*. — Il se fait affilier à la confrérie des *Tedjedjena*. — Se pose en souverain absolu. — Effet produit par ces décisions. — Ses paroles en revoyant le Djoli-ba. — Son retour à Ségou. — Il est jaloux de son jeune frère Aguibou et le réduit au rang de simple particulier. — Il emprisonne ses frères Abibou et Moktar. — Il veut faire passer le pouvoir à l'un de ses fils.

Ainsi débarrassé de ses frères, Ahmadou songe à détruire un nouveau centre bambara qui s'est formé près de Nioro et lui paraît une menace pour le pays.

Lors de la prise de Nioro par el Hadji, quelques Massassis se sont établis, avec des débris de leur armée, à deux jours de Nioro et à cinq de Farabougou. Ils ont construit un tata et deux villages fortifiés qu'ils ont appelés Guémou Koura (Nouveau Guémou). Par deux fois Moustapha avait essayé de détruire ces villages, qui prenaient de jour en jour de l'extension, et deux fois il avait échoué et subi de grandes pertes.

Ahmadou commença par écrire à Bousseyhefi, le massassis qui est roi de Guémou-Koura : « Soumets-toi ou passe sur la rive » droite du Niger, sinon j'irai te détruire ».

Bousseyhefi répondit fièrement : « Ahmadou peut marcher plus
» lentement qu'un caméléon ; il me trouvera chez moi, vivant où
» mort (1) ».

L'émir résolut de frapper un grand coup. Pendant six mois il
amasse des vivres et des munitions et augmente son armée. Au
mois de novembre ou de décembre 1873, il quitte Nioro à la tête
de quinze à vingt mille hommes bien approvisionnés.

Il se rend à Yéré, puis à Diara où il campe trois jours. Il
retourne à Yéré, reste deux jours à Diabigué et va camper près de
la mare de Konko. Le jour suivant il campe dans le désert,
ensuite près de la mare de Benibané d'où il se rend à celle de
Tinkaré. Il s'établit en cet endroit comme pour y passer plusieurs
jours, fait construire des cabanes, et allumer des feux qui doivent
durer toute la nuit.

A minuit, il donne l'ordre du départ. A sept heures il a investi
Guémou-Koura. A huit heures il fait donner l'assaut. A onze
heures, il pénètre avec son armée par plusieurs brèches. A onze
heures et demie, Bousseyhefi, voyant que toute résistance est
impossible et que son tata est investi, met lui-même le feu à son
magasin à poudre et se fait sauter avec ses femmes, ses enfants et
la plupart de ses serviteurs. Le massassis a tenu parole : Ahmadou
l'a trouvé chez lui.

Il y avait deux villages : celui des Massassis et celui de Kagro.

Après sa victoire, Ahmadou attend la soumission des gens de
Kagro. Ces fiers Bambaras s'enferment dans leurs murs. Le lendemain, dimanche, le sultan fait reposer son armée.

Le lundi, à midi, il donne l'ordre de battre en brèche les murs
de Koura. A cinq heures, il est maître du village. Il doit son succès non à sa valeur ou à son habileté, mais à la supériorité du
nombre et à la perfection de son armement. Les Bambaras ont eu
dans ce combat, qu'ils ont soutenu avec la plus grande énergie,
90 morts et 150 blessés, chiffres énormes vu leur très petit
nombre.

(1) Les Bambaras se font enterrer dans leurs maisons.

Ahmadou rentre à Nioro, pensant bien être accueilli en triomphateur. Point. Guémou-Koura détruit, les Niorotes n'ont plus d'ennemis et n'ont plus besoin de lui. Ils lui font donc l'accueil le plus froid.

Malgré cela, il les réunit, et comme il ne peut se consoler de son échec de Sansanding, il dit aux talibés de Nioro de partir avec lui pour Ségou, que la guerre sainte va recommencer.

Les talibés lui répondent qu'el Aguy les a établis dans le Kaarta avec leurs familles et qu'ils y resteront. Ahmadou se fâche, mais les talibés persistent dans leur refus.

Dans un nouveau palabre, l'émir dit qu'il ne veut pas contraindre les talibés, mais il veut que les Diavandos et les Foulbé Samboro partent de suite pour Ségou. Ceux-ci refusent.

A ce moment, la population, surexcitée par deux marabouts très influents, Tierno Amad'hou Aly Dyelya et Tierno Mamadou Kayor, se révolte ouvertement. L'émir cherche à ramener à lui, par des caresses, les deux marabouts. Il réussit pour le premier, mais le second est intraitable.

Le soir, sur les places, dans les cours, devant les portes, dans ces causeries si chères aux noirs, Ahmadou est cruellement blasonné.

On dit : « De quel droit retient-il ses frères dans les fers ; ceux-ci étaient dans leur droit en réclamant leur part de l'héritage paternel ».

Ahmadou se faisait rendre compte de tout. Il envoyait des espions dans les groupes et s'y rendait lui-même incognito. Dès que l'on reconnaissait le sultan ou l'un de ses espions, l'un des membres du groupe épié se mettait à psalmodier ce passage du Koran :

« Les hommes doivent avoir une portion des biens laissés par
» leurs pères et mères et par leurs proches ; les femmes doivent
» aussi avoir une portion de ce que laissent leurs pères et mères
» et leurs proches. Que l'héritage soit considérable ou de peu de
» valeur, une portion déterminée leur en est due (1) ».

(1) Koran, IV, 8.

Un autre répondait :

« Tels sont les commandements de Dieu : Ceux qui écoute-
» ront Dieu et son Envoyé seront introduits dans des jardins
» arrosés par des courants d'eau ; ils y demeureront éternellement.
» C'est un bonheur immense (1) ».

Un troisième disait :

« Celui qui désobéira à Dieu et à son Envoyé, et qui trans-
» gressera les commandements de Dieu sera précipité dans le feu,
» où il restera éternellement, livré à un châtiment ignomi-
» nieux (2) ».

Et l'on continuait ainsi tant que l'émir et ses espions n'avaient
pas quitté la place.

De vieux talibés dirent publiquement à Ahmadou :

« De quel droit retiens-tu tes frères dans les fers ? Quel est leur
» crime ? Ils ont voulu partager les biens de leur père. N'as-tu pas
» eu ta part, toi ? Et de quel droit, après avoir fait rendre à
» Moktar ce qu'il avait pris dans le tata, t'es-tu emparé de lui ?
» Cheikou a su ce qu'il faisait en concentrant de grandes richesses
» dans la capitale de chaque province. Ce n'était pas pour lui
» qu'il le faisait, car il n'avait jamais besoin de rien. Sa main
» toujours ouverte pour donner, ne savait pas se fermer pour
» retenir. Il n'avait pas, comme toi, des serres de vautour. Il
» accumulait ces richesses, qui nous appartenaient à nous tous,
» pour que partout l'on fût prêt à se défendre. Mais toi, tu veux
» tout emporter dans ton Ségou où, l'un de ces jours, tu te feras
» adorer par les *kafir*, comme une idole. Ton père, Ahmadou,
» n'est point comme cela. Aussi il est un saint, un ami de Dieu.
» Comment soutiendras-tu son regard lorsqu'il reviendra et qu'il
» verra ses fils dans tes fers ? »

Ahmadou supportait tout en silence et disait aux siens de ne
rien répondre. On ne cessait cependant de les provoquer. On tua

(1) Koran, IV, 17.
(2) Koran, IV, 18.

même, sans le prévenir, l'un de ses captifs que l'on avait surpris volant.

Pendant ce temps, Ahmadou faisait vider tous les magasins des tatas de son père, et lorsqu'il eut en sa possession l'or, les armes, les munitions, les vêtements, les chevaux, les captifs et les captives, il réunit dans un grand palabre, hors de la ville, tous les habitants de Nioro et leur dit : « Je ne vous demanderai rien ; je vous prie seulement de laisser partir ceux de vos concitoyens qui voudraient venir avec moi à Ségou ».

On fit une paix apparente, et deux ou trois jours après le sultan quitta Nioro. Non seulement aucun des talibés de Nioro ne partit pour Ségou, mais la plupart de ceux qui étaient venus de Ségou restèrent dans le pays, qui leur plaisait mieux à cause de sa proximité du Foutah, et aussi parce que l'émir leur paraissait devenir trop autoritaire.

Ahmadou, de son côté, tenait peu aux talibés. Il était obligé de subir leurs remontrances et, vu leur âge et les services qu'ils avaient rendus à son père, il n'osait leur imposer une obéissance respectueuse. Du reste, il n'avait en son pouvoir aucun moyen coercitif. Chez les Noirs, l'usage autorise la plus grande liberté de parole.

A Nioro, un des cousins d'Ahmadou, Zeidou Zelia, venu du Foutah Djallon, commence à prendre un grand ascendant sur l'esprit de l'émir. Au commencement de 1874, quand Ahmadou partit de Nioro, il était déjà reconnu comme premier ministre, confident, favori, conseiller intime.

Zeidou Zelia est d'ailleurs un homme très intelligent. J'aurai occasion de reparler de ce fonctionnaire.

Ahmadou quitte Nioro, traverse Diabigué, Guessené, Dianguerdé, le marigot Dioumala et se présente devant la ville de Digna, qui est occupée par des Bambaras. Ceux-ci refusent d'abord de le recevoir ; mais, quand les gens de Digna voient qu'Ahmadou va les combattre, ils n'osent résister, font leur soumission et ouvrent leur porte.

Ahmadou leur inflige une lourde amende et ils sont obligés, pour la payer, de lui abandonner tous leurs captifs et tous leurs troupeaux. L'honnête et gracieux sultan leur enlève ensuite leurs armes et jusqu'à leurs couteaux. Ce fait de guerre accompli, il continue son voyage par Ouosébougou et arrive, en février 1874, à Guigné, où il s'installe pour six mois.

Il organise cette ville comme elle l'est aujourd'hui et fait ce qu'il peut pour qu'elle devienne une importante place commerciale.

Il tient un grand palabre dans lequel, à l'instigation de marabouts maures du Maroc, il prend le titre d'*émir moumenin* (commandeur des Croyants), titre que portent les sultans de Fez et de Constantinople.

Les talibés voient cela avec déplaisir ; le peuple et les soldats, au contraire, acclament ce nouveau titre, qui ce traduit en poular par *Lamdo diulbé* (chef des musulmans). C'est le titre que l'on donne maintenant, au sultan du Ségou, dans toute la Sénégambie (1).

Après cela, le nouvel émir s'affilie et fait affilier ses frères à la célèbre confrérie des *Tedjedjena* (2), dont le berceau est en Algérie.

(1) Dans son numéro du 27 juin 1880, le *Moniteur du Sénégal* donne à l'émir Ahmadou le titre de cheikh. Cela est d'autant moins convenable qu'au Sénégal on donne le titre de *roi* aux princes arabes et maures, chefs de tribus, qui se donnent eux-mêmes celui de *cheikh*. Le général Brière de l'Isle, quand il était gouverneur au Sénégal, prenait, sans aucun droit, dans sa correspondance arabe, le titre d'*émir*. Or, ce titre est celui d'un homme qui commande de son autorité. Le titre qui conviendrait à un gouverneur est celui d'un khalif, c'est-à-dire l'homme qui exerce le pouvoir par délégation.

Ce ne sont que des nuances ; mais on ferait bien de les observer pour ne pas se rendre ridicules aux yeux des indigènes instruits de toutes ces choses et beaucoup plus nombreux qu'on ne le suppose. Avec ce titre pompeux d'émir, le gouverneur place son cachet au bas de ses lettres, sans paraître se douter que, suivant l'usage arabe, c'est un témoignage de respect accordé par l'inférieur au supérieur.

Médine, janvier 1881. P. S.

(2) PAUL SOLEILLET, *Exploration du Sahara central. — Avenir de la France*

Les maures marocains qui avaient poussé Ahmadou à prendre le titre d'émir étaient membres de cet ordre et envoyés au Soudan, par le moqqadam de la zaouia (1) de Fez, pour y faire des prosélytes.

L'émir veut donner la preuve qu'il est et veut être un souverain absolu. A cet effet, ayant réuni la population et l'armée, il annonce, sans avoir pris conseil de personne, qu'il a nommé :

Moult Aga, roi de Nioro ;

Sayedou, roi du Kaniarémé ;

Bassirou, roi de Kouniakary ;

Daye, roi de Diala ;

Nourou, roi du Diafounou ;

Ahmadou Moktar, principal agent de l'arrestation de Moktar et d'Abibou, roi de Farabougou.

Le bruit de toutes ces choses se répand dans la Sénégambie. Le nom d'émir exerce un grand prestige. Yamandi chef du Logo, qui a reçu, en 1857, à Sabouciré, el Hadji Omar, refuse de rester plus longtemps soumis à Sambala, roi du Khasso, et envoie à l'émir une ambassade pour lui faire sa soumission et lui demander à être reçu comme feudataire.

Les ambassadeurs remettent à l'émir un riche présent, fixent avec lui l'importance du tribut à payer par le Logo et conviennent que ce tribut sera porté, chaque année, à Bassirou, roi de Kouniakary, pour être envoyé par lui à l'émir.

A la fin de juillet, Ahmadou se remet en route pour Yamina.

Quand il se revoit sur le Niger, traînant à sa suite ses frères dont les uns sont rois par son bon plaisir et les autres ses prisonniers ; quand il contemple ses richesses qui dépassent de beaucoup celles de tous les souverains noirs, il se rappelle ce vieux pro-

---

en Afrique ; Imprimerie Nat. 1879. Voir p. 41, note 2, la description de la *Zaouia.*

(1) Paul Soleillet, *l'Afrique occidentale.* — *Algérie, mzab, Tildjkelt ;* Avignon, Seguin, 1877, voir pp. 47 et suivantes la curieuse histoire d'Aïn-Madhi et des Tedjedjena.

verbe : « Un roi ne peut, deux fois en sa vie, traverser le Djoli-ba ». Il dit alors, dans l'orgueil de son succès : « *Je suis le roi des rois, je soumets le Djoli-ba, et je le traverse quand je le veux !* » (1)

Les griots improvisent, sur ce thème, des chants avec lesquels on l'acclame partout et qui le précèdent à Ségou-Sikoro où il entre dans les premiers jours du mois d'août 1874, après une absence de trois ans.

En quittant Ségou, l'émir avait confié le gouvernement à l'un de ses frères, un tout jeune homme, Aguibou, dont il avait fait un véritable régent.

Aguibou montra de sérieuses qualités, se fit aimer, tenta plusieurs expéditions qui furent heureuses et amenèrent la soumission d'une centaines de villages. Il avait même recruté un millier de cavaliers et allait obtenir la soumission de Sansanding quand l'émir arriva.

Celui-ci entend avec dépit l'éloge de son frère, se prend à le haïr et résout sa perte. Les fêtes splendides que lui donne Sikoro le remplissent d'amertume, car elles sont organisées par Aguibou, témoignent de la prospérité de la ville et de la bonne administration du jeune prince. L'empressement des habitants à concourir à ces fêtes prouve qu'Aguibou est très populaire.

Les Diavandos, ces gens qui brouillent tout avec leur langue, fournissent à l'émir l'occasion qu'il souhaitait. Nous chantions, lui disent-ils : « *Ahmadou, fils de Cheikou, l'émir el moumenin, est le roi des rois ; il soumet le Djoli-ba* », et Aguibou nous a fait interdire ce chant.

L'émir est heureux d'avoir un prétexte pour perdre celui à qui il doit tant de reconnaissance. Cependant il joue l'indignation et ordonne de prendre à son frère tout ce qu'il a, de ne lui laisser qu'un seul cheval, une seule maison, sa femme légitime (fille d'un chef du Foutah Djallon), deux captifs et deux captives.

(1) L'émir va traverser le Niger pour la troisième fois. Il veut, dit-il, anéantir les Bambaras qui ont détruit Guigné l'année dernière.

Médine, janvier 1881. P. S.

Aguibou demande à le voir et n'est point reçu.

Depuis, il vit en simple particulier, et même assez pauvrement.

En arrivant, Abibou et Moktar, toujours aux fers, furent mis en prison pour leur vie. Le premier occupe dans son palais une case au milieu d'une petite cour séparée par un chemin de ronde du reste des bâtiments. Quatre hommes le gardent pendant le jour et seize pendant la nuit. Personne ne peut le voir, sauf un captif, prisonnier avec lui, qui vient à la porte chaque fois que l'on apporte les repas ou l'eau. Abibou use beaucoup d'eau parce qu'il aime à se baigner fréquemment. On voit, en dehors du tata, un ruisseau qui n'est alimenté que par les bains du prince.

On lui envoie trois bons repas par jour, quatre gourous tous les matins et, chaque mois, un vêtement complet ainsi composé :

Un *tolbé* (grand boubou de dessus), en étoffe fabriquée en Alsace et très lustré ;

Un *turqui* (petit boubou de dessous, chemise) en calicot blanc ;

Un *loubé* (grande culotte arabe) en calicot blanc ;

Un *coufouné* (petite calotte) en calicot blanc.

En outre, il reçoit, par an : deux paires de *mokkés* (babouches en cuir jaune), deux grandes *pagnes* (couvertures en coton), l'une légère et l'autre épaisse.

Depuis que ce prince est enfermé, il n'a vu que son captif et Samba N'diaye qui va deux fois par an, avec un maçon de confiance, faire réparer la case.

Abibou a pour meubles un tara, deux nattes, un grand coussin de cuir, deux grandes jarres pour l'eau, deux grandes callebasses pour se baigner et deux petites pour boire. Il n'a pas de couteau et ne peut faire du feu. Il est grand, bel homme, et laisse pousser sa barbe et ses cheveux, qui seraient très longs.

Lorsque Samba va réparer la case, en entrant et en sortant, il salue le prince ; celui-ci ne répond rien et fait comme s'il ne le voyait pas.

Moktar est traité de la même façon, avec cette différence qu'il a pour prison la maison d'Artisek, cuisinier de l'émir.

Quand Samba vient, deux fois l'an, ce prince répond à son salut, s'informe de sa santé et de celle de sa famille, lui donne un gourou et en partage un autre entre le maçon et son captif.

D'après la loi musulmane, Abibou est l'héritier présomptif de l'émir. Celui-ci veut faire passer la couronne à l'un de ses fils, et il en a neuf (1). Dès sa rentrée à Sikoro, il a fait de son aîné, qui doit avoir (en 1879) de 13 à 14 ans, une espèce de Dauphin, et ce jeune homme est officiellement reconnu pour héritier présomptif.

(1) Sans compter sept filles, qui sont mariées : deux à Zeidou Zelia, une à Abdoulaye Zelia, une à Oumarou Zelia (ce sont trois frères), une à Sada Bané, une à Tierno Abdoul Cadi, une à Bailla Cadi.

CHAPITRE XI

LES ROIS CRÉÉS PAR AHMADOU

Ahmadou envoie ses frères dans leurs royaumes. — Ils ne tiennent pas leurs promesses. — Défiances réciproques. — Comment Ahmadou traite les vieux serviteurs de son père. — Il informe le gouverneur du Sénégal de son changement de titre et de la soumission de Yamandi. — Nourou est chassé par ses sujets. — Il demande secours à Bassirou. — Moult Aga intervient. — Bassirou surprend Tambacara et en massacre les vieillards, les femmes et les enfants. — Il est battu par les gens du Diafounou. — Moult Aga intervient de nouveau et rétablit Nourou. — Bassirou est mécontent. — Il engage la guerre avec les Maures. — Moult Aga vient à son secours. — Triomphe et revers des alliés. — Nourou, encore chassé, est rétabli de nouveau.

Après les fêtes de Ségou, qui durèrent 15 jours, Ahmadou envoie Moult Aga, Daha, Sayedou, Bassirou, Daye, Nourou et Ahmad'hou Moktar prendre possession de leurs commandements. Il les réunit avant leur départ, leur recommande de vivre en paix, de se secourir mutuellement, de ne rien faire d'important sans prendre l'avis du Moult Aga qui doit être leur conseil, étant leur aîné. Il leur fait prendre l'engagement de venir le voir à Ségou une fois l'an. Tous ont pris cet engagement, mais jusqu'à présent (janvier 1881) aucun d'eux ne l'a tenu.

L'émir voit avec effroi que ses frères tendent à se rendre indépendants, et chaque année il les invite à remplir leur promesse. Eux croient que, s'ils allaient à Ségou, leur frère serait capable de les garder, et ils restent prudemment chez eux.

Au moment de leur départ, il donne à chacun d'eux une escorte d'une soixantaine de cavaliers et des lettres enjoignant à Moustapha, Assa Mady et autres captifs choisis par el Aguy pour administrer les royaumes de Nioro, Kouniakary et autres, de rentrer à Ségou. Ces vieux et dévoués serviteurs sont encore à Ségou et dans une situation misérable.

Par lettres confiées à Banirou Tambo, père de Samba Tambo, il informe le gouverneur du Sénégal de son changement de titre et de la soumission de Yamandi par suite de laquelle le Logo passe du royaume de Sambala dans l'empire du Ségou.

Les nouveaux rois sont bien accueillis de leurs sujets.

Moult Aga, un vrai marabout, lit et commente le Koran matin et soir, ce qui le fait surtout bien voir des talibés et des fidèles d'el Hadji.

Mais Nourou, le plus jeune, ne tarde pas à se brouiller avec ses sujets. Il veut les frapper d'impôts excessifs, exiger des cadeaux. Ceux-ci le mettent purement et simplement hors de chez eux avec son escorte de 60 cavaliers, sans lui faire l'honneur d'un seul coup de fusil.

Nourou se rend à Kouniakary, chez son frère Bassirou, lui raconte sa déconvenue, lui demande son concours pour ressaisir sa couronne et châtier ses sujets.

Bassirou, qui ne rêve que batailles et butin, est enchanté de l'occasion et promet à son frère de l'aider. Toutefois, pour obéir à l'émir, il faut prévenir Moult Aga de ce qui se passe. En attendant la réponse du roi de Nioro, Bassirou réunit son armée, demande à Yamandi un concours qui lui est accordé et sort de Kouniakary à la tête d'une petite armée.

Il reçoit à ce moment des lettres de Moult Aga lui disant : La guerre est une chose sérieuse, avant de l'entreprendre, il faut user de moyens pacifiques; attends.

Bassirou, furieux, s'écrie : « *Est-ce que Moult Aga s'imagine que je l'invite à manger un plat de couscous, qu'il me dit d'attendre !* (1) »

—————

(1) Le couscous se sert très chaud et il faut attendre, pour le manger, qu'il soit refroidi.

Le soir même il fait distribuer la poudre et les balles. Le lendemain, dès l'aube, il donne le signal du départ.

Les gens du Diafounou, en apprenant sa marche, se réunissent à Tambacara, leur capitale, et vont s'embusquer sur la route de Mounia, à un point où Bassirou doit passer. Mais celui-ci, bien servi par ses guides et par ses éclaireurs, tourne l'embuscade et tombe inopinément sur Tambacara.

Il n'y trouve que des vieillards, des femmes et des enfants et en fait un grand massacre.

Les gens du Diafounou, avertis par la fusillade, se forment sur trois colonnes, l'attaquent avec vigueur, le chassent du village, lui tuent plus de 300 hommes et lui en blessent un plus grand nombre.

Parmi les morts se trouve Tambo, qui revenait de Saint-Louis porteur de la réponse de M. Vallière, gouverneur, à la lettre de l'émir Ahmadou.

Bassirou, complètement battu, se retire à Mounia, où il reste deux jours pour rassembler les débris de son armée, puis retourne, tout penaud, à Kouniakary.

Moult Aga, en apprenant la défaite de ses frères, réunit une armée et se dirige, à petites journées, sur le Diafounou.

Les habitants de ce pays lui envoient une ambassade qui lui dit en substance : « Dans ce qui vient d'arriver, il n'y a pas de notre faute. Nourou et Bassirou sont des jeunes gens avec qui il est impossible de s'entendre. Le premier voulait nous charger d'impôts excessifs et nous ne lui avons fait aucun mal. Quant à Bassirou, nous avons été forcés de l'arrêter, autrement il aurait détruit tout dans notre pays. Nous sommes prêts à nous soumettre à tout ce que vous demanderez, persuadés qu'un homme comme vous, instruit, pieux et craignant Dieu, ne peut demander que des choses justes et légitimes. Nous nous mettons à votre merci ».

Moult Aga est très flatté d'un succès qui, dès le début, lui donne sur ses frères une supériorité incontestée.

Il dit donc aux gens du Diafounou qu'il leur faut, tout d'abord, reprendre Nourou pour roi, et lui donner les captifs de la couronne qui avaient déjà été remis à el Aguy. Il leur promet d'ailleurs que Nourou gouvernera suivant les lois et les usages. Toutes ces conditions sont acceptées.

Moult Aga fait venir Nourou et l'installe à Gouri. Il fait ensuite dire à Bassirou que la paix est faite et qu'il ait à licencier son armée.

Bassirou, furieux encore une fois, ne fait aucune réponse et s'enferme dans Kouniakary.

Pendant l'hivernage de 1876, Bassirou annonce son départ pour Ségou et sort de Kouniakary avec son escorte. A Marila, on vient lui dire que des maures venus de Sero ont pillé le village de Kolomé, distant de trois heures seulement de Kouniakary.

Bassirou, qui ne doute de rien, donne l'ordre à six cavaliers de poursuivre les pillards. Ces cavaliers rejoignent les pillards et veulent livrer bataille, mais l'un d'eux est tué d'un coup de fusil et les cinq autres prennent la fuite.

Bassirou rentre à Kouniakary et fait dire à Moribou, chef du Serro, que les maures viennent de chez lui et qu'il leur fasse rendre ce qu'ils ont pris. C'est impossible, répond Moribou. Que Bassirou vienne le reprendre s'il veut. D'ailleurs, puisqu'il est l'allié des gens du Logo, ses ennemis traditionnels, il est son ennemi, car *les ennemis de nos ennemis sont nos amis, et les amis de nos ennemis sont nos ennemis.* Du reste il ira à Nioro pour régler ses affaires avec Moult Aga.

Bassirou rassemble aussitôt son armée, demande le concours de Yamandi qui lui est encore accordé, prévient Moult Aga de ce qui se passe et part pour Serro.

Il attaque Serro avec la plus grande vigueur. Le combat dure deux jours et deux nuits. Bassirou, repoussé avec pertes, va camper à deux heures de Serro. Il y reste trois mois et livre plus de trente combats dont aucun n'est décisif.

Moult Aga se décide enfin à venir à son secours.

Les deux armées réunies s'emparent de Serro, mais Moribou

réussit à s'échapper avec ses enfants, ses frères et un assez grand nombre de ses partisans. Il va chez ses anciens amis du Diafounou, qui l'accueillent sans consulter Nourou et l'aident à se recomposer une armée.

Bassirou et Moult Aga se partagent le butin et un grand nombre de captifs trouvés à Serro et se mettent en route pour rentrer chez eux.

Moribou, qui est parvenu à réunir 700 cavaliers, va se mettre en embuscade sur la route de Nioro. Il laisse passer l'avant-garde et le gros de l'armée de Moult Aga ; mais quand arrive le convoi où se trouve le butin, il tombe dessus, s'en empare et revient dans le Diafounou d'où Nourou est renvoyé une seconde fois.

Moult Aga rentre à Nioro. Mais avant la fin de l'hivernage de cette année 1876 il réunit de nouveau son armée à celle de Bassirou. Les deux frères entrent dans le Diafounou et, après un combat de six heures, s'emparent de Tambacara.

Moribou y fut tué avec presque toute sa famille.

A la nuit tombante, les gens des autres villages du Diafounou viennent attaquer les vainqueurs. Le combat dure jusqu'au jour. Le lendemain, nouveau combat nocturne. Le matin du troisième jour, Moult Aga lance sur les environs de Gouri, où l'armée du Diafounou est dispersée, 2 000 cavaliers de Nioro et de Kounia-kary. Ces cavaliers subissent un terrible assaut, mais Moult Aga les fait appuyer par deux colonnes d'infanterie qui prennent l'ennemi en flanc.

Le combat dura de six heures du matin à six heures du soir et fut des plus meurtriers. Les Diafounous, non complètement battus mais fortement éprouvés, proposent aux vainqueurs une paix glorieuse. Ils payeront une amende considérable, rendront ce qu'ils ont pris, et reprendront encore pour roi le fameux Nourou.

Moult Aga et Bassirou se séparent au commencement de 1877, et depuis ce temps la paix règne dans ces régions.

L'émir Ahmadou, de son côté, continue de s'organiser, d'éloigner de plus en plus les hommes de son père, de devenir de plus en plus autoritaire.

QUATRIÈME PARTIE

SÉGOU-SIKORO

CHAPITRE Ier

ARRIVÉE A SÉGOU

En approchant de Ségou. — La description de Ségou par Mage. — En face de Ségou.
— Le plus jeune des Fils de l'émir. — Samba N'diaye. — Jupiter. — Décharge-
ment et enlèvement des bagages. — *Honneurs rendus au drapeau.* — Avantages de
Soleillet sur une mission militaire. — Soleillet chez Samba N'diaye.

Soleillet donne l'ordre à Yaguelli et à Souley de tirer des coups
de fusil, ce qu'ils font avec enthousiasme, jusqu'à l'arrivée à
Ségou-Sikoro. Des femmes, qui se trouvent sur les rives, répondent par de joyeux *youb ! youb !*

En arrivant, Soleillet fait descendre Yaguelli et gagne le milieu
du fleuve.

« J'ai avec moi, dit-il, le livre de Mage, et je reconnais avec
plaisir la parfaite exactitude du texte et des dessins. En m'aidant
de l'un et des autres, je reconnais, à gauche, la pointe des
Somonos, le marché, le palais d'Ahmadou qui s'élève dans la
direction de la tour et de la porte ; à droite et en dehors des
murailles, le quartier des Fouthoukais ».

La foule s'entasse de plus en plus devant les murailles et
presque dans l'eau. Des jeunes garçons et des jeunes filles nagent
curieusement autour de l'embarcation.

Yaguelli paraît et fait signe d'aborder. On approche et deux à
trois mille personnes accueillent par leurs cris le *toubab* européen.

Il s'entend souhaiter la bienvenue dans toutes les langues :
*Bonjour, monsieur ; bonjour, docteur, bonjour, commandant ; ça va
bien ? Dis donc ? merci ; bonsoir !* En anglais : *Attention ! steam !*

ahead ! handsomely ! all right ! En Woloff : *ia mangam badio, bas-seéram diam Toubak, dia medal.* Les Toucouleurs et les Foulbé lui disent : *Sadi gorré, iuselli Tierno, bandou madiam Toubak, diam lal.* Les Bambaras, les Mali-nké, les Khasso-nké, les Soni-nké crient : *Annisegue, iacouri, anicé, korré kakene, korom keradiam.* Quelques Maures et beaucoup de nègres s'écrient : *Seleam alekoun, mraba ou seleam.*

Cette foule est jaune, rouge, bleue, blanche. Elle crie et s'agite, moitié dans l'eau, moitié sur terre. Elle fait du bruit et du mouvement plus qu'on ne saurait le dire, et cela sous un soleil qui darde ses rayons perpendiculairement et donne aux choses de vifs contours, aux couleurs des tons qui sont inconnus ailleurs.

La première personne qui aborde la pirogue est une jeune femme chargée d'un bel enfant de six à sept ans qui pleure pour voir le *toubak*. Soleillet lui touche la main, l'embrasse et lui donne un morceau de sucre. Il a la tête nue et rasée, de grands yeux doux et vifs, la peau douce. Il est très propre et parfumé à l'eau de lavande. C'est le plus jeune des fils du sultan.

En arrivant au rivage, la foule presse tellement le bateau que parfois elle le soulève au-dessus de l'eau.

Soleillet est appelé par tout le monde et distribue à profusion les poignées de mains. Yaguelli est là en compagnie d'un vert vieillard que Soleillet reconnaît, d'après le portrait donné par Mage, pour Samba N'diaye, et qui lui crie : *Bonjour, monsieur. N'êtes-vous point trop fatigué du voyage. Le roi vous salue et me charge de vous dire qu'ici c'est pour vous comme si vous étiez à Saint-Louis. — Merci bien,* lui répond Soleillet. *Je vous connais, vous êtes Samba N'diaye. Vos amis du Sénégal vous font leurs compliments.* Samba s'avance dans l'eau jusqu'à l'embarcation et dit : « Le roi m'a » chargé de vous loger. Vous occuperez le logement de Mage et » Quintin. Nous allons faire descendre les bagages, mais il faut » attendre les troupes du roi qui vont venir POUR FAIRE HONNEUR » AU DRAPEAU ».

Samba est accompagné d'un vieux bambara, du nom de Jupiter,

qui, enfant, fut amené comme captif au Sénégal où il servit,
jusqu'en 1848, tantôt comme esclave dans les maisons, tantôt
comme mousse ou laptot sur les navires. De même que quelques
autres anciens captifs, affranchis par la loi de 1848, il crie :
Liberté ! mil huit cent quarante-huit ! merci ! Jupiter écorche un peu
le français. Il veut écarter la foule et lui lance les épithètes de
cochons, sales nègres, sauvages. Cela ne réussissant pas, il prend
des cordes, s'en fait un fouet, et frappe à droite et à gauche.

On commence le déchargement des bagages. Tout le monde
s'en mêle. Quand Soleillet voit ses effets pris par cent mains
différentes, sans personne pour surveiller, il s'attend à perdre
beaucoup de choses. A son grand étonnement, rien n'a manqué,
tout s'est retrouvé en tas dans la cour de Samba, dont les portes
restèrent grandes ouvertes pendant plus d'une heure.

A deux heures on entend une marche jouée par des instruments
à vent, des hautbois et des tamtams. Bientôt apparaissent sous la
porte de la ville huit noirs soufflant dans des cornes et six frappant
sur des tamtams. Vient ensuite un noir coiffé d'un énorme turban
en mousseline blanche dont un pan lui masque la moitié inférieure
du visage. Il est vêtu d'un boubou blanc, chaussé de bottes rouges
et ceint d'un gros cordon en soie cramoisie. Il porte en ban-
douillère d'autres cordons terminés par de gros flots et supportant
des poires à poudre, une giberne, un sac à balles, un très grand
sabre. Le cordon de ceinture ne supporte rien, mais il maintient
les autres, sauf celui du sabre, qui est simplement passé sur
l'épaule gauche. Ce nègre porte sur l'épaule droite une hache en
cuivre.

Derrière lui marchent quatre autres personnages accoutrés dans
le même goût. Le premier est un colonel ; les quatre autres des
commandants. Un régiment de softas de mille ou douze cents
hommes s'avance derrière eux. Le colonel commande la troupe
entière, les commandants chacun un quart. Il y a en outre des
chefs inférieurs qui commandent les uns à 100 hommes, les
autres à 10.

Le régiment défile devant le drapeau, que Jupiter tient à la main. Soleillet est debout à l'arrière de la pirogue ayant près de lui Yaguelli, Samba et Souley.

Les troupes vont se ranger sur deux rangs devant le mur, l'arme au bras. Elles n'ont pas d'uniforme, mais elles sont uniformément armées de fusils de munition européens à pierre en très bon état, munies de cornes à poudre et de sacs en peau à balles. Les officiers ont des sabres et des fusils de chasse doubles à pierre, à piston et même du système Lefaucheux.

Les musiciens se rangent devant les troupes et jouent toujours le même air, mais sur un mode beaucoup plus vif. Le colonel et les quatre commandants se placent en avant du régiment, face au drapeau qu'ils veulent honorer, puis exécutent une danse guerrière assez grotesque mais qui paraît charmer les danseurs, les soldats et les assistants.

La foule a été dispersée à droite et à gauche par le fouet à plusieurs branches des agents de police.

La danse terminée, les cinq chefs, toujours gambadant, déchargent leurs fusils, puis commandent une salve générale de mousqueterie, et la troupe rentre en ville.

Soleillet est de nouveau pressé par la foule. On lui amène un cheval. Samba N'diaye marche devant; Yaguelli est à droite, Souley à gauche, et Jupiter derrière avec le drapeau. Ce bel ordre dure tout juste une dizaine de pas. La petite troupe est dispersée. Soleillet se trouve seul au milieu d'une foule énorme qui le presse et braille en vingt langues différentes. Il éprouve une certaine émotion, mais il sourit, avançant peu à peu. Arrivé devant la maison de Samba, il voit les troupes rangées en bataillle. Jupiter arrive, le drapeau est encore salué : les couleurs françaises reçoivent ainsi tous les honneurs.

Arborer le drapeau français dans un pays qui n'a jamais vu de drapeau européen et lui faire rendre des honneurs qui sont un hommage à la France ! Soleillet crut avoir fait une belle chose, et plus d'un à sa place aurait eu la même illusion.

Le gouverneur du Sénégal a été d'avis contraire. Il sait maintenant que le moment n'est pas encore venu d'envoyer à Ségou des missions militaires.

Soleillet avait assez dit et redit que le passage par Kita et Bammako, à travers des contrées en révolte contre l'émir de Ségou, ne réussirait pas ; que l'émir regarderait comme ennemie une troupe venant par cette voie ; que les Bambaras ne laisseraient pas traverser leur territoire à des cadeaux destinés au sultan ; que la troupe engagée serait assez forte pour inspirer des défiances et trop faible pour résister à une attaque. On sait quel a été le sort de l'expédition partie de Saint-Louis en février 1880 et des braves officiers qui la commandaient. On sait que les Bambaras ont enlevé, avec tous les bagages, les 30 à 40 drapeaux que M. le capitaine Gallieni devait faire *dignement* saluer.

Il faut bien qu'on le sache. Soleillet avait sur une mission militaire un grand avantage.

La situation qu'il s'était faite lui permettait d'être aussi modeste qu'il le voulait et, à un moment donné, de prendre toute l'importance qu'il jugeait convenable. Un *taleb* (lettré) est chez les Musulmans un personnage important, si pauvre qu'il soit.

Or, Soleillet était taleb, et son train, bien que modeste, était convenable. Ses deux serviteurs étaient des hommes libres ; Souley était même marabout. Soleillet appartient à la classe civile et M. le gouverneur du Sénégal n'ignore pas que, pour *tous les indigènes* de la Sénégambie, le civil est supérieur à toutes les autres classes parce qu'il fait ce qu'il veut, s'habille comme il veut, et ne peut être puni *sans jugement*.

Quand eut pris fin la cérémonie qui fut si peu agréable à M. le gouverneur du Sénégal, Soleillet entra chez Samba N'diaye et le drapeau fut arboré sur la terrasse. Les amis de Samba viennent visiter le voyageur. A quatre heures et demie, celui-ci est prié d'assister aux fêtes de la fin du ramadan, qui durent ici cinq jours.

CHAPITRE II

Il traverse la ville par une large rue bordée de maisons dont quel-
ques-unes ont un étage. Hors des murs, se trouve une place de
1 200 à 1 500^m de côtés. C'est là qu'ont lieu les jeux, qui consistent en évolutions militaires faites par quatre régiments d'infanterie
de 1 200 à 2 000 hommes chacun. Chefs et soldats sont des
captifs connus sous le nom de *softas*. Chaque régiment est
commandé par un colonel, qui lui donne son nom, et marche au
son d'une musique particulière.

Le premier, celui de Mamou, a pour musique les *boufi baoussa*,
sortes de clarinettes ;

Le second, celui de Silla Makra, marche au son des *brou fella*,
cornes ;

Le troisième, celui de Kanibéné, a des *donons*, tamtams en
forme de tambourins ;

Le quatrième, celui de Barra, a des *dunka*, petits tamtams portés
sous le bras.

Outre les évolutions militaires, il y a les jeux des griots, des
courses, etc. La foule est énorme et tranquillement assise par
terre. Au milieu, circulent, sur d'assez beaux chevaux, couverts
de riches housses rouges et or, des hommes armés d'un fouet

vêtus de grands boubous lampas rouge et or, coiffés de sombreros pareils à ceux des *picadores* espagnols : ce sont les griots chargés de la police. D'autres sont à pied, plus ou moins richement vêtus. Plusieurs ont des boubous faits de deux tapis de table, à fond éclatant et brodés d'or ou d'argent. Ils portent de hauts bonnets en velours rouge, ponceau, violet ou bleu et toujours richement brodés.

Samba N'diaye marche en avant de Soleillet et lui fait faire place. Ils arrivent enfin près d'un groupe où se trouve un cheval très simplement harnaché, mais de toute beauté, de très haute taille et gardé par une vingtaine de femmes, corciguis de l'Emir. Ces femmes sont coiffées de bonnets grecs, très élevés, rouges, brodés d'or, avec de grands glands en or. Elles sont couvertes de vastes houppelandes rouges ornées de plaques d'or massif, ayant la forme d'un patère, et ces plaques réunies ont l'apparence d'une cuirasse. Elles ont à la main des cannes de tambour-major.

Un peu plus loin se trouve un géant noir : Yalli Amadi, chef des griots de l'Emir. Il est vêtu simplement, comme il convient à un chef. Il porte un caban en drap noir, sans broderies et doublé de flanelle rouge, dont le capuchon est retenu par des boutons placés sous le collet. Yalli Amadi l'a retiré, en a relevé les côtés en forme d'oreilles ce qui lui constitue une coiffure très originale. Il est Mali-nké. Sa bonne figure est ornée d'une royale large, épaisse, et terminée en pointe. Il tient un chapelet en perles noires et or alternant et porte en sautoir une écharpe de service d'officier anglais sur laquelle il a fixé deux plaques rondes émaillées qui paraissent avoir été des agrafes de ceinturon.

Il parle Ouolof et paraît très surpris que Soleillet ne le comprenne pas, mais il est charmé quand il apprend de Samba que ce voyageur vient de France. Samba dit à Soleillet de suivre Yalli, car c'est lui qui doit le présenter au roi.

Les trois hommes traversent le peloton des corciguis, puis trois rangs de soldats accroupis en demi-cercle et tenant leurs fusils hauts entre les jambes. L'Emir est assis dans le demi-cercle, sur

une peau de chèvre, les jambes croisées, ayant près de lui son
sabre, son chapelet et sa canne (1). Derrière lui, deux hommes tiennent des parapluies ; à sa gauche est Zeidou Zelia, qui est à la fois
son cousin germain, son gendre, son premier ministre et son
favori ; à sa droite, Abdoula Amadi, le *dioum foulou* (chef des
gardes), vieux noir captif qui se trouve ainsi l'un des plus importants personnages de l'Etat ; Abdoulahia, frère de Zelia et gendre
d'Ahmadou.

Dès que l'Emir aperçoit Soleillet, il lui sourit en lui tendant la
main. Soleillet, retirant son bonnet, le salue d'un *seleam alek ia
emir*, et lui serre la main. Sur son invitation, il s'assied près
de lui et remet son bonnet, Samba N'diaye est invité à s'asseoir
auprès de lui.

Ahmadou dit quelques mots à Yalli Amadi. Aussitôt les griots
s'agitent et tout le monde fait silence. Le sultan demande des
nouvelles de la santé de Soleillet, ce qu'il est, etc., et paraît
satisfait de la réponse. Il rappelle Yalli Amadi, lui donne un ordre
assez long et les griots parcourent la foule, s'arrêtent de temps en
temps, pour faire une espèce de proclamation.

Samba explique à Soleillet que, par le premier ordre, le sultan
a fait interrompre les jeux, et que, par le second, il fait crier par
les griots : *L'homme assis à mon côté est un français de France
(Toubak Tougal) ; il a des lettres du Gouverneur du Sénégal (Bou-
roum N'dar), mon ami Brière* (2).

(1) Cette canne est assez longue pour qu'il puisse s'appuyer dessus étant à
cheval. Elle est garnie en cuir et contient une grande épée. Elle vient de
l'Hadji Omar qui en a rapporté deux pareilles du Haoussa. Il a donné l'une
au sultan Ahmadou en le mettant à la tête du Ségou, l'autre à Tiani, son
neveu, qui commande au Macina. Tiani prétend même que la possession de
cette canne prouve qu'il est héritier légitime, comme Ahmadou, qui le
conteste, de la puissance de l'Hadji Omar.

Ahmadou ne quitte jamais cette canne, pour aucun motif. Quand il se
couche, elle lui sert d'épée de chevet.

(2) Il ne dit plus cela depuis qu'il sait que le gouverneur a reçu de la façon
la plus honorable et fêté sous le titre de fils des rois de Kita et de Bammako,

Un homme, le genou gauche en terre, tient à bras tendu un parapluie noir en laine avec pomme en terre cuite, pareil à ceux que les magasins de Paris vendent 4 fr. 95.

Ahmadou a le teint d'un rouge cuivré. Il serait fort bien s'il n'avait la lèvre supérieure lippue et les dents en parties gâtées. Le portrait donné par Mage en 1864 est exact, en tenant compte, bien entendu, qu'il paraît avoir 35 ans au lieu de 19 ou 20 et qu'il en a 45 au lieu de 30. Le petit bouquet est remplacé par un collier noir, soyeux, taillé en pointe et long de 25 centimètres. Il a surtout de fort beaux yeux et la main très fine ; il est grand, maigre et se tient avec beaucoup de dignité.

Ainsi que tous les fils de l'Hadji Omar, il passe pour n'avoir jamais besoin de cracher ni de se moucher (en tout cas, il ne le fait jamais en public) et pour pouvoir rester indéfiniment assis dans une complète immobilité.

Il est coiffé d'une calotte en calicot bleu clair sur laquelle une pagne noire fait trois tours et forme un petit turban. Un bout de pagne passe sous le menton. Il est vêtu du cafetan arabe de couleur café au lait, d'un turqui blanc et d'un grand tolbé bleu clair, de grandes culottes en calicot blanc. Il est chaussé de tamaks (bottes ou mieux bas) en cuir jaune brodé de soie.

des petits-cousins et des enfants des captifs des chefs de ces régions. On disait hautement, il est vrai, qu'avec leur concours, M. Gallieni était certain d'arriver sans encombre à Ségou ; qu'il fallait bien les traiter parce que la mission du Haut-Niger espérait beaucoup en eux. Il paraît en outre que l'émir a dans les mains des lettres écrites en arabe, prises dans les bagages du capitaine Gallieni, dans lesquelles le gouverneur aurait offert aux Bambaras de les aider à se débarrasser du sultan. Dans d'autres lettres, ce même gouverneur aurait proposé à l'émir son appui contre les Bambaras.

Depuis la destruction de Sabouciré, Ahmadou était froid pour le Sénégal. Il serait aujourd'hui ouvertement hostile. On a compromis une situation (habilement créée par le général Faidherbe) que nous devions conserver à tout prix.

Médine, janvier 1881.

PAUL SOLEILLET.

Quand les griots ont rempli la mission, dont il est parlé plus haut, les jeux recommencent.

Ce sont d'abord des évolutions militaires. Les régiments défilent derrière leurs colonels qui se dandinent et dansent au son de la musique. Après le défilé, ils se déploient, se forment en colonne, rompent les rangs et se reforment en cercle. Sur un signe, les soldats se couchent; sur un autre, ils se lèvent, marchent en rond, courent, s'arrêtent brusquement, mettent l'arme au pied, au bras, visent debout, à genoux. Tous ces mouvements sont exécutés non sans bruit mais sans confusion. C'est une armée bizarre, peu redoutable pour des européens, mais c'est une armée régulière dont les officiers français sauront un jour tirer parti.

Après ces exercices, les griots, hommes et femmes, viennent chanter et danser. Deux de leurs groupes méritent une mention particulière : les *Balla* et les *Koridjiouga*.

Les *Balla* viennent du Foutah-Djallon. Ils portent des soutanelles noires ornées de cols et de parements rouges.

L'un est coiffé d'une perruque à la Louis XIV en crin de cheval teint en rouge; l'autre a la tête nue et rasée. Ils portent au col un instrument sur lequel ils frappent et qui rend des sons d'harmonica.

Ils s'arrêtent devant le roi, et jouent de leurs instruments en faisant des gestes de clown.

Les *Koridjiouga* sont au nombre de cinq. Quatre sont vêtus de filets qui portent, à l'intersection de chaque maille, une baguette de roseau longue de 8 à 10 centimètres. Leur chapeau est fait de même. Ils sont armés d'une courge pleine de cailloux avec laquelle ils frappent sur de grands tamtams.

Le cinquième a pour tout vêtement un large pantalon blanc et un bonnet en peau de chèvre orné d'oreilles d'âne. Il tient à la main deux longues calebasses et en a une troisième dans son pantalon.

Les Koridjiouga viennent se placer devant le sultan. Les quatre musiciens frappent sur leurs tamtams et l'agitent. Leurs vêtements font un bruit de castagnettes. Le cinquième, l'homme au bonnet d'âne, saute, fait des gambades et des pirouettes en agitant ses callebasses. Il vient ensuite se placer devant le sultan et prenant à deux mains sa culotte, il fait, avec sa courge sous le nez d'Ahmadou, des gestes grossiers qui le font rire aux éclats.

Ahmadou demande enfin son cheval. Ses corciguis l'entourent et chacun rentre chez soi, les colonels toujours dansant au son de la musique.

CHAPITRE III

Mercredi 2 octobre 1878. — Toute la journée se passe à recevoir des visites des gens de l'émir et naturellement à faire des cadeaux. Samba vient causer avec Soleillet. Il est intelligent, doué d'une mémoire prodigieuse ; il aime à conter, paraît heureux d'être écouté, surtout de voir prendre des notes. C'est une mine à exploiter au point de vue de l'histoire et des mœurs.

Jeudi 3 octobre. — La nuit est étoilée. La température de la journée varie entre 26°7′ et 29°1′.

Le matin, Samba N'diaye montre à Soleillet un toutou, animal de la grosseur d'un chat ordinaire qui a la physionomie et les mœurs des rats. Il pénètre partout, au moyen de galeries qu'il creuse dans le sol, et commet de grands dégâts.

A dix heures du matin, le chef des griots vient avec deux griots me présenter les cadeaux de l'émir : un bœuf, deux moutons, une calebasse de miel, une barre de sel, cinq cents gourous, quarante mille cauris. L'émir me fait dire en outre que matin et soir on me fournira du lait de sa maison.

Yalli Amadi est un trop grand personnage pour se donner la

peine de parler, surtout dans la cour de Samba, qui est pleine de monde. Il dit seulement, à voix basse, quelques mots que les autres répètent à pleine voix, et ainsi est publié, phrase à phrase, le discours que ce griot fait à Soleillet au nom de l'Emir.

Ce discours peut se résumer ainsi : « Compliments. Dans cette portion de l'Afrique, comme le voyageur français a pu le voir, il n'y a que deux chefs : l'Emir Ahmadou et le gouverneur du Sénégal. Dans tous les pays où règne l'Emir, Soleillet peut se considérer comme à Saint-Louis. L'Emir lui envoie les choses dont il a besoin et veillera à ce qu'il ne manque de rien. Quand Soleillet voudra voir l'Emir, il sera toujours le bien venu ».

Soleillet répond. « Je remercie beaucoup l'Emir. Je savais que » dans ses états je serais aussi en sûreté qu'à Saint-Louis. D'ail- » leurs nous sommes partout dans la main de Dieu. Je suis » heureux de l'autorisation que me donne l'Emir et je vais me » rendre immédiatement auprès de lui ».

En effet, à onze heures, il se met en route avec Samba N'diaye. Une petite pluie, qui se transforme en ondée, l'oblige à chercher un abri dans une porte et ce n'est qu'à midi qu'ils arrivent au palais.

Ce palais est encore tel qu'il fut décrit par Mage (1). Une muraille haute de 6 mètres, avec des tours aux angles et sur le milieu des fronts, et gardée par des factionnaires, esclaves bam- baras. Ces factionnaires sont parfois des enfants, incapables de résister ; mais on sait qu'ils ont une consigne et le plus fier Toucouleur s'arrête devant lui. La première porte franchie, on en trouve une seconde, puis une antichambre longue de 20 mètres, large de 10, haute de 3, sombre, dont la toiture en chaume est soutenue par d'énormes piliers peints en jaune d'ocre. Le sol est couvert d'un sable fin. L'Emir est accroupi sur une natte très fine et couverte d'une peau de chèvre. Il porte le costume déjà décrit, moins le turban. Il a devant lui son koran et sur son koran son

(1) MAGE, *op. cit.*, p. 210.

sabre. A côté sont ses souliers, à sa droite est sa canne-sceptre. Autour de lui, une vingtaine de personnages sont accroupis sur le sable.

Soleillet le salue en arabe en lui serrant la main. Suivant l'usage français, il garde ses bottes et retire son bonnet. Il s'assied ensuite, comme les autres, sur le sable, Samba N'diaye se place près de lui, sur un signe de l'Emir, et par l'intermédiaire de Samba, car l'Emir parle poular, la conversation s'engage ainsi :

Ahmadou. — Etes-vous bien reposé de vos fatigues.

Soleillet. — Je vous remercie : je suis très bien et tout heureux de vous voir.

A. — C'est certainement une preuve de grande confiance que vous nous avez donnée en venant ainsi, seul et sans armes, de votre pays ici. Je crois qu'aucun blanc ne l'a fait.

S. — En 1796, il y a 82 ans, un blanc est également venu seul ici. Il se nommait Mungo Park. On doit se souvenir de lui à Ségou.

Ici tout le monde se met à causer et Samba m'explique que je dis vrai, que les griots ont conservé des chants sur ce voyageur, qui avait une grande barbe et un chapeau.

L'Emir reprend :

— N'avez-vous pas eu peur pour venir ici ?

S. — Non, car partout nous sommes dans la main de Dieu. Salomon, dans toute sa gloire, Alexandre, dans toute sa puissance, n'ont jamais pu toucher à un seul cheveu du moindre des captifs sans la permission de Dieu.

Lorsque cette réponse fut traduite par Samba, un murmure approbateur parcourut l'assemblée.

A. — Connaissez-vous les canons ?

S. — Non, je suis un *taleb* (lettré). L'encre a souvent taché mes doigts ; la poudre les a rarement salis.

Après cette réponse Soleillet entend de tous côtés les mots : *Tierno* (marabout), *Toubak* (européen).

A. — Vous avez pour moi une lettre du gouverneur ?

S. — Oui. — Je suis aussi chargé de vous remettre en son nom un fusil. J'ai apporté aussi un cadeau, qui sera peu pour vous, mais qui témoignera de mon désir de vous être agréable.

Soleillet remet la lettre et le fusil du gouverneur et présente en son nom une belle filière de corail et trois grosses boules d'ambre.

L'Emir prend la lettre, la place dans son Koran et donne aux griots les objets à déballer. Pendant ce temps la conversation reprend.

A. — On a dit que Mage était mort. Et le docteur (M. Quintin) vit-il encore ?

S. — Mage est mort, mais le docteur va bien.

On apporte les objets déballés et l'Emir dit à Samba : « Dis au *Toubak* de s'en aller », ce que celui-ci traduit poliment par : « Le Roi demande si vous n'avez besoin de rien ».

Soleillet, qui avait compris, se lève, dit à Samba de remercier l'Emir, salue S. M. à la façon arabe et touche la main qu'elle lui tend.

Samba sort du palais avec Soleillet, mais il y rentre et le voyageur retourne à sa demeure avec Yaguelli.

Depuis l'année dernière, Ahmadou a fait revenir sa mère de Dinguiray. Il passe des journées entières avec elle, la transforme en vraie Validé (1). Soleillet envoie à cette princesse un cadeau de parfumerie et d'étoffes. Elle l'en fait immédiatement remercier et lui envoie des gourous.

(1) Les hommes du Soudan occidental ont pour leurs mères la plus vive affection. Un homme, riche ou pauvre, se croirait deshonoré, s'il n'avait pas avec lui sa mère pour l'entourer de prévenances, de respect et faire tout le possible pour la rendre heureuse.

Ahmadou aurait bien voulu châtier son frère Abibou, chef de Dinguiray, mais Abibou avait en son pouvoir Fatma, mère d'Ahmadou, et ne craignait rien. L'émir, arrivé au pouvoir, se hâta d'entamer des négociations avec son frère, et fit, pour avoir sa mère, les plus grands sacrifices. (Voir PIETRI, *les Français au Niger, voyages et combats*, Paris, Hachette, 1885, pp. 104 et seq. — GALLIENI, *Voyage au Soudan Français, Haut-Niger et pays du Ségou*, 1879-81 ; Paris, Hachette, 1885, pp. 421, 422).

En rentrant, Soleillet ne peut retirer ses bottes qu'avec la plus grande peine parce qu'elles sont imbibées d'eau. Les plaies de ses jambes et de ses pieds, qui étaient cicatrisées, se rouvrent, et il est obligé de rester nu-jambes et nu-pieds.

Samba revient sur les deux heures et paraît très satisfait : l'Emir et son entourage sont contents de Soleillet qui est accepté comme *taleb* et reçoit définitivement le nom de *Tierno Toubak*. L'Emir trouve qu'il a la figure arabe et a beaucoup admiré sa très longue barbe.

Soleillet fait tuer le bœuf et les deux moutons, donne de la viande à toute la maison, aux voisins amis de Samba et aux pauvres. Il remet aussi à Samba les 40 000 cauris et la moitié de la barre de sel. Il garde le miel et les gourous, qui sont alors très chers à Ségou, pour en offrir à ceux qui viendront le voir.

Vendredi 4 octobre. — Soleillet a les pieds et les jambes enflés jusqu'aux genoux et ne peut se tenir debout sans douleur.

Les corciguis et les femmes qui servent l'Emir viennent le voir. Il donne à chacune d'elles une petite glace carrée garnie en cuivre doré et un petit flacon d'odeur. Elles paraissent contentes.

Sur les deux heures, Demba arrive avec la mule et les ânes. La mule est attachée dans la cour de Samba et les ânes sont envoyés dans les villages, chez ses captifs.

A trois heures, Soleillet a la fièvre. Souley et Samba le massent.

Samedi 5 octobre. — Soleillet donne à Demba, en marchandises diverses, la valeur du nombre de pièces de guinée convenu à Bakel. Il va pouvoir les transformer en cauris.

Dimanche 6 octobre. — La première partie de la nuit a été pluvieuse et la seconde étoilée.

Soleillet sort, malgré ses maux de jambes. Sur une place, il voit de laides femmes griotes qui dansent au son d'une musique composée d'un triangle et d'un instrument à clavier dont les marteaux frappent sur des calebasses et donnent des sons assez agréables.

Demba revient furieux. Il est allé au marché pour vendre ses marchandises et les griots l'en ont empêché par leurs chants. Cela doit durer, paraît-il, jusqu'à ce qu'il leur ai fait un cadeau, et plus il tardera, plus ils seront exigeants.

Personne, pas même l'Emir, ne peut s'opposer aux griots. Ils ont le droit de débiter leurs chants où ils veulent et d'y dire ce qu'ils veulent. Quand ils disent du mal de quelqu'un, ils ne mentent jamais ; quand ils louent, ils tombent facilement dans l'exagération. Tout le monde, depuis l'Emir jusqu'au dernier des captifs, les craint et désire être bien avec eux ; tout le monde achète, par des cadeaux, leurs louanges ou leur silence.

Une vieille femme sait un chant composé contre l'Emir par les frondeurs de Nioro : elle n'a qu'à se placer devant lui en faisant mine de vouloir chanter pour qu'il lui donne tout ce qu'elle veut.

Les griots qui amusent la population par leurs chants et leurs danses se croient le droit de percevoir un impôt sur tout le monde : Soleillet l'a payé, on le réclame à Demba. Les griots et les griotes ont toutes les maisons ouvertes. Ils sont courtiers en mariages et proxenètes. Leur vie est heureuse, mais ils sont privés des honneurs de la sépulture et leurs cadavres sont placés dans des arbres creux. Contrairement à ce que l'on pourrait croire, leurs femmes et leurs filles ont des mœurs régulières.

Lundi 7 octobre. — Yaguelli a emporté de Saint-Louis quelques marchandises. Il vend 10 000 cauris une bouteille d'odeur qu'il a payée 3 fr. 50 à Saint-Louis et qui vaut 1 franc en fabrique. Il achète pour 4 000 cauris une pagne (en yoloff, *tamba sembé*, en poular, *dissa*) qui vaut 20 francs à Saint-Louis. Ainsi, un objet qui vaut 1 franc en Europe est vendu 50 francs à Ségou.

Ces prix ont pour cause la difficulté des communications. Ces difficultés surmontées, la bouteille d'odeur que l'on achètera 1 fr. 50 à Saint-Louis sera vendue 3 fr. 50 à Ségou, mais, au lieu d'une bouteille on en vendra 500.

Mardi 8 octobre. — Samba, qui a vendu toutes ses marchandises et rempli de cauris un sac à distribution, amène à Soleillet une fille de 16 à 17. « Je suis votre captif », lui dit-il, « et je ne veux pas l'acheter si ce n'est votre bon plaisir ». — « Si j'étais le maître », répond le voyageur, « on ne vendrait personne ». Samba l'achète 130 000 cauris. Il paraît que c'est très cher, mais la jeune fille est très bien et garantie vierge.

Compter 130 000 petites coquilles c'est toute une affaire, mais deux femmes dont c'est le métier s'en chargent et le font en moins d'une heure.

A deux heures, Soleillet reçoit la visite d'Aguibou, frère de l'émir. Il est d'un noir très foncé, laid de figure, sans aucun des traits des autres fils de Cheikou. Il a l'air très intelligent. Il est disgracié pour des faits que nous avons racontés plus haut. Ahmadou a dit : « Moi vivant, il ne sera jamais qu'un simple particulier pauvre ».

Depuis 1876, date de la mort de Seydou, frère germain d'Aguibou, Dingraye est restée sans chef. Une coalition s'est formée ayant à sa tête le beau-père d'Aguibou, et les habitants ont signifié à l'émir qu'ils voulaient pour chef Aguibou, et pas d'autre. Sur le conseil de Zeidou Zelia, l'émir a cédé et nommé Aguibou chef de Dingraye. Il pouvait craindre d'ailleurs de perdre ce pays par une plus longue résistance.

Aguibou pose à Soleillet, sur la France et le Sénégal, des questions qui indiquent un homme sérieux et réfléchi.

Quand il se retire, Soleillet donne pour lui, au captif qui le suit, deux flacons d'eau de lavande. Le prince se retourne pour remercier.

CHAPITRE IV

SÉJOUR A SÉGOU *(suite)*

Mercredi 9 octobre. — Un des principaux officiers de Cheikou, Sirey-Eliman (1), prince toucouleur, vient voir Soleillet.

Une grande négresse âgée, qui porte beaucoup d'or et le costume de Saint-Louis, dit au voyageur : *Bonjour, monsieur Soleillet. Ça va bien ? merci !* lui fait la révérence et continue la conversation en yoloff. C'est la princesse Marie Ken, sœur de père et de mère du lam Toro Samba Oumané. Elle est française et fait savoir qu'en cette qualité c'est à elle que revient l'honneur de prendre soin du linge de Soleillet. Une captive qui lui sert de suivante place le linge sale dans une calebasse qu'elle avait apportée à cet effet. En partant, elle recommande à Soleillet d'aller la voir, et celui-ci écrit gaiement sur son carnet : « J'ai eu pour blanchisseuses des

(1) *Eliman* est un titre qui équivaut à celui de Bey.

» reines et des princesses ! Comment ne serais-je pas fier ? On le
» serait à moins ».

Jeudi 10 octobre. — Ce matin, Samba N'diaye a essayé de
convertir Soleillet au mahométisme. Ce devait être bien tentant,
car Samba assurait que l'émir lui donnerait des femmes, des maisons, des chevaux, de l'or, des captifs, tout ce qui peut faire le
bonheur d'un bon musulman.

Le soir Soleillet va se promener avec Yaguelli au village des
Somonos situé à l'est de la ville. Ils s'y rendent en suivant le bord
du fleuve. Avant de rentrer, ils vont voir la sœur du lam Toro.
Elle a une maison très grande et fort belle. Elle doit être riche, à
en juger par l'or qu'elle porte sur elle, car à Ségou les femmes
libres portent rarement de l'or, l'émir ayant l'habitude de s'en
emparer sous le plus léger prétexte et de n'en laisser porter qu'à
ses captives et aux captives de ses favoris. Cette femme doit certainement à son titre de princesse du Toro d'avoir pu conserver
ses parures, et cependant, dit Soleillet : « Elle est ma blanchisseuse ! »

A la suite de cette promenade, Soleillet a de nouveau les pieds
et les jambes enflés. Il lui faut se résigner à garder la chambre
pendant quelques jours.

Vendredi 11 octobre. — Des captives de l'émir lui rendent visite.
Elles sont couvertes de plaques d'or. Il leur a déjà fait des cadeaux.
Elles viennent voir s'il est disposé à les renouveler. Il les remercie
de l'honneur qu'elles lui font et les assure qu'il les recevra
toujours avec plaisir. Cette gracieuse réponse paraît peu de leur
goût.

Samedi 12 octobre. — La température, qui n'a pas varié sensiblement depuis l'arrivée de Soleillet, s'élève un peu. Le thermomètre accuse à deux heures + 30°4′, à six heures + 29°9′.

Un Poulo, reconnu pour être du Macina, est décapité et son
cadavre est exposé sur la place du marché.

Soleillet dit à Yaguelli et à Samba de lui procurer la tête du
supplicié. Il ne peut même pas obtenir d'eux qu'ils en parlent.

Dimanche 13 octobre. — Visite au vieil Ali Bo, chef des captifs de l'émir.

Lundi 14 à vendredi 18 octobre. — Le thermomètre varie de + 26°9′ à + 30°1′. Les nuits sont parfois pénibles.

Samedi 19 octobre. — Le Tamsir (chef de la religion musulmane à Ségou) souffre de l'estomac et ne peut plus digérer. Depuis une dizaine de jours, un captif vient chaque matin chercher le remède du Tamsir ; une infusion de copeaux de *cassia amara*. Cela produit d'excellents effets puisque cet important personnage vient remercier Soleillet et lui dire qu'aucun remède ne lui a fait autant de bien. Le Tamsir est un bel homme, aux traits fins et réguliers, à peau rouge et yeux expressifs. Il se nomme Tierno Adoul Cadi, est gendre de l'émir et porte une épée de médecin de marine.

Dimanche 20 octobre. — A deux heures, Demba part avec le courrier de Soleillet. Il aura une bonne gratification s'il arrive à Saint-Louis dans l'espace de deux mois, et une punition s'il arrive en retard d'un jour. Il y a dans le courrier une lettre adressée au gouverneur dans laquelle Soleillet demande pour Yaguelli la médaille militaire. Yaguelli, qui n'était, au départ de Saint-Louis, qu'un serviteur, est devenu, par son intelligence et sa fidélité, un ami. Soldat, il devait être récompensé en soldat. Il a été fait droit à la demande de Soleillet.

Dimanche 27 octobre. — Dans la matinée, un mali-nké vient trouver Soleillet. Il assure qu'il est ami des blancs, ayant été élevé avec les anglais de la Gambie, que Soleillet est un chef blanc et doit être son protecteur. Celui-ci répond qu'il n'est pas chef, mais simple taleb, et qu'il ne saurait protéger personne. « Cela ne fait rien, répond le mali-nké, il faut que vous connaissiez mon affaire. Il y a un an, je suis venu ici avec un âne chargé de marchandises de la valeur de cinq captifs. Un talibé du nom de Baraïm m'a dit de lui laisser mes marchandises, de rentrer chez moi et qu'à mon retour j'aurais les cinq captifs. Je suis ici depuis un mois. Baraïm a l'air de ne pas me connaître et fait la sourde oreille quand je lui parle ». — Je ne puis rien à cela, répond Soleillet. Je ne suis rien ici, pas plus qu'en France ». — « Demain, réplique le mali-nké, j'irai me plaindre à l'émir ».

Lundi 28 octobre. — L'émir a été informé que Soleillet a vu des malades, qu'il a guéri les uns et soulagé les autres. Il lui fait donc dire par Yalli Amadi, chef des captifs, qu'il y a d'autres malades et le prie de les guérir tous. « Grâce à Dieu, répond le voyageur, j'ai des remèdes et j'en donne à tous ceux qui viennent le matin ; mais la santé est entre les mains de Dieu et il la donne à qui il veut ».

Sur les cinq heures le captif de Samba chez qui sont les ânes vient avec la queue de l'un d'eux, ce qui veut dire que la pauvre bête est morte.

Mardi 29 octobre. — On apporte la queue d'un second âne.

Le soir, Soleillet et Samba ont une très intéressante conversation sur la navigabilité du Niger.

D'après Samba, le fleuve n'est navigable qu'après Koulikoro. Entre ce point et Bammako se trouveraient des roches que les pirogues légères peuvent franchir aux hautes eaux, mais qui restent impraticables pour les chalands et les grandes pirogues. A partir de Koulikoro, on peut naviguer jusque bien au-delà de Timbouktou, probablement jusqu'aux chutes de Boussa. Il dit en outre qu'en suivant la rive gauche du fleuve on peut aller jusqu'en Égypte. Samba parle ensuite du Bouré et de ses mines d'or. Les habitants et leurs captifs ne feraient que ramasser de l'or. Ils payeraient avec de l'or leurs armes, leurs vêtements, leur nourriture, et même des objets de peu de valeur. Ce serait un véritable Eldorado. Bien que le pays soit réellement riche en or, il faut beaucoup rabattre de ce que dit Samba.

L'or qui se trouve dans les alluvions du fleuve est recueilli par les femmes et les enfants. Ils sont munis de sebilles en bois qu'ils remplissent moitié de terre ou de sable aurifère et moitié d'eau. Ils mêlent le tout en donnant à la sebille un mouvement giratoire, et en la tenant un peu inclinée. L'eau s'échappe ainsi peu à peu avec la terre et l'or pur reste au fond du vase.

Les hommes s'attaquent aux placers, forent des puits et des galeries et découvrent souvent d'assez gros morceaux d'or.

Tous les gens du Bouré portent à la ceinture une corne de chèvre qui contient leur or. On assure qu'ils trouvent le précieux métal jusque dans la poussière de leurs chemins. Cela paraît imaginaire. Il est certain toutefois que l'or est assez commun pour que les habitants ne le pèsent pas et se contentent, pour en apprécier le poids, de s'en verser dans la main.

Il y a, dans le Bouré, peu de Musulmans, encore ne sont-ils Musulmans que de nom. Leur religion se réduit au culte des ancêtres. Ce culte serait admirable s'il n'était mêlé de superstitions. Près de chaque village se trouve un bois sacré où les âmes des morts s'établissent tantôt dans un arbre touffu, tantôt dans un nid de termites.

A la nouvelle lune et dans certaines circonstances, on va sacrifier, danser et chanter en leur honneur. Si les vivants oubliaient ces cérémonies, les morts les en puniraient.

Si un mineur est enseveli dans un éboulement, ce qui est assez fréquent, on ne fait rien pour le dégager. Le puits devient la propriété de sa famille. Un an après l'accident, on l'ouvre et si le mort était un brave homme, on trouve autour de lui beaucoup d'or que son âme a ramassé pour sa famille.

Les gens du Bouré croient à un Être supérieur qui a sous ses ordres de bons et de mauvais esprits. Ils font des sacrifices aux premiers pour se les rendre favorables, et pendent aux arbres des chiffons et des ficelles pour se garantir des autres.

Le Bouré était soumis à l'Hadji Omar et lui payait un tribut annuel de 10 000 gros d'or. Il ne le paye plus depuis que l'émir est allé à Nioro. On assure cependant qu'il doit envoyer, cette année, une ambassade à Ségou.

Sur les onze heures, au moment où Soleillet venait de s'endormir, il est réveillé par un cri strident parti de la galerie. Il allume une bougie et voit Souley, le boubou relevé, les cuisses remplies de sang, qui entre dans sa chambre en faisant les contorsions d'un homme qui souffre cruellement. Un toutou a failli lui interdire à tout jamais les douceurs de la paternité !

Soleillet appelle Yaguelli pour le panser.

Il y a des nuits où l'on ne saurait être tranquille. Soleillet est à peine étendu sur son tara que Samba traverse sa chambre et va crier dans la cour. Il rallume sa bougie, et quand Samba rentre, il lui demande la cause de ses cris. « Une de mes femmes va accoucher », répond le bonhomme ; « j'ai appelé une voisine pour » qu'elle l'aide et prévienne la sage-femme ». — « Samba », lui dit Soleillet, « vous allez avoir un fils (1) ; comment l'appellerez-» vous ? » — « Si j'ai le bonheur d'avoir un fils, il portera le » nom de mon père. Je viendrai vous le dire dès que je le » saurai ».

Environ une heure après, alors que Soleillet fumait sa pipe, Samba revient radieux, annonce qu'il a un fils et que ce fils s'appellera Ousman Boun Affan.

Soleillet profite de l'occasion pour le faire causer sur sa famille ; Samba en profite aussi pour prêcher à Soleillet les beautés de l'Islam et lui conter cette histoire :

« De 1830 à 1832, au commencement du règne du roi Philippe, » il y avait à Saint-Louis un maître d'école nommé Espina qui » était lié avec des noirs musulmans et des marabouts. Il appre-» nait l'arabe et lisait le koran. Un jour il fut surpris par ses » élèves faisant le salam dans sa chambre. Ceux-ci le dirent dans » la ville et les blancs se moquèrent de lui. Il vendit tout ce qu'il » avait, acheta quatre chameaux et dit qu'il partait pour la Mekke. » Depuis, on n'a plus entendu parler de lui ».

Soleillet croit, tout d'abord, qu'il s'agit de René Caillié ; mais d'après les explications de Samba, il s'agirait d'une autre personne.

______

(1) Soleillet se faisait prophète à bon marché : Souley était vieux, sa femme était jeune et presque toujours, dans ces conditions, les unions donnent des garçons.

Enfin Samba s'en va et Soleillet fait son possible pour dormir.

Mercredi 30 octobre. — Le matin, en allant au marché, Yaguelli a vu couper la tête à trois hommes, et, suivant l'usage, les corps sont exposés près du marché. Il a reconnu le corps du Mali-nké qui était venu voir Soleillet le 27. Soleillet va aux informations auprès de Samba. Voici ce qu'il apprend : le Mali-nké a fait sa plainte à l'émir le 28. Celui-ci lui promet de voir Baraïm et l'invite à venir le surlendemain. Le 29, Baraïm, mandé par l'émir, ne nie pas la dette, mais il déclare que le Mali-nké est un *kéfir* (infidèle).

L'émir permet aux *kafir* et aux marchands de gourous de séjourner à Guigné, mais il leur ferme absolument le reste de l'empire. Ahmadou laisse volontiers en paix les voleurs et les assassins, mais un infidèle, oh ! non : de quel œil Allah verrait-il un pays souillé par sa présence ? Il répond donc à l'honnête Baraïm : c'est bien, nous le punirons. Ce matin, quand le Mali-nké s'est présenté à l'émir, sa dévote Majesté a fait venir Moktar et lui a dit : « Voilà un homme qui a soif ! » Moktar emmène le Mali-nké et deux autres *kafir* et fait tomber les trois têtes sur la place du marché.

Moktar a remplacé *Artisek,* le cuisinier royal dont parle Mage, comme exécuteur des hautes œuvres. Moktar cumule : à l'emploi de bourreau, il réunit plusieurs fonctions de confiance ; il remplace les cordons des chapelets de l'émir ; il bat de la *tabala* (grand tambour) devant Sa Majesté quand elle sort ; il lui fait chaque jour un *coufouné* (bonnet) et lui rase la tête tous les vendredis (1).

Cet « homme de têtes » honore tous les jours Soleillet de sa visite, daigne manger ses colas et lui faire des coufounés qui d'ailleurs sont taillés admirablement et cousus d'une façon merveilleuse, à ce que disent les dames qui les ont vus. Avec tout cela, Moktar est un grand et beau noir, à figure douce, et doit être d'une force herculéenne. Pour couper les têtes, il se sert d'une lame de sabre d'officier d'infanterie de France.

(1) Tous les matins, l'émir met un vêtement complet neuf. Tous les vendredis il prend des chaussures neuves et un turban noir qu'il ne met que ce jour-là.

CHAPITRE V

Jeudi 31 octobre. — Yaguelli, qui se plaint depuis quelques
jours, a un accès de fièvre et le délire. Soleillet lui pose deux
rigolos trempés dans du vinaigre, lui administre une forte dose de
quinine, lui met de l'eau fraîche sur la tête et dans le creux de
l'estomac parce qu'il vomit. Sur le minuit, l'accès est passé, il
s'endort et Soleillet rentre chez lui.

« Voilà », écrit-il, un mois de passé à Ségou-Sikoro ! Comment
ai-je vécu ? Qu'ai-je fait pendant ce mois.

» Il ne m'a point paru long. Si ce n'était la pensée des miens,
de ma femme, de mon enfant, de ma mère, dont je suis sans
nouvelles depuis Kouniakary, je n'aurais pas eu un moment
d'ennui ou de tristesse.

» Mon logement est ce qu'il était au temps de Mage, qui en a
donné le plan. Ma chambre est grande et propre, mais un peu
humide, car, selon l'usage bambara, elle est en contre-bas du
sol. Elle est meublée d'un tara recouvert d'une natte, de mon
tapis, d'une pagne, d'un coussin de peau. Tout cela me fait un

bon lit. Une cantine, laissée par Mage, me sert de table. Devant
le lit est une peau de chèvre et, à côté, un tabouret du pays
adossé à un pilier. Dans un coin, j'ai un grand vase en terre
rouge plein d'eau. Mes effets sont pendus aux murs et aux piliers.
Les portes de ma chambre sont fermées par des cadenas et de
grands verrous faits de morceaux de canon de fusil.

» Cette chambre a deux portes : l'une s'ouvre sur une galerie
couverte située dans la cour d'entrée de la maison de Samba ;
l'autre ouvre sur une petite cour où sont les cabinets d'aisance et
un magasin.

» Yaguelli et Souley couchent dans la galerie, le premier sur
un tara que j'ai payé 900 cauris, le second sur une natte.

» Je suis bien nourri pour un voyageur. Le matin, à cinq heures
et demie, une tasse de thé chaud et sucré. A huit heures, une
calebasse de lait de vache que m'envoie l'émir. A onze heures, je
déjeune avec du riz cuit à l'eau, d'un poisson, d'une volaille, d'un
morceau de bœuf ou de mouton. A six heures, je mange les restes
du déjeuner. Ma boisson est du thé froid sans sucre. Entre huit
heures et demie et neuf heures, l'émir m'envoie une nouvelle
tasse de lait de vache.

» Ma santé serait très bonne si des plaies aux pieds ne me con-
damnaient, depuis le 10, à garder la chambre. Cependant je commence à aller mieux, et dès que je le pourrai je reprendrai mes
promenades journalières.

» Dans les premiers jours de mon arrivée, j'ai eu d'assez fortes
fièvres. J'aurais eu besoin de repos, mais il me fallait faire mon
courrier. Cela m'a rappelé l'ingratitude qui a payé mon voyage
d'Alger à In-Çalah. Je me demande comment on reconnaîtra mes
travaux d'aujourd'hui. Ces soucis, joints à la fatigue qui produit
toujours une réaction quand on passe des grandes courses à
l'inaction, m'avaient tellement affaibli que j'étais obligé de m'é-
tendre sur mon tara après chaque vingt lignes d'écriture.

» Je n'ai parlé de ces misères ni dans mes lettres personnelles,
ni dans mes rapports, mais je n'ai pu me dispenser de les con-

signer sur mon carnet, le seul confident de mes impressions, de mes joies et de mes douleurs.

» Aujourd'hui tout est passé. Cependant le climat est mauvais. Toute la nuit on voit dans la ville des feux Saint-Elme, car partout il y a des excavations. Pour une construction nouvelle ou pour la réparation d'une ancienne, on fait un trou. Pendant l'hiver, ce trou se remplit d'eau et l'on y jette toutes sortes de débris, des cadavres d'ânes, de chevaux, de chiens, de chats. La ville étant fermée, les fauves ne peuvent y entrer, et il y a trop de monde dans les rues pour que les vautours osent s'y aventurer. Une végétation marécageuse s'épanouit. A la fin de l'hiver, le tout se pourrit et remplit la ville de miasmes qui forment, matin et soir, un brouillard épais et fétide. Néanmoins, des Maures, des chériffs mariés à des femmes de pure race blanche ont pu avoir des enfants qui viennent me voir et paraissent jouir d'une bonne santé.

» Les nuits commencent à fraîchir. Je suis obligé, le soir, de fermer les portes de ma chambre. Le thermomètre doit descendre à + 22°. A deux ou trois heures du matin, il accuse + 22° 3' et + 22° 5'.

» Il n'est pas tombé de pluie depuis le 9, mais le temps a été souvent menaçant.

» Tous les jours il me faut être debout à cinq heures du matin, car je suis assiégé par les malades qui viennent me consulter. J'ai eu un grand succès en traitant le *tenia* par le *cousou*. Ce remède, bien administré, est infaillible. Le soufre et l'huile de *cade* ont raison de beaucoup de maladies de peau. Le hasard m'a fait découvrir une propriété de ce dernier remède. Une femme est venue me consulter pour une forte ophtalmie purulente. Je dis à Yaguelli, qui me sert d'aide, de lui administrer un collyre. Il se trompa de bouteille et lui mit de l'huile de cade. La femme cria beaucoup. Je m'aperçus de l'erreur et j'en attendis les suites avec anxiété. Elles furent heureuses. Le lendemain la femme allait beaucoup mieux, et après quatre jours du même traitement elle fut guérie. Depuis, je me suis bien trouvé de ce remède.

» Beaucoup de noirs, surtout des marabouts toucouleurs, sont fortement myopes. Des lunettes auraient un grand succès, mais je n'en ai pas.

» Il y a un grand nombre de phtisiques. Je leur ordonne du lait: Pour les embarras gastriques, je prescris une bonne purge et des infusions de *cassia amara*.

» Le frère et le premier captif de l'émir et quantité d'autres viennent me consulter pour des maladies secrètes.

» J'ai eu à traiter quelques maladies extraordinaires. Une femme avait le sein gauche complètement dépouillé de peau et couvert de plaies. Elle avait en outre une convulsion tétanique qui l'empêchait de mouvoir la mâchoire. Je l'ai nourrie avec du lait et du bouillon injectés au moyen d'une seringue, et je l'ai fait dormir avec de l'opium administré de même. Je lui faisais laver le sein avec de l'eau fortement phéniquée ; je la pansais avec de la glycérine et du coton. Je l'ai ainsi guérie.

» Un homme avait une balle dans le mollet depuis deux ans, je l'ai extraite.

» La cantharide m'était très demandée, mais je n'en donnais pas au même individu plus de deux fois par mois : ni prières, ni cadeaux ne me pouvaient attendrir.

» De pauvres diables ont des hernies grosses comme deux têtes d'homme. Je n'y puis rien.

» J'ai traité avec succès les rhumatismes par le camphre dissous dans le *karité* ou beurre végétal, appliqué en frictions vigoureuses. Un jeune homme de dix-huit ans, qui me fut apporté à bras, vient maintenant seul, sans bâton, chaque jour, me remercier. Sa mère me renouvelle fréquemment ses remerciements et m'apporte des poules et des œufs.

» On m'a amené des vieillards boîteux, paralytiques, aveugles, etc., et l'on m'en veut beaucoup de leur refuser des remèdes. Que ne les mènent-ils à ceux qui prétendent faire des miracles !

» Les personnes d'un certain âge sont fréquemment atteintes de démangeaisons par tout le corps. La peau ne présente à l'œil aucune altération. J'ai essayé de tout ce que j'ai pu imaginer : vainement. Maintenant, avec tous ceux qui viennent pour cette affection, j'engage le dialogue suivant :

» — Louez Dieu avec moi.

» — Je le fais de tout cœur.

» — Parce qu'il vous a donné deux mains.

» — Dieu soit loué !

» — Qu'à chacune de ces mains il y a cinq doigts.

» — Dieu soit loué !

» — Qu'au bout de ces doigts il y a des ongles.

» — Dieu soit loué !

» — Et que vous pouvez vous gratter.

» Généralement ils prennent bien cette plaisanterie ; cependant Mustapha, l'ancien chef de Nioro, s'en est fâché.

» Une affection très commune chez les noirs consiste en une dépigmentation partielle de la peau. Ils ont des plaques blanches sur tout le corps. Les uns sont mouchetés, les autres mi-partie noir et blanc, ce qui leur fait des physionomies comiques. Presque tous les vieillards ont de ces plaques, spécialement sur le dos des mains, aux poignets et au col.

» Cette particularité m'amène à parler des albinos, nommés en bambara et dans quelques langues des Noirs, *Founés*.

» Le roi de Ségou faisait prendre tous ceux qui lui étaient signalés et les gardait auprès de lui comme objets de luxe. Quand l'Hadji Omar s'empara du Ségou, il y en avait une vingtaine, dont deux femmes. Les uns sont morts, d'autres sont retournés chez eux ; il n'en reste plus que trois ou quatre. L'un d'eux est dans les softas, deux sont chez eux. Une femme, qui est chez Mahmoud, a un bel enfant très noir. Cette affection ne passe pas pour héréditaire et se trouverait dans toutes les races, principalement chez les Mali-nké, les Soni-nké et les Bambaras. Ces albinos ont la peau, les cheveux, les yeux comme les albinos des races blanches. Dans certains pays, ils sont considérés comme des êtres extraordinaires ; ici, non.

Ségou possède deux nains, espèce de crétins. Ils appartien-
draient à une race de la vallée montagneuse du Foutah-Djallon.
J'ai trouvé à Saint-Louis la photographie, faite à Sierra-Leone,
d'un autre de ces nains. Je l'ai remise à M. de Quatrefages. Ce nain
ressemble parfaitement à ceux de Ségou, et l'on m'a donné l'assurance qu'il appartenait à une race de la vallée du Foutah-
Djallon. Il paraît que des crétins de ce genre vont aussi en Gambie
et qu'on leur attribue la même origine.

» Tous les jours, à neuf heures, mes fonctions médicales
prennent fin et Yaguelli va au marché. Je reste alors dans la
galerie avec Samba, armé de mon carnet pour noter au passage
les dits intéressants que je puis saisir et régaler de gourous mes
visiteurs.

» Tous les jours l'émir m'envoie un cent de gourous, et sur
le conseil de Samba, j'en donne quarante à la corcigui qui me les
fait porter. Grâce à ma générosité, j'en ai toujours en abondance,
car ces dames disent toujours à l'émir qu'il faut m'en envoyer.

» Samba a une conversation instructive ; puis il nous vient
toutes sortes de gens : des talibés, des griots, des captifs, des
marchands. On cause, on enrichit de notes mon carnet.

» A onze heures je déjeune et, comme tout le monde, je fais
la sieste de midi à deux heures.

» J'ai encore du tabac et de la bougie. J'en avais mis de côté
dans un paquet que je n'ai ouvert qu'à Ségou. C'est bien heureux,
car, pendant la nuit, le *chrétien est livré aux bêtes :* poux, punaises,
moustiques de toute taille et de tout corsage, araignées énormes
et minuscules, cafards, mille-pattes, chenilles, scorpions, toute
espèce de bêtes grouillantes, gluantes, sifflantes, rampantes,
volantes, puantes, sans compter les chauve-souris et les toutous
dont j'ai grand'peur depuis l'aventure de Souley.

» J'ai remarqué que les mouches et les punaises préfèrent les
blancs aux noirs, mais que les poux et les moustiques préfèrent
les noirs aux blancs.

» J'ai un ami personnel, un vieux maure du Tichid, qui jouit ici d'un grand renom, le cheikh Mahmadou Bachir. Il représente les Maures auprès de l'émir. Il est grand et maigre. Sa figure est énergique et intelligente; il a les yeux doux, expressifs, le front haut, le nez busqué, la bouche fine, la barbe blanche, courte, soyeuse et frisée. Il est de pure race blanche. Il se coiffe d'un bonnet rouge avec un turban noir et porte un burnous en drap noir sur ses boubous bleu et blanc. Il porte une longue canne à pomme de cuivre. Il a dans toute sa personne une grande distinction et ressemble vaguement à mon très aimé et très regretté père. Cette particularité suffit pour m'émotionner. Je lui demande ce qu'il désire. Il me répond qu'il vient me prier de lui vendre du thé. Je n'en ai pas à vendre, lui dis-je, mais je suis heureux de vous en donner. Depuis, ce cheikh vient souvent, m'apporte des dattes, et je lui donne du thé. Il est parfois accompagné d'un chériff du Tafilalet avec qui j'ai voyagé.

» Je dois aussi parler des enfants qui viennent jouer chez moi. Il y en a de fort gentils. J'aime beaucoup les enfants et j'ai grand plaisir à les voir jouer.

» Sur les deux heures, les femmes viennent acheter des boules de bleu et des clous de girofle. Ces deux articles sont très recherchés à Ségou et d'un transport facile. La boule de bleu se vend 80 cauris et le clou de girofle un cauri.

CHAPITRE VI

SÉJOUR A SÉGOU *(suite.)*

Vendredi 1ᵉʳ et samedi 2 novembre. — Le 1ᵉʳ, au soir, un homme s'est introduit chez les mères, c'est-à-dire chez les veuves de l'Hadji Omar. On l'a laissé échapper. L'émir est furieux. Ce matin il a sorti l'épée de sa canne et l'a brandie avec colère.

Il a compté sur ses doigts les têtes des captifs à faire tomber si, dans trois jours, l'homme n'est pas retrouvé : vingt et une, à commencer par celle de Mahmoud !

Ce matin, à onze heures, Aguibou est parti pour Dingraye avec une suite nombreuse. L'émir est monté à cheval, avec les principaux personnages de l'empire, pour l'accompagner. Il est loin de lui avoir pardonné, et l'on attribue à la rage que lui cause son départ l'accès de colère de ce matin.

Dimanche 3 et lundi 4 novembre. — On apprend à Ségou que la colonne et les canons envoyés au-devant de Samba-Tambo et du chériff ont été attaqués par les Bambaras. Vingt cavaliers ont apporté cette nouvelle. Le reste de la colonne a pu rétrograder. Il y a eu cinq hommes tués et cinq blessés. L'émir partira demain pour Sikoro dans le but de former une nouvelle colonne destinée à reprendre les canons.

Mardi 5 novembre. — Soleillet apprend que Demba, son courrier, est resté à Yamina, où il se trouve encore, le drôle !

Le soir, il a une forte fièvre.

Mercredi 6 novembre. — Nouvel accès de fièvre. Il est dans un état si nerveux qu'il ne peut rester seul dans sa chambre ; il a peur, éprouve un immense désir de changer de place et se rappelle avoir lu que c'est l'un des prodromes de la mort. Pour chasser ces noires idées, il appelle Yaguelli et lui dit : « Mon ami, cause-moi, raconte-moi des histoires, ne me laisse pas seul, je t'en prie ».

— Que veux-tu, Monsieur, que je te conte ?

— Ce que tu voudras... Ton histoire de Bakel avec le capitaine Z...

— Le capitaine Z..., subitement atteint d'aliénation mentale, fit brûler un village parce que l'un des chefs ne l'avait pas salué. Il voulut tuer Sadio, le forgeron du poste, son ami, parce qu'il n'avait pas voulu boire du cognac. Le pauvre Sadio fut tellement effrayé, qu'il passa quinze jours sur la rive droite du fleuve.

Avant cela, le capitaine Z... avait de très bonnes idées. Il voulait notamment assainir Bakel en jetant au Sénégal, au moyen de rigoles, toutes les eaux stagnantes.

Tout en racontant des histoires, le brave Yaguelli fait du thé, en donne au malade et lui tient compagnie jusqu'au matin.

Jeudi 7 novembre. — On vient dire à Soleillet que Demba, avant de quitter Ségou, a pris une pagne à crédit, et l'on en demande le payement. Soleillet répond qu'il ne veut pas payer et qu'il fera rendre la pagne.

Il a une fièvre violente et le délire.

Vendredi 8 novembre. — Il fait partir Souley pour Yamina avec ordre de reprendre à Samba la pagne qu'il n'a pas payée. En même temps il demande au gouverneur, sans pouvoir l'obtenir, une punition pour ce courrier si peu gêné.

Samedi 9 novembre. — Samba vient encore parler de religion, ce que Soleillet traduit par un mot très énergique. Calquant un raisonnement de Barth, il dit au bonhomme :

« J'appartiens à l'Islam plus que vous qui faites du Prophète une sorte de Dieu. Le nom de croyant m'appartient plus qu'à vous et vous prouvez votre ignorance de votre propre religion en me confondant avec les *kafir*. Je suis chrétien, et tout marabout digne de ce nom vous dira que Sidna Aïssa ben-Meriem est au moins l'égal de Mahomet et qu'en suivant sa loi on peut aller en Paradis ».

Samba paraît douter et promet de s'informer.

Voyageurs, mes amis, savez-vous comment se doivent appeler ces belles discussions théologiques ? — De la métaphysique, c'est-à-dire des discours que l'auditeur ne comprend pas et que l'orateur ne comprend pas non plus.

Dimanche 10 novembre. — Samba N'diaye a parlé à l'émir de sa discussion de la veille avec Soleillet. L'émir a consulté le Tamsir et le Tamsir a donné raison à Soleillet ; Samba, reconnaissant que celui-ci en sait trop, promet de ne plus lui parler de religion.

Toutes les querelles théologiques ne finissent pas aussi pacifiquement, sans doute parce que tous les querelleurs n'ont pas le bon sens du tamsir de Ségou.

Soleillet a moins de fièvre que les jours précédents ; ses pieds sont guéris, il sortira demain.

Lundi 11 novembre. — Il est sorti aujourd'hui, ce qu'il n'avait pas fait depuis un mois. Il est allé au marché *extra muros*. C'est le lundi que les habitants des villages voisins viennent au marché, aussi ce jour de marché est-il très animé, très important et assez pittoresque. On y trouve en abondance tout ce qui est nécessaire à la table des noirs : du mil, du maïs, de l'oseille, des oignons, du riz, des courges, du poisson sec et frais, de la viande de bœuf, de mouton, de chèvre fraîche, rôtie et séchée au soleil, de la volaille, des galettes de mil, du piment, des barres de sel, du miel, des noix de gourou, de la graine de baobab fermentée, du tamarin en pain, une sorte de terre argileuse que l'on mange comme friandise bien qu'elle m'ait paru sans saveur, du bois, du fourrage sec et vert.

Toutes ces denrées se vendent en plein air, moins la viande. Chacune a son quartier.

Ce sont surtout les femmes qui sont chargées de la vente, sauf en ce qui concerne la viande et le fourrage. Les marchandes de poisson sont aussi bruyantes que celles de l'Europe.

L'industrie locale est installée dans des échopes.

Il y a une vingtaine de qualités de pagnes d'au moins trente dessins différents. Les unes ont la finesse de la gaze, les autres sont fortes, épaisses. Les couleurs en sont fort belles et comprennent toutes les nuances du bleu, du jaune, du rouge et de l'orange.

On trouve aussi sur ce marché des forgerons, des orfèvres, des marchands de vases et de fourneaux en terre, et une petite quantité de tissus et d'armes d'Europe.

Au temps des rois bambaras, ce marché était très bien approvisionné de tissus et d'objets européens qui venaient de Tunis et du Maroc par le Niger, Timbouktou et Sansanding. Timbouktou était approvisionné par les caravanes du grand désert, Sansanding par les comptoirs européens de la côte. Timbouktou fournissait davantage et moins cher que Sansanding. Alors on trouvait sur le marché du sucre, du thé, du café. Les objets européens proviennent aujourd'hui du Sénégal, de la Gambie et de Sierra-Leone.

On vend de la poudre européenne et indigène.

Sous un baobab, on fait le trafic des captifs et des captives.

Les femmes raccommodent les calebasses cassées et cela avec une rapidité vertigineuse.

Un *alcati* (agent ou commissaire de police) est chargé de la police du marché. Il veille au mesurage des grains. Il arrête les voleurs, leur fait rendre les objets volés, et séance tenante, obligeamment aidé par les assistants, il leur administre une volée du fouet à cinq branches qui, avec une longue canne, compose ses insignes.

Le voleur, vigoureusement fustigé, va ensuite où il veut, mais il est rare qu'il reparaisse sur le marché.

En revenant du marché, Soleillet entre chez Malek, le cordonnier de l'émir. Il y avait là beaucoup de monde, notamment un fils de l'émir. Ici, il n'y a pas de cercle et c'est dans les boutiques que l'on va causer, chercher des nouvelles, porter et ramasser des cancans.

Soleillet rentre à six heures très satisfait de sa promenade. Il monte sur la terrasse et reconnaît la parfaite exactitude de la vue de Ségou que Mage a prise de ce point.

Le Niger baisse beaucoup.

Après le coucher du soleil, la ville s'enveloppe d'un nuage fétide.

Mardi 12 novembre. — Le soir Soleillet va se promener sur les bords du fleuve, dans un village situé en amont de la ville et habité par des talibés du Foutah. Les premières maisons de ce village touchent presque aux murs de la ville. Elles sont disséminées dans des cultures, entourées de haies épineuses, rondes, en terre, couvertes en chaume. Il y a quelques beaux palmiers-roniers. Tout est vert et gracieux.

CHAPITRE VII

SÉJOUR A SÉGOU *(suite.)*

Mercredi 13 novembre. — Le soir, sur les six heures, on entend une musique. C'est l'émir qui rentre à Sikoro. Il est précédé de quelques cavaliers ayant en croupe des corciguis. Devant lui marchent huit joueurs de clarinette ; puis vient Moktar, le bourreau, à cheval. A côté de lui, des captifs portent une énorme tabala sur laquelle, de temps à autre, ils frappent un coup. Devant le cheval de l'émir, deux hommes ont à la main une clochette qu'ils font tinter. L'émir est vêtu comme d'habitude et porte un petit chapeau de paille de forme conique. Bien qu'à cheval, il s'appuie sur sa canne. Il paraît triste, ennuyé, fatigué. Mahmoud, le captif, qui caracole auprès de lui, est coiffé d'un énorme turban blanc. Il salue Soleillet. Les talibés qui suivent l'émir sont, paraît-il, peu nombreux. Il lui a fallu demander par trois fois des hommes pour aller chercher les canons, et il ne les a eus qu'hier dans l'après-midi.

Samba, revenant le soir de chez l'émir, engage Yaguelli, probablement par ordre, à rester à Ségou, et lui énumère tous les
avantages de ce séjour. Yaguelli refuse. De sa chambre, Soleillet
entend cette conversation, qui se tient en français, dans la galerie,
car il a l'ouïe très subtil. En entrant dans la galerie, il dit que
Yaguelli a raison car il est appelé à devenir officier français. « S'il
» devient officier français, il ne pourra pas aller en paradis »,
objecte Samba. Yaguelli réplique lentement : « Je croyais que
» Dieu donnait le paradis à qui il voulait et qu'il suffisait, pour
» le mériter, de prier et de faire l'aumône ». Samba et Yaguelli
font de la métaphysique, mais Yaguelli pique Samba, qui est
avare. C'est toujours ainsi que finissent ces profondes discussions.

Jeudi 14 novembre. — L'émir fait demander si parmi les marchandises que Soleillet fait vendre il y en a qui puissent lui convenir. Soleillet prie Samba d'examiner ses ballots et d'en rendre
compte. Une heure après, Samba revient disant que l'émir désire
dix pièces de roum. Portez-les lui, répond Soleillet. Vous savez
qu'ici le prix est de 10 000 cauris la pièce ; c'est donc 100 000 cauris
que me devra Sa Majesté. C'est entendu, répond Samba.

Depuis plusieurs jours le bruit court dans Ségou que les
Français ont attaqué et tué Yamandi et détruit Sabouciré. La
nouvelle en serait parvenue à l'émir pendant son séjour à Sikoro.
Les fils de Yamandi seraient à Kouniakary et dans l'intention de
venir se plaindre à l'émir. Ce matin Ahmadou a chargé Samba de
parler de cette affaire à Soleillet et de lui rapporter ce qu'il dirait.
Soleillet a recommandé à Yaguelli de dire à Samba qu'il ne s'occupe pas de cela, qu'il est étranger au gouvernement et à l'administration et ne sait rien du tout.

Le soir, Soleillet cause longtemps, avec Samba, de Daranton.
Samba l'a beaucoup connu et ne tarit pas en éloges sur lui. Il
paraît que, physiquement, Duranton était très bien. Il avait une
grande barbe qui lui tombait sur la poitrine, le regard énergique
et doux. Il était très sobre. « Si tous les blancs étaient comme lui
et vous », ajoute Samba, « les noirs ne voudraient que d'eux,

» mais il y en a qui s'enivrent, traitent les noirs comme des
» chiens, et n'ont dans la bouche que des mots grossiers.

— « Tout cela », répond Soleillet, « provient de l'esclavage.
» Comment voulez-vous qu'on regarde comme les autres hommes
» des hommes qui se vendent comme des bêtes ? »

— « Je sais bien », réplique Samba, « que chez vous on ne
» vend pas les gens ; cependant vos soldats, qui sont punis par
» leurs chefs sans l'intervention d'un juge, nous paraissent des
» captifs. Les gens qui, chez vous, travaillent la terre, les domes-
» tiques, s'ils ne sont pas vendus par les autres, sont bien obligés
» de se vendre eux-mêmes pour manger ».

Il continue à parler de Duranton, de son fils et de sa femme.

On ne saurait s'imaginer, ajoute Soleillet, combien de pareils
hommes seraient utiles au Sénégal.

Vendredi 15 novembre. — Dans la matinée, Soleillet parle à
Samba de ce que Yaguelli lui a dit de la mort de Yamandi et de la
destruction de Sabouciré. « Venu de France à Saint-Louis, où je
n'ai fait que passer, continua-t-il, je ne m'y suis occupé d'aucune
affaire politique, cela d'ailleurs ne me regarde pas. Je sais toutefois qu'en France et au Sénégal, l'émir est considéré comme un
ami et qu'on ne fera rien contre lui. En marchant sur Sabouciré,
sans le prévenir, on n'a pas cru commettre un acte d'hostilité
envers lui.

— « C'est inadmissible, répond Samba, puisqu'après un
échange de lettres entre Ségou et Saint-Louis, le Logo a été officiellement reconnu comme dépendance de l'empire de Ségou.
L'émir a été informé que les Français interviendraient probablement entre Sambala et Yamandi, bien qu'ils n'aient pas à se
plaindre de ce dernier, qui toujours a entretenu les meilleures
relations avec les habitants de Saint-Louis, protégé le commerce,
empêché ses gens de rien faire perdre aux traitants (1) ; qui

(1) Tout le commerce de Saint-Louis pensait comme Samba et fit de nombreuses démarches auprès du gouverneur pour que le Logo ne fut pas détruit.
L'un des fils de Yamandi a construit un petit village sur l'emplacement de

s'est conduit constamment en homme de bien, tandis que Sambala, roi du Khasso, dont vous prenez la défense, est un pillard.

Samba, continue Soleillet, me dit beaucoup de mal de notre allié. Il m'avoue ensuite que beaucoup de gens conseillaient à l'émir de s'assurer de moi, de me mettre aux fers et d'écrire au gouverneur qu'on me coupera le cou s'il n'accorde pas réparation. Mais les marabouts ont fait observer que je suis venu seul, que je suis inoffensif et que l'on doit me laisser tranquille. Sa Majesté, adoptant ce dernier avis, dit qu'il ne serait pas bien de m'inquiéter après la marque de confiance que j'ai donnée en venant sans armes, avec un seul domestique, de Saint-Louis à Ségou. L'homme capable d'une telle chose doit avoir le cœur pur : il faut le laisser tranquille.

« Je m'abstiens de toute réflexion, ajoute Soleillet. Il était pourtant facile de me faire prévenir par un courrier. Les commerçants de Saint-Louis, je l'ai su depuis, ont bien dit qu'il fallait songer à moi, mais les autorités ont répondu que c'était inutile ».

Dans l'après-midi, Soleillet va se promener au sud, dans un cimetière. Les hyènes avaient déterré plusieurs cadavres. Il se rend ensuite à Soninkoura, l'un des nombreux villages qui entourent Ségou. Il y a dans ce village de très beaux arbres sous lesquels il se repose. Les gens du village, qui sont agriculteurs, viennent le saluer.

En rentrant, il passe par le marché. Il voit Jupiter au milieu de gens qui se disputent. Un agent de police toucouleur, très maigre, la face ornée d'une royale et de favoris, est présent avec sa canne et son fouet.

Soleillet apprend que Jupiter est venu acheter du mil pour sa mule, mais que les vendeurs voulaient mesurer dans une calebasse. L'agent exige qu'ils se servent du moule de l'émir qui est le

l'ancienne Sabouciré, mais ses frères et la plus grande partie des habitants se sont fixés dans le Guidimakha et le Nioro. Le Logo, qui était un pays riche et prospère, est complètement ruiné.

même que celui de Bakel ; les marchands refusent ; l'agent crie et gesticule beaucoup et les expulse du marché en les bourrant un peu.

Samedi 16 novembre. — Soleillet va au village des Somonos, Somonodougou, qui a été très bien décrit par Mage. Il est très peuplé et paraît prospère. Tout le monde travaille. Les uns raccommodent des filets de pêche en coton teint, les autres cousent des pirogues.

Les pirogues sont faites dans les bois, d'un seul arbre et d'une seule pièce. Quand elles sont terminées, on les coupe en plusieurs morceaux, non pour les rendre d'un transport plus facile, mais pour leur donner plus d'élasticité et de solidité.

Tout autour du village il y a des cultures de chanvre, de tabac et d'indigo, de courges de calebasses et d'oseille.

Ils barrent les anses du fleuve et les transforment en viviers. Ils font sécher beaucoup de poisson et leur village « fleure plus fort, mais moins bon que la rose ».

De là, Soleillet va voir Marie Kan, la princesse du Toro, sa blanchisseuse.

En rentrant chez lui, il trouve Souley qui rapporte de Yamina la pagne achetée à crédit par Demba et la fait rendre au marchand.

Le soir il cause avec Samba du traité passé entre Mage et Ahmadou. Samba raconte que Mage n'ayant personne qui sut lire et écrire l'arabe, et l'émir personne qui sut écrire en français, le traité fut écrit en arabe, sur un chiffon de papier qu'Ahmadou garde dans son Koran. Mage avait rédigé le traité en français et devait l'envoyer en arabe, revêtu de la signature du gouverneur. L'émir avait promis de le signer aussi. Rien de cela n'a été fait.

Avant la prise de Sabouciré, un traité avec Ségou était facile. Il n'en est plus de même aujourd'hui. Ahmadou ne déclarera jamais la guerre aux Français, mais il ne pourra se considérer comme un ami de la France tant que le gouverneur actuel ne sera pas remplacé.

Samba dit, touchant le traité, que l'émir exigera toujours sur

les importations, les 10 % que lui accorde le Koran, mais rien
sur les exportations ; qu'il autoriserait volontiers des négociants à
se construire des tatas sur le fleuve et verrait avec plaisir un
Français, comme Soleillet, s'établir à Ségou et y faire du commerce ; qu'il serait facile de devenir l'agent commercial de l'émir
qui possède en magasin, sans en rien faire, une quantité d'or
considérable. Samba voit tous les ans deux fois, pour la faire
réparer, la case où se trouvent ces richesses.

Dimanche 17 novembre. — Dans l'après-midi, il y a beaucoup
de monde chez Samba. Soleillet a souvent dit à ses gens qu'il
était lié avec les marabouts Tedjedjena et qu'il connaissait toute
l'histoire de cette confrérie. Ils avaient toujours paru douter.
Soleillet ayant justement son livre : *l'Afrique Occidentale,* leur dit :
« Puisque vous ne me croyez pas, je vais lire votre prière en
français, et Yaguelli vous la répétera en poular ; je vous dirai
ensuite toute votre histoire ». — « Pour l'histoire », dirent deux
vieux marabouts, « c'est possible ; mais pour la prière, nous le
croirons quand nous l'aurons entendue ». Soleillet lit alors à
Yaguelli, qui la traduit mot pour mot, cette prière : *O Dieu ! la
prière sur notre Seigneur Mohamed qui a ouvert ce qui était fermé, qui
a mis le sceau à ce qui a précédé, faisant triompher le droit par le droit.
Il conduit dans une voie droite et élevée. Sa puissance et son pouvoir
magnifique sont basés sur le droit..... Dieu est Dieu, Mohamed est
l'apôtre de Dieu.* Il fallait voir les auditeurs se mettre la main sur
la bouche et dire : *Bissemi Allah !* Tout le monde fut convaincu et
dès lors courut sur Soleillet une légende qui le faisait fils d'une
femme arabe et lui accordait une tête de schériff.

Le soir, il monte sur sa mule Rosette, qui sortait pour la première fois depuis son arrivée à Ségou ; Yaguelli monte le cheval
de Samba et ils vont se promener à l'ouest.

Lundi 18 et mardi 19 novembre. — L'émir envoie l'un de ses
secrétaires pour faire causer Soleillet sur l'histoire des Tedjedjena.
Le secrétaire écrit tout ce que dit Soleillet traduit par Samba.
Tout fut rapporté à l'émir, en présence du tamsir Zeidou Zelia, et

Soleillet acquit ainsi dans la ville une très grande réputation. L'émir disait souvent, en parlant de lui : « Cet homme doit être un *Tamsir* (principal marabout d'un pays, un homme qui connaît toutes les choses des livres) dans son pays pour savoir cela ; il faut aussi qu'il soit très bien, étant chrétien, pour avoir parlé à d'aussi grands marabouts que les descendants d'Ahmed Tedjani ».

Malgré cela, il fait prier l'émir de lui envoyer 100 000 cauris ou de lui retourner les marchandises qu'il lui a fait acheter le 14. Il ne veut pas laisser établir de mauvais précédents.

CHAPITRE VIII

SÉJOUR A SÉGOU *(suite.)*

Mardi 20 novembre. — Après un tour au marché, il passe chez
Zeidou Zelia à qui il doit une visite depuis longtemps. Zeidou
habite naturellement une grande maison. Dans tous les pays de
ce monde, si pauvres soient-ils, les *tamsir* sont toujours logés
dans des palais.

Dans le vestibule, un jeune captif est rivé à un billot de bois au
moyen d'une barre de fer arrondie autour de sa cheville droite. Il
est là depuis un mois. Son crime est d'avoir acheté à crédit divers
objets en disant qu'il était envoyé par son maître. Il y restera jusqu'au moment où Zeidou dira de l'ôter, mais alors on lui mettra
les fers aux pieds pour un an peut-être.

Zeidou est absent. Soleillet recommande qu'on lui dise qu'il est
venu.

En sortant, il passe sur une petite place où se trouvent les
prisons. C'est une enceinte murée dans laquelle se trouvent des
cases en terre. La plupart des prisonniers sont assis sur la place,
les fers aux pieds. Ils ne sont enfermés que la nuit et gagnent leur

vie à coudre des pagnes, faire des tolbés, etc. Chez les noirs, les travaux de couture sont réservés aux hommes.

Soleillet voit des gens du Bélédougou qui sont retenus comme otages depuis deux ou trois ans.

En rentrant chez lui, il trouve Deindaoura, la principale corcigui de Zeidou. C'est une grosse fille qui rit toujours. Elle lui apporte, avec les compliments de son maître, un cadeau de 10 000 cauris pour acheter des œufs. Il lui dit d'en garder pour elle deux mille.

Jeudi 21 novembre. — Il a un accès de fièvre terrible et passe la journée sans connaissance.

Vendredi 22 à dimanche 24 novembre. — Toujours une très forte fièvre. L'émir lui envoie en cadeau 40 000 cauris et une barre de sel.

Lundi 25 novembre. — La fièvre diminue, mais il ne mange pas. Il charge Samba de remercier l'émir de son cadeau. « Toutefois, ajoute-t-il, « je ne saurais l'accepter s'il ne me rend pas mes marchandises, ou s'il ne m'en donne pas le prix ». Le soir, Samba rapporte les pièces de roum en disant : « Vous perdez un cadeau de 1 000 gros d'or ». — « Tant pis », répond Soleillet. « Je veux que l'émir sache bien qu'un Français ne se laisse pas prendre son bien. Je fais cela pour établir un précédent. Il me paraît impossible que l'on ne profite pas des relations que j'ai établies, ou mieux de la chaîne dont les précieux anneaux ont été forgés par le général Faidherbe, Mage et Quintin et à laquelle je viens d'ajouter une maille. »

Mardi 26 novembre. — Après ses indications barométriques et thermométriques, Soleillet écrit sur son carnet :

« Depuis hier je prends de la quinine et la fièvre diminue, mais j'ai été *très malade.* Il est possible qu'un accès m'emporte et je prends mes dispositions en conséquence.

« Je passe la journée à écrire mes dernières recommandations à mon fils, mes adieux à ma femme et à ma mère. Je classe mes papiers et donne mes instructions à Yaguelli. J'espère bien que cela sera inutile, mais je trouverais stupide d’être surpris ».

Mercredi 27 novembre. — Ahmadou a quatorze sœurs. Sept sont mariées. Il marie aujourd’hui les sept autres. Tous les nouveaux beaux-frères de l’émir, sauf un, sont de Nioro. Ce sont Ahmad’hou Souliman Diom, Amédeki, Mahmadou Tierno, Mamadou Baba, Mamadou Boubahar, Samba Lilli, Amad’hou l’Amin, Bouiel.

L’émir espère, par ces mariages, les détacher de Moult Aga et les fixer auprès de lui. Ils sont d’ailleurs tenus d’avoir une maison à Sikoro, les sœurs de l’émir ne devant pas quitter la ville.

L’émir donne à ses sœurs, en les mariant, dix à douze captifs, de l’or et des pagnes.

Soleillet dit à Samba, qui lui raconte ces choses : « l’émir est donc plus généreux pour ses captifs que pour ses sœurs ? » — « Certainement », répond Samba. « Non seulement tout ici est pour les captifs, mais si un talibé a quelque chose, l’émir le lui prend. — Il n’ira pas en paradis. — C’est bien sûr ». Sa conversation est interrompue par Tierno Ibraïm, secrétaire de l’émir, qui vient demander à Soleillet la valeur en arabe des lettres françaises. Il doit y avoir au palais quelques lettres écrites en français, car deux fois on a demandé à Soleillet si quelqu’un sachant lire le français peut faire une transcription sans la comprendre.

Le soir, Soleillet va devant le palais où il y a des danses et des jeux. Le vieil Alibo, l’ancien captif de l’Hadji Omar, qui commandait un régiment de Softas, a demandé à l’émir son affranchissement, ce qui arrive très rarement. L’émir le lui a accordé et lui a fait don de 400 captifs. C’est Cella Makka qui a été promu à la place d’Alibo, et depuis plusieurs jours le nouveau colonel fait danser ses soldats devant le palais aux doux sons de la flûte bambara et des tamtams, avec accompagnement de force coup de fusil. Cette danse à la lumière des étoiles a beaucoup de couleur locale et une certaine poésie sauvage.

Jeudi 28 novembre. — A quatre heures, Soleillet va chez Zeidou

Zelia. Il est reçu au premier étage, sur une terrasse fort propre garantie par une veranda. Soleillet et Zeidou sont assis en face l'un de l'autre, sur des nattes couvertes de peaux de mouton. Yaguelli est entre eux. Près de la porte de l'escalier se trouvent deux corciguis richement vêtues. Deux chats, puissants et doux, orgueil de la maison, sont là qui sommeillent. Ils viennent, en faisant le gros dos, près de Soleillet qui se donne le plaisir de caresser leur soyeuse fourrure remplie d'électricité. Il sont de poil rouge et blanc et viennent du Foutah-Djallon, où les grands marabouts ont l'habitude d'en avoir de familiers en souvenir du Prophète, qui avait une prédilection pour cette philosophique bête. Qui ne connaît l'histoire du chat endormi sur la manche du kafetan de Mahomet? On appelle à la prière. Le Prophète qui était bon, « comme tous les gens qui ont exercé une influence sur l'humanité », ne veut point déranger la bête, et bien que son vêtement fut de prix, il n'hésita pas à en couper la manche.

Zeidou est de petite taille. Il a un grand nez, un long collier de barbe, des yeux intelligents, mais la bouche sans dents. Sa peau est d'un rouge-brun. Quand il est assis il paraît grand. Il entretient Soleillet des Tedjedjena, de la France, de l'Algérie et lui demande des renseignements sur un voyage qu'il compte faire à la Mekke. Par ses questions il prouve beaucoup d'intelligence, de finesse, d'instruction et d'un esprit exempt de préjugés.

Vendredi 29 novembre. — Dans l'après-midi, Soleillet voit un forgeron maure, armurier de l'émir, occupé avec plusieurs ouvriers à remettre à pierre de vieux fusils de munition qui avaient été transformés à piston. Il raconte à Soleillet que l'émir a en magasin un grand nombre de fusils, une grande quantité de poudre, de balles et de pierres. Sa Majesté pense qu'il faut, pour avoir des soldats bien armés, trois fusils par homme et une forte réserve.

Samedi 30 novembre, dimanche 1er et lundi 2 décembre. — Il y a au palais un grand palabre à propos des gens de Nioro. Soleillet n'est pas content de voir l'émir devant tant de monde.

Mardi 3 et mercredi 4 décembre. — Samba se plaint beaucoup de l'émir. Si l'on va à la guerre et que l'on fasse du butin, il garde presque tout pour lui et ses captifs.

Cependant on ne va pas exposer sa peau pour rien, conclut le bonhomme.

— Et le Paradis ? objecte Soleillet.

— C'est bon si l'on meurt, répond Samba, mais on ne meurt pas toujours. Tiani (le cousin de l'émir qui est au Macina) fait tout le contraire. Il donne beaucoup aux talibés ; aussi, tous ceux qui le peuvent vont le rejoindre. Il vient encore de faire une très heureuse campagne et a pris beaucoup d'or et de captifs.

Soleillet passe chez Zeidou Zelia, qui le reçoit avec une grande affabilité, lui montre ses livres et les harnais de ses chevaux. Il lui parle aussi de Sabouciré et de Yamandi. « Tout cela, dit-il, ne serait pas arrivé si l'on prenait conseil des gens qui connaissent les affaires ».

Jeudi 5 décembre. — C'est aujourd'hui l'une des principales fêtes de la religion musulmane, celle que les noirs nomment *Tabaski*. Il doit y avoir ce matin une grande cérémonie religieuse dans la plaine, à l'extrémité de la pointe des Somonos.

Soleillet fait seller sa mule et part, dès le matin, avec Yaguelli, Jupiter et Souley. Avant de franchir la porte, il rencontre l'émir qui se rend à ce salam avec son cortège officiel. Il s'arrête pour le laisser passer.

Derrière le cortège se presse une foule de cavaliers et de piétons à laquelle il se mêle. Il arrive à huit heures sur le lieu de la céré-monie. Tout autour sont des chevaux gardés par des corciguis et des captifs.

La plaine est immense et n'a pour limite que l'horizon.

A mesure qu'ils arrivent, les spectateurs s'accroupissent en ligne, les uns derrière les autres. L'émir est au centre du premier rang, assis sur sa peau de chèvre.

A dix pas devant lui siège un vieux marabout, le seul person-nage, après Sa Majesté, qui ait les honneurs de la peau de chèvre, tous les autres étant accroupis sur la plate terre. Il est très maigre, de figure ascétique ; sa face est ornée d'un long bouquet de barbe grise. Son boubou, d'un blanc sale, est en guenille ; son burnous en laine a été blanc ; son grand bonnet rouge est crasseux ; la pièce de mousseline roulée en corde autour de son bonnet est de couleur indécise.

Le saint marabout se lève, et la foule entière se lève comme un seul homme. Au moins 5,000 hommes prient ensemble. Il paraît que les années précédentes il y en avait beaucoup plus : la différence de cette année aurait pour cause les travaux agricoles.

Tous ces hommes suivent automatiquement les mouvements du marabout. Ils se prosternent avec lui, se relèvent avec lui, lèvent avec lui les mains au ciel. Ce marabout, sous ses guenilles, finit par être beau.

La prière terminée, tout le monde s'accroupit. Le marabout, seul debout, enveloppé dans son burnous, dont il ne sort que l'avant-bras, fait un sermon écouté avec un religieux silence. S'il était beau en faisant prier cette foule, il est superbe en la prêchant.

Dans l'après-midi, il y a des jeux de griots et des courses de chevaux.

Vendredi 6 décembre. — L'émir aurait dit hier, en rentrant, qu'après les fêtes il ferait sortir l'armée. Nioro fournirait probablement son contingent. Il n'aurait cependant pas été affirmatif, parce qu'on ne lui a rien promis.

Les fêtes continuent dans l'après-midi, mais il y a peu de monde : la coupe du mil retient les cultivateurs dans les champs.

Samedi 7 décembre. — Samba parle encore à Soleillet de la mort de Yamandi. « Moi vivant, dit-il, je ne pense pas que nous ayions la guerre avec les Français, mais le gouverneur fait pour cela tout ce qu'il peut ».

Dimanche 8 décembre. — Fin des fêtes du Tabaski.

CHAPITRE IX

SÉJOUR A SÉGOU (*suite*)

Lundi 9 décembre. — Les captives de Samba font métier de leur
corps, et Samba, bien que galant homme, s'attribue une part de
leur gain. C'est dans les usages du pays.

Mardi 10 à jeudi 12 décembre. — On frappe la tabala de l'émir
pour appeler les hommes de guerre.

Ahmadou va se rendre à Sikoro pour rassembler une armée.
Il a été informé hier que ses canons étaient toujours à Guigné,
que la colonne qu'il a envoyée le 13 novembre pour les reprendre
était de retour à Yamina et que les Bambaras ont levé une véritable armée pour s'en emparer.

Vendredi 13 décembre. — Samba raconte à Soleillet que l'émir,
quand il prend un village de *Kafir* (idolâtres), fait immédiatement
couper le cou à tous les garçons qui ont plus de douze ans. Pour
connaître leur âge, on les mesure avec un fusil, et tous ceux qui
dépassent ou atteignent la longueur de l'arme sont mis à mort.
Les autres et les femmes sont réduits en captivité. Cet usage est
général dans le Soudan depuis la suppression de la traite sur les
marchés de la côte appartenant aux Européens.

Samedi 14 à jeudi 19 décembre. — Entre les murs de Sikoro, le marché et les faubourgs, se trouve un grand espace planté d'arbres à feuillage sombre, d'aspect triste et tourmenté, de l'espèce nommée par les Ouolof *Kade* et par les Foulbé *Tiachi*. C'est ce qui reste de l'ancienne forêt qui couvrait l'emplacement de la ville. Les Bambaras les ont conservés pour permettre aux fantassins de combattre plus facilement la cavalerie, et l'Hadji Omar a recommandé de ne pas les détruire.

Vendredi 20 décembre. — Soleillet va voir Zeidou Zelia dont il a toute la confiance, malgré la prise de Sabouciré et la mort de Yamandi. Ne pouvant parler avec Zeidou que par interprète, il a fallu que cet interprète, Yaguelli, obtint d'abord l'estime publique. C'est le plus bel éloge qu'il puisse faire de son compagnon.

Après les compliments d'usage, Zeidou parle de son voyage à la Mekke et dit ensuite : « Nous avons ici un parti qui cherche à nous mettre mal avec la France. Ségou est loin de Saint-Louis, et les choses qui se passent dans un pays sont mal connues dans l'autre. Pour moi, je pense que nous devons tout faire pour conserver la paix, sans laquelle le commerce est impossible. Mais comment s'entendre, puisque, malgré les lettres de l'émir et sans y répondre, le gouverneur a fait détruire le Logo et tuer Yamandi, qui ne vous avait rien fait et avait toujours protégé votre commerce, comme le font tous ceux qui reconnaissent l'autorité de notre sultan ?

— Il y aurait un moyen d'éviter tout cela, répond Soleillet.

— Si nous le connaissions, nous l'emploierions avec plaisir.

— Il faudrait d'abord avoir un traité bien fait qui limitât les territoires des deux pays, puis assurer les conditions du commerce.

— Nous sommes prêts à le faire. Nous avons dit à Mage ce que nous voulions.

— L'intention du gouverneur est d'envoyer une ambassade à l'émir.

— Dieu le fasse ! Elle sera bien reçue. Mais en traitant avec vous, pourrons-nous ensuite traiter avec les Anglais ?

— Rien ne s'y oppose. Nous sommes amis avec les Anglais : nos amis sont les leurs et les leurs sont les nôtres.

— Je dis cela, car s'il nous faut être bien avec le Sénégal, il nous est aussi nécessaire de n'être pas mal avec Sierra-Leone et la Gambie. Mieux vaudrait rester dans l'état actuel que de faire plus pour les uns que pour les autres.

— Je vous donne raison. D'ailleurs, soyez sans crainte : ce que vous désirez peut se faire. Mais, après le traité, il faudrait autre chose.

— Quoi ?

— Il serait nécessaire que les Français eussent toujours un agent auprès de l'émir ; qu'on leur cédât, auprès de Ségou, le long du fleuve, un terrain pour construire un *tata* (enceinte fortifiée), où logerait l'agent et ses gens.

— Tout cela peut se faire aisément, et si vous étiez chargé de cela, il ne faudrait pas une semaine pour tout régler.

— Je ne suis qu'un taleb, et au Sénégal on a l'habitude de ne donner ces missions qu'à des militaires.

— C'est un malheur, car les hommes de fusil ne sont pas aptes à parler de la paix : il faut qu'ils commandent partout en maîtres.

— Il faudrait encore que l'émir eût à Saint-Louis, en attendant de l'avoir en France, un homme de confiance avec des gens. On lui donnerait un terrain pour se construire une belle maison.

— Vous avez raison, voilà ce qu'il faut ; c'est ainsi que fait le sultan de Stamboul.

— Certainement.

— Oui, voilà ce qu'il faut : avoir ici des Français et des Anglais, et avoir de nos gens en France et en Angleterre. Nous serions ainsi toujours à côté les uns des autres.

— Vous croyez, dit Soleillet, que cela pourrait s'arranger ainsi ?

— Mais oui, répond Zeidou. Il serait bon cependant de traiter en même temps avec les Français et avec les Anglais. Il faut que l'émir soit ami des uns et des autres. Il le faut !

— Pour moi, qui suis très reconnaissant de la réception que l'on me fait ici, je désirerais voir l'émir ami de tout le monde. Je ne connais rien de plus beau que la paix, rien de plus horrible que la guerre.

— Vous n'êtes jamais allé à la guerre ?

— Si, à la guerre de Prusse.

— Vous étiez chef ?

— Non, j'étais simple soldat à pied.

— Vous y avez été forcé ?

— Non. J'étais même, à cause de mon âge, dispensé de servir ; mais quand j'ai su que des étrangers étaient en France, j'ai quitté Tunis, où j'étais, et je suis allé en France pour m'engager dans un régiment d'infanterie.

— Cela est d'un homme de cœur. Êtes-vous devenu chef ? avez-vous gagné quelque chose ?

— Non. Je n'ai jamais été plus que Yaguelli, et nous ne pouvons rien gagner, nous autres, à la guerre.

— Pouviez-vous devenir chef ?

— Oui, mais je ne le désirais pas.

— Si l'on vous avait fait chef, seriez-vous resté ?

— Assurément non ; ce ne sont point là mes idées.

— *Ah ! Tierno Toubak* (ah ! marabout européen), s'écrie Zeidou en prenant la main de Soleillet. Et, tout en lui tenant la main, il fait à Yaguelli son éloge et dit qu'avec des hommes comme le *Tierno Toubak* on s'entendrait facilement.

La conversation roule ensuite sur la France, la magistrature, les notaires, le commerce, l'industrie ; Zeidou trouve tout cela très beau et manifeste par ses questions une intelligence supérieure.

Samedi 21 décembre. — Soleillet achète, pour le musée d'ethnographie de Paris, une coudée de toutes les pagnes que l'on vend au marché.

En rentrant, il trouve l'émir assis devant son palais, entouré de ses gardes et de nombreux courtisans. Soleillet perce la foule et, ainsi que le veut l'usage, il va droit à l'émir, lui serre la main et le salue. Il a, paraît-il, triste mine, car l'émir envoie immédiatement chercher Samba N'diaye.

En rentrant chez lui, Samba raconte à Soleillet son entretien avec l'émir.

Sa Majesté a été frappée de la maigreur de Soleillet. Il n'est plus le même homme qu'en arrivant à Ségou. La maladie semble l'avoir marqué pour une mort prochaine. Elle craint que cela ne soit occasionné par quelques privations. Elle a d'ailleurs remarqué qu'il n'était pas comme Mage, qui demandait toujours. Aussi veut-Elle qu'il ne manque de rien et ordonne à Samba, qui connaît les Français, de tout faire pour savoir s'il ne manque de rien, car Elle ne peut supporter qu'un homme comme lui, *dont tout le monde est content,* soit privé de quelque chose, et qu'Elle se fera un plaisir de lui envoyer tout ce qu'il demandera.

Soleillet dit à Samba de bien remercier pour lui l'émir, de lui dire qu'il est très sensible et très touché de cette marque d'intérêt, mais que, grâce à lui, il ne manque de rien ; qu'il a été maltraité par les fièvres et qu'il sent ses forces revenir de jour en jour. Encore une fois, il remercie bien l'émir et n'a besoin de rien.

Lundi 23 décembre. — A l'occasion des fêtes de Noël, l'émir envoie à Soleillet 20,000 cauris, 100 moules de mil et 1 beau mouton.

Mardi 24 décembre, veille de Noël, jour si gai en Provence et en Languedoc !

L'émir donne aux gens de Nioro 20 captifs pour s'acheter du mil.

A l'occasion de la fête, Soleillet donne un boubou à Samba, à Yaguelli, à Jupiter et à Souley. A minuit, il fait tirer une salve de 33 coups de fusil, ce qui met la ville en émotion et produit un excellent effet.

Mercredi 25 décembre. — « Des miens, qui fêtent Noël, écrit-il, je suis sans nouvelles depuis Kouniakari. Tristes pensées qui me poursuivent ».

CHAPITRE X

SÉJOUR A SÉGOU (*suite*)

Du jeudi 26 au mardi 31 décembre. — Soleillet écrit sur son
carnet, à la date du 31 décembre :

« Je termine le troisième mois de mon séjour à Ségou-Sikoro.
Si tout le monde ici ne me considérait comme un marabout inca-
pable de servir d'espion, je serais dans une position très délicate
depuis que l'on connaît la destruction du Logo et la mort de
Yamandi. On m'a tenu grand compte aussi d'avoir connu les
marabouts Tedjedjena, dont on suit le *deker* dans l'empire du
Ségou.

» Bien que j'ai eu des accès de fièvre tous les quinze jours, ma
santé est assez bonne. J'ai même réussi, en prenant de la quinine
à haute dose, à prévenir l'accès de mardi dernier. Le léger malaise
que j'ai éprouvé pouvait provenir de l'abus de la quinine.

» Je mange du poisson, de la volaille, du bœuf, du mouton,
des œufs, du riz, des haricots, des oignons, de l'oseille, des patates
douces, du mil, du maïs, des courges ; je bois du lait et du thé, et
j'ai des citrons en abondance.

» Je passe mes matinées chez moi pour recevoir les malades,

qui viennnent toujours me voir. Dans l'après-midi, j'enfourche
ma mule et je vais me promener seul dans la campagne. Souvent,
avec Yaguelli, je vais voir Zeidou Zelia, j'entre dans la boutique
du cordonnier Malek ou dans celle du forgeron, ou mieux bijou-
tier. Dans ces boutiques, qui sont les cercles et les cafés du pays,
se réunissent les oisifs, et l'on y cause de tout. Je m'instruis ainsi
de la vie des indigènes, qui me considèrent maintenant comme
leur concitoyen et n'ont à mon égard aucun préjugé. Les enfants
mêmes ne font plus attention à moi, et je puis circuler aussi tranquillement et peut-être plus sûrement dans les rues de Ségou que
dans celles de Londres ».

Mercredi 1ᵉʳ janvier 1879. — Le premier jour de l'année est
très couvert, mais la température est toujours agréable : + 16° 1′
à six heures du matin, + 29° 2′ à dix heures, + 30 1′ à deux
heures, + 28° 0′ à six heures du soir.

Dès le matin, Soleillet envoie Yaguelli souhaiter à Zeidou Zelia
la bonne année et lui porter en cadeau un chandelier de cuivre et
trente cornalines taillées.

Zeidou dit à Yaguelli : « J'allais te faire appeler, parce que je
désire savoir ce que l'émir doit donner à ton maître.

— De l'or et des boubous, répond Yaguelli.

— Un cheval et une jeune captive ne lui feraient-ils pas plaisir ?
demande Zeidou.

— Certainement, répond Yaguelli.

Quand Yaguelli revient, tout heureux, rendre compte de son
message, Soleillet lui dit : « Tu vas retourner chez Zeidou et tu
lui répéteras mot pour mot ceci :

» M. Soleillet vous remercie. Il ne désire rien, et, quoi qu'on
lui donne, il l'acceptera avec plaisir, non pour la valeur de l'objet,
mais parce que cet objet viendra de l'émir ou de vous. La loi de
son pays lui défend d'avoir des captifs. Il dit que tous les hommes
sont frères et que nul n'a le droit d'en vendre ou d'en donner. Il
vous remercie, mais il ne saurait recevoir comme cadeau une
captive ».

Jeudi 2 janvier. — L'émir fait faire de nouveaux affûts pour ses canons. Tous les forgerons ont été réunis pour cela et travaillent avec pompe, hors la porte de la ville, entre les murs et le marché. Soleillet va les voir.

Les forgerons, comme il est déjà dit, forment une caste particulière. Tous sont de race bambara et d'un sang magnifique, généralement de haute stature et de formes athlétiques. Leurs femmes sont fort belles et, comme eux, d'une grande propreté. Ils ont beaucoup et de superbes enfants qui exerceront la profession paternelle. Ils ne se marient qu'entre eux et jouissent du privilège de ne pouvoir être réduits en captivité. Ils passent pour avoir un commerce assidu avec les esprits et ont, chez les musulmans, pour patron le roi David.

Encore qu'ils passent pour impurs, ce sont eux qui circoncisent les garçons et leurs femmes les filles.

Voici comment ils se sont installés pour leur travail. Ils ont adossé au mur de la ville un auvent formé de nattes. Sous cet auvent, trône, assis sur une peau de chèvre placée sur une natte, le chef des forgerons, très beau vieillard à barbe blanche, vêtu d'un boubou blanc et bleu, coiffé d'un bonnet bambara jaune et le medium de la main gauche orné d'une grosse bague en argent. Il fume une grosse pipe, a près de lui son cheval blanc tout sellé, et deux griots accroupis chantent le travail, la puissance du forgeron, qui prend le fer et le feu, ce que l'homme connaît de plus fort, joue avec eux, amollit le fer comme la cire, en fait, selon son plaisir, un couteau, une hache pour façonner le bois, une bêche pour remuer la terre, un sabre, une lance pour tuer et donner aux rois force et puissance ; les fusils sont en fer, les balles et les boulets sont en fer, ainsi que le mors du cheval qui porte le guerrier.

La forge est adossée au mur de la ville, à une cinquantaine de mètres du chef des forgerons. C'est un trou creusé en terre. Le feu est entretenu par quatre outres servant de soufflets sur lesquelles une dizaine de gamins appuient tour à tour de manière à

former un jet d'air continu. L'enclume est placée devant le chef.
Elle consiste en un bloc de fer carré. Elle est portée sur des pinces
par deux forgerons vêtus d'une simple pagne. La pièce à forger
(un essieu d'affût) est apportée sur l'enclume par deux forgerons.
Quatre joueurs de flûte accentuent la cadence et les griots
décrivent dans leurs chants le travail à mesure de son avancement.
C'est un spectacle des plus curieux de voir ces Hercules, parfaits
de formes comme des rêves de sculpteurs de l'antiquité grecque,
marteler le fer avec leurs courtes masses. Ils sont tout autour de
la barre étincelante, qu'ils paraissent manier et pétrir à pleines
mains, le tout au son expressif de la flûte de roseau des Bambaras.
« J'ai souvent vu ces travaux, dit Soleillet, et toujours avec plaisir. C'était pour moi un bonheur de voir riches et libres ces soldats de l'armée du travail. Assis à côté de leurs chefs et fumant
dans leurs grosses pipes, je les ai vus, dans un beau rêve, forger les
pièces des locomotives et des bateaux à vapeur qui bientôt, je
l'espère, sillonneront l'Afrique occidentale et le superbe Niger ».

De l'atelier des forgerons, Soleillet va chez une dame qui jouit
d'une grande considération. C'est Madame Pinda Mabo, corcigui
de l'Hadji Omar. Elle soigne et nourrit une centaine de jeunes filles
et de jeunes femmes. C'est dans ce gynécée que l'émir prend les
femmes qu'il prête ou donne, selon le cas, aux étrangers de passage à Ségou. Elle fait aussi, avec du miel, du piment et autres
ingrédients, une liqueur très forte dont l'émir boit habituellement.
On en a donné à Soleillet dans une calebasse, et il lui a suffi d'y
tremper les lèvres pour avoir la gorge et les entrailles en feu. Les
amis de l'émir disent que ce n'est pas du *sangara* (eau-de-vie); ses
ennemis disent le contraire et ajoutent que c'est, en eau-de-vie,
tout ce qu'il y a de plus fort et de plus enivrant.

La maison de Madame Pinda Mabo est des plus confortables,
vaste et bien aménagée. Cette dame, d'une cinquantaine d'années,
est grande et maigre ; elle a la poitrine déparée par deux seins
flétris et longs d'une longueur inégale. Elle porte une pagne
autour des reins, un mouchoir sur la tête et beaucoup de bijoux

aux bras, aux oreilles, aux doigts, aux poignets, aux chevilles.

Soleillet se rend de la demeure de Madame Pinda à la boutique de Malek, le cordonnier. Quand Mage et Quintin, lui dit-on, rencontraient dans la rue une jeune femme ou une jeune fille, ils la poursuivaient, lui prenaient la taille et les seins. Ces habitudes militaires ne furent pas du goût des habitants de Ségou, qui portèrent plainte. L'émir fit aux deux officiers une verte réprimande et leur donna deux esclaves avec ordre de s'en contenter.

Vendredi 3 janvier. — Zeidou Zelia envoie à Soleillet un mouton énorme.

Samba lui raconte que l'émir ne va pas à tour de rôle chez chacune de ses femmes, comme le prescrit la loi. Son caprice est sa loi. Tous les matins, il va dans le tata où elles sont plus de 400, ayant chacune sa case et ses captifs, et choisit celle ou celles qui doivent passer la nuit avec lui. Dans toutes ses villes, il a des gynécées plus ou moins nombreux.

Samba juge que sa façon d'agir est celle d'un *Kefir*.

Les canons doivent arriver demain. La colonne qui les escorte a été attaquée. Les marchands, qui formaient une forte caravane, ont été pillés, plusieurs tués. Beaucoup de choses appartenant à l'émir ont été prises, notamment du sucre et du sirop qu'on lui envoyait de Médine ; mais on a sauvé les canons.

Samedi 4 janvier. — Le matin, en revenant du marché, Yaguelli voit les canons. La colonne n'a perdu que quelques hommes, mais beaucoup d'animaux chargés, au moins 300 bœufs ou ânes.

Le soir, le chef des forgerons rentre. Il est sur son beau cheval blanc ; ses griots et des joueurs de flûte le précèdent ; ses compagnons le suivent. Tout cela forme un véritable cortège.

Dimanche 5 janvier. — La sœur du Lam Toro Samba-Oumané-Marieni-Ken prie Soleillet de lui écrire une lettre en français.

Dans l'après-midi, Soleillet va voir le schériff Abd-el-Kader. A Saint-Louis, où il a été plusieurs fois, il est connu sous le surnom de schériff *Kabous* (pistolet), parce qu'il est très vif et parle tou-

jours de se battre. Il est petit et maigre, à barbe noire, vêtu d'un
boubou blanc, coiffé d'une calotte rouge à gland de soie verte. Il
parle un peu français, ayant habité l'Algérie et surtout Tlemcen.
Il est du Kenafsa et descend du schériff Sidi Mohammed Bouzian,
marabout de grand renom, saint vénéré dont on voit la Kouba
près de Tlemcen.

Il est furieux contre l'émir. Il avait un très beau fusil. Sur la
demande de celui-ci, qui désirait le voir, il l'a envoyé au palais.
On ne veut pas le lui rendre. Pour en obtenir la restitution, il lui
faudra se fâcher avec l'émir, et il le fera, car il ne veut pas se laisser mener comme un captif.

Lundi 6 à mercredi 8 janvier. — Il paraît que Mahmoud a été
rien moins que vaillant lorsque les Bambaras ont tenté de prendre
les canons. Les jeunes filles bambaras de la ville ont fait sur lui
une chanson qui déjà court partout. En voici la traduction :

> Mahmoud est un guerrier pour rire.
> Il commande des hommes armés.
> Voyez, il est beau et fier dans la broussaille,
> Tant qu'il est seul avec ses gens.
> L'ennemi vient, les fusils partent,
> Mahmoud a peur et veut se cacher.
> Qui prend soin d'un poltron ?
> Une vieille met le beau guerrier
> Sous sa sale pagne.
> C'est la cachette de Mahmoud,
> De Mahmoud, un guerrier pour rire.

Mahmoud s'est plaint à l'émir, et l'émir a promis de faire fouet-
ter celles qui continueraient à blasonner son captif, ce qui ne les
gêne pas du tout. Il paraît d'ailleurs qu'Ahmadou n'oserait mettre
à exécution sa menace, Ségou ayant toujours joui de la liberté de
chanter.

CHAPITRE XI

SÉJOUR A SÉGOU (*suite*)

Jeudi 9 janvier. — Dans l'après-midi, Soleillet se promenait
seul, au grand trot de sa mule, sur la route de Sikoro. Une vingtaine de femmes allaient devant lui, portant leurs emplettes dans
des calebasses. Tout à coup, elles déposent leurs calebasses, se
dépouillent de tous leurs vêtements, et se mettent à sauter et à
crier. Quelle mouche les pique ? Sur cette réflexion, Soleillet
s'avance au galop pour voir de quoi il s'agit. Il avait dit juste, sans
s'en douter ; il s'agissait de mouches. Un homme qui portait une
peau de bouc remplie de miel en rayons laissa tomber sa charge.
L'outre se creva. Toutes les abeilles du voisinage accoururent à
tire-d'ailes et tombèrent sur les pauvres femmes. Pour ne pas
partager leur sort, Soleillet tourne bride, se sauve au triple galop
et va se promener ailleurs.

Vendredi 10 janvier. — Quelqu'un parle à Soleillet de populations très sauvages et cannibales qui sont à cinq jours de Ségou, et qu'on appelle Menka.

Zeidou Zelia assure à Soleillet que les Foulbé remontent à Ismaël. Il en sait toute la généalogie. Zeidou est Toucouleur, par conséquent métis de Foulbé ; de plus, il est musulman. Il est donc très intéressant pour lui que les Foulbés descendent d'Ismaël. Il demande à Soleillet s'il sait quelle langue parlait Abraham, et Soleillet répond que probablement l'excellent père d'Ismaël parlait hébreu. Zeidou affirme, au contraire, qu'Abraham parlait le *soni-nké*, qui est la plus ancienne langue du monde.

Soleillet accepte son dire et le note, car il prouve l'antiquité que les noirs attribuent aux Soni-nké, race qui fut toute-puissante et qu'il considère comme devant descendre, ainsi que les Bambaras, des fameux Garamantes.

La conversation roule ensuite sur la France. Où Zeidou est le plus étonné, c'est quand le schériff lui dit qu'en Algérie il y a des colonnes creuses où l'eau coule toujours et où l'on va uriner.

Zeidou, revenant sur sa conversation du 20 décembre, parle des consuls européens à établir à Ségou et de l'établissement à Saint-Louis d'une mission de Ségou. Cette idée lui sourit beaucoup et il la développe.

Samedi 11 janvier. — Soleillet envoie un tapis au schériff, qui le fait beaucoup remercier.

Dans la journée, après une promenade à mule au marché, il va voir son vieil ami Mamadou Bachir. Comme il fait très chaud dans sa demeure, ils vont dans sa mosquée, qui est fort proprement tenue. Le sol en terre est couvert de nattes.

Bachir est le chef politique et religieux des Maures qui viennent à Ségou. On voit qu'il n'est pas fanatique, puisque, de son propre mouvement, il conduit Soleillet dans la mosquée. Ils y restent près d'une heure.

Soleillet le quitte pour continuer sa promenade. Dans ce pays, où il est si libre, deux ans plus tard des Français seront retenus prisonniers.

Dimanche 12 à mardi 14 janvier. — Le matin, Mamadou Bachir vient voir Soleillet.

Il est accompagné de plusieurs Maures. Il présente l'un d'eux comme ayant apporté un courrier à Mage et à Quintin. « Je vais lui dire son nom et son pays », s'écrie Soleillet. Prenant aussitôt la relation du voyage de Mage, il lui dit : « Vous êtes le cheikh Ould Abd Daïm, de Akraïjit », ce qui le surprend agréablement. Il ajoute : « Les Français n'oublient jamais un service rendu ; un service rendu à un Français et à un chrétien oblige tous les autres. Je suis sur mon départ et je n'ai plus grand'chose, mais je ne veux pas vous laisser partir sans un cadeau ». Là-dessus il lui donne trois mouchoirs imprimés en coton, ce qui lui fait grand plaisir.

La conversation devient générale, et ces Maures paraissent bonnes gens.

Mercredi 15 janvier. — Chez Zeidou, la conversation revient sur les consulats.

Soleillet écrit en arabe le nom de son pays, ce qui étonne beaucoup les assistants.

Jeudi 16 janvier. — Dès le matin, Soleillet envoie en cadeau à l'émir ses balances et quelques remèdes. L'émir lui fait dire, par Samba, qu'il peut se considérer à Ségou comme chez lui, et qu'il en partira quand il voudra. Soleillet lui fait répondre qu'il désire partir dimanche matin. « Cela va bien, répond l'émir, mais je tiens à le recevoir en audience de congé, le charger d'une lettre pour le gouverneur, et lui donner un sauf-conduit avec mon cachet pour qu'il ait dans mes États tout ce qu'il voudra et soit traité comme un membre de ma famille, car, ici, tout le monde est très satisfait de lui ».

Vendredi 17 janvier. — Soleillet va faire, avec le schériff, sa visite d'adieu à Zeidou.

Il est encore question des consulats. Cette idée est mûre, et l'influence sera à la première nation, France ou Angleterre, qui enverra un consul. Nous aurons toujours l'avantage d'être en bonnes relations avec l'émir, qui est, par son père, originaire du Sénégal.

Samedi 18 janvier. — Soleillet reçoit la visite de Mahmadou Bachir et lui demande des lettres pour le Tichid, son pays. Mahmadou promet d'apporter ces lettres dans l'après-midi, ce qu'il fait.

Soleillet reçoit de nombreuses visites et quelques cadeaux. Un forgeron noir qui lui a fait, en cuivre argenté et doré (1), les divers bijoux du pays, lui apporte une pipe en fer avec tuyau en bois incrusté de cuivre.

Dimanche 19 janvier. — Sur la demande du roi, Soleillet se rend au palais avec Samba, Yaguelli et Souley.

L'émir est très froid à l'égard du gouverneur du Sénégal. Cependant, il remet à Soleillet une lettre pour lui. Il ajoute qu'il saurait bien, s'il le voulait, se défaire des *Kafir* qui entourent son pays, mais qu'il préfère les conserver ; que, d'ailleurs, ceux qui viennent à Ségou ne peuvent en partir sans sa permission. Il ajoute très gracieusement que tout le monde est très content de Soleillet, que dans tous ses États il sera bien reçu, qu'on a reconnu en lui un vrai *Tierno Toubak* et que des hommes comme lui sont toujours les bienvenus. Il donne ensuite à Samba un peu d'or, très peu pour Soleillet, à cause des pièces de roum qu'il n'a pas voulu lui laisser, et délivre à celui-ci un sauf-conduit.

Le schériff et Zeidou Zelia ne sont pas contents du peu d'importance du cadeau de l'émir et offrent au *Tierno Toubak* des pagnes et des boubous.

Soleillet compte partir le lendemain. « Si j'avais eu de l'argent, dit-il, j'aurais acheté une pirogue et des captifs, et tenté, même malgré l'émir, de descendre le Niger. Je pouvais, en un jour, sortir de ses États. Mais je n'avais en tout que 2 000 francs de la *Société des Études maritimes et coloniales*, 10 000 francs du ministère de l'Instruction publique, que je n'ai pas encore touchés, et

(1) Ils ont été remis au Ministère de l'Instruction publique pour le Musée d'ethnographie.

5,000 francs du Sénégal. C'est donc avec 7 000 francs que j'ai fait ce voyage. Je n'en tenterai plus avec d'aussi faibles ressources. Il faut de 15 000 à 20 000 francs. Davantage serait un embarras à cause de la difficulté des transports.

Si j'avais reçu à Ségou les 10 000 francs du ministère de l'Instruction publique, j'aurais certainement tenté, avec des chances de succès, de gagner Timbouktou et Alger.

CINQUIÈME PARTIE

RETOUR DE SÉGOU-SIKORO A SAINT-LOUIS

20 janvier — 21 mars 1879

CHAPITRE Ier

Impressions de Soleillet sur son séjour à Ségou. — Nouveaux cadeaux qu'il reçoit. —
Visites. — Cérémonies accomplies par un marabout pour que Soleillet fasse un bon
voyage. — Départ. — Une ruse de Noir. — Soleillet est reçu à Ségou-Koro par le
chef des Softas. — Les ruines du palais de Biton, premier roi bambara du Ségou. —
Masalla, ancienne ville royale. — On y fête l'ablation de plusieurs filles. — Les
Bambaras ne veulent pas être musulmans. — Pourquoi ils se font circoncire. — Le
premier Soni-nké qui fit le pèlerinage de la Mekke. — L'île de Ségou. — Caravanes de marchands de gourous. — Albinos. — Soleillet rencontre la femme que
l'émir avait donnée à Mage. — A Dindian on fête de nouveaux circoncis. — Les
gens de Bogué donnent à Soleillet des gourous. — Le village de Mallé. — Passage
du Niger.

Lundi 20 janvier. — « C'est aujourd'hui, dit Soleillet, que je
dois quitter Ségou-Sikoro. Après être resté 112 jours dans cette
ville, aussi loin de l'Europe par les mœurs et les coutumes que
par la distance, j'éprouve un sentiment pénible. J'ai toujours eu
avec les habitants de très bons rapports, et une certaine délicatesse
de cœur ne me permet pas de traiter légèrement les moindres
rapports de la vie ».

De grand matin, les captifs lui apportent de la part du sultan
de magnifiques noix de gourou. Par la quantité et la qualité des
fruits, ce présent est réellement princier. Ahmadou rachète ainsi
ce qu'avait de blessant le peu d'importance de son cadeau de poudre
d'or.

Zeidou Zelia lui envoie, avec des pagnes et des boubous, des
lettres pour qu'on lui fasse des cadeaux à Guigné, Nioro et Kouniakari.

Son ami le cheikh Abd-el-Kader lui fait aussi un cadeau et lui donne une lettre pour Nioro, où il a une maison qu'il habite une grande partie de l'année. Par cette lettre, Abd-el-Kader donne l'ordre de remettre à Soleillet douze plumes d'autruche à choisir et deux défenses d'éléphant.

Samba N'Diaye donne à Samba Timbé une magnifique pagne.

En Afrique, les cadeaux ont une très grande importance : ils sont une preuve de considération et d'amitié.

Aux cadeaux succèdent les visites. D'abord celle de Hiero Dio, le vieux berger : puis celle de Maudi Sidi, le vieux marabout, qui veut écrire une prière dans la main de Soleillet. Soleillet se prête de bonne grâce à l'affaire. Le digne marabout psalmodie à voix basse une prière en faisant le simulacre de l'écrire, avec l'index droit, dans la main droite du patient, puis il lui crache dans la main et dit : « Je vous laisse partir sans crainte, car maintenant rien de fâcheux ne peut vous arriver ; je suis sûr que vous arriverez sain et sauf dans votre pays, où vous trouverez en bonne santé toute votre famille ».

Vient ensuite le cheikh Mahmadou Bachir, qui apporte une lettre pour sa famille au Tichid. En reconnaissance de ce bon procédé, Soleillet promet de lui donner sa mule, qu'il avait voulu acheter ou échanger contre une grande jument rouge. Soleillet avait toujours refusé ce marché ; aussi le cheikh est-il heureux d'apprendre qu'en arrivant à Médine le Français mettra la mule à sa disposition.

Après Mahmadou viennent Moktar, le bourreau, les femmes, les enfants. Jupiter est furieux qu'on ne veuille pas le laisser partir. Il est libre, dit-il, et c'est une indignité de le retenir. C'est très vrai ; mais s'il n'y avait pas d'arbitraire dans un empire noir, où donc faudrait-il en chercher ?

Soleillet ne peut intervenir en sa faveur et lui conseille la résignation.

A midi, le mince bagage de Soleillet est chargé sur les trois ânes valides qui lui restent. Samba N'Diaye est à cheval. Il est suivi d'un neveu de vingt-cinq à trente ans, d'un jeune captif et d'un captif d'un certain âge, Piatrou, qui doit aller jusqu'à Saint-Louis. Le pauvre homme est à peine vêtu, mais il a pensé, et son maître aussi, que Soleillet l'habillerait. Celui-ci les prévient qu'il ne pourra rien faire avant Médine, et Samba répond que cela ne fait rien.

Yaguelli et le vieux Souley sont prêts, et Soleillet fait ses adieux aux femmes, aux enfants, aux captifs de la maison de Samba, et part comblé de souhaits. En ville, beaucoup de personnes l'arrêtent pour lui souhaiter bon voyage.

En sortant de la ville, il prend un sentier qui est parallèle au fleuve et ombragé de beaux arbres. Les champs sont bien cultivés ; on voit sur les rives du Djoliba de magnifiques plantations de tabac.

A une heure, Soleillet traverse la place de Ségou-Kora, où nombre de personnes font la sieste sous de beaux arbres.

A une heure et demie il arrive à Ségou-Koro. Le sultan y possède un tata en terre avec une porte très élevée et sculptée. Soleillet y est reçu par le chef des Softas, beau bambara d'une quarantaine d'années. Ce chef a pour marque de dignité un sabre et un fouet à cinq branches, en cuir et à nœuds.

Le tata est occupé par vingt femmes d'Ahmadou, leurs captifs et leurs captives. Tout ce monde est gardé par une centaine de Softas.

Mardi 21 janvier. — En sortant de Ségou-Koro, vers huit heures, Soleillet voit des ruines en terre, d'un aspect imposant, avec des portes et des piliers d'un caractère vraiment architectural. Ces ruines sont celles du palais de Bitou, premier roi bambara du Ségou.

Toujours suivant les rives du fleuve, Soleillet traverse Dioukouna, puis le petit village de Gara dont les habitants battent du mil avec des fléaux.

Soleillet et Samba N'diaye voyagent côte à côte et causent. Soleillet promet à Samba de lui envoyer de Saint-Louis une canne à épée, six bonnets de coton blanc et un burnous en drap rouge.

A onze heures trente minutes ils arrivent à Masalla. Sous les Bambaras, c'était une ville royale. Elle a été habitée par Mari, le dernier roi de cette race.

La ville était en fête à l'occasion de l'ablation de plusieurs filles. Les femmes sont parées de leurs plus beaux atours. Leur coiffure est particulièrement curieuse. Elle consiste en une grosse touffe de cheveux de chaque côté de la tête et en un bandeau orné de pendeloques d'ambre et de corail.

On danse et l'on chante dans divers quartiers de la ville, et les jeunes circoncises qui ne peuvent danser, vont de maison en maison, une calebasse à la main, demander des cauris et des gourous.

Jusqu'à présent, les Bambaras ont accepté de la religion musulmane une seule chose : la circoncision que plusieurs pratiquaient avant l'introduction de l'Islam.

Ils ont toujours refusé d'avoir des marabouts, de laisser construire des mosquées, de prier et de jeûner. Quelques-uns, en signe de protestation, laissent croître leurs moustaches alors que les marabouts, exagérant les préceptes du koran qui veut qu'elles soient coupées au ras des lèvres, les font raser complètement. Dans le même esprit, ils portent dans toute leur longueur les poils des aisselles et du pubis. Souvent des Bambaras, même des vieillards respectables, pour prouver à Soleillet qu'ils n'étaient pas musulmans, lui ont fait voir que ces parties de leur corps n'étaient pas rasées. Ils boivent ostensiblement de l'eau-de-vie de mil. Mais tous sont circoncis parce que l'Hadji Omar faisait couper la tête à ceux qui ne voulaient pas se soumettre à cette cérémonie.

Quant à la circoncision des filles, qui ne fut connue ni des Juifs ni des Arabes, elle paraît d'invention africaine et antérieure à l'Islam.

Samba dit que les Soni-nké furent les premiers Musulmans du

Soudan, et que le premier Soni-nké qui fit le pèlerinage de la
Mekke est un nommé Cissei, du village de Yakaba, de la frontière
du Macina. Ce pèlerinage eut lieu bien avant l'arrivée des Arabes
dans ce pays. Le fils de Cissei a fondé, près de Koudian, sur la
frontière du Bafoulabé, la ville de Yara, et plus tard, dans le Bondou, une autre ville du même nom. Ces deux villes seraient les
plus anciens centres musulmans de cette partie du Soudan..

Mercredi 22 janvier. — Soleillet quitte Masalla à huit heures
dix minutes du matin pour pénétrer dans l'île de Ségou. Le
thermomètre est descendu à + 21°5′ et le temps est couvert.

Le terrain est bas, sablonneux, herbu, planté de grands arbres.

Il croise plusieurs caravanes de quinze à vingt personnes qui
vont à Ségou portant sur la tête de longs paniers de gourous.
Elles viennent, par le Foutah Djallon, de la Gambie et des bords
des autres rivières de la côte occidentale qui produisent le
gourou.

A neuf heures quinze minutes il arrive au village de Nango,
situé au milieu de belles cultures et en pleine forêt. Parmi les gens
qui se pressent autour de lui, il remarque un jeune *Founé* (nègre
albinos) de onze à douze ans qui porte un petit noir de trois à
quatre ans, son frère germain. Il y a plus de *founés* hommes que
femmes. A Ségou on cite une seule femme pour plus de dix
hommes.

On amène à Soleillet une négresse mal habillée : celle que Mage
eut à Ségou.

Samba dit que Mage et Quintin, à leur départ de Ségou, lui
donnèrent les femmes qu'ils avaient reçues d'Ahmadou et qu'ils
avaient épousées. Elles étaient enceintes. Mage aurait recommandé
à Samba de lui envoyer son enfant si c'était un garçon et de ne
lui parler de rien si c'était une fille. Quintin n'aurait fait aucune
recommandation. L'un des enfants vint mort, l'autre n'a vécu que
quelques mois.

Samba ne voulant pas épouser ces femmes et ne voulant pas
commander comme captives des femmes qu'il avait considérées

comme les épouses légitimes de chefs blancs, ses amis, les rendit à l'émir Ahmadou qui les fit épouser à deux de ses captifs, et c'est comme veuve de l'un d'eux que vit actuellement Fatma. Elle est dans une situation assez misérable. Elle parut très émue en voyant Soleillet et se contenta de lui serrer la main, à l'européenne. Cette rencontre produisit sur le voyageur une impression d'autant plus triste qu'il était lui-même trop pauvre pour faire à cette femme un cadeau. Il ne put que lui offrir quelques noix de gourou. D'ailleurs, d'après les usages du pays, par ce présent il la traitait en grande dame.

Il se remet en marche à onze heures vingt-cinq minutes ; peu après il traverse le village bambara de Soyd, où se tient un marché ; à deux heures dix minutes il s'arrête, pour passer la nuit, au village soni-nké de Dindian. Tandis que les cases des Bambaras sont quadrangulaires, avec toits en terrasse et quelque-fois à un étage, celles des Soni-nké sont circulaires avec un toit conique en chaume.

Jeudi 23 janvier. — Les gens du village passent la nuit à fêter les nouveaux circoncis. Le tamtam résonne jusqu'au matin. Parmi leurs instruments plus ou moins barbares, s'en trouve un très harmonieux ; c'est un grand harmonica formé de calebasses et de pierres sur lequel on frappe avec des tampons.

Soleillet part à sept heures dix minutes et traverse, presque aussitôt, un village foulbé appelé Dindiaouré. Sans quitter les terrains cultivés, il atteint un second village foulbé du nom de Detunbougo. A huit heures trente minutes il traverse un troisième village foulbé, et à neuf heures quinze minutes il arrive à Bogué. De Dindian à Bogué il a marché au milieu de cultures de mil, d'indigo, de coton, de tabac, etc. Le sol est sablonneux et ombragé de grands arbres.

Bogué est bien bâti, en terre, et paraît peuplé. C'est un centre commercial important. Tous les mardis il s'y tient un grand marché. Les habitants font à Soleillet très bon accueil et lui envoient au nom de tous 100 beaux gourous.

Soleillet part à trois heures. Le temps est couvert et le thermomètre marque + 27°1'. Après avoir traversé une forêt d'arbres
épineux, il arrive à cinq heures vingt minutes au village soni-nké
de Mallé, construit depuis 1876 par un ami de Samba N'diaye.

Vendredi 24 janvier. — Le village de Mallé est situé à la limite
des inondations du Niger. Aussi, dès qu'on en sort, on trouve
des terrains couverts de plantes marécageuses et coupés de petits
marigots qui rendent la marche difficile. Parti à sept heures,
Soleillet arrive à neuf heures au fleuve, en face de Yamina.

Samba N'diaye et d'autres voyageurs partent dans une pirogue ;
Soleillet reste avec Yaguelli pour embarquer la mule, ce qui se fait
assez facilement.

Bien que les eaux soient basses, le fleuve a au moins 800 mètres
de largeur. Le courant est rapide et un fort vent souffle du nord-
est. La pirogue danse. Cette embarcation n'est d'ailleurs jamais
stable. A peine à 100 mètres du rivage, la mule a peur, se cabre
et fait avec l'homme qui la tient des mouvements désordonnés ; à
tout instant l'embarcation menace de sombrer, ce qui est d'autant
moins agréable que le courant est très rapide et que les caïmans
sont très nombreux. Aussi, c'est avec plaisir que Soleillet reprend
terre.

CHAPITRE II

DE YAMINA A GUIGNÉ

La population de Yamina et son énorme chef le reçoivent comme un vieil ami. Des Duilas, qui sont ici avec leurs gourous, voudraient partir avec lui et viennent lui en demander l'autorisation.

Ici, on n'ose rien demander les mains vides et ces gens entament la conversation par un cadeau de quelques beaux gourous. Soleillet ne peut rien leur promettre, car il doit traverser, avec des gens de Nioro, les forêts dangereuses.

Samedi 25 janvier. — La nuit a été couverte. Soleillet, qui se sent fatigué, redoute un accès de fièvre. Cependant, à six heures et demie il est en selle et quitte la ville. Samba N'diaye et Sidy, le chef de Yamina, l'accompagnent. Ils arrivent ensemble sur une place hors de la ville où Yaguelli, Souley et le captif de Samba les ont devancés avec les ânes. On organise la caravane. Les hommes qui doivent l'escorter sont réunis en armes. Il y a un grand nombre de captifs, notamment plusieurs files d'esclaves qui sont attachés par le cou avec des cordes, un grand nombre d'enfants de quatre à cinq ans, des Duilas chargés de paniers de gourous et leurs pauvres femmes qui plient sous des calebasses pleines de pagnes et d'autres marchandises.

La caravane est caravane royale et, comme telle, dispensée de payer aux chefs des villages des droits quelquefois très élevés. Pour cette cause, on en expulse les Duilas qui sont forcés de rentrer à Yamina.

Elle comprend encore des gens de toutes sortes, des ânes, des bœufs porteurs, des chevaux. Tout cela crie, pleure, chante, gesticule, braie, mugit, hennit, rue. C'est très pittoresque, mais le pittoresque est souvent très désagréable.

A sept heures vingt-cinq minutes, cette foule s'ébranle sans ordre et Soleillet fait ses adieux à Samba N'diaye, qu'il embrasse de bon cœur, et à Sidy, dont il serre la main.

La tête lui tourne, il vomit plusieurs fois et est en proie à une très forte fièvre. Aussi, en arrivant devant le village de Morebougou, il se laisse glisser de sa mule et se couche au pied d'un arbre. Au moment du départ, on est obligé de le remettre en selle et il reste sans connaissance pendant la traversée de la forêt. A l'arrivée à Caverla il est très mal. On le couche dehors, et grâce aux soins de son brave Yaguelli il finit par s'endormir. Le lendemain matin il se sent beaucoup mieux.

Dimanche 26 janvier. — Départ, à sept heures et demie. Arrivée à Touba vers onze heures. Tous les gens du pays qui connaissent Soleillet viennent au-devant de lui et lui font beaucoup d'amitiés. Il va d'abord chez le vieil almamy qui s'entête à ne pas lui désigner de maison sous prétexte qu'il doit repartir. Il le laisse enfin aller dans la maison qu'il avait occupée précédemment et où ne tardent pas à venir le vieux Moussa et ses autres connaissances qui désirent avidement des nouvelles de son séjour à Ségou.

Dès l'arrivée des ânes, laissés en arrière avec Souley, Soleillet se met en route pour Banamba où il arrive à quatre heures du soir.

Banamba est le lieu de rendez-vous des gens de Nioro. Ils l'ont envahi, et malgré Samba Tambo et Baldey, Soleillet ne trouve qu'à grand'peine un logement. Il a encore la fièvre, Yaguelli ne peut trouver de lait, il n'a ni thé, ni sucre, ni café ; pour tout remède, il a de mauvaise eau.

Lundi 27 janvier. — Départ à six heures vingt-cinq minutes. La caravane est rangée en ordre en dehors de la ville. L'escorte est nombreuse. Tout le monde est armé, même un schériff. Des cavaliers ont jusqu'à trois fusils. Soleillet seul est sans armes. La caravane est très riche et l'on s'attend à plus d'une attaque. Il paraît d'ailleurs que les Bambaras tiendraient beaucoup à s'emparer de Soleillet pour mettre mal l'émir Ahmadou avec les Français. En faisant ces contes au voyageur, on l'engage à se hâter le plus possible. Celui-ci a la fièvre, vomit et se sent au plus mal. Il donne néanmoins le signal du départ.

Les captifs, surtout les enfants, que l'on pousse comme des bêtes ; les hommes, les femmes et les bêtes de somme, aussi chargés les uns que les autres, prennent la file indienne. Soleillet occupe à peu près le centre du convoi ; les cavaliers marchent à droite et à gauche en flanqueurs et, aidés de quelques piétons, fouillent la forêt dans tous les sens.

Elle a un aspect lugubre, cette masse de gens apeurés, qui s'avancent, silencieusement et en hâte, à travers ces grands arbres d'où s'échappent les bruits étranges des forêts tropicales : chutes d'arbres, bruissement de reptiles dans les broussailles, cris de fauves et d'oiseaux moqueurs.

L'un des ânes de Soleillet tombe et ne peut être rechargé. Ses deux ballots sont placés sur la mule du voyageur et celui-ci est assis sur un nœud de corde qui le blesse. C'est une nouvelle douleur ajoutée à toutes celles qu'il endure déjà. Il fait de grands efforts pour vomir et depuis longtemps il n'a plus rien dans l'estomac.

Il n'est pas au bout de ses peines. Des douleurs d'autre nature
le forcent de mettre pied à terre. On entend au loin le bruit des
tabala qui appellent aux armes les Bambaras des villages de la
forêt. Il faut, coûte que coûte, sortir du bois avant qu'ils aient pu se
réunir et commencer l'attaque. Les hommes de la caravane sont
sans pitié, soutiennent Soleillet, qui ne tient plus sur sa selle, et
l'empêchent de descendre. La douleur l'emporte sur tout. Il se
laisse glisser à terre et court au pied d'un arbre. Aussitôt, vingt
cavaliers, le fusil au poing, l'entourent, crient en cœur : *évi! évi!*
vite ! vite ! Soleillet résiste, utilisant le temps le mieux possible et
sans qu'il en ait fait la demande, vingt bras l'enlèvent, le replacent
en selle, le reconduisent grand train au milieu du convoi.

On entend toujours les tabala, on presse les captifs, on les
frappe pour les faire avancer. Les femmes et les enfants pleurent.
On ne leur permet pas même de s'arrêter pour s'arracher les
épines des pieds. Tout le monde est affolé de peur. Enfin, à deux
heures et demie, on sort du bois, sans avoir vu ce terrible ennemi.
On est dans des champs cultivés, près d'un village. Soleillet se
couche sous un arbre et s'y endort. A la nuit la caravane va s'installer dans le village, un tout petit village Bambara. Soleillet y est
bien logé. On lui donne une poule et du lait, il dort et se trouve
assez bien le lendemain. Souley est parti en avant avec les bagages ; Yaguelli est resté seul avec son maître.

Mardi 28 janvier. — A cinq heures, Soleillet dit adieu aux
bons Bambaras et, comme le froid est très vif (+ 14° 9), il part
à pied.

A huit heures, il arrive devant Tiemabougou, grand village
bambara. Les murs construits à droite et à gauche de la tour
d'entrée sont ornés de grossières sculptures qui représentent un
crocodile, une hache et deux hommes. Soleillet n'entre pas dans ce
village, mais il obtient, pour quatre pierres à fusil, de faire porter
à Boro la charge de l'âne. A dix heures, en arrivant à Boro, il
trouve Souley, les ânes et le captif de Samba. Dans l'après-midi,
les gens de Nioro et de Samba-Tambo viennent lui faire leurs

adieux, car il est trop malade pour continuer avec eux le voyage.

Mercredi 29 janvier. — Il part à six heures vingt-cinq minutes et arrive à sept heures quinze minutes aux ruines du village de Diungué.

Depuis le matin, les arbres n'ont plus de feuilles, ce qui donne au paysage un air de deuil. A peine voit-on, dans les bas-fonds qui conservent un peu d'humidité, quelques herbes souffreteuses.

A dix heures il arrive à Diégué, village soni-nké, où il est assez mal reçu malgré la lettre de l'émir. On ne veut rien lui vendre ni rien lui donner. Il en repart à jeun à midi. Il ne tarde pas à subir un accès de fièvre ; mais à cinq heures, au village de Ouora, il est bien reçu et bien logé.

Jeudi 30 janvier. — Il casse son dernier thermomètre.

Le matin il va se chauffer auprès du feu qui brûle devant sa case. Un noir vient se placer entre lui et le feu. Il lui dit de se retirer. Un maure noir étranger, qui se chauffe au même feu, ajoute, s'adressant au noir : « Laisse ce *kefir* ».

Soleillet prétend que, comme chrétien, il ne doit, pas plus que les Juifs, être traité d'infidèle. Aussi dit-il au maure : « Que dis-tu ? » — Celui-ci répète sa phrase en mettant dans le mot *kefir* l'intonation la plus blessante. Soleillet se lève et menaçant le maure, il lui crie : « *Chien, fils de chien, père de chiens* ». Le maure s'enfuit, oubliant son bâton que Soleillet brûle par vengeance.

A six heures quinze minutes, il quitte Ouora et arrive à Guigné à sept heures un quart. Il va loger dans la maison où il a déjà reçu l'hospitalité. Les hôtes en sont toujours très nombreux, nouveaux pour la plupart. Ses amis les marchands de gourous y sont toujours. Ils viennent lui dire adieu. La fièvre le cloue sur son tara pour toute la journée.

Vendredi 31 janvier et samedi 1er février. — La première journée est mauvaise. La seconde vaut un peu mieux. En se promenant sur le marché il achète, pour six boîtes d'allumettes et un morceau de cotonnade, un morceau d'ivoire de trois kilogrammes.

Dimanche 2 et lundi 3 février. — Soleillet a toujours la fièvre. Il se décide néanmoins à partir et fait demander des guides au chef du village qui n'est pas plus gracieux que la première fois. A trois heures trente minutes, il quitte Guigné, « me doutant peu, dit-il, » que j'étais le dernier Européen qui devait voir cette ville ». Quelques mois plus tard, les Bambaras, sortis de leurs forêts, l'ont complètement détruite, sans y laisser debout une seule case, en ont tué ou emmené en captivité tous ceux des habitants qui n'ont pu prendre la fuite.

CHAPITRE III

DE GUIGNÉ A KAMATINGUI

Visite désagréable. — A Ouo-Sébougou. — L'Européen est un homme comme les Maures! — A Digna. — Soleillet va mieux. — Prétentions des Maures du village. — Leur commerce. — Ahmadou Boghar se rend en pèlerinage à la Mekke. — Camp maure. — A Maribougou. — A Ouaourou. — A Lekro. — A Mattalla. — Piatrou, le captif de Samba N'diaye, se décide à se vêtir. — La caravane s'augmente. — Un parti maure qui vient d'être battu. — Une caravane de captifs de un à trois ans. — — Ruines de Kourouté. — Ce que l'on fait des petits captifs qui ne peuvent plus marcher. — Kamatingui.

En sortant de Guigné, on entre dans la forêt. Soleillet s'y arrête, vers onze heures du soir, pour se reposer. Jusqu'alors, tout s'était bien passé, mais pendant la nuit, cinq ou six lions, alléchés par les ânes, viennent rôder autour du bivouac. Il suffit d'un feu pour les tenir éloignés et ils rugissent à 50 ou 60 mètres de distance, sans oser approcher davantage.

Mardi 4 février. — Soleillet se met en route à deux heures un quart du matin. A onze heures, après une marche assez pénible, d'abord dans un bois de petits arbres, puis dans une plaine saharique, il arrive à Ouosébougou, village dont les maisons sont en terre et de forme cubique et le mur d'enceinte également en terre. Comme tous les villages bambaras, il a tout à fait l'aspect des *queçour* du Sahara septentrional.

Soleillet est bien accueilli par le chef de Ouosébougou. Lorsqu'il lui présente la lettre de l'émir Ahmadou, ce chef en examine le cachet et la place sur sa tête en signe de respect; sans même vouloir qu'on la lui lise, il met tout à la disposition de son hôte,

et, le soir, il fait danser en son honneur. Celui-ci, qui a toujours
la fièvre, aurait beaucoup mieux aimé rester en repos.

Mercredi 5 février. — A six heures un quart, il se met en marche
à travers une plaine cultivée en mil et en maïs. A neuf heures, il
passe devant le village bambara de Duamougou ; peu après, il
croise une tribu maure en déplacement, puis une troupe d'enfants
conduite par une jeune fille de 16 à 17 ans. A la légèreté de
son allure, sa beauté maigre, la pureté de ses formes et la grâce
de son visage, cette jeune fille eût été prise, par les Grecs, pour
Diane chasseresse. Soleillet, qui marche à une centaine de mètres
en avant de ses gens, est ravi, car il y a longtemps qu'il n'a vu
une femme blanche. Dès qu'il est à portée de la voix, elle lui crie :

— Es-tu l'Européen ?

— Oui.

— Est-ce bien toi ?

— Oui, certainement.

Alors étonnée et surprise, la belle mauresque crie aux autres :
Toubak radjel quif beidane ! (l'Européen est un homme comme les
Maures). Elle répète cette phrase plusieurs fois, car dans les
tribus maures on fait sur nous les contes les plus absurdes. Elle
s'approche ensuite et dit : « O ! mon frère, donne-moi quelque
chose ».

Les enfants s'approchent aussi, puis des hommes et des femmes,
et c'est au milieu d'une foule bruyante qu'il arrive aux portes du
village de Digna.

Digna et les précédents villages appartiennent au Bakouna,
pays exclusivement bambara. Il y a dix ans, quand il revint victorieux de Nioro, Ahmadou réduisit complètement les Bambaras
qui s'étaient révoltés, prit tous leurs fusils, mit dans les villages
des talibés pour commander en son nom et, à la tête de la province, un talibé qui réside habituellement à Digna. Le chef actuel
de la province est Omar Mahmadou.

Omar Mahmadou, actuellement dans un autre village, est remplacé par son lieutenant, un autre talibé, Samba Guélagio, qui

fait à Soleillet très bon accueil. Il le loge chez Omar, lui envoie de l'eau en abondance pour faire sa toilette et prendre une douche, puis du lait et du riz.

Après avoir fait des ablutions sérieuses, une bonne sieste et mis des vêtements propres, Soleillet se trouve tout à fait bien.

Les chefs maures viennent le voir, lui font beaucoup d'amitiés, insistent pour qu'il se dise de même race qu'eux.

Les Maures sont ici assez maltraités. Voyant que Soleillet, à cause de la lettre de l'émir, est un personnage, ils veulent établir qu'ils sont de même race que lui, ce qui, du reste, est conforme à leurs idées.

Ils sont très ignorants en ethnographie et en histoire, et tiennent pour hors de doute :

1° Que d'Adam à Noé il n'y eut qu'une race d'hommes et qu'après Noé il y en eut trois ;

2° Que les descendants de Sem ont la peau blanche, la barbe et les cheveux noirs ; qu'ils composent la race *blanche ;* que les Maures sont des blancs, *beidanes,* enfants de Sem ;

3° Que les enfants de Japhet ont la peau blanche et le poil blond ou rouge, et de là leur nom de *rouges (h'ameur)* ;

4° Que les enfants de Cham ont la peau et le poil noirs, et sont appelés *noirs (kah'l).*

Malgré cela, les noirs disent à Soleillet qu'il n'a pas l'air d'un Maure, mais d'un schériff. Ces rivalités seraient fort amusantes si elles n'étaient l'indice de stupides haines de race à race.

Ces fermes croyants viennent ici échanger des plaques de sel contre du mil, qui est très abondant dans le pays. Pendant la saison sèche, ils font paître leurs troupeaux dans la région ; quand vient l'hiver, ils se retirent dans le Oualata. Ils donnent au roi Ahmadou un nombre déterminé de moutons pour ce droit de pacage ; mais ils ne payent rien pour la vente du sel et l'achat du mil.

Soleillet est fort surpris de voir arrivé Ahmadou Boghar, l'un des disciples du cheikh Mahmadou qui partirent de Saint-Louis en même temps que lui. Boghar a pris l'habit de pèlerin à Saint-Louis, il y a quelques mois, de la main du tierno Abd–er–Rahman, marabout vénéré, et se rend à la Mekke en passant par Timbouktou. Il demande à Soleillet une recommandation pour le consul de France à Djedah. Soleillet la lui donne.

Le village est grand, propre, bien bâti et paraît très peuplé. Il a deux ou trois places plantées d'arbres, un tata et un mur en terre bien entretenu.

Jeudi 6 février. — Départ à sept heures. Dans de vastes cultures les Maures ont établi leurs camps composés de tentes plus ou moins grandes mais toutes basses, noires, en étoffes de laine de mouton généralement mélangée de poils de chèvre et de chameau.

Après des cultures de mil, de maïs, d'un peu de coton, de calebasses, de haricots et d'oseille viennent des broussailles. A dix heures trois quarts, sur un plateau de terre grise où croissent quelques arbustes épineux, Soleillet rencontre une caravane d'ânes et de bœufs chargés. A onze heures, il passe devant Dubala, très petit village bambara. Le pays change alors d'aspect. Les ondulations du sol s'accentuent de plus en plus; le terrain est sablonneux, planté de quelques arbres et de broussailles.

A onze heures trois quarts, il s'arrête sous un arbre, devant Maribougou, autre petit village bambara. Les habitants l'entourent. Il leur fait lire la lettre d'Ahmadou : ils en sont terrifiés. Un noir ou un Maure qui aurait une pareille lettre les mettrait au pillage.

Après s'être reposé jusqu'à trois heures un quart, il part et une demi-heure après il passe devant les ruines d'un village qui se serait appelé Sarabilé.

Depuis son départ de Guigné, il a souvent vu un arbre dont la feuille est double et le fruit semblable à celui du caroubier. Il est appelé en ouolof *guiguis* et en poular *barkevi*.

A cinq heures un quart, il arrive au petit village de Ouaourou.

A la suite de vexations nombreuses, les habitants ont transporté leurs pénates ailleurs. Cela n'a pas été du goût de S. M. Ahmadou et elle les a fait réintégrer de force dans leur village où il n'y a pas une case debout. Soleillet n'y trouve que deux femmes : tous les autres habitants sont aux provisions. Il n'en est pas moins bien reçu.

Vendredi 7 février. — Départ à six heures trois quarts. A midi trois quarts Soleillet arrive à Lekro, petit village dont les cases sont en partie dans l'intérieur du tata. Les puits sont à sec. Le chef ne veut rien entendre et refuse des guides, malgré la lettre d'Ahmadou. A neuf heures un quart du soir, Soleillet arrive à Mattalla, petit village diavara où il est parfaitement reçu.

Samedi 8 février. — Il part à six heures trois quarts et arrive à midi et demi à Dioromé, village soni-nké situé au milieu de cultures de mil, dans une plaine qui s'étend jusqu'à l'horizon, sans que l'œil trouve pour se reposer un arbre ou une broussaille. Les habitants emploient pour combustible la bouze de bœuf desséchée.

On voit dans le lointain, au nord du village, la silhouette d'une chaîne de montagnes.

Dimanche 9 février. — On raconte à Soleillet que la région qu'il va traverser est infestée de voleurs, déserte et sans eau. Pour la franchir, il faut une marche forcée d'environ quarante heures.

Souley, qui a répondu avec trop d'empressement à la plantureuse hospitalité d'hier, est malade d'indigestion.

En quittant Soleillet, Samba N'diaye lui laissa, pour l'accompagner jusqu'à Saint-Louis, un captif de confiance nommé Piatrou. Piatrou souffrant du froid et humilié de se voir sans vêtements, certain d'ailleurs que Soleillet ne l'habillera pas avant Médine, engage, pour deux pièces de guinée, un fusil double à pierre de fabrication européenne.

La caravane s'augmente de deux guides et de quatre voyageurs qui ont deux bœufs porteurs.

En sortant du village, elle croise un parti Maure qui vient d'être battu et se sauve en chassant devant lui le reste de ses troupeaux. Cette foule haletante de femmes et d'enfants effarés, d'hommes qui veillent, est des plus pittoresque et se montre sympathique.

Soleillet rejoint ensuite deux foulbé qui portent à la main une lance et sur l'épaule une peau de bouc remplie d'eau. Ils poussent devant eux un bœuf chargé d'eau et de provisions, et une trentaine de captifs, d'enfants de trois ans, deux ans, même un an. Tous ces pauvres petits paraissent se bien porter et trottent gaiement. Ils doivent être réunis à la caravane de Soleillet et faire une marche forcée de quarante heures.

A onze heures et demie, la caravane arrive aux ruines de Kourouté, village voisin de puits qui donnent une excellente eau.

Tout le jour et toute la nuit la caravane marche à travers bois, sans faire le moindre arrêt.

Lundi 10 février. — A une heure du matin, tout le monde est très fatigué. A une heure quinze minutes, on décide une pause de trois quarts d'heure. Quand on se remet en marche, Soleillet part à pied pour lutter contre le froid.

Au jour, les enfants n'en peuvent plus, bien que leurs maîtres leur donnent de l'eau à chaque instant. Les uns tirent la langue comme des chiens, d'autres ne pouvant plus plier les articulations n'avancent qu'en sautant, d'autres enfin tombent exténués. Le maître les fait boire, leur jette de l'eau au visage et quand il voit qu'ils n'en peuvent réellement plus, sans colère, comme sans pitié, il prend la pauvre victime et la place, comme une volaille, dans un filet que porte le bœuf. « Sur cette voie douloureuse, dit Soleillet, j'ai vu plus de vingt enfants, vaincus par la fatigue, ainsi empaquetés, s'endormir dans toutes les positions.

« J'ai toujours aimé avec passion les enfants, les femmes, les oiseaux, les fleurs, tout ce qui représente la vie gracieuse et faible. Je suis père. En voyant ces petits captifs, je pense à mon fils Michel et une larme mouille ma paupière. Assister impuissant à de tels spectacles, c'est la plus grande souffrance du voyageur européen en Afrique ».

Vers huit heures, la caravane s'arrête pour faire boire les ânes dans un creux entouré de tamarins et nommé Guisséné ; elle en part à huit heures et demie pour entrer dans un bois d'épines dont le sol doit être couvert d'eau pendant l'hiver.

De deux heures et demie à trois heures trois quarts elle se repose dans le lit à sec d'une petite rivière. En creusant à quelques centimètres de profondeur, on y trouve une eau fraîche et agréable.

A cinq heures et demie, après une marche pénible, la caravane arrive à Kamatingui, dans le Nioro.

Les gens qui accompagnaient Soleillet continuent leur chemin. Les maîtres des petits captifs ne se sont pas arrêtés à la rivière, de crainte des voleurs ; leurs filets étaient pleins ; tous les enfants y furent mis, l'un après l'autre, et le bœuf est chargé outre mesure.

Soleillet entre donc seul dans le village qui est grand, bien bâti et paraît très peuplé. La population est un mélange de Soni-nké et de Kagoro. Le chef est un véritable géant noir. Sa main est énorme. Il reçoit bien le voyageur et lui fait cadeau d'un beau mouton.

CHAPITRE IV

DE KAMATINGUI A MADINA

A Goulambé. — A Boulou. — A Nioro. — Moult Aga. — Ahmadou Illa. — Soleillet
reçoit à Nioro une volumineuse correspondance. — La subvention du ministère. —
Le marché de Nioro. — Moult Aga. — Ahmadou Illa. — Le tata. — A Nioro-
Tougouné. — A Hamaké. — Fourmilières. — Koriga. — Un essaim d'abeilles. —
Traces de lions. — A Ouinkané. — A Kerané. — Soleillet fraternise avec les
Maures. — Comment on utilise les feuilles de baobab. — A Madina. — Moult Aga.
— Une ancienne connaissance. — Nouvelles du capitaine Bancal. — Bassirou. —
Alin, ministre de Moult Aga. — Une dame maure. — Moult Aga envoie des
cadeaux à Soleillet.

Mardi 11 février. — Après avoir obtenu des guides et tout ce
qu'il peut désirer, Soleillet quitte cet hospitalier village à huit
heures un quart, traverse une plaine sablonneuse et arrive à neuf
heures devant Goulambé, village foulbé. Il s'y arrête pour acheter
du lait. Le piment sert ici de monnaie pour les menus achats.
Dans l'espace de deux heures, Soleillet passe devant deux autres
villages foulbé : Guidibiné et Makana. A trois heures un quart, il
atteint Boulou, village appartenant à des Toucouleurs en résidence à Nioro qui n'y viennent qu'au moment des récoltes. Des
captifs-cultivateurs y sont à demeure : ils reçoivent très bien le
voyageur.

Mercredi 12 février. — Départ à six heures trois quarts et
arrivée à Nioro à dix heures et demie.

Nioro est une grande ville, mais sa muraille extérieure en terre
est en mauvais état. La plupart des habitations consistent en cases
circulaires en terre. Soleillet se rend de suite au tata, pour voir le

roi, Moult Aga, frère et vassal de l'émir Ahmadou. Après avoir attendu une grande heure au soleil, il est enfin reçu. Sa noire Majesté est assise sur un tara, le koran sur ses genoux. Elle est entourée de gens de tout âge qui, un livre à la main, suivent ses commentaires. Elle a la physionomie d'un fanatique. Elle reçoit assez mal Soleillet ; cependant elle lui fait donner un logement à l'extrémité de la ville, dans une maison carrée construite en terre. Plus tard, Elle lui envoie un pain de dattes et du lait.

Après son modeste déjeuner, Soleillet va chez le maure pour qui Zeidou Zelia et le schériff Abd-el-Kader lui ont donné des lettres et qui doit lui remettre, en leur nom, certaines choses. Ce maure a nom Ahmadou Illa et habite une très grande maison. Il n'est pas chez lui. Soleillet est reçu par sa mère, une vieille mauresque. Elle ne veut pas croire que Soleillet est chrétien ; comme on insiste, elle finit par se fâcher et dit que ce n'est pas bien de se moquer des vieillards.

En rentrant chez lui, Soleillet trouve un volumineux paquet de lettres. Il a le bonheur d'avoir des nouvelles de tous les siens et de tous ses amis. Mais aucune réponse aux demandes qu'il a adressées, de Ségou, au Ministère de l'Instruction publique et à Saint-Louis. C'est seulement en France qu'il apprendra que, sur la proposition du Comité des missions, le Ministre lui a alloué une subvention de 10 000 francs. Bien qu'il n'ait jamais touché cette somme, il n'en est pas moins reconnaissant. Comme nous l'avons déjà dit, si cette somme lui était parvenue à Ségou, il aurait pu faire une tentative sur Timbouktou et Alger. Il se trouvait alors au milieu de gens sympathiques et en situation de tout oser.

Quoi qu'il en soit, il passe une bonne soirée à lire et à relire ses chères lettres et le jour le trouve à cette occupation.

Jeudi 13 février. — Yaguelli demande à Soleillet la permission d'aller passer la journée dans un village voisin où il a de la famille. Cette permission lui est accordée et Soleillet reste seul. Il relit ses lettres et va se promener au marché avec le vieux Souley.

Le marché se tient sur une grande place et paraît peu approvi-

sionné. Il n'y a pas d'échopes comme à Guigné. Beaucoup de
Ouolof, dont plusieurs parlent plus ou moins français, proposent
à Soleillet de lui vendre des plumes, de l'ivoire et de l'or. On lui
demande des remèdes. « Habituellement, dit-il, j'en donne pour
reconnaître l'hospitalité que l'on m'accorde ; mais le roi de Nioro
m'a trop mal reçu pour que je veuille lui en donner. Cependant,
je suis disposé à en vendre, mais très cher ». Personne ne se présente pour en acheter.

Yaguelli revient la nuit. Moult Aga n'envoie rien au voyageur
qui lui en fait témoigner son mécontentement.

Vendredi 14 février. — Moult Aga a été sensible à ces observations et envoie un nouveau pain de dattes et un mouton. En
même temps il lui fait faire des protestations de dévoûment et de
fidélité envers Ahmadou son frère.

Soleillet fait chercher Ahmadou Illa qui reste invisible. Il tient à
le voir non seulement pour les cadeaux qu'il doit lui faire au nom
de Zeidou Zelia et du cheikh Abd-el-Kader, mais aussi parce qu'il
doit lui donner, pour aller jusqu'à Médine, un homme pour
prendre la mule promise au marabout Mahmadou Bachir.

Samedi 15 février. — Soleillet va de grand matin chez Ahmadou
Illa et le trouve. Ahmadou lui dit qu'il lui donnera, s'il veut
attendre, ce qui est porté dans les lettres de Zeidou Zelia et du
schériff Abd-el-Kader. « Je ne puis attendre, répond Soleillet,
mais vous vous ne pouvez profiter de cela. Je saurai bien en prévenir Zeidou et le schériff. Néanmoins, il refuse un homme pour
aller à Médine prendre la mule destinée à Bachir.

Allant ensuite chez Moult Aga, Soleillet mesure l'une des faces
du tata et trouve qu'elle a 108 pas. Les murs de ce tata sont très
hauts, revêtus en pierre et flanqués de huit tours ; une à chaque
angle et une au milieu de chaque face.

Moult Aga explique encore le koran. Il fait à Soleillet meilleur
accueil et lui accorde des guides sans difficulté.

Soleillet part à cinq heures trois quarts du soir et arrive à neuf
heures un quart à Nioro-Tougouni ; il est très bien reçu et logé

dans la mosquée où les habitants lui apportent du lait et du couscous.

Samedi 16 février. — Le village est grand, les cases rondes, en terre recouvertes en chaume. Malgré cette architecture soni-nkaise, la population est toucouleur. A quelques centaines de mètres au sud se trouve un village de Diavandos qui ont en garde tous les troupeaux du village.

Soleillet loue pour guide jusqu'à Médine, moyennant deux pièces de guinée payables à l'arrivée, un nommé Modi.

Le départ a lieu à sept heures trois quarts et l'on marche droit à l'ouest avec plusieurs hommes du village.

Soleillet voit des traces toutes fraîches d'éléphants. Après avoir traversé un bois épineux et des cultures, il arrive à quatre heures un quart à Hamaké, village soni-nké, le premier du Kaniarémé en quittant le Nioro. Il est bien reçu.

Lundi 17 février. — Il en part à sept heures un quart. Il remarque dans une plaine sablonneuse des fourmilières qui ont plus de trois mètres de hauteur. Toutes les herbes sont brûlées, ce qui donne au paysage un aspect des plus tristes.

Il voit, dans un bas-fond, des gommiers et deux ou trois baobabs et passe à onze heures et demie devant Koriga, village qui possède un grand tata entouré d'un mur en terre rouge. Depuis le matin il a marché au nord, il tourne alors brusquement à l'ouest et s'arrête à midi, sous un bouquet d'ébéniers, pour laisser manger ses bêtes.

Soleillet a une outre pleine d'eau. Au moment où on la charge, elle est assaillie par un essaim d'abeilles. Soleillet la fait vider promptement. L'essaim reste avec l'eau et il peut continuer sa route sans que ni hommes ni bêtes aient été piqués.

Un peu plus loin il voit les traces de deux lions adultes de grande taille et d'un lionceau, ennemis bien plus dangereux que les abeilles.

A trois heures un quart, il passe devant un grand baobab qui porte le nom de Moutcha Amadi. A cinq heures un quart, il reconnaît encore des traces de lions. La forêt est touffue, mais les arbres ont perdu leurs feuilles.

A six heures il s'assied sur une roche, près du marigot de Dini, pour attendre son monde. Ce marigot se dirige de l'est à l'ouest et doit charrier, en hiver, une grande masse d'eau.

A six heures et demie il se remet en selle, à neuf heures il passe devant le piton rocheux de Dindomayé et à dix heures et demie il arrive à Ouainkané, village soni-nké, où il est impossible de trouver du lait frais. Il s'installe sur la place et allume des feux de bivouac. Les gens du village sont d'une curiosité insupportable. Hommes, femmes et enfants se pressent autour de la caravane et l'ennuient beaucoup.

Il paraît que les environs sont infestés de bandes de malfaiteurs. Après le coucher du soleil, les habitants n'osent plus même aller à leurs puits.

Mardi 18 février. — Le chef du village est un vieillard tout décrépit, courbé en deux, qui se traîne péniblement.

Départ à sept heures trois quarts. La caravane est accompagnée, pendant un quart d'heure, par les femmes, les garçons et les filles qui crient et gesticulent.

A dix heures elle passe devant un petit village et entre, à midi un quart, dans Kerané, grand village entouré d'un mur de terre rouge en très bon état. Sur la place, qui est très grande et située au centre du village, il y a deux superbes figuiers-caoutchouc. La population est soni-nkaise et hospitalière ; elle envoie à Soleillet un mouton et cinq poules.

Il y a beaucoup de Maures venus pour vendre du sel et acheter des moutons. Parmi eux il y a de très beaux hommes, notamment un garçon de dix-huit à vingt ans qui rappelle les plus pures productions de l'art grec.

Soleillet fraternise avec ces Maures et passe une journée agréable et une fort bonne nuit.

Mercredi 19 février. — Départ à sept heures un quart. Route plein nord. En sortant du village il passe près des puits où se trouvent des Maures qui se préparent à partir. La plaine est sablonneuse et couverte de broussailles en partie brûlées.

Il fait très froid. Soleillet remarque qu'après avoir supporté la chaleur aussi bien, sinon mieux que les noirs, il souffre beaucoup plus qu'eux du froid.

Parmi les plantes qui l'entourent, il en signale une dont la gousse est remplie de soie végétale. Cette plante est commune au Sénégal et les Ouolof la nomment *paften*.

A huit heures il traverse un marigot, à neuf heures une plaine où s'élève un baobab dans lequel les indigènes ont planté des chevilles pour y monter plus facilement. Il a été complètement dépouillé de ses feuilles par les noirs. Ces feuilles, réduites en poudre, donnent le *lao* qui, mélangé à la couscous, la fait fermenter. Les infusions de feuilles de baobab sont employées pour diverses maladies par nos médecins. A dix heures un quart, la route, qui a toujours été nord, incline à l'ouest au moment où Soleillet passe devant Madina, petit village construit tout en paille et entouré d'un mur en terre rouge. Les habitants sont obligés de s'approvisionner d'eau à Krémis, ville adossée à des plateaux, peuplée de Ouolof et de Soni-nké, surtout de Soni-nké. Ahmadou vient d'y installer son frère Moult Aga. Soleillet trouve ce prince au milieu de la place, sous de fort beaux figuiers. Sa physionomie est des plus agréables. Il est de belle couleur noire, ses yeux sont beaux et très doux. Il porte un petit collier de barbe coupée en brosse. Son vêtement est tout de calicot blanc. Le cadeau d'usage que lui fait Soleillet se compose de quelques cornalines taillées. Il remercie beaucoup Soleillet et lui dit : « Un Blanc qui vient de voir mon frère, l'émir Ahmadou, n'a pas à me faire de cadeaux ; ce serait plutôt à moi, Moult Aga, de lui en faire ».

Le fils de la maison où Soleillet a logé à Yanguerdi est ici et vient saluer l'ancien hôte de sa famille. Celui-ci lui demande des nouvelles de tous les siens, et il apprend avec plaisir que tous ces braves gens se portent bien ainsi que la reine qui l'a si bien accueilli au mois d'août dernier (1878).

« Un Ouolof, dit Soleillet, m'apprend que le capitaine Bancal est actuellement commandant du cercle de Bakel. Il me dit que cet officier, mon ami, lui a beaucoup parlé de moi, et il me fait voir une pipe en bruyère sculptée que M. Bancal lui a donnée.

» On me dit aussi que Bassirou vient de partir pour Ségou. Il y a plus de six ans qu'Ahmadou lui fait dire de venir à Ségou, et chaque année il fait un simulacre de départ, mais rien de plus. Il en est de même cette fois. Bassirou, qui désire se rendre indépendant, ne se soucie pas d'aller à Ségou, dans la crainte d'être retenu prisonnier par son frère ».

Le premier ministre de Moult Aga, son homme de confiance, est un Ouolof de Saint-Louis nommé Alin. Il parle un peu notre langue et paraît très dévoué aux Français.

On donne à Soleillet un logement près de la place, et il ne tarde pas à recevoir plusieurs visites, notamment celle d'une mauresque entre deux âges. Elle est née sur les bords du Sénégal et a été mariée à Nioro. Elle fait beaucoup d'amitiés à Soleillet, le traite de frère et lui dit qu'elle veut retourner dans son pays.

Dans l'après-midi, Soleillet va voir Moult Aga qui lui demande des remèdes contre les maux de tête. Il lui donne un peu d'ammoniac.

Le soir, Moult Aga lui envoie trois moutons, une chèvre et une grande calebasse de lait frais; il lui fait dire en même temps d'excuser la modicité de cet envoi, mais qu'il est à peine installé ici. Comme compensation, il lui enverra le lendemain deux cavaliers pour l'accompagner.

CHAPITRE V

DE MADINA A KOUNIAKARY

A Baridiougoula. — Contestations. — A Yaguiné. — Cérémonies de la circoncision.
— A Gouri. — Nourou. — Histoire d'une belle mauresque. — Le chef des
Maures. — Le Dioï. — A Diffi. — Incendie. — Ruines de Messara. — Le ver
de Guinée. — Koloma. — Un boubou-grigris. — Arrivée à Kouniakary.

Jeudi 20 février. — La température s'est bien adoucie. Le
départ a lieu à sept heures. La route se dirige au nord, entre deux
collines rocheuses où se trouve, à gauche, un piton du nom de
Foutha. La plaine est entièrement couverte de *paften*. Après avoir
traversé des terrains qui paraissent devoir être inondés pendant
l'hiver, la caravane arrive à midi à Baridiougoula, village construit
au sommet d'une ondulation et entouré de cultures. Il est grand.
A une distance d'environ 500 mètres se trouvent quelques baobabs
et un marigot avec des puits. Sa population est soni-nkaise.

Des difficultés s'élèvent entre les hommes de Moult Aga et les
habitants du village à propos des guides que ceux-ci doivent fournir à la caravane. Tout le monde veut s'en mêler, c'est un tohu-
bohu général et personne ne peut plus s'entendre. On tombe enfin
d'accord. Soleillet est bien logé et le soir on lui donne un mouton
et du lait.

Pendant la nuit, on bat du tamtam en l'honneur des nouveaux
circoncis du village.

Vendredi 21 février. — La caravane part à sept heures et demie
dans la direction du sud-sud-ouest, à travers une plaine cultivée,
bordée par une ligne de collines rocheuses orientées ouest-est. A

midi et demi elle a sur sa droite un mamelon nommé Guémou. Le terrain est toujours le même, tantôt pierreux ou sablonneux, tantôt couvert d'arbres et d'épines ou inondable en hiver.

A une heure elle entre dans un joli bois, touffu, un peu sec cependant à cause des herbes brûlées.

A deux heures un quart elle arrive à Yaguiné, grand village Soni-nké, le premier du Diafounou dans cette direction.

Le Diafounou est commandé par Nourou, frère d'Ahmadou.

Un ruisseau est au bas du village, on y a creusé des puits et en ce moment on y abreuve des moutons et des chèvres.

Quand la caravane veut repartir, après un arrrêt d'une heure, les habitants veulent lui faire faire un détour pour l'empêcher de passer devant la case où les nouveaux circoncis sont en retraite. Soleillet ne l'entend pas ainsi.

Cette case est vaste et bâtie sous des arbres, en dehors du village. L'endroit est singulièrement choisi car on reconnaît, à l'œil et à l'odorat, qu'il sert de lieux publics.

Soleillet a recueilli des renseignements sur la circoncision des garçons et des filles et voici comment il décrit cette cérémonie.

« On choisit un temps sec, comme plus favorable à la guérison.

» Un mois au moins avant la date fixée pour l'opération, les familles des sujets se préparent, les parents et les amis viennent visiter le patient, les griots font retentir à ses oreilles des chants de gloire; on s'efforce de l'entraîner moralement autant que possible.

» Pour peu que la famille soit dans l'aisance, la mère fait tisser des pagnes avec du coton qu'elle a filé elle-même; ce sont ces pagnes que le patient portera le jour de la cérémonie.

» Le grand jour arrivé, les familles intéressées et les curieux se réunissent à la mosquée. Le marabout fait une prière puis un discours en langue vulgaire sur l'importance de l'acte qui va être accompli. Chacun ensuite se retire chez soi.

» Comme nous l'avons déjà dit, les forgerons, bien qu'ils passent pour infidèles et pour avoir commerce avec le diable, opèrent les garçons et leurs femmes opèrent les filles. Les incisions voulues sont faites avec un couteau ; la plaie est ensuite lavée avec de l'urine de brebis et saupoudrée d'excréments de chèvre calcinés et pulvérisés.

» Les enfants ont de douze à quinze ans.

» Après l'opération, tous les circoncis sont réunis dans une case construites à frais communs, en dehors du village. Ils sont placés sous la direction d'un marabout qui prend le titre de *bootal*. Ils élisent parmi eux un chef qui prend le titre de *lam bdou* : c'est un enfant riche ou le fils d'un chef. Enfin le plus jeune s'appelle *tok* et doit, le premier, goûter de tous les mets.

» Pendant toute la durée de leur reclusion, les circoncis jouissent de nombreux privilèges : ils peuvent dépouiller de ses vêtements toute femme ou fille qui passe près d'eux et la forcer de les racheter par un cadeau ; ils peuvent s'emparer de tous les animaux domestiques qu'ils rencontrent, etc.

» Le premier vendredi qui suit leur guérison, qui dure de huit à dix jours, ils mettent, la nuit, le feu à leur case et se retirent dans celle du *bootal*, où ils se font raser la tête et font des ablutions complètes, car ils ne peuvent pas se laver pendant toute la durée de leur reclusion. Leurs habits appartiennent de droit au *bootal*, qui peut les leur revendre. Ils mettent des habits neufs dont le plus curieux est une espèce de casque en étoffe couvert de bijoux et de verroteries. Ainsi accoutrés, ils parcourent le village, une lance à la main, et aussitôt commencent des réjouissances qui durent au mois huit jours. Ces réjouissances consistent en danses et en chants dans lesquels on raconte les détails de la cérémonie, où l'on vante le courage des patients pendant l'opération. Les circoncis montrent souvent, devant les femmes et les filles, les traces du couteau ».

En s'éloignant de la case des circoncis, Soleillet voit au loin, à gauche et à droite, des lignes de montagnes bleues. A cinq heures en sortant d'un marigot, il se trouve devant Gouri, résidence de Nourou. Les murs de ce village sont en terre rouge et flanqués de tours. Dans l'intérieur il y a des palmiers.

Nourou est un beau jeune homme noir qui reçoit très bien le voyageur et lui fait donner une case dans son propre tata.

Assis sur une natte, Soleillet broyait dans ses doigts un fragment de feuille de tabac pour charger l'os qui lui sert de pipe (1), quand il se sentit saisir le genou droit.

Il voit alors une belle mauresque, parfaitement blanche, de dix-sept à dix-huit ans, les cheveux épars, les vêtements en désordre, les seins palpitants, qui lui dit en sanglottant :

« O ! mon frère, c'est Dieu qui t'envoie. Tu vas me retirer des
» mains des noirs. Non ! je ne veux plus rester avec les noirs.
» Dieu t'envoie. Emmène-moi, je serai ta captive, tu feras de moi
» ce que tu voudras, mais au nom de Dieu, mon frère, ne me
» laisse pas avec les noirs ».

Il console la pauvre enfant de son mieux et la fait cacher dans un coin de sa case.

Il demande son histoire et voici ce qu'il apprend :

Quelques familles Maures étaient établies dans un village voisin. Bassirou ayant eu des difficultés avec elles, pour la perception de l'impôt, a pillé le village. La belle fille a fait partie du butin. Bassirou l'a donnée à Nourou et Nourou l'a donnée à un vieux nègre, personnage fort important qui veut en faire sa femme. Bien que le mariage ne soit pas consommé, il est, paraît-il, impossible d'obtenir la cession de cette jeune fille.

Soleillet triste et humilié de se trouver impuissant à protéger une femme qui est venue réclamer son appui, va faire une pro-

---

(1) Un os de gigot de mouton est une pipe très répandue dans toute l'Afrique. Depuis longtemps je ne brûle que du tabac en feuille indigène. Il est très fort. Voyant le tabac cultivé (il se trouve aussi à l'état sauvage) et tous les noirs en user, je me suis souvent demandé s'il est bien d'importation américaine. (NOTE DE P. SOLEILLET).

menade dans le village. A son retour, il ne trouve plus la pauvre jeune fille.

Samedi 22 février. — Départ à neuf heures un-quart. Route sud-ouest. Temps sombre. Sol couvert de buissons. Montagnes à l'horizon.

Un Maure apporte à Soleillet un mouton offert par Nourou.

Le chef des Maures, monté sur un beau cheval blanc en mauvais état, vient le saluer avec de grandes démonstrations de sentiments fraternels.

A dix heures il passe devant Komonvollou, village Soni-nké, à onze heures devant celui de Tambacara.

Tambacara est la limite des commandements des rois Bassirou, Moult Aga et Nourou.

Soleillet s'arrête, pour faire boire ses animaux, au puits situé à l'ouest du village. Il y a un grand nombre de gens et de bêtes qui attendent ; Soleillet fait comme eux.

Il est salué par le Ouolof qui lui a vendu, à Yamina, lorsqu'il allait à Ségou, le chapeau qu'il porte encore en ce moment (1).

Il part à midi un quart et entre dans la forêt. L'arbre que les Toucouleurs nomment *dioï* devient de plus en plus fréquent. Il a l'aspect régulier d'un candelabre, porte de grosses épines et a pour fruit une gousse dure contenant de la soie végétale à brin assez long et d'une blancheur éblouissante. Au Bondou cet arbre est très commun et l'on fait avec sa soie des pagnes d'un tissu très fin.

A cinq heures un quart, la caravane s'arrête à Guiffi, village abandonné, pour tuer les moutons, qui ne peuvent plus marcher.

La nuit est belle, étoilée. Tout autour, la campagne est en feu. L'incendie est assez voisin de la caravane pour qu'elle en ressente la chaleur et entende le crépitement des herbes. Le spectacle est saisissant.

Dimanche 23 février. — Départ à quatre heures trois quarts. La

(1) Soleillet a donné ce chapeau à l'un de ses amis, M. Chevillard, capitaine de hussards.

caravane se dirige droit au sud, à travers la forêt, sur des cendres encore chaudes et des tisons encore en feu. Les hommes qui l'accompagnent perdent une heure à chercher de l'eau.

A neuf heures un quart elle passe sur l'emplacement d'un village appelé Messara. Les puits en sont encore en bon état. Elle entre alors dans la montagne et se dirige au sud-sud-ouest. Le mont Filigara, qui se trouve à gauche de la route, ressemble à un Vésuve surmonté d'un fort carré.

A neuf heures et demie, arrêt dans un vallon pour faire manger les bêtes.

Une outre d'eau est suspendue à un arbre. Soleillet se fait verser de l'eau dans sa *satalla* (petite marmite en fer battu) et avec l'eau tombe un petit ver qui suggère à Soleillet ces réflexions : « Je le recueille sur l'extrémité de l'index. Il a des mouvements en vrille. J'ai idée que ce pourrait bien être une filière de Médine. Je l'écrase entre mes doigts et il me paraît en avoir l'odeur caractéristique. Il est certain que si ce ver était tombé sur un point où ma peau aurait eu une solution de continuité, il se serait facilement introduit entre cuir et chair et aurait pu se développer. Je suppose que le ver de Guinée se trouve : à l'état de germe invisible, dans l'eau que l'on boit, et alors on peut en avoir plusieurs à la fois, pendant plusieurs années ; à l'état d'insecte parfait, dans les marigots et dans les mares où il s'attache au baigneur pour toute une année.

» Dans les deux cas, je ne conseillerai jamais de se laisser saisir le ver pour l'enrouler. Ce procédé est trop dangereux. Si le ver se casse, il se forme de nouveaux abcès, ce qui peut occasionner la mort.

» Cette terrible maladie vient de faire son apparition à Saint-Louis (1880). Pour la première fois on a vu des Blancs et des Noirs, qui n'avaient pas quitté la ville, être atteints du ver de Guinée.

» On sait que cette affection devient de plus en plus commune au Brésil où elle était inconnue il y a 50 ans ».

Départ à dix heures. Direction sud-sud-ouest. A trois heures la caravane arrive sur l'emplacement de Koloma, village de la jeune mauresque dont il est parlé un peu plus haut.

A 500 mètres au sud des ruines de Koloma se trouvent quelques cases occupées par des Toucouleurs qui gardent le mil que possédaient les Maures. A quatre heures un quart, la caravane est sur un plateau d'où elle aperçoit la Tapa, montagne de Kouniakary.

L'un des compagnons de Soleillet porte un petit boubou jaune couvert de caractères arabes. D'après les noirs, ces boubous sont de puissants grigris. On les paye au moins une pièce de guinée et un bon captif. Ceux qui les portent en sont très fiers.

A six heures un quart la caravane entre dans le défilé de la Taba ; à huit heures elle passe devant la Tapa ; à neuf heures et demie elle entre dans Kouniakary.

Soleillet se rend droit chez Hiero Lidi. Hiero est parti avec Bassirou, mais ses femmes reçoivent très bien le voyageur et lui préparent une belle case.

CHAPITRE VI

Lundi 24 février. — Bassirou, qui est tout près d'ici, envoie des hommes à Soleillet pour le saluer de sa part et lui remettre des lettres qu'il a reçues pour lui.

Le matin, Souley vient avec ses deux femmes : l'une a de cinquante à soixante ans, l'autre est une fillette de douze à treize ans dont il pourrait être le grand-père. Ils apportent à Soleillet du lait et un mouton. C'est le présent du pauvre, mais il est fait de tout cœur. « Je l'accepte avec reconnaissance, dit Soleillet, car cela est d'autant plus beau que Souley n'a plus rien à attendre de moi. Je lui ai donné hier l'âne que je lui avais promis avant le départ de Ségou. Souley veut m'accompagner jusqu'à Médine et pour me faire honneur il emmène un de ses cousins ».

Soleillet part à deux heures de l'après-midi et fait route à l'ouest-nord-est. A trois heures et demie il passe à Segala Toro et se rend à Segala Foulbé où il revoit la gracieuse Aïsetta. A la nuit il arrive à Fatalagui où il est pris d'un violent accès de fièvre.

Mardi 25 février. — Soleillet tient à arriver à peu près debout à Médine. Il a tellement la fièvre qu'il croit sage de passer la journée à Fatalagui où d'ailleurs il a été bien reçu.

Mercredi 26 février. — Bien qu'il ait encore une forte fièvre, il se décide à partir avec quelques marchands. La caravane se compose d'une trentaine de personnes. Il s'engage dans une route sous bois et, au coucher du soleil, il voit un troupeau de bœufs sauvages.

Selon sa coutume, il s'avance seul, à pied, son bâton à la main. Il était tout à ses pensées quand au détour d'un chemin il entend prononcer, distinctement, ce doux parler français. « Je descendais une petite côte, dit-il. Je hâte le pas et je vois, à 200 mètres de moi, deux hommes en vareuse galonnée. En m'apercevant ils s'écrient : « Monsieur Soleillet ! » En un instant nous sommes dans les bras les uns des autres, je leur serre la main, je les embrasse avec la plus grande émotion. L'un est M. Marchi, lieutenant d'infanterie de marine, commandant le poste de Médine. M. Marchi est actuellement capitaine. Après avoir commandé le poste de Bafoulabé il va commander celui que nous devons établir à Kita. Il est l'un des plus vaillants pionniers que la France ait dans ces régions. De race corse, il supporte admirablement le climat du Soudan. Il est d'une gaîté inaltérable et d'une activité prodigieuse. Il sait se faire bien voir des noirs, a déjà rendu de grands services et en rendra, je l'espère, de plus grands encore.

» L'autre français est M. Minier, médecin du poste. M. Minier que j'avais vu, jouissant d'une santé parfaite, a été pris, peu après, d'une attaque de dyssenterie. Envoyé à Bakel, par M. Marchi, pour y recevoir les soins de son collègue, il succomba quelques instants après son arrivée, le 25 mai 1879.

» Ces messieurs, ayant appris mon arrivée, ont eu la bonne pensée de venir au-devant de moi. Ils m'emmènent au fleuve, où le canot du poste nous attend. Nous laissons la caravane et les bagages de l'autre côté de la rive ; je ne garde avec moi que Yaguelli.

» Pendant la traversée du fleuve on me parle de la terrible épidémie de fièvre jaune qui a sévi sur le Sénégal. A chaque nom que

je prononce, on me répond, presque invariablement : Mort !
Mort ! C'est effrayant.

» Le soir, ces messieurs me font asseoir à une table splendidement servie, mais mon pauvre estomac délabré ne me permet pas
d'y faire honneur. Moi, à qui l'on a toujours reproché d'avoir le
premier abord d'une raideur britannique, je suis si heureux de me
trouver avec des compatriotes, je suis si touché de leur cordial
accueil, que je me laisse aller à causer comme si nous nous étions
toujours connus et à leur parler des miens comme si nous étions
de vieux amis. Les conversations se prolongèrent bien avant dans
la nuit et l'on me conduisit à la chambre où l'on m'avait préparé
un excellent lit. Je n'avais plus l'habitude du lit et je n'ai pu dormir. Le lendemain, pour me reposer, je me suis couché sur un
tapis à côté du lit ».

Jeudi 27 février. — Le matin, Soleillet va se promener dans le
poste. Il porte encore le costume soudanien dans lequel il a été
photographié à Paris par son ami Mathieu Desroches (1). Les soldats se pressent autour de lui et le regardent avec intérêt. Ils lui
font voir, dans la chambre des sous-officiers, encadré, son portrait
publié par le *Monde Illustré.*

Le caporal Yarot, de l'infanterie de marine, lui donne une belle
pipe neuve de Gambier. « J'ai culotté cette pipe en descendant le
fleuve, dit Soleillet, et je l'ai donnée au capitaine Chevillard, mon
ami, à Saint-Louis. Elle m'a été représentée à Lyon, chez sa
sœur, sur un plateau d'argent.

« M. Fleury, maréchal-des-logis d'artillerie, m'a donné un
bidon en fer blanc. Tous ces braves tiennent à me donner des
témoignages de sympathie.

» Les Noirs aussi, quand je vais dans le village, me font fête,
car, pour eux, Ségou et Ahmadou sont choses saintes. L'Hadji
Omar a dit que, pendant longtemps, le voyage à Ségou équivaudrait au pèlerinage de la Mekke.

(1) C'est une réduction de la photographie faite par MM. Desroches, qui est
reproduite en tête du présent volume.

» Le commandant m'avance quelques pièces de guinée et de l'argent, car je n'ai plus rien.

» Avant de partir, je laisse à M. Marchi ma mule et son harnais arabe, en le priant d'en avoir bien soin en attendant que Mahmadou Bachir les fasse prendre. J'explique à M. Marchi l'intérêt considérable que j'ai à rester bien avec Bachir et l'effet déplorable que produirait le non accomplissement de mes promesses. M. Marchi paraît comprendre mes raisons et me promet que la mule sera bien soignée et remise en bon état.

» Des Maures m'ont assuré que Bachir avait fait réclamer la mule par lettre et que le commandant du poste avait refusé de la lui livrer. Le 5 décembre 1880 j'ai demandé des explications à M. Marchi et voici ce que m'écrivit cet officier :

» Quant à la mule, que vous avez laissée également à Médine,
» elle a été prise par M. le commandant du cercle de Bakel, mon
» chef direct à cette époque ; je sais qu'elle est morte au poste ».

Dimanche 1ᵉʳ mars. — Après s'être reposé le samedi 28, il part dans une embarcation prêtée par M. Monmar Diak, traitant de la maison Maurel et Prom, de Bordeaux. Le commandant du poste et le docteur le conduisent et vont avec lui jusqu'aux Kayes. Souley et les gens de la caravane viennent lui dire adieu, il leur serre la main et se quittent bons amis.

Lundi 2 mars. — Soleillet arrive à Bakel à huit heures du matin. Il est cordialement reçu par son ami, le capitaine Bancal, et le docteur Colin, alors médecin du poste, qu'il a retrouvé à Médine en 1880.

Le lendemain, à deux heures de l'après-midi, il quitte Bakel et le 21 mars, sur les quatre heures du soir, il arrive à Saint-Louis, où il est reçu par les capitaines Chevillard et Soyer.

POSTFACE

Mes travaux professionnels et les exigences de la
Société normande de Géographie ne m'ont pas permis
de terminer ce travail aussi promptement que je
l'aurais désiré. Cependant, le 28 novembre 1881, quand
Soleillet partit pour Obock, il touchait à sa fin et
mon pauvre ami me recommandait d'en presser la
publication.

Après réflexion, j'ai pensé que je ne devais pas
déférer à son désir. Mon rôle était simplement celui
d'un secrétaire; j'aurais pu mal interpréter ses notes
et mon travail personnel pouvait ne pas lui donner
satisfaction. Ces considérations m'ont déterminé à
attendre son retour.

Revenu à Paris, après trois ans d'absence, il eut
beaucoup à faire et la lecture que je souhaitais n'a été
terminée qu'à la fin de 1885.

A cette époque avaient eu lieu les voyages du capitaine Pietri, la mission du commandant Derrien et

celle du capitaine Gallieni, les expéditions du chef de bataillon Borgnis-Desbordes ; nos connaissances s'étaient beaucoup accrues, l'état de choses avait subi des modifications profondes : Soleillet savait tout cela ; cependant il ne me parla d'aucun changement. Il voulait donc conserver au récit de son voyage son caractère propre, sa date.

Je crois de mon devoir de respecter strictement sa volonté.

G. GR.

TABLE DES MATIÈRES

CHAPITRE V

Taret.— Soleillet est reçu par le chef du village.— Intérieur d'une case.— Mme Maremba. — Poste de Mouit. — Arrivée à Saint-Louis.

CHAPITRE VI

Séjour à Saint-Louis. — Le colonel Brière de l'Isle. — Papa Ousman. — M. Gaspard Devès. — Hamat-N'diaye-An. — El Hadji Bou el Mogdad. — Soleillet reçoit une mission du gouvernement du Sénégal. — M. Isard. — Soleillet est reçu par les officiers de Saint-Louis. — Préparatifs de départ.

CHAPITRE VII

Départ de Saint-Louis. — Compagnon de route. — Richard Toll. — Bakel. — Caïmans et superstitions dont ils sont l'objet. — Podor. — Tentatives de culture. — Ce que produit la protection du gouvernement. — Le jour de Pâques à Podor.

CHAPITRE VIII

Toilette de voyage. — Equipage. — Départ de Podor. — De Podor à Diatal. — Comment les Slatés domptaient les ânes. — Soleillet chirurgien. — Le Toro. — Les Toucouleurs. — Particularités de la langue poular.

CHAPITRE IX

Visite au roi. — Visite du roi à Soleillet. — Présents du roi. — Portrait de Yaguelli. — La mosquée de Guédé. — Seconde visite du roi à Soleillet. — Les Griotes du roi. — Le cheikh Mahmadou et ses élèves. — Comment pêchent les femmes de Guédé. — Les ânes du roi.

CHAPITRE X

De Guédé à N'dioum. — A N'dioum. — Les dévotions de Mahmadou. — Diara. — La famille de Yaguelli. — Edi. — Soleillet se sépare de Mahmadou. — D'Edi à Aéré. — Passage du Sénégal. — Un dévôt personnage. — Comment on défend les récoltes. — Villages. — La petite traite. — Manière de saluer d'un nègre.

CHAPITRE XI

Poste. d'Aéré. — Les Foulbé. — Comment les noirs utilisent les vieux fusils. — Achat d'un bœuf porteur. — Encore Mahmadou. — Balzac au Sénégal. — Au village d'Aéré. — Les élèves des marabouts. — Le roi du Lao. — D'Aéré à Goléré. — Goléré. — Tentatives d'une belle femme. — Un intérieur à Goléré. — De Goléré à Osenaki.

CHAPITRE XII

Saldé. — L'oreille coupée. — Un mari bosseiabé. — De Saldé à Galaya. — De Galaya à Kobilo. — Kobilo. — Abdoul-Bou-Bakar. — Odegui. — D'Odegui à Douloumagui. — Douloumagui.

CHAPITRE XIII

De Douloumagui à Matam. — De Matam à Garly. — De Garly à Barmateh. — Les gens d'Orndoldé. — Bapalel. — Le secret de Garly. — Gel-Aio. — De Bapalel à Garaguel. — De Garaguel à Pavalel. — De Pavalel à Goumel.

CHAPITRE XIV

Les Soni-nké. — Les gens de Goumel. — Le rêve d'un Soni-nké. — De Goumel à Ballel. — Ballel. — De Ballel à Odabere. — Une caravane d'esclaves. — Odabéré. — D'Odabéré à Dembakani.

CHAPITRE XV

Soleillet à Dembakani. — Rencontre de marchands d'esclaves. — Moudéri. — Soleillet est malade. — Il veut absolument arriver à Bakel. — Yaguelli tue une biche. — Arrivée à Bakel.

CHAPITRE XVI

Coup d'œil rétrospectif sur le voyage de Podor à Bakel. — Bakel. — André Brüe. — Le général Faidherbe. — Un fourmilier. — Danses des Noirs. — Le jeu du lion. — L'excision des femmes. — Tatouage des gencives. — Prénoms donnés aux enfants. — Justice. — Poids et mesures. — Commerce. — Une caravane d'esclaves à Bakel. — Tentatives des Anglais sur le commerce du Haut-Sénégal. — Lettre du gouverneur du Sénégal à Soleillet. — Préparatifs de départ.

CHAPITRE XVII

Départ. — Konguel. — Golmi. — De Golmi à Yafera. — Nouveaux compagnons de voyage. — Arondou. — Griots et griotes. — La Falemé. — Goutioubé. — Taksira et Potera. — Mage et les habitants de Koléri. — De Koléri à Lamel. — Remède contre les rhumatismes. — Amadi-Banné. — De Lamel-Tounka à Dikokouri. — De Dikokouri à Sébékou. — De Sébékou à Fandara. — De Fandara à Tomba-nkané.

CHAPITRE XVIII

A Marma-Sagaré. — Souvenir de Mage. — De Marma-Sagaré à Daramané. — De Daramané à Souhonnet. — De Souhonnet à Gakora. — A Ganné. — La justice de Dieu. — Des griots. — Jeunes femmes. — De Ganné à Ambibedi. — D'Ambibedi à Moussala. — Arrivée à Médine.

CHAPITRE XIX

Les Européens dans le Haut-Sénégal. — Les chutes du Fellou. — Village de Sambala. — Paul Holle. — Duranton. — La famille Duranton.

CHAPITRE XX

Origine de la noblesse du Khasso. — Puissance d'un grigris. — Prix d'un dévoûment à la cause nationale. — Conquête du Khasso par les Foulbé. — Les nouveaux princes du Khasso. — Conquête de Kouñiakary. — Le conquérant reçoit Mungo Park. — Son portrait par Mungo Park. — Guerre civile. — Le vaincu fonde Médine. — Met à sac le Logo qui lui avait donné l'hospitalité. — Les gens du Logo reconquièrent leur indépendance. Le Logo donné par les Français à Sambala. — Les deux pays continuent la lutte et les Français interviennent de nouveau par la destruction de Sabouciré.

CHAPITRE XXI

Monmar Diak. — Départ de Médine. — Un guide qui trouve l'une de ses femmes. — Soleillet est reçu par les parents d'Alpha Sega. — La guerre. — Moussala, ses industries, ses coutumes, ses superstitions. — Soleillet pénètre dans l'empire du Ségou.

CHAPITRE XXII

Les captifs sont divisés en quatre classes. — L'homme-monnaie. — Une subtile interprétation du Koran. — Un affranchissement de droit. — Comment une belle jeune fille traite une vieille captive. — Captifs domestiques. — Captifs de Case. — Légende de Brakar. — Droits des maîtres sur les trois premières classes de captifs. — Captifs soldats. — Nomment leur chef. — Ce qui advint d'un soufflet donné par un roi au chef de ses captifs.

DEUXIÈME PARTIE

DE MOUSSALA A SÉGOU-SIKORO

CHAPITRE I

De Moussala à Gagni. — Un heureux noir. — Sala-Kounda. — Somankidé. — Un captif riche. — Le chef du village refuse de donner des hommes à Soleillet. — Ce qui en advient. — Indisposition. — Enfant sauvé, caressé et fouetté par sa mère. — Passage d'un marigot. — Arrivée à Koulou. — Comment Soleillet est reçu par un dévot. — La caste des forgerons. — Comment le chef du village accueille Soleillet. — Un beau-frère du général Faidherbe. — Koulou.

CHAPITRE II

Passage de Kanama-Kounou. — Le lac Doro. — Fatalagui-Loogo. — Visite de Yogo Demba. — Gué de Segala-Foulbé. — Un convoi d'esclaves. — Segala-Foulbé. — La jeune Aïssetta. — De Segala-Foulbé à Kouniakary.

CHAPITRE III

Description de Kouniakary. — Le roi Bassirou. — Logement de Soleillet chez Hiero-Lidi. — Un flot de quémandeurs. — Un prince du Toro. — Visite de cérémonie à Bassirou. — Soleillet médecin. — Bassirou et ses femmes. — Monnaie de Kouniakary. — Bassirou à la mosquée. — Réformes de l'Hadji Omar. — Le tata du Kouniakary. — Samba Tamba, percepteur d'Ahmadou. — Soleillet de plus en plus médecin. — Les fils de Bassirou rendent visite à Soleillet. — Population de Kouniakary. — Fabrique de boites. — Le trafic des esclaves. — La toilette de Bassirou. — Soleillet est malade. — Ce que Bassirou fait de son chapelet. — Les femmes de Hiero-Lidi. — Mot d'un magistrat rouennais. — C'est la volonté de Dieu ! — Cas de divorce chez les musulmans. — Le costume de guerre d'un *laoubé*. — Un jeune marabout.

CHAPITRE IV

De Kouniakary à Diala. — Rizières. — Passage d'une rivière. — Diakoné. — Récit des noirs sur les pythons. — La rivière Kourgou. — Le marabout Boghard. — Précautions des noirs contre l'orage. — Orage tropical. — Nuit dans la forêt. — Soleillet ne peut plus remettre ses bottes et sa culotte. — Passage de la Gounée.

CHAPITRE V

Kimbé. — Justice du roi Daye. — Trop de zèle. — Douallé. — Mort d'un ânon. — Dispute. — Diédégui. — Fourmis blanches. — Musette, cordon, grigris faits par le laoubé pour son ânesse. — La queue d'éléphant du laoubé. — Talismans et grigris. — Le laoubé se sépare de Soleillet. — Comment Soleillet trouve des hommes pour porter ses bagages. — Ruines de Kania, de Famaritera, de Boullarou. — Le mont Koniongou.

CHAPITRE VI

Kamantéré. — Soleillet bénit des enfants. — Une chose précieuse. — Yaguelli, malade, refuse les médicaments de Soleillet. — Les bagages laissés à Diédégui sont apportés. — Goupou. — Soleillet bénit encore des enfants. — Une ruse des noirs. — Les Diavandos. — Arrivée à Diala.

CHAPITRE VII

Le tata du roi Daye. — Samba Diakranak. — Le roi Daye. — Sa justice. — Visites. — Audience de Daye. — Madame Kafouné. — Pour un filet de bœuf. — L'Hadji Omar. — Visiteurs indiscrets. — Demandes et visites de Daye. — Encore Madame Kafouné. — Un nez *qui ne veut pas sortir*. — Promenade à cheval avec Daye. — Ce qui est permis envers les captifs. — La médecine fait peur. — Le marabout Tierno Demba. — La belle Fatma. — Une femme qui n'est pas contente de son mari. — Le berger Demba. — Soleillet fait un cadeau à Madame Kafouné.

CHAPITRE VIII

Départ. — Hiero retourne à Kouniakary. — Diangounté. — Maudinkanou. — Pourquoi Soleillet ne peut se procurer du lait. — Le mont Bangassi. — Tambakara. — Les femmes ont peur de Soleillet. — Le petit captif Daoudo. — Costume des jeunes garçons. — Contes de la veillée. — Comment les noirs entravent les chevaux. — Yaoura. — A propos d'Ahmadou. — La reine de Saba. — Les noirs voudraient des chemins de fer. — Un forgeron à l'œuvre. — Danse guerrière. — Un apologue.

CHAPITRE IX

Niar'ané et ses habitants. — Une race de chiens bambaras. — Les Bambaras sont mécréants. — A quels signes un noir se considère comme blanc. — Usages bambaras. — Réception de Soleillet à Djiongo. — *Poignez vilain, il vous oindra.* — La danse du travail. — Pays riche. — Les six villages du Bagué.

CHAPITRE X

Un grigris pour tuer du gibier. — Lambédou. — Fathau. — Regrets d'une vieille femme aveugle. — Un griot. — Coiffure des femmes de Fathau. — Des griotes. — Un grigris. — Voir un blanc tout nu! Le maître de la case. — La rivière Houssa. — Le porteur d'impôts. — La dîme. — Ruines de Sidyagna. — De Diala à Faraboubou.

CHAPITRE XI

Faraboubou. — Ahmadou Moktar. — Soleillet encore médecin. — Chute et pansement du petit Daoudo. — Le tierno Boghard fait des grigris. — Chevaux bambaras. — Le trafic avec le Bouré. — Le prix des captifs au Bouré. — Le tierno Boghard veut se marier. — *Dieu seul peut créer un homme!* — Les hommes de Faraboubou. — Départ de Faraboubou.

CHAPITRE XII

Fourneaux pour la fonte du minerai de fer. — Sariné. — Le tierno Boghard quitte Soleillet. — Soleillet a le délire. — La chasse à l'éléphant. — Un homme qui revient de Ségou. — Ahmadou Moktar invite Soleillet à venir se faire soigner à Faraboubou. — Soleillet est visité par toutes les femmes d'Ousman Moktar. — Ce qu'il faut de temps pour expliquer une querelle entre les deux Moktar. — Délimitation du Kaarta et du Ségou. — Entrée dans le Ségou. — Soleillet et Yaguelli s'égarent pour n'avoir pas compris un âne.. — Traces d'éléphants. — Nuit dans la forêt. — Les égarés sont retrouvés au jour par un chasseur d'éléphants. — Arrivée à Yanguerdé.

CHAPITRE XIII

Un bon déjeuner envoyé par la reine et vingt-quatre heures de sommeil. — Le tierno Ahmadou Cirré. — Une veuve d'el Hadji Omar. — Mariages bambaras. — El Hadji Omar et Mahomet. — La reine veut être blanchisseuse et cuisinière de Soleillet. — Cadeau à la reine. — Présent de la reine. — La reine demande des remèdes. — Elle ne peut être vue par un homme. — Une captive. — Le tierno Boghard Amadi. — Une page de roman.

CHAPITRE XIV

Départ. — Du marigot de Guérabala au marigot de Kalabana. — Nuit dans une forêt. — Les ruines de Gesibiné. — Les mange-mil. — Simbalau. — Hommes et femmes de Simbalau. — Un écrit contre les oiseaux qui mangent les récoltes. — De Simbalau à Binienkou. — Binienkou. — Soleillet loge dans une chambre où l'on a enterré depuis peu un homme. — Eau-de-vie bambara.

CHAPITRE XV

Sambougou. — Pour l'élection d'un chef. — Les hommes importants de Sambougou. — Le sexagénaire Boghard épouse une fille de huit à dix ans. — Délicatesse de Boghard. — Guérison miraculeuse. — Un noir qui ne veut pas du pouvoir. — Samintéra. — Un village maure.

CHAPITRE XVI

Cause de départ de Samintéra. — Un Eden. — Gomentara. — Les jambes et les pieds de Soleillet. — Waltéré. — Le chef de Waltéré. — Danses. — Soleillet est prié de danser. — Néma. — Combat de Guimba et de son chien contre un tigre. — Guimba vient demander des soins à Soleillet. — Boghard envoyé en avant à Guigné.

CHAPITRE XVII

Le logement que trouve Boghard. — Boghard reçoit son salaire. — Comment Amidou, chef des gens de Ségou, reçoit Soleillet. — Le schériff Mouley Ahmed. — Des juifs déguisés en schériffs. — Courtiers de commerce. — Commerce. — Monnaies. — Marchés. — Samba Tambou. — Confidences. — Pour le musée d'ethnographie. — Soleillet est malade. — Prix de différents objets. — Soleillet fabrique des bougies. — On prédit à Soleillet une bonne réception à Ségou. — Bachir. — Un ambassadeur de Nioro. — Préparatifs de départ. — Importance commerciale de Guigné. — Un hadji affirme que le Nil et le Niger sont réunis par des lacs. — Une famille du Foutah Djallon. — La noix de gourou. — Mlle Fatima. — Soleillet donne une pièce de 5 francs pour 12 pièces de 50 centimes.

CHAPITRE XVIII

Départ de Guigné. — Medina. — Marena. — Sansankoura. — Tomboula. — Le chef Kaourou. — Marchands diulas. — Mauvais dîner. — Danse comique. — Danse de filles. — Un campement de Mage et de Quintin. — Tikoura. — Barsafa. — Bouilla. Ouaka. — Un homme et sa femme. — Un captif d'Ahmadou. — Un convoi de captifs. — Yéyé. — Un javelot du Macina. — Arrivée à Boro.

CHAPITRE XIX

Le chef de Boro. — Un bon noir. — Samba Imola apporte à Soleillet des compliments d'Ahmadou Moktar. — La forêt entre Boro et Yamina. — Fabrication et emploi du beurre végétal. — Aire de production du *Bassia Parki*. — Cadeaux peu coûteux. — La petite fille de Mahmadou. — Chants de femmes en l'honneur de Soleillet. — Composition de la caravane. — Une géante. — Tiémabougou. — Traversée de la forêt. — Entrée dans Néguessébougou. — Achat d'une poule. — Bagages laissés en garde à Néguessébougou. — Un Mali-nké du Foutalenda. — Deux esclaves fugitifs morts de faim et de soif. — Le passage dangereux. — Joie des hommes libres et indifférence des captifs. — Dénombrement de la caravane. — Arrivée à Banamba.

CHAPITRE XX

Le chef Dianima. — Une captive aux fers visitée par l'amour. — Badougou. — Touba. — L'almamy de Touba. — Installation d'un forgeron. — Digression sur les Bambaras et les Soni-nké. — Le jeune Néma. — Le tata de Néma et ses habitants. — Un futur captif de case. — Le marabout tierno Moussa. — Utilité de distribution de bibles en arabe. — Le chapelet de Moussa. — Une nouvelle mariée. — Visites d'oiseaux. — Vente d'une pièce de 5 francs. — Les succès de l'ammoniaque. — Bonnes nouvelles de Ségou.

CHAPITRE XXI

Kercouané. — Les Foulbé. — Boubou Targui, chef des Foulbé. — Soleillet passe une mauvaise nuit. — *Pas de henné, pas d'ammoniaque !* — Bakolo. — La colonne d'escorte. — Un captif du sultan Ahmadou. — Rencontre de la colonne d'escorte. — Un ancien laptot. — Moribougou. — L'escorte voudrait arriver à Yamina pour les fêtes du Ramadan. — Apparition de la nouvelle lune. — De Moribougou à Yamina.

CHAPITRE XXII

Arrivée à Yamina. — Mari Fili, chef des captifs. — Sidi, chef de la ville. — Demeure de Sidi. — Visite au Niger. — Soleillet entouré de curieuses. — Un Noir généreux. — Petits malheurs. — Embarquement sur le Niger.

CHAPITRE XXIII

Soleillet voyage sur une pirogue envoyée par Ahmadou. — Les Somonos. — Le patron de la pirogue. — Kolimana. — Foumi. — Douboubany. — Récit du patron sur le cours du fleuve. — Tamamy. — Nymphalla. — Siradja. — Toukorro. — Mognogo. — Théâtre de Marionnettes. — Soleillet est fêté par les habitants. — Tickorla. — Le chef du village demande à toucher la main du *Toubak*. — Banan. — Koroni. — Doukou-Kono. — Somono. — Dougouni. — Un poulet au piment. — Somandougami. — Soleillet fait confectionner un drapeau français et l'attache à une longue perche en bambou. — Soleillet arbore sur la pirogue le drapeau français. — Dougoukona. — Farako. — Ségou-Sekoro. — Boundou, Samana et Kamané. — Ségou-Sébougou. — *Bonjour docteur!* — Soleillet et Yaguelli font toilette. — Ségou-Sekorci. — Soleillet aperçoit Ségou-Sikoro.

TROISIÈME PARTIE

EL HADJI OMAR, PROPHÈTE DU SOUDAN OCCIDENTAL, ET SES FILS

CHAPITRE I

Le jeune Omar. — Son séjour à Saint-Louis. — On lui attribue des miracles. — Il se donne pour une incarnation de Jésus. — Départ pour la Mekke. — Légende. — Nouvelles d'un grand prophète. — Mariages d'el Hadji. — L'une de ses femmes refuse de le suivre. — Petit commerce.

CHAPITRE II

Les Bambaras sont hostiles au mahométisme. — El Hadji est mis aux fers. — Remis en liberté, il part pour le Foutah Djallon. — Il s'établit à Bounboura et prêche l'Islam. — Augmentation du nombre de ses prosélytes. — Il fanatise les Noirs et fait du commerce.

CHAPITRE III

Sa rencontre avec le gouverneur du Sénégal. — Il va dans son village natal. — Il retourne à Bounboura et revient à Bakel. — Sa rencontre avec M. de Grammont. — Petite trahison. — Il marche sur Diégundo. — Il prêche la guerre sainte. — Sa retraite sur Dinguiray. — Il est attaqué par le chef de Tomba. — Attaque du Ménien. — Prise de Goufoudé. — Prise de Koudian. — Entrée dans le Bambouk. — Ravage du Diébédougou. — Arrivée à Farabannah. — Promesse d'el Hadji aux traitants de Bakel. — Comment il la tient.

CHAPITRE IV

Passage du Sénégal. — Prise de Kouniakary. — Ce que veut Allah. — Destruction d'Elimané et de Medina. — Le Prophète marche sur Nioro. — Le Prophète et Thiama général des Massassis. — Le Prophète et Mamady Kandia. — C'est Dieu qui donne à el Hadji le Kaarta. — Premières mesures. — Marabout ! — Ce que veut Allah pour donner la victoire à ses fidèles. — Pourquoi les Kaartans se révoltent. — Comment Guelabio reçoit l'envoyé du Prophète qui vient lui demander ses femmes. — Massacre des Bambaras de Nioro. — Alpha Oumar dans le Lakamané. — Une armée du Macina vient au secours des Bambaras. — Elle est battue. — El Hadji poursuit Karonga jusqu'à Diala. — Les gouverneurs des provinces conquises. — Un figaro du Sultan de Constantinople. — El Hadji marche sur Médine.

CHAPITRE V

Subtilités du prophète. — Son armée assiège Médine. — Héroïsme de la garnison. — Arrivée du *chef-aux-quatre-yeux*. — L'armée du prophète est mise en déroute. Comment le prophète sauve son prestige aux yeux des siens. — El Hadji encore battu par le colonel Faidherbe. — *Nous mourons de faim, El Hadji !* — Désertions. — *Je ne fuis pas.* — Marche sur Dinguiray. — Ravage des pays Mali-nké. — Passage du Galamagui. — A Koudian. — Encore le colonel Faidherbe. — El Hadji dans le Bondou. — El Hadji dans le Foutah. — Il brûle N'dioum, près de Podor. — Remonte le Sénégal avec 40 000 personnes. — Réception que lui font les *kafir* français. — Prise de Marcoïa par el Hadji. — Prise de Guémou par les Français.

CHAPITRE VI

L'état des esprits à Ségou. — Aly devient roi. — L'Hadji Omar prend Yamina. — Il chasse les femmes de l'armée. — Nombreuses victimes sauvées par les Français. — Souvenir de Lemoyne d'Iberville. — Des femmes sont recueillies par les Bambaras. — Siège d'Oïtala. — Trahison des Musulmans de Sansanding. — Prise de Ségou-Sikoro.

CHAPITRE VII

Négociations entre le roi du Macina et l'Hadji Omar. — El Hadji se prépare secrètement pour la guerre. — Il organise les pays conquis et nomme Ahmadou sultan de Ségou. — Ahmadi-Ahmadou est trahi. — Son dernier combat. — Le prophète entre dans Hamdallahi, s'empare du roi du Macina et lui fait couper le cou. — Puissance de l'Hadji Omar. — Ses ruses. — Conspiration contre lui. — Un noir traître. — Ahmadou envoie à son père des conspirateurs bambaras. — Le prophète leur fait couper le cou. — Révolte du Macina. — On parle tout bas de la mort du prophète. — Ce qu'un grand dignitaire apprend en chatouillant les jambes du prophète. — Détails sur le siège de Hamdallahi. — La mort du prophète racontée par Samba N'diaye.

CHAPITRE VIII

Sa toilette. — Sa beauté. — Ses qualités physiques. — Ses qualités morales. — Son bonheur à la guerre. — Ses rapports avec ses femmes. — Ses enfants.

CHAPITRE IX

Moult Aga pille Mourgoula et quelques autres villages. — Moktar et plusieurs de ses frères marchent sur Kouniakary. — Assa Mady, chef de Kouniakary. — Il reçoit bien les enfants du prophète. — Les fils du prophète marchent sur Nioro. — Richesses de Nioro. — Moustapha prévient Ahmadou. — Le tata est mis au pillage. — Ahmadou vient avec son armée. — Son arrivée à Nioro. — Comment il traite ses frères. — Moktar quitte Nioro et pille le village d'Ahmadou. — Abibou entre en campagne. — Entrevue des frères révoltés. — Les révoltés courent le pays. — Combat dans le Kaniarémé. — Deux mots d'Ahmadou. — Ahmadou prend soin de son frère Moumirou. — Diplomatie d'Ahmadou. — Ahmadou prend Moktar et Abibou et les met aux fers.

CHAPITRE X

Ahmadou détruit deux villages bambaras. — Il est mal accueilli par les Niorotes. — Les talibés de Nioro refusent de le suivre à Sansanding. — Les Diavandos et les Foulbé refusent aussi de le suivre. — Deux marabouts soulèvent contre lui la population. — Liberté de la parole chez les Noirs. — Ahmadou vide le tata de Nioro. — Les talibés de son père s'éloignent de lui. — Zeidou Zelia. — Ahmadou enlève tout aux habitants de Digna, jusqu'à leurs couteaux. — Il organise l'administration de Guigné et prend le titre d'*Emir Moumenin*. — Il se fait affilier à la confrérie des *Tedjedjena*. — Se pose en souverain absolu. — Effet produit par ces décisions. — Ses paroles en revoyant le Djoli-ba. — Son retour à Ségou. — Il est jaloux de son jeune frère Aguibou et le réduit au rang de simple particulier. — Il emprisonne ses frères Abibou et Moktar. — Il veut faire passer le pouvoir à l'un de ses fils.

CHAPITRE XI

Ahmadou envoie ses frères dans leurs royaumes. — Ils ne tiennent pas leurs promesses. — Défiances réciproques. — Comment Ahmadou traite les vieux serviteurs
de son père. — Il informe le gouverneur du Sénégal de son changement de titre et
de la soumission de Yamandi. — Nourou est chassé par ses sujets. — Il demande
secours à Bassirou. — Moult Aga intervient. — Bassirou surprend Tambacara et en
massacre les vieillards, les femmes et les enfants. — Il est battu par les gens du
Diafounou. — Moult Aga intervient de nouveau et rétablit Nourou. — Bassirou
est mécontent. — Il engage la guerre avec les Maures. — Moult Aga vient à son
secours. — Triomphe et revers des alliés. — Nourou, encore chassé, est rétabli de
nouveau.

QUATRIÈME PARTIE

SÉGOU-SIKORO

CHAPITRE I

En approchant de Ségou. — La description de Ségou par Mage. — En face de Ségou.
— Le plus jeune des Fils de l'émir. — Samba N'diaye. — Jupiter. — Décharge-
ment et enlèvement des bagages. — *Honneurs rendus au drapeau*. — Avantages de
Soleillet sur une mission militaire. — Soleillet chez Samba N'diaye.

CHAPITRE II

L'armée de Ségou. — Griots chargés de la police. — Les corciguis de l'émir. — Le
chef des griots. — Présentation de Soleillet à l'émir. — Portrait d'Ahmadou. —
Exécutions militaires. — Les griots.

CHAPITRE III

Visite des gens d'Ahmadou. — Un *loulou*. — Ahmadou envoie des vivres à Soleillet.
— Discours de Yalli Amadou, chef des griots, et réponse de Soleillet. — Soleillet
est reçu par Ahmadou. — La mère d'Ahmadou. — Soleillet a encore mal aux pieds
et aux jambes. — Il reçoit définitivement le nom de *tierno loubak*. — Distribution
de vivres. — Visite des corciguis. — Droits que s'arrogent les griots. — Le prix
d'une bouteille d'odeur. — Samba achète une femme. — Aguibou, frère de l'émir,
est nommé chef de Dingraye.

CHAPITRE IV

La princesse Marie Ken, blanchisseuse de Soleillet. — Tentatives de Samba N'diaye pour convertir Soleillet au mahométisme. — La princesse Marie Ken chez elle. — Nouvelle visite des captives de l'émir. — Soleillet ne peut obtenir la tête d'un supplicié. — Il devient médecin du tamsir de Ségou. — Il envoie un courrier à Saint-Louis. — Un mali-nké volé par un talibé. — Il faut savoir jouer du nom de Dieu. — La queue d'un âne. — Les idées de Samba sur la navigabilité du Niger. — L'or du Bouré. — Culte des ancêtres. — Des âmes qui amassent de l'or pour leurs parents vivants. — Croyances religieuses du Bouré. — Souley mordu par un toutou. — Un fils nait à Samba N'diaye. — L'histoire d'un nommé Espina racontée par Samba. — Comment Ahmadou rend justice aux *kafir*. — Moktar, cuisinier, bourreau, coiffeur, etc., etc., de S. M. l'émir Ahmadou.

CHAPITRE V

Yaguelli est malade. — Soleillet regarde en arrière. — Description de son logement. — Sa nourriture. — Sa santé. — Le climat. — Insalubrité de la ville. — Cures médicales de Soleillet. — Dialogue avec les malades. — Albinos. — Nains. — Comment Soleillet passe le temps et se ménage les bonnes grâces des corciguis. — *Le chrétien est livré aux bêtes.* — Les préférences des bêtes. — Le cheikh Mahmadi Bachir. — Les enfants de Ségou. — Les boules de bleu et les clous de girofle.

CHAPITRE VI

Un amoureux ou vingt et une têtes. — Départ d'Aguibou pour Dingraye. — Les canons d'Ahmadou. — Demba, courrier de Soleillet. — Soleillet malade. — Histoire du capitaine Z... — Encore Demba. — Samba N'diaye fait une nouvelle tentative pour amener Soleillet au mahométisme. — Le tamsir donne raison à Soleillet. — Samba promet de ne plus parler de religion. — Le marché *extra muros* de Ségou. — Le cordonnier de l'émir. — Les boutiques sont le lieu de rendez-vous du beau monde.

CHAPITRE VII

Retour de l'émir à Ségou. — Offres faites à Yaguelli. — Soleillet vend à l'émir dix pièces de roum. — La prise de Sabouciré par les Français. — Souvenir de Duranton. — Opinion de Samba sur le service militaire et la domesticité. — Impression produite à Ségou par la prise de Sabouciré. — Soleillet est mis en danger par ce fait d'armes. Il est sauvé par les marabouts. — Un cimetière de Ségou. — Soninkoura. — La police du marché de Ségou. — Le village des Somonos. — Soleillet fait rendre la

IMPRIMÉ A ROUEN

PAR ESPÉRANCE CAGNIARD

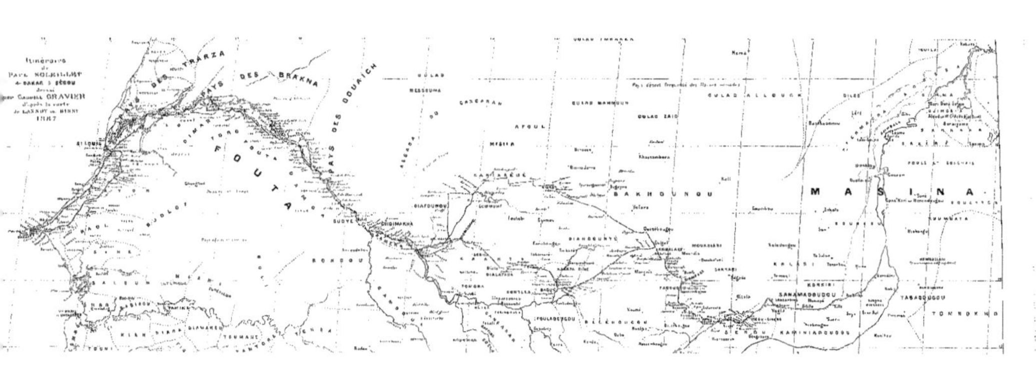

Itinéraire
de
Paul SOLEILLET
de DAKAR à SÉGOU
dressé
par Gabriel GRAVIER
d'après la carte
de LANNOY de BISSY
1887
PAYS DES TRARZA
PAYS DES BRAKNA
PAYS DES OUDAICH
DIMAR
FOUTA
TORO
ST LOUIS
DJOLOF
CAYOR
BAOL
SALOUM
NIANI
BONDOU
GUIDIMAKHA
SUDYE
DIAFOUNOU
KANEABÉDÉ
MESSEUMA
CASCARAN
AFOUL
MFELLA
OULAD
OULAD ZAID
OULAD MAHMOUD
OULAD IMORARA
Nema
Pays désert fréquenté des Maures nomades
OULAD ALLOUCH
DILES
BAKHOUNOU
MASINA
DIANGOUNTÉ
DIALAFARA
TONGRA
GONTELLA
FOULADOUGOU
BÉLÉHOUGOU
KARTA
KAARTA BINÉ
SAMBALADY
MOUKDARI
SARKARI
FARAGA
SANAMADOUGOU
SÉGOU
KARINIADOUGOU
KOLISSI
KOREIRI
SOURCI
BOURGOU
SAKIRÉ
FOULA ET SELLIMA
TUMMATA
TABASOUGOU
TOMBOKNO
TOUMANI
TENDA

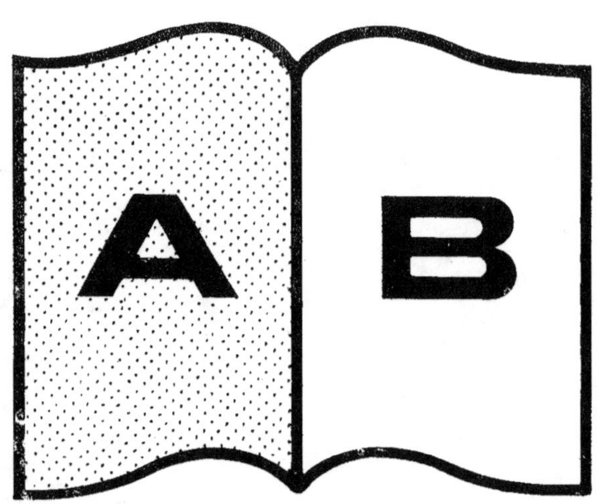

Contraste insuffisant

NF Z 43-120-14

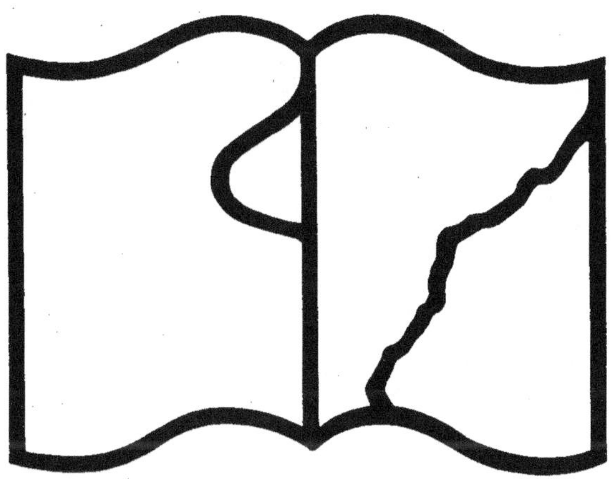

Texte détérioré — reliure défectueuse

NF Z 43-120-11

www.ingramcontent.com/pod-product-compliance
Lightning Source LLC
Chambersburg PA
CBHW051516060726
47597CB00001B/79